吉林省矿产资源潜力评价系列成果，

是所有在白山松水间

辛勤耕耘的几代地质工作者

集体智慧的结晶。

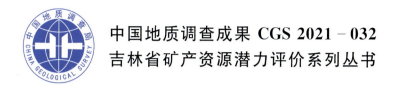

中国地质调查成果 CGS 2021-032
吉林省矿产资源潜力评价系列丛书

吉林省煤炭资源潜力评价

JILIN SHENG MEITAN ZIYUAN QIANLI PINGJIA

王 举 刘颖鑫 吴克平 孙培林 崔凤山 等编著

图书在版编目(CIP)数据

吉林省煤炭资源潜力评价/王举等编著.—武汉:中国地质大学出版社,2021.6
(吉林省矿产资源潜力评价系列丛书)
ISBN 978-7-5625-4979-6

Ⅰ.①吉…
Ⅱ.①王…
Ⅲ.①煤炭资源-矿产资源-资源潜力-资源评价-吉林
Ⅳ.①P618.110.623.4

中国版本图书馆CIP数据核字(2021)第103303号

吉林省煤炭资源潜力评价	王 举　刘颖鑫　吴克平　孙培林　崔凤山　等编著
责任编辑:韦有福　　　　选题策划:毕克成　段　勇　张　旭	责任校对:张咏梅

出版发行:中国地质大学出版社(武汉市洪山区鲁磨路388号)　　　　　邮编:430074
电　　话:(027)67883511　　传　　真:(027)67883580　　E-mail:cbb@cug.edu.cn
经　　销:全国新华书店　　　　　　　　　　　　　　　　　　　　http://cugp.cug.edu.cn

开本:880毫米×1230毫米　1/16	字数:670千字　　印张:21
版次:2021年6月第1版	印次:2021年6月第1次印刷
印刷:武汉中远印务有限公司	

ISBN 978-7-5625-4979-6　　　　　　　　　　　　　　　　　　　　　定价:268.00元

如有印装质量问题请与印刷厂联系调换

吉林省矿产资源潜力评价系列丛书
编委会

主　任：林绍宇
副主任：李国栋
主　编：松权衡
委　员：赵　志　赵　明　松权衡　邵建波　王永胜　于　城
　　　　周晓东　吴克平　刘颖鑫　闫喜海

《吉林省煤炭资源潜力评价》

编著者：王　举　刘颖鑫　吴克平　孙培林　崔凤山　王洪力
　　　　屈学贤　王　峰　赵富有　姜再富　陈明晓　于赟舟
　　　　张振华　卢　轶　李慧杰　王文瑞　荆保沢　王丽伟
　　　　唐立晶　韩　丽　李树林　王佰友　蔺绍斌　王传刚
　　　　李佰民　田　阳　杨得光　李景林　邢儒瑞　隋明珠
　　　　李淑华　王金玲　丁艳秋　魏春艳　金秀芹　刘海涛

前 言

吉林省是煤炭资源开发利用较早的老工业基地，也是煤炭消耗大省，年产原煤仅达年消耗量的50%，煤炭不足严重制约了吉林省的经济发展。摸清吉林省煤炭资源赋存情况，建立吉林省煤炭预测资源数据库及开发信息管理系统，可为各级管理部门提供实时资源数据及辅助决策支持。

2006年1月20日《国务院关于加强地质工作的决定》（国发〔2006〕4号）文件中提出了"积极开展矿产远景调查和综合研究，科学评估区域矿产资源潜力，为科学部署矿产资源勘查提供依据"的要求和精神，国土资源部（现为自然资源部）部署了全国矿产资源潜力评价工作，吉林省地质调查院承担"吉林省矿产资源潜力评价"项目，"吉林省煤炭资源潜力评价"是"吉林省矿产资源潜力评价"项目的子项目。

"吉林省煤炭资源潜力评价"项目由吉林省煤炭地质调查总院组织实施，根据吉林省赋煤带的分布特征，将吉林省划分为4个工作区，即吉林省西部区、中部区、东部区和南部区。各工作区煤炭资源潜力评价工作分别由吉林省煤炭地质调查总院二〇三勘察院、吉林省煤炭地质调查总院勘察设计研究院、吉林省煤炭地质调查总院一一二勘察院和吉林省煤炭地质调查总院一〇二勘察院负责，吉林省煤炭地质调查总院物探勘察院负责全省各赋煤带及煤田（或找煤区）的物探资料研究整理工作。

资料截止日期为2007年12月，部分资料数据截止日期为2009年12月。

本书是在充分利用第三次煤田预测成果的基础上，收集和整理了前人大量的调查报告、勘查报告、资源储量核实报告、科研和生产报告等成果资料，通过进一步深入分析研究，以地球动力学和煤田地质理论为指导，深入开展对吉林省煤炭资源赋存规律的研究；从主要成煤期含煤地层、层序地层、煤质特征入手，建立典型成煤模式；以构造控煤作用研究为核心，追溯煤盆地构造-热演化历史，分析含煤岩系后期改造和煤变质作用，揭示不同构造背景下煤炭资源的聚集和赋存规律，为煤炭资源潜力预测和勘查前景评价提供依据。

本书通过研究煤炭资源现状调查的方法，统一资源数据指标，以煤炭资源储量数据库为基础，分析吉林省现有煤炭（生产井和在建井）资源现状、尚未利用资源状况与分布，通过编制《煤炭资源勘查开发现状图》，反映吉林省煤炭资源现状，为煤炭资源潜力评价提供基础。

在煤炭资源赋存规律的基础上，本书通过研究煤炭资源预测评价理论和方法，以第三次全国煤炭资源预测和原地质矿产部（现为自然资源部）全国煤炭资源远景预测为基础，根据10多年来最新的地质资料和地质成果，充分利用区域地质、物探、遥感、矿产勘查等信息，对原有预测区及其资源量进行筛选再认识。同时本书还提出了新的预测含煤区，采用科学的方法估算资源量，基本摸清了吉林省煤炭资源潜力及其空间分布。

从潜在的经济意义、煤质特征和生态环境容量等方面，本书通过对预测资源量进行分级、分类研究，对预测资源的勘查开发利用前景做出初步评估，综合分析地区能源形势和煤炭资源供需状况，结合全国和国际煤炭资源开发利用态势,评价吉林省煤炭资源潜力,提出煤炭资源勘查近期及中长期部署建议。

本书通过利用地理信息系统(GIS)技术、数据库技术等先进技术手段,在统一的煤炭资源信息标准与规范下,收集、整理煤炭资源预测潜力评价的基础数据,统一属性和图形数据格式,建立吉林省煤炭预测资源数据库及开发信息管理系统,为各级管理部门以及其他用户提供实时的资源数据及辅助决策支持。

"吉林省煤炭资源潜力评价"项目完成的主要工作量:收集吉林省地质图1份,航磁、重力成果报告各1份,科研专题及煤炭勘查报告100份,360个生产矿井资料;编写课题总体设计1份,年度设计3份,省级潜力评价报告1份,煤田级报告4份;编制各类图纸324张,各类附表8份。

"吉林省煤炭资源潜力评价"项目取得的主要成果:利用已有勘查、开发资料,并结合聚煤规律和控煤构造研究,对全省煤炭资源进行了预测。全省划分为28个煤田(煤产地),57个矿区,对其中44个矿区进行了预测。全省预测2000m以浅面积6 292.49km^2,预测潜在资源量共计69.5×10^{8}t,并对预测潜在资源量进行了分级、分类研究与划分。

2011年3月5日吉林省国土资源厅(现为吉林省自然资源厅)组织专家组对《吉林省煤炭资源潜力评价报告》进行了初步评审。2011年3月13日全国矿产资源潜力评价办公室组织专家组对该报告进行验收,最后评审通过,并被评为优秀成果报告。

本书共有10章。第一章、第二章、第三章、第七章、第九章、第十章由王举编写;第四章由吴克平编写;第五章由刘颖鑫编写;第六章由崔凤山编写;第八章第一节由王举编写,第二节由屈学贤(吉林省西部区)、赵富有(吉林省中部区)、王举(吉林省东部区)、王峰(吉林省南部区)编写;书中物探部分由孙培林编写,书中插图由王文瑞、荆保汜编制;全书由王举统稿。参加本项目的成员还有王洪力、姜再富、陈明晓、于赟舟、张振华、卢轶、李慧杰、王丽伟、唐立晶、韩丽、李树林、王佰友、蔺绍斌、王传刚、李佰民、田阳、杨得光、李景林、邢儒瑞、隋明珠、李淑华、王金玲、丁艳秋、魏春艳、金秀芹、刘海涛等技术人员。他们对本书的完成均起到了重要作用。

本书在编撰过程中得到中国矿业大学(北京)曹代勇教授、邵龙义教授、唐跃刚教授的关心与支持,在此一并致以最诚挚的感谢!

限于笔者研究水平和实践经验,书中疏漏之处在所难免,敬请广大读者批评指正。

王 举

2021年3月

目　录

第一章　绪　论 ………………………………………………………………………………（1）
　　第一节　概　况 ……………………………………………………………………………（1）
　　第二节　煤炭资源潜力评价目的与任务 …………………………………………………（2）
第二章　区域地质概况 ………………………………………………………………………（6）
　　第一节　区域地层 …………………………………………………………………………（6）
　　第二节　区域构造 …………………………………………………………………………（21）
　　第三节　岩浆岩 ……………………………………………………………………………（32）
第三章　含煤地层与煤层 ……………………………………………………………………（38）
　　第一节　含煤地层划分与对比 ……………………………………………………………（38）
　　第二节　含煤地层 …………………………………………………………………………（40）
　　第三节　煤　层 ……………………………………………………………………………（58）
第四章　沉积环境与聚煤规律 ………………………………………………………………（71）
　　第一节　含煤岩系岩石特征 ………………………………………………………………（71）
　　第二节　含煤岩系沉积体系和沉积环境 …………………………………………………（72）
　　第三节　层序地层分析 ……………………………………………………………………（101）
　　第四节　岩相古地理格局 …………………………………………………………………（122）
　　第五节　聚煤规律及其控煤因素 …………………………………………………………（148）
第五章　煤盆地构造演化和煤田构造 ………………………………………………………（156）
　　第一节　煤田构造格局 ……………………………………………………………………（156）
　　第二节　煤盆地构造演化史 ………………………………………………………………（204）
　　第三节　控煤构造样式 ……………………………………………………………………（212）
第六章　煤质特征与煤变质作用 ……………………………………………………………（226）
　　第一节　煤岩学特征 ………………………………………………………………………（226）
　　第二节　煤化学特征、工艺性能及其综合利用途径 ……………………………………（233）
　　第三节　煤类分布及变质规律 ……………………………………………………………（254）
第七章　煤炭资源现状分析 …………………………………………………………………（256）
　　第一节　煤炭资源概况 ……………………………………………………………………（256）
　　第二节　煤炭资源勘查现状 ………………………………………………………………（257）
　　第三节　煤炭资源开发现状 ………………………………………………………………（258）

第八章 煤炭资源潜力预测	(260)
第一节　总　述	(260)
第二节　分　述	(263)
第三节　本次煤炭资源潜力预测与第三次煤田预测成果对比	(318)
第九章　煤炭资源保障程度及勘查开发建议	(319)
第一节　煤炭资源供需分析	(319)
第二节　煤炭资源保障程度	(319)
第三节　煤炭资源勘查开发建议	(320)
第十章　结　论	(322)
主要参考文献	(323)

第一章 绪 论

第一节 概 况

吉林省位于我国东北地区中部,总面积 $18.74×10^4 km^2$,约占全国总土地面积的 2%,居全国第 14 位。吉林省东临俄罗斯,东南隔图们江、鸭绿江,与朝鲜民主主义共和国相望,南连辽宁省,西接内蒙古自治区,北临黑龙江省。全省有 1 个副省级省会城市、7 个地级市、1 个少数民族自治州,管辖 20 个县级市、18 个县、3 个少数民族自治县、19 个市辖区。全省总人口约 2600 万人,有汉族、朝鲜族、满族、回族、蒙古族、锡伯族等 44 个民族。

一、自然地理

(一)地形

全省地势总体由东南向西北递降,有中山、低山、丘陵、台地、平原等多种地貌类型。山地面积占全省总面积的 36%,平原面积占全省总面积的 30%,台地面积占全省总面积的 28.2%,丘陵面积占全省总面积的 5.8%。以中部大黑山为界,吉林省分为东部长白山区和西部松辽平原区两大地貌单元。其中东部长白山区又分为长白中山区、长白低山区和长白低山丘陵区;西部松辽平原区为吉林省粮食主产区,又分为中部台地平原区和西部冲积平原区。全省最高点为长白山主峰——白云峰,海拔 2691m;最低点在图们江江口附近,海拔仅 4m。

(二)气候

吉林省属温湿润—半干旱季风气候,冬季较长,夏季短促,春秋季风较大,天气多变。年平均气温 $-3\sim7℃$,最冷在 1 月,最热在 7 月。全年无霜期 $120\sim150$d,山区 100d 以下。年平均降水量 $350\sim1000$mm,以长白山天池一带及老岭以南地区较多。6—8 月降水量占全年降水量的 60%。

(三)水系

吉林省有名称的河流有 2000 多条,分属松花江、辽河、图们江、鸭绿江、绥芬河五大水系,河网密度 $0.19km/km^2$。但全省河流分布不均,东南部长白山区河流众多,水量丰富,常年有水,松花江、图们江、鸭绿江等水系均发源于长白山,呈辐射状分布。西北部平原除发源于大兴安岭的洮儿河外,乾安、通榆、长岭、乾郭等地区河流甚少或无河流,但有许多湖(泡),如月亮泡、查干湖、波罗湖、大布苏湖等。长白山主峰附近的长白山天池是中朝界湖,也是著名的火山湖。

二、交通及社会经济情况

(一)交通

吉林省处于东北三省及内蒙古自治区东四盟的交通枢纽地带,交通显得尤为重要。吉林省还有铁路、公路、内河航运和空中航运,形成立体交通网络,交通便利。铁路以长春为中心,以吉林四平、梅河口等地为主要枢纽,以京哈、长图、长白、平齐、沈骥、四梅、梅集等线路为干线,形成连接全省市州及广大城乡的铁路网。公路建设突飞猛进,有长春至四平、长春至吉林、长春至营城子、长春至哈尔滨和长春绕城以及在建的长春至珲春等高速公路,还有数以百计的国道、省道、县道、乡道,共同构成了全省公路交通网络。内河航运航道主要集中在松花江、嫩江、鸭绿江、图们江4条大河上。航空以长春市为中心,以吉林市、延吉市为补充,可直达北京、上海、海口、昆明、深圳等地。管道运输主要有大庆通往秦皇岛、大连的输油管线过境。

(二)社会经济情况

1. 农业

吉林省是全国闻名的产粮大省,土地肥沃,气候条件好,适于玉米、水稻、大豆、高粱、谷子、小麦等粮食作物的生长。吉林省是国家重要的商品粮基地之一,也是东北稻米主要产地之一,"东北大米"享誉全国。经济作物以甜菜、烟草较为重要,还有亚麻、青麻、线麻、向日葵、芝麻、蓖麻等。森林主要分布在东部山区,其中长白山林区为我国重要林区之一,产优质红松、落叶松、鱼鳞松等。山林中出产人参、鹿茸等名贵药材和中草药,有蘑菇、木耳、山葡萄等土特产,还有紫貂、梅花鹿、东北虎、黑熊等珍贵兽类和其他野生动物。吉林省牧业、渔业也较发达,以西部为主产区。

2. 工业

吉林省工业主要以长春、吉林、四平、延吉为基地,带动全省各市县的工业发展。省会长春市有中国第一汽车集团公司、长春电影制片厂、百事可乐长春分公司、长铃集团等大型集团公司,长春被誉为"汽车城""电影城"。吉林还是全国第一个综合化工基地,有东北的重要电力枢纽之一——丰满发电厂。延吉的延边客车厂产品遍销全国各地。另外,建材、造纸、采煤、农机制造、冶金、制糖、酿酒、电子、医药、石化等产业构成了吉林省门类较为齐全的工业体系。

3. 旅游

吉林省名胜古迹众多。长白山自然风景区中的长白山是东北第一高山,气势巍峨雄伟,拥有众多神奇景观。松花湖风景区湖水面积$5.5 \times 10^4 hm^2$($1hm^2 = 0.01km^2$),湖区狭长,湖汊众多,水绕山峦,飞桥卧虹,构成五岛景观。向海珍禽自然保护区位于科尔沁草原东端,向海湖四周水草连片,沼泽广布。另外,净月潭风景区、长春电影城、伪皇宫陈列馆、伪满八大部、长春世界风景园、吉林雾凇、火山景观、溶洞景观、长春汽贸旅游经济开发区、长春卡伦湖度假村等景点也吸引了众多游客。

第二节 煤炭资源潜力评价目的与任务

煤炭是吉林省乃至全国的第一能源,吉林省是煤炭资源开发较早的老工业基地,同时吉林省也是煤炭消耗大省,年产原煤仅达消耗量的50%,能源不足严重制约了吉林省的经济发展。

一、项目来源及起止时间

为了贯彻落实《国务院关于加强地质工作的决定》中提出"积极开展矿产远景调查和综合研究,科学评估区域矿产资源潜力,为科学部署矿产资源勘查提供依据"的要求和精神,国土资源部部署了"全国矿产资源潜力评价"项目工作。根据中国地质调查局地质调查项目任务书要求,"吉林省矿产资源潜力评价"项目由吉林省煤炭地质调查总院承担。

任务书编号:资〔2007〕038-01-07F。
项目承担单位:吉林省煤炭地质调查总院。
项目参加单位:吉林省煤炭地质调查总院勘察设计研究院;
　　　　　　　吉林省煤炭地质调查总院一〇二勘察院;
　　　　　　　吉林省煤炭地质调查总院二〇三勘察院;
　　　　　　　吉林省煤炭地质调查总院一一二勘察院;
　　　　　　　吉林省煤炭地质调查总院物探勘察院。
项目工作时间:2007年5月—2011年3月。

二、煤炭资源潜力评价的目标任务及指导思想

(一)总体目标任务

按照全国矿产资源潜力评价工作要求,吉林省煤炭资源潜力评价总体目标任务是通过新一轮吉林省煤炭资源潜力预测评价,在摸清吉林省煤炭资源现状的基础上,充分应用现代矿产资源预测评价的理论方法和以GIS评价为核心的多种技术手段、多种地学信息集成研究方法,以聚煤规律和构造控煤作用研究为切入点,对吉林省煤炭资源潜力开展科学预测,对其勘查开发前景做出综合评价,提出煤炭资源勘查近期和中长期部署建议及方案,建立吉林省煤炭资源潜力预测信息系统,实现煤炭资源管理的信息化,为吉林省煤炭工业、能源工业乃至国民经济的可持续发展提供动态的资源数据和科学的依据。

(二)具体工作目标

"吉林省煤炭资源潜力评价"项目工作的具体目标任务如下。

1. 2007年工作任务

2007年主要任务是落实组织机构,编制项目总体设计和项目技术要求,开展技术培训,完成项目设计书,同时按项目设计书全面启动各项工作。

2. 2008年工作任务

"吉林省煤炭资源潜力评价"是"吉林省矿产资源潜力评价"项目的子项目,任务书编号为"资〔2007〕038-01-07F"。根据全国矿产资源潜力评价"全国煤炭资源潜力评价"项目办公室(本书简称全国项目办)的总体安排,选择资料齐全、组织健全、工作基础好,具有代表性的贵州省织纳煤田、吉林省浑江煤田作为煤炭资源潜力评价的示范矿区,由全国项目办具体指导,从而规范省级煤炭资源潜力评价工作方法。

全国煤炭资源潜力评价项目典型示范区——"吉林省浑江煤田煤炭资源潜力评价"。

项目承担单位:吉林省煤炭地质调查总院。

项目协作单位:吉林省煤炭地质调查总院一〇二勘察院。

项目工作时间:2008年1—12月。

3. 2009年工作任务

根据各勘察院以往工作区域及吉林省各赋煤带的特征,将吉林省划分为4个工作区,即吉林省西部区(主要为松辽盆地在吉林省的部分)、吉林省中部区、吉林省东部区、吉林省南部区。

由吉林省煤炭地质调查总院负责,总院下属5个勘察院协作如下。

(1)吉林省煤炭地质调查总院二〇三勘察院负责吉林省西部区,其中分布的主要煤田有白城-万红煤田、瞻榆煤田、四平-双辽煤田、双城堡-刘房子煤田、营城-羊草沟煤田、榆树煤田。

(2)吉林省煤炭地质调查总院勘察设计研究院负责吉林省中部区(含伊舒断陷赋煤带),其中分布的主要煤田为辽源煤田、双阳煤田、蛟河煤田、舒兰煤田、伊通煤田。

(3)吉林省煤炭地质调查总院一一二勘察院负责吉林省东部区(包括敦密断陷赋煤带的北端),其中分布的主要煤田有敦化煤田、安图煤田、延吉煤田、和龙煤田、屯田营-春阳煤田、凉水煤田、珲春煤田、春化煤田、敬信煤田、三合煤产地。

(4)吉林省煤炭地质调查总院一〇二勘察院负责吉林省南部区(包括敦密断陷赋煤带的南端),其中分布的主要煤田有梅河-桦甸煤田、边沿-后沈家煤田、三棵榆树-杉松岗煤田、新开岭-三道沟煤田、浑江煤田、烟筒沟-漫江煤田、长白煤田。

(5)吉林省煤炭地质调查总院物探勘察院负责吉林省各赋煤带及煤田(或找煤区)的物探资料研究整理工作。

2009年末完成了吉林省4个分区的煤炭资源潜力评价资源远景区圈定和优选成果报告,由吉林省煤炭地质调查总院汇总编写了《吉林省煤炭资源潜力评价资源远景区圈定和优选成果报告》。

4. 2010年工作任务

2010年由吉林省煤炭地质调查总院负责,总院下属5个勘察院及中国矿业大学(北京)协作如下:吉林省煤炭地质调查总院二〇三勘察院负责完成《吉林省西部区煤炭资源潜力评价报告》;吉林省煤炭地质调查总院勘察设计研究院负责完成《吉林省中部区煤炭资源潜力评价报告》;吉林省煤炭地质调查总院一一二勘察院负责完成《吉林省东部区煤炭资源潜力评价报告》;吉林省煤炭地质调查总院一〇二勘察院负责完成《吉林省南部区煤炭资源潜力评价报告》;吉林省煤炭地质调查总院物探勘察院负责完成全省各赋煤带、煤田(或含煤盆地)的物探勘查研究资料整理汇总工作,该资料为各分区编制评价报告提供参考价值。

在上述4个分区煤炭资源潜力评价报告的基础上,吉林省煤炭地质调查总院汇总编写了《吉林省煤炭资源潜力评价报告》。2011年3月5日吉林省国土资源厅组织专家对该报告进行了初步评审。2011年3月13日全国项目办组织专家组对该报告进行验收,最后评审通过,并被评为优秀报告。2011年10月吉林省煤炭地质调查总院完成了该报告的补充、完善工作以及资料的汇交工作。

(三)指导思想

1. 煤炭资源赋存规律研究

以地球动力学和煤田地质理论为指导,深入开展对吉林省煤炭资源赋存规律的研究,从主要成煤期含煤地层、层序地层、煤质特征入手,建立典型成煤模式;以构造控煤作用研究为核心,恢复煤盆地构造-

热演化历史,分析含煤岩系后期改造和煤变质作用,揭示不同构造背景煤炭资源的聚集和赋存规律,为煤炭资源潜力预测和勘查前景评价提供依据。

2. 煤炭资源勘查开发现状分析

研究煤炭资源现状调查的方法,统一资源数据指标,以煤炭资源储量数据库为基础,分析吉林省现有煤炭(生产井、在建井)资源现状及尚未利用资源状况和分布,通过编制《煤炭资源勘查开发现状图》,反映吉林省煤炭资源现状,为煤炭资源预测评价提供基础。

3. 煤炭资源潜力评价

在煤炭资源赋存规律的基础上,研究煤炭资源预测评价理论和方法,以第三次全国煤炭资源预测和原地质矿产部全国煤炭资源远景预测为基础,根据10多年来新的地质资料和地质成果,充分利用区域地质、物探、遥感、矿产勘查等信息,对原有预测区及其资源量进行筛选再认识。同时,本书还提出了新的预测含煤区,采用科学的方法估算资源量,基本摸清了吉林省煤炭资源潜力及其空间分布。

4. 煤炭资源勘查开发潜力评价

从潜在的经济意义、煤质特征和生态环境容量等方面,进行预测资源量的分级、分类研究,对预测资源的勘查开发利用前景做出初步评估,综合分析地区能源形势和煤炭资源供需状况,结合全国和国际煤炭资源开发利用态势,评价吉林省煤炭资源潜力,提出煤炭资源勘查近期及中长期部署建议。

5. 煤炭资源潜力预测评价信息系统

利用地理信息系统(GIS)技术、数据库技术等先进技术手段,在统一的煤炭资源信息标准与规范下,收集、整理煤炭资源预测潜力评价的基础数据,统一属性和图形数据格式,建立吉林省煤炭预测资源数据库及开发信息管理系统,为各级管理部门以及其他用户提供实时的资源数据及辅助决策支持。

三、资料来源及截止日期

(1)主要资料来源:本次工作收集了大量煤炭勘查和开采资料。基础地质资料、煤炭地质勘查资料由吉林省煤田地质局提供,煤炭矿业权及资源储量资料由吉林省国土资源厅提供,煤炭开采资料由吉林省煤炭工业局提供,区域物探资料由吉林省地质调查院提供。

(2)利用资料截止日期:按《煤炭资源潜力评价技术要求》,本次评价工作利用资料截止日期为2007年12月,部分资料数据截止日期为2009年12月。

四、小 结

在收集资料的基础上,本书对吉林省内各煤田(含煤盆地、含煤区)的区域地质、含煤地层与煤层、沉积环境与聚煤规律、煤盆地构造演化与煤田构造、煤变质作用与煤质特征进行了研究,根据煤炭资源勘查开发现状,进行了煤炭资源潜力评价,分析了煤炭资源保障程度,提出了煤炭资源勘查开发建议。

第二章 区域地质概况

第一节 区域地层

吉林省地层区划重点依据沉积盆地工作背景,岩层体总体特征的差异分布(相序)、生物地理分区、构造岩浆作用、变质作用,同位素构造地球化学景观和深部构造,区分了前中生代(中三叠世)及其后不同性质的地层区划。

前中生代地层在本区南部以龙岗陆块(华北陆块东北缘)为核部,北部以西伯利亚陆块(佳木斯-兴凯陆块)为核部,中部为两者所挟持的海槽。龙岗陆块北缘随着时间的推移,依次侧向增生新的地层体。自北而南有震旦纪、奥陶纪、志留纪—泥盆纪、石炭纪—二叠纪等地层。佳木斯-兴凯陆块南缘则有青白口系—震旦系,再向南则由于长春-吉林-敦化-延吉大断裂带的作用而缺失。

吉林省前中生代地层区划分为四大区、五分区(图2-1-1)。

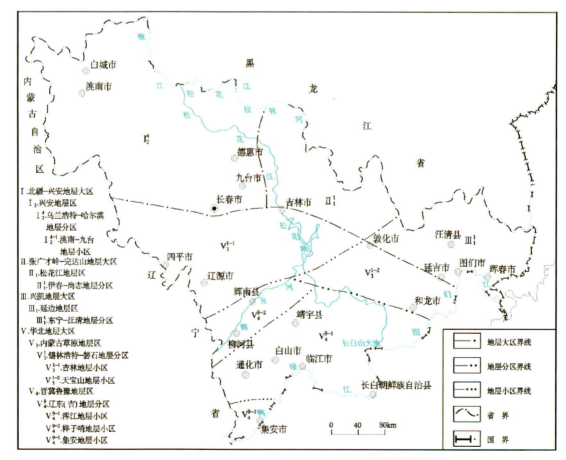

图2-1-1 吉林省古生代(含前古生代)综合地层区划图

中、新生代岩层体总体特征和分布受控于滨太平洋北东向构造带的影响，由一系列北东向挤压形成的火山盆地、拉张形成的沉积盆地、走滑形成的火山沉积盆地和数种应力场复合形成的不同方向的火山-沉积盆地组成。中、新生代地层区统称为滨太平洋地层大区(5)，划分为五分区(图2-1-2)。

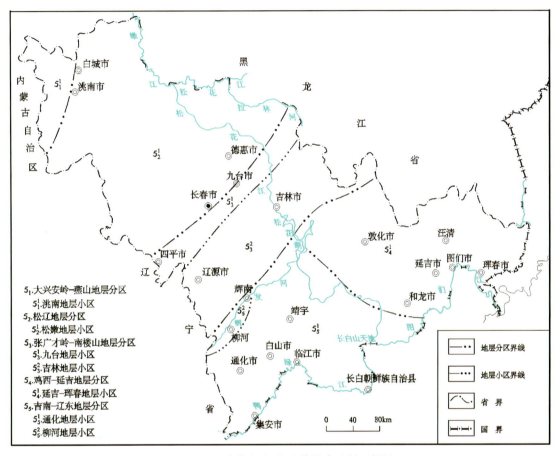

图2-1-2 吉林省中、新生代综合地层区划图

吉林省各时代地层均有发育(表2-1-1、表2-1-2)，由老到新依次分述如下。

一、太古宇

太古宇仅分布于吉林南部区，由下而上划分为龙岗岩群和夹皮沟岩群。

(一)龙岗岩群

龙岗岩群划分为四道砬子岩河岩组和杨家店岩组，主要由深变质的各种混合岩、麻粒岩、片麻岩、变粒岩、片岩、斜长角闪岩组成，总厚度大于9000m。前者同位素年龄3500Ma，后者同位素年龄大于3000Ma，为地台区的结晶基底。

(二)夹皮沟岩群

夹皮沟岩群划分为老牛沟岩组和三道沟岩组。前者主要为斜长角闪岩，夹多层绢云石英片岩、片麻岩、浅粒岩、磁铁石英岩和混合岩，厚度1000多米。后者主要由绢云石英片岩、绿泥角闪片岩夹斜长角闪岩和磁铁石英岩组成，混合岩化作用弱，厚度1300~2000m。同位素年龄：老牛沟组为3000~2800Ma，三道沟岩组为2800~2500Ma。二者呈整合接触关系，而老牛沟岩组不整合在龙岗岩群之上。

表 2-1-1 吉林省太古宙—早三叠世岩石地层序列简表

时代			地层区划								
			大区	北疆-兴安（Ⅰ）		张广才岭-完达山（Ⅱ）		兴凯（Ⅲ）	华北（Ⅴ）		
			区	兴安（I_2）		松花江（II_1）		延边（III_1）	内蒙古草原（V_3）	晋冀鲁豫（V_4）	
			分区	乌兰浩特-哈尔滨（I_2^4）		伊春-尚志（II_1^3）		东宁-汪清（III_1^1）	锡林浩特-磐石（V_3^1）	辽东（V_4^9）	
			小区	洮南-九台（I_2^{4-1}）					天宝山（$V_3^{1,2}$）	吉林（V_3^{1-1}）	桦子哨（$V_4^{9,2}$）	浑江（V_4^{9-1}）	集安（V_4^{9-3}）
中生代	三叠纪	早										
晚古生代	二叠纪	晚									孙家沟组	
		中									上石盒子组	
		早		大石寨组		马达屯组			马达屯组		下石盒子组	
	石炭纪	晚									山西组 *	
											太原组	
		早						柯岛组	范家屯组		本溪组	
	泥盆纪	晚						庙岭组	石嘴子组			
		中							磨盘山组			
		早							鹿圈屯组	山秀岭组		
早古生代	志留纪	晚							王家街组			
		中						香房子组				
		早						杨金沟组	桃山组	青龙村群	马家沟组	
	奥陶纪	晚				黄莺屯组	五道沟群	马滴达组			亮甲山组	
		中				西保安组			黄莺屯组		冶里组	
		早							石缝组			
	寒武纪	晚							西保安组		凤山组	
											长山组	

续表 2-1-1

界	系	统	组/群		
早古生代	寒武纪	晚	崮山组		
			张复组		
		中	徐庄组		
			毛庄组		
		早	馒头组		
			碱厂组		
元古宙	震旦纪		八道江组		
			万隆组		
			桥头组		
			南芬组		
			钓鱼台组		
			白房子组		
	青白口纪		老岭(岩)组	大栗子(岩)组	
				临江(岩)组	
				花山(岩)组	
				珍珠门(岩)组	
				林家沟岩组	
	中元古代			集安(岩)群	大东岔(岩)组
					荒岔沟(岩)组
					蚂蚁河(岩)组
	古元古代			夹皮沟(岩)群	三道沟组
					老牛沟组
太古宙				龙岗(岩)群	杨家店组
					四道砬子河组

注：表中带 * 为含煤地层。

表 2-1-2 吉林省中、新生代岩石地层序列简表

时代		地区划分						
	大区	滨太平洋(5)						
	分区	大兴安岭-燕山(5_1)	松辽(5_2)	张广才岭-南楼山(5_3)		鸡西-延吉(5_4)	吉南-辽东(5_5)	
	小区	洮南(5_1^1)	松嫩(5_2^1)	九台(5_3^1)	吉林(5_3^2)	延吉-珲春(5_4^1)	通化(5_5^1)	柳河(5_5^2)
新近纪	上新世		泰康组			船底山组		
	中新世		大安组	水曲柳组		土门子组	马鞍山组	
古近纪	渐新世			舒兰组*		珲春组*	桦甸组*	梅河组*
	始新世							
	古新世		富峰山组	新安村组				
白垩纪	晚		明水组					
			四方台组					
			嫩江组					
			姚家组			龙井组	干沟子组	
			青山口组					
			泉头组			大拉子组		
			登楼库组			泉水村组	榆木桥子组	三棵榆树组
	早		营城组*	金家屯组				
				长安组*		长财组*	石人组*	亨通山组*（三源浦组）
			沙河子组*	安民组*				
				久大组				
侏罗纪	晚	付家洼子组	火石岭组	德仁组		屯田营	林子头组	兰山组
							抚松组	碱厂沟组
	中	万宝组*		太阳岭组*			望江楼组	侯家屯组
	早	红旗组*		板石顶子组			冷家沟组	杉松岗组
三叠纪	晚			大酱缸组		大兴沟群	天桥岭组	北山组*
							马鹿沟组	
	中						托盘沟组	

注：表中带*为含煤地层。

二、元古宇

(一) 古元古界

古元古界分布于吉林南部区的东南部集安一带，称集安群。由下而上划分为清河组、新开河组、大东岔组，为深变质岩系，主要为黑云变粒岩、透辉变粒岩、电气变粒岩、石墨黑云变粒岩、浅粒岩、斜长角闪岩、片麻岩、石墨大理岩、蛇纹石化橄榄大理岩、石英岩等。厚度：清河组大于 5400m，新开河组大于 1500m，大东岔组为 936m。同位素年龄：新开河组为 1918～1909Ma，大东岔组大于 1830Ma。本群内呈整合接触关系，与下伏太古宇关系不明。

(二) 中元古界

中元古界分布于通化—浑江的老岭两侧，称老岭群。下伏不整合于太古宇和集安群之上，同位素年龄为 1900～1720Ma。老岭群由下而上划分为达台山组、珍珠门组、花山组、临江组和大栗子组，由海相碎屑岩-碳酸盐岩沉积变质而成，主要岩石为石英岩、二云片岩、变质砾岩、含磁铁绢云石英片岩、黑云片岩、千枚岩、红柱石碳质板岩、白云质大理岩、白云石大理岩、大理岩、石灰岩等。上部大栗子组含赤铁矿-磁铁矿层，组成多个岩石旋回结构。总厚度大于 15 300m。产微古植物：*Leiopsophosphaera* sp.，*Conophyton* sp.，*Margominuscula antique*，*Leiominuscula* aff.，*Minuta*，*Calloniella* sp. 等。同位素年龄：花山组为 1800Ma，大栗子组为 1786～1727Ma。

(三) 新元古界

新元古界分布于通化—浑江地区龙岗山脉的两侧，划分为青白口系和震旦系。

1. 青白口系

青白口系由上而下划分为下青白口统白房子组，上青白口统钓鱼台组、南芬组。

(1) 白房子组（Qb_1b）：下部为黄灰色、灰黑色中细砂岩，粉砂岩和泥岩；中部为黄绿色、紫红色长石英砂岩，含菱铁赤铁矿层；上部为紫色和黄绿色细砂岩、粉砂岩、页岩。总厚度大于 800m。不整合于下伏老岭群之上。

(2) 钓鱼台组（Qb_2d）：由灰白色、灰绿色，局部带红色石英砂岩、石英岩，含海绿石和赤铁矿层。厚度 400～600m。与下伏白房子组呈整合接触关系。

(3) 南芬组（Qb_2n）：由紫色、蛋清色、草绿色薄层灰岩、泥灰岩、钙质页岩和粉砂岩等组成。产藻类化石：*Chuaria circularis*，*Marania? antiqua*，*Conicina obtusa* 和微古植物：*Protosphaeridium* sp. 等。厚度 245～1040m。整合于下伏钓鱼台组之上。

2. 震旦系

震旦系由下而上划分为下震旦统桥头组、万隆组，中震旦统八道江组，分述如下。

(1) 桥头组（Z_1qt）：下段为黄绿色或灰色石英砂岩、页岩；中段为灰白色中厚层状石英砂岩夹粉砂岩；上段为灰白色薄层状石英砂岩，含海绿石。产微古植物：*Protosphaeridium densum*，*Protosphaeridium bullatum* 等。厚度 200～250m。同位素年龄 656～629Ma。与下伏南芬组整合接触。

(2) 万隆组（Z_1w）：下段为深灰色中厚层、薄层"蠕虫状"灰岩，白云岩，夹粉砂质泥灰岩；中段为深灰色块状灰岩、页岩及粉砂质泥灰岩；上段为钙质页岩、泥灰岩、白云质灰岩、白云岩等。产微古植物：

Trachysphaeridium spp., *Protosphaeridium densum*, *Leiopsophaera apertus* 等。厚度 550～710m。与下伏桥头组整合接触。

(3)八道江组(Z_2b):下段为中厚层藻灰岩和叠层石灰岩,夹硅质岩;中段为灰白色厚层状灰岩和叠层石灰岩;上段为浅灰色厚层叠层石灰岩。产叠层石:*Minjaria* sp., *Inzeria* sp., *Baicalia aimica*, *Turusania alicia* 等,以及藻类 *Eomycetopsis* sp. 等。厚度 250～600m。

三、古生界

古生界在吉林南部地台区发育较为完整,与整个华北陆块基本一致,而地槽区下古生界分布零星,且变质较深。上古生界分布很广,尤其是二叠系各处均有分布,变质较浅。现按其特征划分为吉林南部区、吉林东部(延边)区、吉林中部区、吉林西部(松辽盆地)区 4 个区,分述如下。

(一)吉林南部区

吉林南部区主要分布于三源浦-抚民条带、浑江-松树镇、长白条带内。

1. 寒武系

寒武系划分为下寒武统碱厂组、馒头组、毛庄组;中寒武统徐庄组、张夏组;上寒武统崮山组、长山组、凤山组。现简述如下。

(1)碱厂组($\epsilon_1 j$):下部为黄绿色细砂岩,中部为黄灰色中薄层状灰岩,上部为沥青质灰岩。产化石 *Redlicha chinensis*。厚度 45～306m。平行不整合于八道江组之上。

(2)馒头组($\epsilon_1 m$):砖红色、紫色、紫红色钙质粉砂岩,页岩,夹灰岩和钙质砂岩。产化石:*Redlichia chinensis*。厚度 97m。与碱厂组整合或平行不整合接触。

(3)毛庄组($\epsilon_1 mz$):黄绿色、紫色、猪肝色薄层含云母粉砂岩,粉砂岩页岩,含海绿石粉砂岩,夹生物碎屑灰岩、海绿石灰岩,底部有一层角砾状灰岩。产化石:*Shantungaspis orientalis*, *Ptychoparis* sp. 等。厚度 20～243m。与下伏馒头组整合接触。

(4)徐庄组($\epsilon_2 x$):紫色、杂色粉砂岩,页岩,夹灰岩和泥灰岩。产化石:*Kochaspis hsuchuangensia*, *Bailiella lantenosis*, *Metagraulos sbrota*, *M. nitida* 等。厚度 42～310m。整合于毛庄组之上。

(5)张夏组($\epsilon_2 z$):灰色、紫红色厚层状含海绿石灰岩,生物碎屑灰岩,灰岩,顶上为黄绿色页岩。产丰富动物化石:*Damesella paronai*, *Dorypygella typicalis*, *Amphoton parelella*, *Crepicephalina damia* 等。厚度 65～280m。整合于徐庄组之上。

(6)崮山组($\epsilon_3 g$):紫色、紫灰色粉砂岩,页岩,夹竹叶状灰岩、生物碎屑灰岩。产化石:*Drepanura premeskilli*, *Blackwelderia* cf. *paronai*, *Damesella* sp., *Kaolishania* cf. *pustulosa* 等。厚度 20～227m。整合于张夏组之上。

(7)长山组($\epsilon_3 ch$):灰紫色、灰绿色粉砂岩,粉砂质页岩,页岩,夹竹叶状灰岩、生物碎屑灰岩和灰岩透镜体。产化石:*Chuangia frequens*, *Changshania conica*, *Kaolishania* cf. *pustulosa* 等。厚度 25～260m。整合于崮山组之上。

(8)凤山组($\epsilon_3 f$):灰色条带状、薄层状灰岩、中厚层状生物碎屑灰岩,夹黄绿色、紫色页岩和竹叶状灰岩。产化石:*Ptychaspis subglobasa*, *Tsinania canens*, *Caluinella walcotti*, *Tellerina* sp. 等。厚度 46～358m。整合于长山组之上。

2. 奥陶系

奥陶系划分为下奥陶统冶里组、亮甲山组,中奥陶统马家沟组。

(1)冶里组（O_1y）：灰色薄层状灰岩，竹叶状灰岩，夹黄绿色页岩，底部为厚层状灰岩和生物碎屑灰岩。产化石：*Airograptus* sp.，*Dictyonema* sp.，*Onychopyge borealis*，*Hystricurus* sp. 等。厚度 200～300m。整合于凤山组之上。

(2)亮甲山组（O_1l）：豹皮状灰岩，含燧石结核和条带状灰岩、中厚层灰岩、白云质灰岩、竹叶状灰岩。产化石：*Parapiloceras* sp.，*Archaeoscyphyia* sp.，*Manchuroceras* sp. 等。厚度 250m。整合于冶里组之上。

(3)马家沟组（O_2m）：以灰色质纯的厚层、中厚层状灰岩为主，还有豹皮状灰岩、白云质灰岩，夹泥质灰岩、角砾状灰岩。产化石：*Armenoceras robustum*，*A. centrale*，*Ormoceras subcentrale*，*Steroplasmaceras* sp. 等。厚度大于 250m。整合于亮甲山组之上。

3. 石炭系

石炭系分布于浑江流域和长白地区，在三源浦也有零星分布，划分为上石炭统本溪组和太原组。

(1)本溪组（C_2b）：下部为灰色、灰黑色粉砂岩、泥岩，灰绿色、灰紫色中细砂岩，杂色铝土质岩；底部常为砾岩，产化石：*Archaeocalamites* sp.，*Mesocalamites cistiformis*；中部为灰色、灰绿色粉砂岩和砂岩，夹杂色铝土质岩、黑色泥岩、粉砂岩及 1～2 层灰岩，产化石：*Eostaffella subsolana*；上部为灰黑色泥岩、粉砂岩、灰绿色砂岩及多层薄煤或煤线，夹灰岩 4～5 层，产化石：*Fusulina* sp.，*Profulinella* sp.，*Millerella minuta*，*Ozawainella turgida* 等。总厚度 30～290m。平行不整合于马家沟组之上。

(2)太原组（C_2t）：吉林南部区主要含煤岩系，由灰色中粗粒状砂岩、细砂岩，灰黑色粉砂岩、砂岩、泥岩及煤组成，含煤 3～4 层，下部含铝土岩。产丰富的植物化石：*Neuropteris ovata*，*Lepidodendron posthumii* 和海相动物化石：*Choneteslalesinaota*。厚度 15～124m。整合于本溪组之上。

4. 二叠系

二叠系划分为下二叠统山西组、下石盒子组，中二叠统上石盒子组，上二叠统孙家沟组。

(1)山西组（P_1s）：下部为厚层状中粗砂岩和含砾砂岩；上部为灰黑色泥岩和砂岩及粉砂岩，含煤 2～3 层。产化石 *Lobatannularia sinensis*，*Emplactopteridum alatum*。厚度 41～75m。平行不整合于太原组之上。

(2)下石盒子组（P_1x）：灰绿色中粗砂岩与紫色、紫灰色粉砂岩互层，夹泥岩和铝土岩。产化石：*Pecopteris orientalis*，*Plagiozamites oblongifolius*。厚度 50～80m。整合于山西组之上。

(3)上石盒子组（P_2sh）：灰色、暗紫色、杂色粉砂岩、泥岩，夹黄绿色砂岩。产化石：*Chiropteris* sp.，*Taeniopteris* sp.，*Cladophlebis* sp. 等。厚度 227～350m。整合或平行不整合于下石盒子组之上。

(4)孙家沟组（P_3s）：赤紫色砂岩、钙质粉砂岩夹泥岩透镜体。厚度 100～270m。与下伏上石盒子组呈整合接触关系。

（二）吉林东部（延边）区、吉林中部区、吉林西部（松辽盆地）区

1. 寒武系—奥陶系

寒武系—奥陶系在吉林省东丰、九台、磐石有零星分布，称为西保安组和黄莺屯组。

(1)西保安组（$\in Ox$）：主要为角闪片岩、斜长角闪岩、角闪变粒岩、云母石英片岩、绿泥石片岩、花岗片麻岩，上部有大理岩，夹磁铁矿层。厚度 460～866m。不整合于长山组之上。

(2)黄莺屯组（$\in Oh$）：由石英片岩、绢云石英片岩、斜长角闪片岩、电气石石英片岩、燧石结核大理岩、石墨大理岩等组成。厚度最大达 2499m。整合于西保安组之上。

2. 奥陶系

奥陶系零星分布于吉林中部及延边等地，称上奥陶统石缝组。

石缝组（O_3sh）：下部为石榴石二云石英片岩、云母片岩及变质中酸性火山岩；上部为大理岩、板岩和变质砂岩。产化石：*Thamnopora* sp.，*Loolasma* sp.，*Rouscria* sp. 等。厚度约为2100m。与下伏黄莺屯组呈整合接触关系。

3. 志留系

志留系零星分布于吉林、伊通、桦甸、珲春、永吉等地，中部区为下志留统桃山组，东部区为下志留统马滴达组、杨金沟组和中志留统香房子组。

桃山组（S_1t）：由灰色、灰黑色粉砂岩，粉砂质板岩，千枚状板岩组成。产丰富的笔石化石：*Retidites geinitaianus*，*Monoclimacis vomerimus*，*Spirograptus turriculatus* 等。厚度大于3200m。与下伏地层关系不清。

4. 泥盆系

泥盆系在吉林省零星分布，主要为中泥盆统王家街组。

王家街组（D_2w）：下段为黄绿色、紫色粉砂岩，砂岩，页岩及火山碎屑岩；上段为灰岩、泥灰岩。产化石：*Stachyodes* sp.，*Alveolitella* sp.，*Chaltetes* cf. *rotundus* 等。厚度750m。与下伏地层关系不清。

5. 石炭系

石炭系零星分布于吉林省中部和吉林省东部（延边）区，划分为下石炭统鹿圈屯组，上石炭统磨盘山组、石嘴子组，延边地区上石炭统为山秀岭组。

（1）鹿圈屯组（C_1l）：下段为灰绿色、紫红色细碧玢岩，凝灰岩，夹大理岩、中厚层状大理岩、千枚状板岩、凝灰质砂岩；上段为黄绿色、灰色石英砂岩，厚层状灰岩，粉砂岩，板岩，夹酸性火山岩等。产化石：*Arachnolasma sinense*，*Punctospirifer* sp.，*Yuanophyllum* sp.，*Gangamophyllum latum* 等。厚度一般大于1000m，最大厚度达4287m。与下伏地层关系不清。

（2）磨盘山组（C_2m）：灰色、灰白色中厚层状灰岩，燧石结核灰岩。产丰富的䗴类化石：*Fusulinella* cf. *bocki*，*Fusulina subdistenta*，*Fusiella typical*，*Ozawainella turgida*，*Profusulinella prisca*，*Eostaffella mixta*，*Pseudosstaffella subquadrata* 等。厚度650～870m。与下伏鹿圈屯组为整合接触。

（3）石嘴子组（C_2sh）：下部为灰白色大理岩；上部为黄褐色、灰色砂岩，页岩，凝灰质砂岩夹灰岩和泥灰岩。产丰富的䗴类化石：*Schwagrina* sp.，*Pseudoshwagerina uddeni*，*Eoparafusulina* sp.，*Triticites laxus* 等。厚度大于1200m。整合于磨盘山组之上。

（4）山秀岭组（C_2shx）：以灰色、深灰色薄层结晶灰岩，硅质带状灰岩，泥灰岩为主，夹凝灰质砂岩，底部为黑绿色酸性凝灰岩。产䗴类化石：*Rugosofusulina* sp.，*Triticites* spp.，*Schwagerina* sp.，*Pseudoschwagerina* sp. 等。厚度大于517m。与下伏地层关系不明。

6. 二叠系

二叠系广泛分布于吉林省中部区及吉林省东部（延边）区，吉林省中部区自下而上划分下二叠统范家屯组和大石崖组，中二叠统马达屯组。延边区自下而上划分下二叠统庙岭组、柯岛组，中二叠统开山屯组。吉林西部（松辽盆地）区为下二叠统大石崖组。

（1）范家屯组（P_1f）和大石崖组（P_1d）：以灰色、灰紫色砂岩，粉砂岩，板岩为主，中部为灰岩和凝灰岩、凝灰质砂岩等。产化石：*Neoschwagerina craticulifera*，*Schwagerina* sp.，*Waagenoconcha* cf. *irginae* 等。厚度大于 1387m。

(2) 马达屯组(P_2m)：紫色、灰色中酸性火山岩（角闪安山岩、流纹岩及火山角砾岩），凝灰岩，凝灰质砂岩，粉砂岩，黑色粉砂质泥岩等。厚 970～4607m。

(3) 庙岭组(P_1m)：灰色、灰黑色灰岩，厚层状结晶灰岩，凝灰质砂岩，凝灰质板岩等。局部以凝灰质砂岩为主，夹灰岩或无灰岩。产化石：*Yabeina* cf. *hayasakai*，*Neoshwagerina* sp.，*Parafusulina* sp.，*Waagenophyllum indicum*，*Neospirifer* sp. 等。厚度 175～1000m，最厚处可达 3500m。

(4) 柯岛组(P_1k)：灰色、灰紫色、灰黑色凝灰质砂岩，粉砂岩，板岩，安山岩，凝灰岩，晶屑凝灰岩。产化石：*Spirifer* sp.。厚度 850～1400m。平行不整合于庙岭组之上。

(5) 开山屯组(P_2k)：下部为凝灰质砂砾岩和板岩；上部为凝灰质砂砾岩、板岩、碳质板岩互层。产植物化石：*Pecopteris anderssonii*，*Cladophlebis* cf. *ozakli*，*Lobatannularia heianensis*，*Taeniopteris* sp. 等。厚度 900～2410m。平行不整合于柯岛组之上。

四、中生界

吉林省以中生界最为发育，一般呈北东向分布，尤以上侏罗统和下白垩统最为发育。

1. 三叠系

三叠系零星分布于吉林省双阳、九台、汪清和浑江等地，共划分为上三叠统大酱缸组、大兴沟群和北山组。

(1) 上三叠统大酱缸组(T_3d)：分布于双阳—烟筒山一带，为灰色、灰绿色凝灰质砂砾岩，细砂岩，粉砂岩，板岩，夹凝灰岩，局部含煤。产植物化石：*Neocalamites carrerei*，*Cladophlebis* cf. *kaoiana*，*Todites* cf. *goepperciaus*，*Gllossophyllum* sp.，*Cycadocarpidium* sp. 等。厚度在 1400m 左右。与下伏地层关系不明。

(2) 上三叠统在延边称大兴沟群，由下而上划分为托盘沟组、马鹿沟组、天桥岭组。①托盘沟组(T_3t)：灰黑色、灰绿色安山岩及凝灰岩。厚度 1100m。不整合于海西期花岗岩之上。②马鹿沟组(T_3m)：黑色板岩、凝灰质含砾砂岩、粉砂岩，夹中性火山岩和凝灰岩。产植物化石：*Equisetum paelongum*，*Neocalamites* sp.，*Dictyophyllum exquisantum*，*Clathropteris ecegans*，*Hausmannia ussuriensis*，*Todites denticulate*，*Cycadocarpidium swabii*，*C. giganteum*，*C. erdmann* 及 *Taeniopteris* spp. 等。厚度 1070m。整合于托盘沟组之上。③天桥岭组(T_3tq)：为灰色、灰绿色流纹岩，酸性凝灰岩，角砾岩。厚度 852m，整合于马鹿沟组之上。

(3) 在浑江区上三叠统称北山组(T_3b)，分布于浑江石人和小营子地区。下部为灰色砾岩、砂岩；上部为灰色砂岩、粉砂岩、泥岩，含 3～4 层薄煤层。产植物化石：*Danaeopsis* cf. *fecunda*，*Glossophyllum shensiense*，*Cycadocarpidium erdmanni*。厚 270～860m。不整合于二叠系之上。

2. 侏罗系

1) 下侏罗统

下侏罗统分布于吉林省西部白城地区，也称红旗组，在双阳地区称板石顶子组，浑江区分别称冷家沟组和杉松岗组，均为河湖相沉积的含煤碎屑岩系。一般底部有砾岩和砂岩，上部为含多层薄煤的砂岩、粉砂岩、泥岩。厚度变化较大，一般为 300～500m。产 *Coniopteris phoenicopsis* 植物系的早期组合。

(1) 红旗组(J_1h)：出露于松辽盆地西缘大兴安岭赋煤带东部白城-万红煤田，即洮南地层小区。以湖相、沼泽相的深灰色粉砂岩和泥岩夹砂岩沉积为主,底部具薄层状或透镜状磨圆度很好的砾岩,含薄层、中厚煤层较多。产丰富的植物化石:*Equisetites sarrani*,*Neocalmites carrerei*,*Phlebopteris brauni*,*Cladophlobis ingens*,*CL(Todites) scorebyensis*,*Anomozamites* cf. *major*,*Cycadocarpidium* sp.,*Phoenicopsis angustifolia Podozamites schenki* 等。厚度 500～700m。与下伏二叠系为不整合接触。

(2)板石顶子组(J_1b):主要由一套砾岩、含粒粗砂岩、砂岩、粉砂岩及少量的酸性火山碎屑岩组成。产丰富的植物化石:*Taeniopteris* cf. *tenuinervis*,*Nilssonia* cf. *orientalis*,*Cladophlebis* cf. *raciborskii*。层位在上三叠统大酱缸组之上,并存在一个较大的沉积间断。该组厚 312～654m。

(3)杉松岗组(J_1s)和冷家沟组(J_1l):为含煤岩系,以灰色、深灰色砂岩为主,含砾岩、粉砂岩、泥岩和煤层。产丰富的植物化石:*Neocalamites carrerei*,*Coniopteris hymenophylloides*,*Cladophlbis ingens*,*Czekanowskia setacea* 等,以及 *Sibireconcha* aff. *Lankoviensis*,*Tutuellasibiransis* 等。厚度大于 250m。不整合于奥陶纪灰岩之上。

2)中侏罗统

(1)吉林西部区(松辽盆地)划分为万宝组、付家洼子组,具体如下。

①万宝组(J_2w):出露于松辽盆地西缘、大兴安岭赋煤带东部的白城-万红煤田,属洮南地层小区,为灰色、灰黑色砂岩,粉砂岩,泥岩,夹凝灰岩,底部常为砾岩。产 *Ferganoconcha* spp. 及植物化石 *Neocalmies* sp.,*isteites lateralis*,*Todites williamsoni*,*Coniopteris hymenophylloides*,*C*. spp.,*Eboracia labifoia*,*Raphaelia diamensis* 及各种银杏类化石。厚度 500～700m。不整合于红旗组之上。

②付家洼子组(J_2f):出露于松辽盆地西缘、大兴安岭赋煤带东部的白城-万红煤田,属洮南地层小区。该组分布广泛,为紫红色、灰绿色凝灰质砂岩,凝灰质粉砂岩和泥岩,局部含泥质灰岩及安山岩。厚度大于 1000m。整合于万宝组之上。

(2)吉林中部区为太阳岭组(J_2t):分布于双阳一带,下部为砾岩和砂岩;中部为砂岩夹粉砂岩、泥岩和薄煤;上部为砂岩与粉砂岩互层。产植物化石:*Neocalamites* sp.,*Equisetites* cf. *cateralis*,*Coniopteris hymenophyllum*,*Phoenicopsis* sp.,*Czekanowskia rigida* 等。厚 100～950m。平行不整合于板石顶子组之上。

(3)在吉林南部区浑江和杉松岗分别将中侏罗统划分为望江楼组和侯家屯组。

①望江楼组(J_2w):下部为灰色砾岩、砂岩和粉砂岩;中部为紫灰色安山岩;上部为灰色砂岩和砾岩,夹黑色碳质泥岩。产化石:*Neocalamites* sp.,*Cladophlebis* cf. *hsiehiana*,*Coniopteris hymenophylloides*,*hymenophylloides*,*C. quingueloba* 等。厚度在 330m 左右。不整合于钓鱼台组之上。

②侯家屯组(J_2h):分布于柳河、三源浦一带,为紫色、灰绿色薄层状泥质粉砂岩,含碳质泥岩和薄煤层。产化石:*Coniopteris tatungensis*,*Anomozamites* cf. *major* 等。厚度在 200m 左右。不整合于龙岗群之上。

3)上侏罗统

上侏罗统分布于吉林西部区(松辽盆地)、吉林中部区、吉林东部区(延边区)、吉林南部区,分述如下。

(1)吉林西部区(松辽盆地):分布于松辽盆地中部和东缘,即松嫩地层小区和九台地层小区,称火石岭组。火石岭组(J_3h)为中基性火山岩、凝灰岩夹沉积砂岩和粉砂岩,在营城本组产植物化石:*Coniopteris* sp.,*Nilssonia sinensis*,*Pterophyllum* sp.,*Elatocladus manchurica* 等。厚度 250～580m。不整合于二叠系变质岩系之上。

(2)吉林中部区:辽源和平岗盆地为德仁组(J_3dr),主要为灰黑色、灰绿色和紫灰色安山岩,安山集块岩,夹凝灰岩、砂岩和砾岩。厚度 450～1500m。平行不整合于海西期花岗岩之上。

(3)吉林东部区(延边区):主要为屯田营组(J_3t),下部为紫色、灰绿色角闪安山岩,安山质火山角砾岩,凝灰岩;上部为灰白色、绿灰色流纹岩,火山角砾岩和凝灰岩。厚度 110～1500m。不整合于二叠系及海西期花岗岩之上。

(4)吉林南部区:在浑江地区由下而上划分为抚松组、林子头组,在柳河—三源浦一带由下而上划分为碱厂沟组、兰山组。

①抚松组(J_3f):下部紫红色、杂色粉砂岩,凝灰质砂岩和粉砂岩,夹泥岩和泥灰岩;上部为中基性火山岩、火山角砾岩和凝灰岩。产化石:*Ferganoconcha* sp.。厚度500~846m。不整合于二叠系和北山组之上。

②林子头组(J_3l):灰绿色、草绿色、紫色凝灰质砂岩,粉砂岩,凝灰角砾岩,局部地区为流纹岩等。产化石:*Lycoptera* sp.,*Sphaerium jcholense*,*S. selengenensis* 等。厚度580m。整合于抚松组之上。

③碱厂沟组(J_3jc):草绿色、黄绿色、灰绿色、暗紫色凝灰质砂岩,凝灰质砂岩,安山质晶屑含砾凝灰岩,晶屑凝灰岩,局部为正常沉积的粉砂岩和页岩。产化石:*Sphaerium jeholense*,*S.* cf. *selenginense*,*Tutuella* cf. *iraidae*,*Ferganoconcha* cf. *sibirica* 等。厚980~1150m。整合于侯家屯组之上。

④兰山组(J_3ls):以灰黑色、黄绿色粉砂质泥岩,粉砂岩,砂岩为主,夹安山岩和泥灰岩,底部为砾岩。产化石:*Lycoptera davidi*,*Diestheria* sp.,*Eosestheria* cf. *linjiansis*,*E.* sp.,*Ephemeropsis trisetalis*,*Sphaerium* sp. 等。厚度在800m左右。平行不整合于碱厂沟组之上。

3. 白垩系

白垩系广泛分布于吉林西部(松辽盆地)区、吉林中部区、吉林东部(延边)区、吉林南部区,主要含煤地层赋存于下白垩统,上白垩统局部发育。

(1)吉林西部(松辽盆地)区:分布于松辽盆地中部和东缘,即松嫩地层小区和九台地层小区。自下而上划分为下白垩统沙河子组、营城组、登楼库组、泉头组;上白垩统青山口组、姚家组、嫩江组、四方台组和明水组。

①沙河子组(K_1sh):松辽盆地内自东向西地层厚度逐渐变薄,在九台地层小区发育较好,为吉林西部主要含煤岩系。下部为砂岩、粉砂岩、泥岩含煤层;中部以泥岩为主;上部为砂泥岩层。产植物化石:*Coniopteris burejensis*,*Acanthopteris gothani*,*Nilssonia sinensis* 等。厚度210~690m。整合于火石岭组之上。

②营城组(K_1y):分布于松辽盆地东缘九台地层小区内,为中基性火山岩和酸性火山岩及其火山碎屑岩,其上部为凝灰质砂岩、泥岩及正常沉积的砂岩、粉砂岩并含有煤层。产植物化石:*Acanthopteris gothani*,*Sphenolepis*(*Asplerium*)*jchustropii*,*Gleichites gracilis*,*Arctoptaris rarinervis*,*Neozamites verchojianensis* 等。厚度500~1000m。不整合或平行不整合于沙河子组之上。

③登楼库组(K_1d):分布于松辽盆地中部、东缘和南缘,即松嫩地层小区和九台地层小区,以灰色、灰绿色、黄褐色含砾砂岩,粗砂岩为主,夹有细砂岩和粉砂岩。上部多呈黄绿色夹紫色。产植物化石:*Sphenolepis*(*Asplerium*)*jchustropii*,*Arctoptaris* sp. 和被子植物化石:*Trochodendroides* sp. 等。厚度1000~1500m。平行不整合于营城组之上。

④泉头组(K_1q):广泛分布于松辽盆地中部、东缘和南缘,即松嫩地层小区和九台地层小区。自下而上划分为4段:第一段为灰色、紫灰色、紫红色砾岩,砂岩,粉砂岩和泥岩互层;第二段以棕红色、褐红色泥岩为主,夹灰色、绿色、紫红色粉砂岩和细砂岩,局部夹黑色泥岩;第三段为灰绿色、棕红色、暗红色泥岩,砂岩,砂质泥岩;第四段为棕红色、灰绿色泥岩,粉砂岩,细砂岩,局部夹砾岩。产化石:*Sphaerium chientaoense*,*Plicatounio*(*Plicatoumio*)*latiplicatus* 和介形类:*Ziziphocypris* aff. *simakovi*,*Haribinia* aff. *hapla* 等。厚300~1500m,最大厚度达2198m。整合于登楼库组之上。

⑤青山口组(K_2qs):广泛分布于松辽盆地中部、东缘和南缘,即松嫩地层小区和九台地层小区。由下而上,一段为黑色油页岩、泥岩;二段至三段为黑色、棕红色、灰绿色粉砂质泥岩,泥岩夹粉砂岩。产化石:*Plicatounio*(*Plicatoumio*)*latiplicatus*,*P.*(*P.*)*Subrhombicus* 和介形类:*Cypridea* aff. *teracnoa*,

Lycopterocypis? multifera,*Limnocypridea* aff. *bucerusa* 等。厚度 160~300m。整合于泉头组之上。

⑥姚家组(K_2yj):广泛分布于松辽盆地西缘、中部、东缘和南缘,即松嫩地层小区、九台地层小区和洮南地层小区东部。由下而上,第一段为紫红色、灰紫色、灰绿色泥岩互层,夹细砂岩;第二段为棕红色厚层状泥岩和粉砂岩互层,含钙质结核;第三段为绿红泥岩和砂岩交替。产化石:*Cypridea* aff. *tera*,*Ziziphocypris* aff. *simakovi*,*Z. concat* 等。厚度 60~300m。整合于青山口组之上。

⑦嫩江组(K_2n):广泛分布于松辽盆地西缘、中部、东缘和南缘,即松嫩地层小区、九台地层小区和洮南地层小区东部。下部为黑色泥岩夹油页岩;上部为灰黑色、灰绿色及棕红色泥岩和砂岩互层。产介形类 *Cypridea liaukhenensis*,*C*. aff. *aulinia*,*Lycopterocypis* sp. 和鱼类:*Sungarichththys longicephalus* 等。厚度 200~400m,最厚处达 500m。与下伏姚家组呈整合接触关系。

⑧四方台组(K_2s):广泛分布于松辽盆地中部凹陷区,即松嫩地层小区。由灰色、灰绿色泥岩,粉砂质泥岩,粉砂岩和细砂岩组成,局部夹砂砾岩和黄铁矿质结核。产化石:*Cypridea amoena*,*Timiriaseria* cf. *kaitunensis*,cf. *kaitunia*,cf. *implata*,*Pseudohyria arilia* 等。厚度 200~400m。平行不整合于嫩江组之上。

⑨明水组(K_2m):广泛分布于松辽盆地中部凹陷区,即松嫩地层小区。下部一般为灰绿色泥岩和粉砂质泥岩,夹棕红色和灰绿色砂岩;上部(二段)为棕色、棕红色、灰绿色、杂色泥岩,粉砂岩;中部夹砂岩。产化石:*Pseudohyria* aff. *gobiensis*,*Sphaerium rectiglohosum*,*Candona* aff. *proan*,*Candoniella suzini* 等。厚度 100~200m。整合于四方台组之上。

(2)吉林中部区:由于各盆地岩性变化大,地层名称不统一,现以辽源盆地和平岗盆地为代表,其他为本区同时代与之相当的不同盆地地层组,在此介绍以便含煤地层对比利用(见第三章第二节),不能全部列入地层表中。

①久大组(K_1j):灰黑色、灰绿色安山岩凝灰岩,含砾砂岩,砂岩,粉砂岩和泥岩,含煤层。产化石:*Llycoptera* sp.,*Ephemeropsis trisetalis*,*Eoestheria* sp.,*Ferganoconcha minor* 等。厚度 440~1000m,不整合于古生界及德仁组之上。

②安民组(K_1a):中性、酸性火山岩,来数十米至 200 多米厚的含煤岩系,为砂岩、粉砂岩和泥岩,含煤层。产植物化石:*Nilssonia* sp.,*Ginkgoites* cf. *orientalis*,*G*. cf. *sibiricu*,*Czekanowskia rigida*,*Elatocladus submanchurica* 等。厚度 350~1200m。整合于久大组之上。

③长安组(K_1ch):主要含煤岩系,由灰色、灰黑色砂砾岩,砂岩,粉砂岩和泥岩组成,含煤数层。产植物化石:*Coniopteris burejensis*,*Acanthopteris gothani*,*Onychiopsis elongate*,*Ruffordia goepperti*,*Nilssonia sinensis* 及大量银杏、松柏类化石和 *Ferganoconcha* spp. 等。长安组厚 350~760m。下伏呈整合于火山岩(安民组)及不整合于二叠系之上。

④金家屯组(K_1j):下部为灰绿色安山岩和安山质火山角砾岩;上部为灰色、灰绿色酸性火山角砾岩,凝灰岩,凝灰质砂岩,夹正常沉积的砂岩和粉砂岩。厚度 200~800m。不整合于二道梁子组之上。

⑤泉头组(K_1q):紫红色、灰紫红色砂砾岩和粉砂岩,泥岩,砂岩。产化石:*Physa* sp.,*Gyaulus* sp.,*Zaptychius* sp. 等。厚度 200~900m。不整合于金家屯组之上。

(3)吉林东部区(延边区):由下而上划分为下白垩统长财组、泉水村组、大拉子组、上白垩统龙井组,分述如下。

①长财组(K_1ch):分上、下两段。下段下部为砾岩;中部为泥岩;上部以砂岩为主,夹泥岩和煤层。产化石:*Ferganoconcha* sp.,*Nilssonia* sp.,*Czekanowskia* sp.。厚度 60~730m。上段由灰色、灰黑色含砾砂岩,砂岩,粉砂岩和泥岩组成,中上部含煤层。产植物化石:*Coniopteris burejensis*,*Acanthopteris gothani*,*Nilssonia sinensis*,*Sphenolepis kurriana* 等。厚度 50~500m。不整合于屯田营组之上。

②泉水村组(K_1q):紫红色、灰紫色、灰绿色安山岩,安山质集块岩,凝灰岩,底部为砾岩,部分地区为绿灰色凝灰质砂岩和粉砂岩,中性晶屑凝灰岩等。产化石:*Onychiopsis elongate*,*Neozamites vercho*-

jianensis 等。厚度 180～500m。平行不整合于长财组之上。

③大拉子组（K_1dl）：下部为灰色砾岩、含砾砂岩、砂岩，夹薄层粉砂岩和泥岩，含红层；上部为黑色页岩，夹油页岩、泥灰岩。产化石：*Manchurichthy suwatokoi*，*Sphaerium chientaoense*，*Trigonioides kodairai*，*Tulotomoides talatzensis*，*Yanjiestheia* spp. 等及植物化石。平均厚度大于 1000m。平行不整合于长财组或泉水村组之上。

④龙井组（K_2l）：紫色、紫红色、灰绿色砂砾岩，砂岩，夹粉砂岩和泥岩，含泥灰岩。产化石：*Physa* sp.，*Galba* sp.，*Pseudohyria* sp. 等。平行不整合于大拉子组之上。厚度 1150m。

（4）吉林南部区：主要分布在浑江地区，自下而上为石人组、榆木桥子组，柳河—三源浦一带为亨通山组（或三源浦组）、三棵榆树组。其他为本区同时代与之相当的不同盆地地层组，在此介绍以便含煤地层对比利用（见第三章第二节），不能全部列入地层表中。在柳河、辉南和五道沟一带还有干沟子组。

①石人组（K_1sh）：下部为灰绿色砾岩、砂岩，夹凝灰质砂砾岩；上部为灰色泥岩和粉砂岩，夹砂岩、凝灰岩及煤层。产化石：*Coniopteris burejensis*，*Acanthopteris onychioides*，*Ruffordia goepperti*，*Nippononaia* sp.，*Ferganoconcha sibirica*，*Sphaerium jeholense* 等。厚度 50～725m，不整合于林子头组之上。

②亨通山组（K_1h）：以黄绿色、灰色泥质粉砂岩，砂岩为主，夹含砾砂岩、泥岩、薄煤层以及碳质泥岩。产化石：*Acanthopteris gothani* 等。厚度 250～680m，平行不整合于兰山组之上。

③三棵榆树组（K_1sk）：中基性火山岩、火山角砾岩，上部为中酸性偏碱性火山岩，如流纹岩、粗面岩、安山岩等。同位素年龄为 91～77Ma。

④榆木桥子组（K_1y）：紫色、紫红色砾岩、砂岩，粉砂岩和泥岩，夹泥灰岩。在柳河地区产化石 *Sphaerium* sp.，在榆木桥子组产化石：*Sphaerium* cf. *chientaoense*，*Bithynia* cf. *cholnokyi* 等。厚度 250～970m。不整合于石人组之上。

⑤干沟子组（K_2g）：灰白色流纹斑岩、石英粗面岩和流纹岩。厚度 1823m。

五、新生界

古近系、新近系主要分布于伊舒断裂带、敦密断裂带内及吉林东部区（延边区）的东部和松辽盆地；第四系广泛分布于各处。

1. 古近系、新近系

（1）吉林西部区（松辽盆地）：划分为古近系富峰山组，新近系大安组和泰康组。

①古近系富峰山组（E_1f）：灰绿色、紫红色橄榄玄武岩和集块岩。同位素年龄 78.5～57.6Ma。不整合于白垩系之上。厚度大于 19m。

②新近系大安组（N_1d）：灰绿色粉砂岩和砂岩，下部为砂砾岩。厚 80m 左右，不整合于明水组之上。

③新近系泰康组（N_2t）：灰绿色粉砂岩，以泥岩为主，下部含砾砂岩，含薄煤和硅藻土。产化石：*Candoniella* aff. *suzini*，*Eucypris* aff. *privis* 等。厚度 100m 左右，最厚达 150m。平行不整合于大安组之上。

（2）吉林中部区：自下而上划分为古近系新安村组和舒兰组，新近系水曲柳组，简述如下。

①古近系新安村组（E_1x）：灰绿色、灰褐色细砂岩，粉砂岩，泥岩，夹薄煤层，含砂砾岩。产丰富的孢粉化石。厚度 300～650m。不整合于白垩系和二叠系之上。

②古近系舒兰组（$E_{2-3}s$）：下部为深灰色细砂岩，粉砂岩，泥岩，煤层；上部为褐色泥岩。产丰富的植物化石：*Sequoia chinensis*，*Magnolia miocenica* 等。厚度 300～500m。整合于新安村组之上。

③新近系水曲柳组(N_1s):灰绿色砂砾岩、砂岩、粉砂岩及泥岩。厚度300~950m。平行不整合于舒兰组之上。

(3)吉林东部区(延边区):自下而上划分为古近系珲春组,新近系土门子组、船底山组。

①古近系珲春组(Eh):灰色、深灰色的砂岩,粉砂岩和褐色泥岩互层,夹数十层煤和灰绿色凝灰岩。产植物化石:*Osmunda* sp.,*Sequoia chinensis*,*Protophyllum multinerue*, *P.* spp. 等。厚度 200~1000m。不整合于龙井组和屯田营组之上。

②新近系土门子组(N_1t):灰色、灰绿色砂岩,砂砾岩和泥岩,夹凝灰岩和硅质土。产植物化石。厚100~200m,最大厚度大于350m。平行不整合于珲春组之上。

③新近系船底山组(N_2c):广泛分布于敦化、珲春河上游,为灰黑色、紫灰色玄武岩,上部偏碱性为响岩质碱玄岩,橄榄质粗安岩等。同位素年龄为11.3~4.21Ma。不整合于土门子组之上。

(4)吉林南部区:自下而上划分为古近系梅河组和桦甸组,新近系马鞍山组、船底山组。

①古近系梅河组(Em)和桦甸组(Ehd):由含煤段和泥岩段组成。含煤段一般由灰色、深灰色砂砾岩,砂岩和粉砂岩组成,夹泥岩和煤层;泥岩段以褐色、灰色泥岩为主,夹粉砂岩和油页岩。产动植物化石:*Sequoia chinensis*,*Metasequoia disticha*,*Taxodium* cf. *dubium* 等。厚度500~1000m。不整合于白垩系之上。

②新近系马鞍山组(N_1m):以灰色、灰绿色粉砂岩,砂岩为主,夹泥岩、砂砾岩、多层玄武岩和硅藻土。产植物化石:*Zelkova ungeri*,*Quercus* sp.,*Betula miolumini fera* 等。厚140m左右。玄武岩同位素年龄为13.4Ma。不整合于前震旦系之上。

③新近系船底山组(N_2ch):灰黑色、紫灰色玄武岩。上部偏碱性,为响岩质碱玄岩、橄榄质粗安岩等。同位素年龄为11.3~4.21Ma。不整合于马鞍山组之上。

2. 第四系

第四系均未列入地层表中,在此仅做简单介绍,按时代先后简述如下。

(1)下更新统(Qp_1)。在长白山区厚度大于100m的军舰山组玄武岩同位素年龄为1.66~1.22Ma,下部为四等房组冰川沉积的砂砾和黏土层。在松辽盆地中则为冰川沉积红色砂砾夹黏土,厚度数十米至百余米,称白土山组。

(2)中更新统(Qp_2)。松辽盆地为大青沟组,是冲积和湖积物,以灰色、灰黑色淤泥质黏土,亚砂含砾石。长白山区称下部和上部为老黄土,中间为长白山组玄武岩、玄武质集块岩,厚度数十米至百余米,同位素年龄2.09~1.2Ma。黄土为黄褐色黏土,含结核。厚10m左右。

(3)上更新统(Qp_3)。松辽盆地称顾乡屯组和群力组,为河流-湖泊沉积物,由细砂、粉砂质亚黏土组成,厚大于40m,以上为群力组或称新黄土,由黄土组成,厚度小于10m。产化石:*Myospalax armandl*,*Mammuthus primigenius*,*Coelodnta antiquitatis*。长白山区下部为二道岗组,系冰川沉积的棕黄色、灰黄色亚黏土,亚砂土和砂砾,厚27.5m;中部为南坪组玄武岩,厚度为40m左右;上部为淡黄色、土黄色亚砂,最大厚度15m,称新黄土,相当马兰黄土。

(4)全新统(Qh)。松辽盆地区为冲积物、湖积物、风积物,主要是淡黄色、黄灰色细砂、砂砾及黑色亚砂土、淤泥质亚黏土及有机质泥炭层,厚数十米。在长白山区由下而上依次为冰场组粗面岩、浮岩、凝灰角砾岩;四海组为黄褐色、灰黑色火山砂,玄武质火山熔渣层,^{14}C年龄测定为[(1230±75)~200]a,夹土壤;金龙顶子组为玄武岩以及河流沉积的砂砾、细砂亚砂、土壤等,厚度几米到数十米。

第二节 区域构造

一、吉林省大地构造单元划分

吉林省大地构造分区涉及三大一级地质构造单元,前中生代以辉发河-古洞河断裂为界,吉林省跨越了两个一级地质构造单元,南部为华北陆块区,北部为天山-兴蒙造山系(图 2-2-1),中生代以来卷入滨太平洋陆缘活动带(表 2-2-1)。

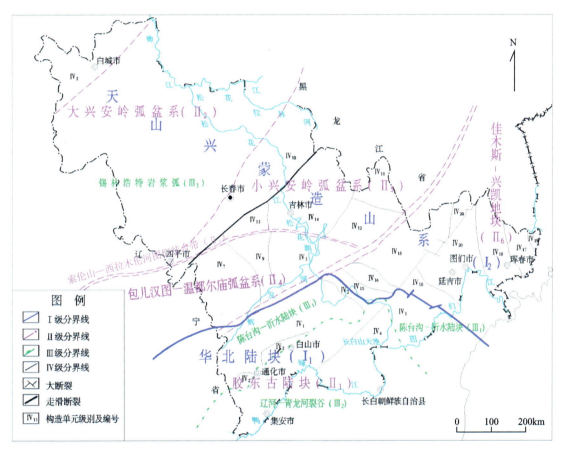

图 2-2-1 吉林省及邻区前中生代大地构造分区略图

(一)华北陆块区(I_1)

吉林省处于华北陆块区东北部胶东古陆块(II_1)的北部陈台沟-沂水陆块(III_1)和辽河-青龙河裂谷(III_2)系中。

(1)靖宇陆核(IV_1):分布于通化、海龙和靖宇一带,陆核主体由花岗质岩石(英云闪长岩、奥长花岗岩、花岗闪长岩等)组成。上壳岩呈残块状出露于前述岩体中,可分为两个建造:麻粒岩-片麻岩建造和斜长角闪岩-变粒岩建造,原岩为拉斑玄武岩、安山岩及流纹岩。它们的岩石化学和地球化学特征与现代岛弧区相近,陆核形成于 2800Ma 的中太古代。

表 2-2-1 吉林省大地构造分区表

Ⅰ	Ⅱ	Ⅲ	Ⅳ
华北陆块区（$Ⅰ_1$）	胶东古陆块（$Ⅱ_1$）	陈台沟-沂水陆块（$Ⅲ_1$）	靖宇陆核（$Ⅳ_1$）
			通化原陆核（$Ⅳ_2$）
			和龙原陆核（$Ⅳ_3$）
		辽河-青龙河裂谷（$Ⅲ_2$）	集安-临江古元古代裂谷（$Ⅳ_4$）
天山-兴蒙造山系（$Ⅰ_2$）	大兴安岭弧盆系（$Ⅱ_2$）	锡林浩特岩浆弧（$Ⅲ_3$）	白城晚古生代残余海盆（$Ⅳ_5$）
	索伦山-西拉木伦河-图们结合带（$Ⅱ_3$）		长春-吉林-蛟河-图们结合带（$Ⅳ_6$）
	包尔汉图-温都尔庙弧盆系（$Ⅱ_4$）		西保安早古生代被动陆缘（$Ⅳ_7$）
			红旗岭早古生代陆缘活动带（$Ⅳ_8$）
			双磐裂陷槽（$Ⅳ_9$）
	小兴安岭弧盆系（$Ⅱ_5$）		放牛沟早古生代岛弧（$Ⅳ_{10}$）
			塔东新元古代被动陆缘（$Ⅳ_{11}$）
			漂河川早古生代陆缘活动带（$Ⅳ_{12}$）
			张家屯早古生代末边缘海（$Ⅳ_{13}$）
			吉林二叠纪陆内坳陷带（$Ⅳ_{14}$）
			金银别-四岔子复杂构造带（$Ⅳ_{15}$）
	佳木斯-兴凯地块（$Ⅱ_6$）		青龙村新元古代早期被动陆缘（$Ⅳ_{16}$）
			五道沟新元古代陆缘活动带（$Ⅳ_{17}$）
			青龙村新元古代晚期陆缘活动带（$Ⅳ_{18}$）
			延边二叠纪陆内坳陷带（$Ⅳ_{19}$）
			庙岭-开山屯裂陷槽（$Ⅳ_{20}$）
滨太平洋陆缘活动带（$Ⅰ_3$）	大兴安岭内陆弧（$Ⅱ_7$）		乌兰浩特构造岩浆隆起区（$Ⅳ_{21}$）
	松辽弧内断坳盆地（$Ⅱ_8$）		西部斜坡区、中央坳陷带、东部隆起区（$Ⅳ_{22}$）
			大黑山条叠（$Ⅳ_{23}$）
			伊舒裂陷带（$Ⅳ_{24}$）
	长白山外缘弧（$Ⅱ_9$）		张广才岭构造岩浆隆起区（$Ⅳ_{25}$）
			辉南-敦化裂陷带（$Ⅳ_{26}$）
			老岭-老爷岭构造岩浆隆起区（$Ⅳ_{27}$）

（2）通化原陆核（$Ⅳ_2$）：2800～2500Ma的新太古代，在靖宇陆核南、北两侧地壳出现了第一次伸展作用，由于扩张导致硅铁壳上出现的裂槽内发生火山-沉积作用，主要形成一套双峰式火山岩及钙碱性火山岩，伴有基性—超基性侵入岩。变质岩为斜长角闪岩、角闪石岩、变粒岩等，组成新太古代绿岩带。

（3）和龙原陆核（$Ⅳ_3$）：出露于延边地区东部，以古洞河-白金断裂为界。该原陆块由金城洞花岗岩绿岩带组成：下部是镁铁质火山岩夹超镁铁质火山岩；中部为安山岩；上部是火山碎屑岩-沉积岩。这是大陆边缘裂陷带中的典型绿岩建造。这套岩石组合变质后形成了斜长角闪岩、滑石片岩、磁铁角闪岩、黑云斜长麻岩、浅粒岩、磁铁石英岩组合。

（4）集安-临江古元古代裂谷（$Ⅳ_4$）：位于辽河-青龙河裂谷北东部位，分布于集安、临江一带，在安图两江一带呈三叉状,由此认为该裂谷具三叉状特征。它经历了早期(集安群)阶段的非补偿沉积和晚期(老岭群)阶段的超补偿收缩阶段,反映了裂谷沉积序列的双重结构特点。

裂谷早期沉积了蚂蚁河组、荒岔沟组、临江组、大栗子组。蚂蚁河组是在浅海高盐度、强氧化环境中形成的含硼碳酸盐岩建造及双峰火山岩建造。

荒岔沟组属浅海相非稳定性含碳碎屑岩建造,属温湿区、浅海低能、强还原环境。该组形成期间地壳一度上升,经一段风化剥蚀后,裂谷进入晚期超补偿阶段,沉积了临江组、大栗子组、老岭群板房沟组、珍珠门组。临江组到大栗子组为次稳定性碎屑岩建造,板房沟组到珍珠门组为碎屑-碳酸盐岩建造,反映裂谷晚期又一次拉张。

(二)天山-兴蒙造山系(I_2)

天山-兴蒙造山系具有复杂而独特的巨厚地壳和岩石圈结构,它经历了弧后扩张、裂离,又经小洋盆萎缩消减,弧-弧、弧-陆碰撞的复杂构造域,再经过漫长的构造变形之后,由一系列弧-弧、弧-陆碰撞带和其间的岛弧或地块拼贴而成。吉林省处于该构造带南部,包括以下各构造单元。

1. 大兴安岭弧盆系(II_2)

大兴安岭弧盆系出露于吉林省北部,包括黑龙江省及内蒙古自治区北部地区。主要构造单元有漠河前陆盆地、喀尔古纳及多宝山岛弧、海拉尔-呼玛弧后盆地、二连-贺山-黑河蛇绿岩带、锡林浩特岩浆弧等。吉林省在锡林浩特岩浆弧中只出露一个构造单元——白城晚古生代残余海盆。

它是古蒙古洋板块扩张,俯冲消亡于晚泥盆世至早中石炭世大洋板块闭合后,在内蒙古至大兴安岭地区构成具有陆壳性质的残余海盆,白城地区为该残余海盆东南一隅。出露地层为下二叠统吴家屯组,是一套次稳定性碎屑岩建造。区内晚海西期花岗岩岩浆活动强烈,是造山后期大陆碰撞造山环境中的产物。

2. 索伦山-西拉木伦河-图们结合带(II_3)

前人在对古亚洲洋构造域板块构造研究中,曾建立了华北陆块与西伯利亚陆块中西部的索伦山-西拉木伦河终极对接带。

根据吉林省吉中与通化延边地区在地质构造演化系列上存在的巨大差异,同时吉林头道沟、漂河川等地见有成群、成带分布的基性—超基性岩体,其中含铬铁矿的超基性岩(头道沟)具有蛇绿岩的成分特征。头道沟含铬超基性岩的围岩头道沟岩群变质火山岩,部分为大洋拉斑玄武岩(彭玉鲸,1995),地层时代为奥陶纪—早志留世($O—S_1$),具岛弧之弧前构造特征,显然这里混杂洋壳岩片。因此,对接带应在长春—吉林—蛟河一带(隐匿对接带),对接时代为中志留世(S_2)末期。

3. 包尔汉图-温都尔庙弧盆系(II_4)

该弧盆系向西展布,出露于索伦山-西拉木伦河-蛟河结合带南部,具西太平洋的活动陆缘特征,是陆-陆碰撞后的增生带。有学者认为该弧盆系属龙岗陆块区北部陆缘构造带,但实际资料表明它非龙岗陆块区陆源产物。

(1)西保安早古生代被动陆缘(IV_7):分布于伊舒断裂以东和敦密断裂以北地,主要出露于辽源西保安、伊通营城子等地区,出露地层以西保安组为主。该组以斜长角闪岩、角闪片岩、斜长角闪变粒岩、绿泥石英片岩为主,夹沉积变质铁矿层,原岩反映出一套含磁铁矿基性火山岩建造和非稳定—次稳定性碎屑岩建造特征。这套建造组合中泥岩、砂岩、碳酸盐岩、凝灰砂岩与火山岩相间出现,沉积物中常出现水云母,大理岩CaO/MgO较高,在火山喷发和间歇期有磁铁矿沉积,具有开阔的浅海沉积特点。该期火山岩表现出多旋回特点,下部以基性火山岩为主,上部以酸性火山岩为主,是一套双峰式火山岩。火山岩钙碱指数(52.5~54.2)具弱碱性特征,明显有别于岛弧钙碱性火山岩系,而反映出在弱造山环境中拉张型被动陆缘火山活动特点。

(2)红旗岭早古生代陆缘活动带(IV_8):分布于磐石红旗岭一带,由黄莺屯组、小三个顶子组、北岔屯组组成,是一套浅海相非稳定性碎屑岩和中基性火山岩建造。火山活动是从基性向酸性演化,具多旋回特征,强度逐渐减弱。它还是一套钙碱性系列,也伴有拉斑系列,为强造山环境。

(3)双磐裂陷槽(IV_9):分布永吉、双阳一带,呈南北向。裂陷槽内发育一套较完整的石炭系。下石炭统北通气沟组为次稳定性碎屑岩建造,是拉张初期的岩石组合,表明地壳运动并不强烈,到下石炭统鹿圈屯组则演变为非稳定性碎屑岩建造,呈现较低能深水快速沉积特点。在余富屯、小梨河等地发育一套细碧岩角斑岩建造,为鹿圈屯组的异相产物,表明裂陷盆地沉降快,是裂陷拉张最强烈的时期。

中石炭统磨盘山组为碳酸盐岩,到黄泥河子一带则相变为碎屑岩建造,是强烈拉张后相对稳定的沉积环境。上石炭统石嘴子组为次稳定性碎屑岩-碳酸盐岩建造。该建造相变大,具有裂陷槽末期挤压回返阶段的火山活动特点,以上反映出裂陷槽由拉张至消亡的全过程,为较完整的一套建造组合。

4. 小兴安岭弧盆系(II_5)

这一构造单元属天山-兴蒙造山系南缘,包括隐匿对接带和两江断裂以北地区。

(1)放牛沟早古生代岛弧(IV_{10}):主要出露于大黑山条垒上的伊通放牛沟地区,岛弧区出露有上奥陶统石缝组和下志留统桃山组。石缝组是一套安山岩建造和非稳定性火山碎屑岩建造。桃山组则为一套笔石页岩建造。其中火山岩钙碱指数为53.2,它是一套典型的钙碱性火山岩。

(2)塔东新元古代被动陆缘(IV_{11}):分布于敦化塔东一带,地层为新兴组、杨木组。原岩显示一套含铁基性火山岩建造和非稳定—次稳定性碎屑岩建造。火山岩钙碱指数平均为54.2,具钙碱性特征,明显区别岛弧区钙碱性火山岩,反映非造山环境中拉张型被动陆缘火山活动的特点。

(3)漂河川早古生代陆缘活动带(IV_{12}):出露于漂河川及二道甸子一带。地层为奋进厂组、漂河川组、东南岔组。原岩建造为中基性、中酸性火山岩浅海相非稳定性碎屑岩。该区是Ⅰ型与S型花岗岩并存典型地区,是壳源、幔源岩浆同作用结果。本区早古生代是被动陆缘再度活化的构造环境。

(4)张家屯早古生代末边缘海(IV_{13}):分布于吉林市西南小绥河—王家街一带和四平市北东二十家子地区。出露有中志留统张家屯组,为滨海相陆源磨拉石建造。上志留统—下泥盆统二道沟群、中泥盆统王家街组,它们均为次稳定性碎屑岩、碳酸盐岩建造。岩浆活动较弱,地层分布较局限,应为早古生代褶皱区前缘的边缘海盆。

(5)吉林省中部二叠纪陆内坳陷带(IV_{14}):分布于四平-德惠断裂带以东、敦密断裂带以西。出露地层自下而上为下二叠统寿山沟组碎屑岩-碳酸盐岩建造;大河深组中酸性火山碎屑岩建造;范家屯组浅海相陆源碎屑岩建造。在桦甸榆树川一带出现复理石建造,一拉溪组中酸性火山岩建造。上二叠统杨家沟组为海陆交互复陆屑建造;马达屯组为中酸性火山岩建造。上述反映出陆壳裂解后的一套建造组合。

(6)金银别-四岔子复杂构造带(IV_{15}):分布于桦甸市红旗沟、色洛河、金银别、吊水壶、四岔子一带,呈北西向展布,长100km,宽30km。金银别-四岔子复杂构造带是华北陆块与天山-兴蒙造山系的对接碰撞带,由于强烈的挤压碰撞,这里的岩层发生强烈的改造,使黄泥河岩体变为构造岩。

5. 佳木斯-兴凯地块(II_6)

佳木斯-兴凯地块出露于吉林省东北部位,主要分布于黑龙江省西部并延至俄罗斯境内,与布列亚地块相连。地块基底是由太古宙、古元古代一套花岗绿岩带构成,盖层有新元古代、古生代岩层。吉林省具体划分如下。

(1)青龙村新元古代早期被动陆缘活动带(IV_{16}):分布于敦密断裂以南、古洞河断裂以东地区,原岩建造为双峰式火山岩建造,具有碎屑岩-碳酸盐岩建造的特征。该建造中常见石墨并夹有较多的硅质条带和团块,表明是在较深水还原的沉积环境中形成的,由此可推测该区为广阔的深水拉张海盆区。

(2)五道沟新元古代陆缘活动带(IV_{17}):分布于延边五道沟一带,由五道沟群组成,是一套中酸性火山岩和非稳定性碎屑岩建造。

(3)青龙村新元古代晚期陆缘活动带(IV_{18}):出露于延边地区,属青龙群上部地层,以黑云斜长角闪片麻岩、黑云变粒岩、云母石英片岩、长石浅粒岩、大理岩为主。

(4)延边二叠纪陆内坳陷带(IV_{19}):分布于敦密断裂和古洞河断裂以东,出露地层为下二叠统大蒜沟组、庙岭组、柯岛组、寺洞沟组和上二叠统开山屯组。

(5)庙岭-开山屯裂陷槽(IV_{20}):分布于我国延边庙岭、开山屯到朝鲜清津一带,呈近南北向带状分布。出露地层为上石炭统山秀岭组,是一套浅海相碳酸盐岩建造,说明该区是拉张的中心地带。

(三)中新生代滨太平洋陆缘活动带(I_3)

吉林省在晚三叠世之前已完成了华北陆块与天山-兴蒙造山系的碰撞、添加,进而构成一体,之后进入了滨太平洋活动大陆边缘的发展阶段。这一时期由于受库拉陆块和太平洋陆块以北西方向向大陆俯冲作用,铸成吉林省区域构造格架以北东向为主体的构造系统,主要由北东向隆-坳相间的地质体所组成。自西北向东南,构造单元在吉林省依次分区如下。

1. 大兴安岭内陆弧(II_7)

吉林省内只出露有乌兰浩特构造岩浆隆起区。它分布于野马吐岩石圈断裂以西,面积较小,为侏罗系灰色复陆屑含煤建造,以及安山岩、流纹岩建造,而深成岩建造以造山后二长花岗岩为主。

2. 松辽弧内断坳盆地(II_8)

松辽弧内断坳盆地分布在野马吐岩石圈断裂以东及伊舒裂陷带以西,呈北东向展布,地层为上侏罗统及白垩系,是由河流相、泥炭沼泽相、湖相构成的灰色复陆屑含煤建造、火山灰色复陆屑含煤建造、类磨拉石建造、红色复陆屑建造、杂色复陆屑油页岩建造。

该断坳盆地自西向东依次分为西部斜坡区、中央坳陷带、东部隆起区、大黑山条叠、伊舒裂陷带,其中伊舒裂陷带在早白垩世时期与松辽盆地相融为一体,古近纪时由于大黑山条垒崛起,地堑裂陷沉积了古近系、新近系,形成了伊舒裂陷带。

3. 长白山外缘弧(II_9)

长白山外缘弧包括张广才岭构造岩浆隆起区、辉南-敦化裂陷带、老岭-老爷岭构造岩浆隆起区。

(1)张广才岭构造岩浆隆起区(IV_{25}):分布于伊舒裂陷带和敦密裂陷带之间,出露有上三叠统、侏罗系、白垩系的河流-湖沼相的灰色复陆屑含煤建造、火山复陆屑含煤建造、类磨拉石建造、杂色复陆屑油页岩建造。中—新生代火山活动强烈,新近系至第四系中含有玄武岩。区内侵入岩为侏罗纪陆内同造山型花岗闪长岩、二长花岗岩、钾长花岗岩,均属改造型花岗岩。

(2)辉南-敦化裂陷带(IV_{26}):敦密断裂带在吉林省出露的一部分,呈北东走向,省内长360km,宽10~20km。该裂陷带中的上侏罗统有喷溢亚相-沉积构成的火山复陆屑含煤建造。下白垩统和古近系为河流相、泥炭沼泽相、湖相形成的几类建造,如红色复陆屑建造、灰色复陆屑含煤建造、灰色复陆屑碱性火山硅藻土建造。

(3)老岭-老爷岭构造岩浆隆起区(IV_{27}):分布于敦密断裂以东的延边、通化及浑江地区。在一些残留的火山-沉积盆地中堆积了上三叠统、侏罗系、白垩系的火山岩相、河流相、泥炭沼泽相构成的火山复陆屑含煤建造、灰色复陆屑含煤建造及红色复陆屑建造。

二、吉林省大地构造演化特征

吉林省大地构造演化特征可以分华北陆块地壳演化、天山-兴蒙造山系演化、中新生代构造演化3个部分。

(一)华北陆块地壳演化特征

太古宙在古陆核中,从地壳深部喷出的大量拉斑玄武岩、安山岩覆盖于古老陆壳之上,这套火山岩的深埋作用使深部地壳发生部分重熔,形成含有大量深源角闪岩包体的花岗岩岩浆,在 2970Ma 前后,即迁西运动主期,发生了第一次强烈的构造-岩浆热事件,由底辟作用侵入地壳,形成了许多穹隆构造。其间形成了华北古陆块的基底,由3套古老的变质岩系组成,经历了阜平、五台、中条三大构造层演化。

2971~2500Ma 古陆核进入了新太古代阜平期构造旋回。在陆核南北边缘地壳被拉张,使地幔上涌,导致形成了以断裂为边界的裂槽,一些富含成矿元素的拉斑玄武岩岩浆和少量长英质火山岩岩浆沿断裂涌入裂槽,并伴有火山碎屑岩沉积。北部形成了夹皮沟绿岩带,南部为板石沟及旺文川绿岩带。

阜平旋回是又一次强烈的构造运动,席卷整个太古宇,之后地壳刚化,到元古宙则进入一个新的发展阶段。

2500Ma 前后,五台运动使已刚化的太古宙克拉通发生裂开和坳陷,这是元古宇第一次伸展作用,辽河-青龙河裂谷即为该时期的产物,出露于辽宁省到吉林省南部,在两江一带呈三叉状,向南东延续到朝鲜。

中条-兴凯运动之后,新元古代—古生代华北陆块上形成了近东西向的上叠盆地。

1. 阜平构造层

阜平构造层是地台区基底最老的第一套变质岩系(即太古宇),主要分布在中朝准地台北部边缘胶辽台隆的铁岭,即靖宇台拱上,构成龙岗复式背斜及穹隆构造,是由经过多次域变质和混合岩化作用的龙岗群和夹皮沟群组成,分别构成太古宙下亚构造层和上亚构造层。两者之间绝大部分地区被混合花岗岩隔开或呈断层接触关系。据各方面的资料显示,大多数地质工作者认为两者为不整合接触关系,与上覆五台构造层也呈不整合接触关系。

该构造层赋存有丰富的矿产,如上亚构造层产有铁、金、白云母、石榴石等矿产,而下亚构造层则赋存有铁、磷、铜、镍等矿产。总之,该构造层是吉林省主要的含铁层位。

2. 五台构造层

五台构造层是地台区基底第二套古老的变质岩系,也是由相当于五台系的集安群所组成,主要分布在太子河-浑江陷褶断束清河台穹隆上。此外,在安图两江、集安大路以南地区也有小片分布,最大厚度 25 620m。该构造层也可分为上、下两个亚构造层:下亚构造层是由集安群的下部清河组组成;上亚构造层是由集安群的中上部新开河组和大东岔组所组成。

该构造层下部以浅海相正常沉积碎屑岩建造为主,并伴有一定的基性到中酸性火山岩建造,上部则为浅海相陆源碎屑岩建造。在该构造层中出现含硼镁质碳酸盐岩建造、含铁建造、含磷建造等,具有复理石建造特点。以上说明五台期地壳逐渐分异,陆壳基本形成。该构造层与上覆中条构造层呈不整合接触关系。

3. 中条构造层

中条构造层是地台区基底第三套古老的变质岩系，也是由老岭群和色洛河群所组成。前者呈北东向主要展布在太子河-浑江陷褶断束老岭断块之内。此外，在安图松江南部也有小片分布，为一套海进-海退岩系，构成一个大的完整的沉积旋回。色洛河群呈近东西向分布在铁岭-靖宇台拱的北部边缘色洛河断块内，即分布在南部地台区和北部地槽区相接壤部位的地台区一侧。由西到东，即从草市、山城镇，经桦甸色洛河、达连沟、三道沟、四道沟、荒沟林场、安图海沟、水兰屯到和龙卧龙，围绕着太古宇陆核的北部边缘呈镶边带状断续分布，是一套优地槽型沉积建造。该构造层可分为上、下亚构造层；下亚构造层由老岭群组成，为海相碎屑岩-碳酸盐岩沉积建造，总厚75 263m，区域变质较浅，未受混合岩化的一套较为典型的冒地槽沉积；上亚构造层由色洛河群组成，变质较浅，以绿片岩相为主，原岩结构清晰可辨。原岩下部有安山岩、玄武岩夹片岩、酸性熔岩、白云质大理岩，上部为酸性熔岩，总厚度大于2583m。中条构造层产有金、铀、铅、锌等矿产。

（二）天山-兴蒙造山系演化特征

早古生代造山阶段加里东运动，盆山向陆块逆冲，形成了吉林省内西保安、塔东、红旗岭、漂河川等地的陆缘活动带。自奥陶纪开始至志留纪末，亚洲洋板块沿温都尔庙-白云鄂博海沟发生俯冲，形成温都尔庙蛇绿岩套，可能延伸到长春石头中门水库、永吉头道沟一带。这一带相继转换成沟弧盆体系。在大黑山条垒上由于后期变位作用出现了一条呈北东向的早古生代岛弧构造带（称放牛沟早古生代岛弧），在伊通放牛沟一带形成一套完整的岛弧型火山沉积建造。

中志留世末以后华北陆块与天山-兴蒙造山系拼为一体，它们转为陆壳边缘海发展阶段。晚泥盆世地壳一度上升为陆后，从石炭纪开始全区出现了裂陷、沉降构造特征。此时，地壳进入了一个离散拉张状态。早石炭世在吉林到延边一带地壳广泛，出现了裂陷槽构造环境，余富屯期的细碧角斑岩代表海底一次强烈喷发，石炭纪晚期出现了流纹岩并造就了小梨河等裂谷型碱性花岗岩的侵入，至此石炭纪裂陷结束。二叠纪裂陷在石炭纪裂陷的基础上，陆壳进一步大范围拉张，从吉林到延边一带形成了明显的陆内坳陷带。二叠纪末到三叠纪早期在一些山间盆地里出现了磨拉石建造，至此天山-兴蒙造山系构造作用结束。

（三）中新生代构造演化特征

我国东部于晚三叠世开始进入滨太平洋大陆活动阶段，在构造方面主要经历了库拉板块（T_3—K_1）俯冲消亡，以挤压为主的陆缘造山环境和太平洋板块（K_1—Q）以拉张为主的陆缘非造山环境。

库拉板块阶段：从晚三叠世开始，由于库拉板块向北西俯冲，而西伯利亚板块对吉林省是向南东方向推进的，引起地壳的褶皱与隆升，在一些山间盆地中发育一套灰色复陆屑含煤建造，产生北东向断裂，沿断裂有火山喷溢。

三叠纪晚期相当于印支构造运动期，沿着老岭背斜轴有花岗岩侵入，如幸福山岩体，在一系列地堑型断陷盆地，有河湖相含煤岩系沉积，厚达千余米，如松树镇和石人地区。同时老岭断块核部有一种热的活动，内壳构造不断抬升并朝侧向扩张挤压推覆而形成北东走向的逆冲断层F_{12}～F_{14}、F_{17}～F_{22}等。早侏罗世在浑江上游断陷东南缘的断陷盆地中河流相含煤岩系沉积，厚达数百米即冷家沟组。燕山早期库拉板块继续撞击俯冲，在华北古陆块内部发生了中侏罗世与晚侏罗世的重大构造运动。在老岭断块核部继续发生剧烈活动，内壳构造不断抬升，沿断裂带有大量花岗岩侵入，如龙头村岩体、梨树沟岩体、老秃顶子岩体、草山岩体、蚂蚁河岩体，并产成顶拱作用，形成了明显的地形高差和拉伸作用力，不稳定的重力为滑脱构造提供最基本的动力条件。老岭断块隆起上部的岩层界面，如片理、千枚理、劈理、节理、断裂面、不整合面、强弱相间的岩性组合面等容易形成倾斜的拆离面，而形成斜切的大型滑脱断层体系。在水平挤压、侧向逆冲、断块上穹、岩浆侵入、岩浆底辟挤出、地震颤动等因素的触发下，该断层又形成岩席式推覆构造，向北西扩展覆盖于晚侏罗世地层及其先期叠瓦扇逆冲推覆构造系统之上。浑江地区的缓断裂$FH_1 \sim FH_6$及其基底卷入型推覆构造系统，形成于燕山早期。与此同时，该地区还出现了北西向和北东向的剪切断裂与拉伸带的正断层、开断层、平移断层等。

太平洋板块拉张阶段：早白垩世太平洋板块由南东向向北西向对欧亚大陆俯冲，引起大陆板块"反弹回跳"向南东仰冲，导致吉林省由挤压为主的环境转为以拉张为主的环境，使早期分散的盆地进一步被大型盆地所覆盖。由于拉张作用断陷盆地转为坳陷盆地，形成了深断裂和高隆起状态，致使吉林省开始出现山脉、盆地构造格局。

早白垩世以后新生代之前为燕山晚期构造运动，由于菲律宾板块向北移动，总体上都以南南西向北北东推移为主，产生了北北东走向高角度正断层和北西或北西西走向的张剪性断层，也许是因燕山早期该方向的平移（剪切）断层在此期为继承性活动而加剧了该方向的断裂。这些断层又都切割了前几期缓断裂，有些是层间推覆构造在燕山晚期曾再次活动，同时岩浆活动对煤系和煤层的热变质作用使煤层变成天然焦。

自晚白垩世以后喜马拉雅构造运动期，中国东部大陆边缘逐渐转变为相对松弛的地应力环境，因为洋壳不断俯冲挤压，到新生代次生的小型热对流造成地壳拉张、陆缘解离。这种挤压和拉张波及大陆活动边缘，在本区表现出晚侏罗世及早白垩世地层发生褶皱和断裂，并对已形成的断裂产生继承性的活动，如浑江煤田东南缘的正断层、里岔构向斜、河口村向斜，以及逆冲断层F_2、F_4的一些地段继承性的活动，同时切割了已形成的向斜构造。本区东部长白山一带沿断裂有大量的玄武岩、粗面岩、粗面质浮岩喷溢，在松树镇向斜中见有以小型基性为主的岩脉、岩墙侵入。

三、地质构造对含煤盆地的控制作用及含煤盆地分布规律

（一）晚古生代聚煤区控煤构造

吉林省南部的老岭背斜将其分成南、北两条带煤产地：北条带为浑江复式向斜，呈北东—北东东向展布，依次有杨木桥子、铁厂、五道江、头道沟、六道江、八道江、砟子、苇塘、湾沟、松树镇等向斜和断块；南条带即长白区，呈东西向展布，主要有新房子、十三道沟、十八道沟等煤产地。

晚古生代含煤盆地的含煤岩系为上石炭统太原组和下二叠统山西组，通过岩相古地理分析，其成煤阶段的沉积盆地为一广阔的陆表海。吉林省南部与海水相通的大型盆地，北部为山前北高南低的广阔盆地，盆地中局部有鼻状隆起，沉积盆地北侧（北部盆缘）为东西向的板块拼接带。在加里东期前就开始拼接，地壳增生造山，地势逐渐升高，既有深断裂控制又有褶皱造山，成为本区沉积物源供给区。在成煤时海西期盆地内以不均一升降运动为主，反映了海水时进时退，沉积物和岩相也呈周期性变化。成煤期内可划分$6 \sim 12$个旋回，即可证明$6 \sim 12$次周期性的升降，甚至存在沉积间断。

古基底高低不平，反映沉积有先后和岩性、岩相及厚度的明显变化。本溪期的沉积最为明显。另外，由于地壳沉降和上升幅度不均一，形成地层厚度不同，有几个沉降中心，辽东-吉南区有3个明显的沉降中心，呈东西向，其中长白区大于80m。由于地壳上升下降有明显的差异，在上升时形成沉积间断，局部地层缺失，形成平行不整合关系。如浑江区的山西组和太原组之间，局部有冲刷和平行不整合接触关系，而上石盒子组与下石盒子组间普遍为平行不整合接触。

地壳构造运动控制了海陆变迁和沉积岩相变化及聚煤作用。本区从早石炭世起地壳开始下降，海水由南侵入，形成本区较大范围的堡岛复合体系和碳酸盐岩台地体系沉积。晚石炭世地壳上升海水缓

慢向南撤退形成堡岛体系和较好的聚煤环境,海水略早退出,发育了以三角洲为主的聚煤环境。早二叠世以后地壳逐渐上升为陆地,形成以三角洲体系和河湖体系为主的聚煤环境。二叠纪晚期由于地壳继续上升逐渐结束聚煤作用。

按其成煤时的控煤古构造和构造变动后赋存的构造形态,以其力学性质、形变、形态分以下两类。

1. 褶皱控煤构造

叠瓦扇状褶皱控煤构造,由于一系列同向的逆冲(由东向西逆冲),使原来的向斜控煤构造呈叠瓦扇状排列,其向斜经逆冲后呈半圆形相互重叠,基本保持向斜构造的特征,但又在整体组合上具有逆冲叠瓦扇状的构造形式。该构造主要分布在浑江煤田的东部及长白地区,在浑江煤田内苇塘-松树镇区内形成现代所显示的3个以上的叠瓦扇状向斜,即湾沟向斜、松树镇向斜、小东岔向斜等。由于叠瓦扇状逆冲,向斜均不完整并向东倾伏及被逆冲推覆,而西端保存完整。在向斜南翼由于由南向北的逆冲挤压作用形成倾角较陡,甚至直立和倒转,而西北翼则倾角较缓,形成不对称的向斜构造。向斜构造内断裂发育,前期为东西向逆冲推覆使向斜不对称,而后被北东向逆冲推覆,使大的向斜被分割为多个叠瓦扇状的不完整向斜,最后张性和张扭性断裂切割了向斜和先期断裂,且沿断裂有火山岩侵入。长白叠瓦扇状褶皱控煤构造在老岭复背斜的南侧常称鸭绿江凹陷,为一东西向的长白复向斜,长80km以上,南北宽5~15km,面积约1000km^2,沿鸭绿江北岸展布。北部二道沟有一长10km、宽10km的向斜构造,与长白复向斜中间隔着一个背斜,进一步划分为马鞍山-金坑向斜、新部落向斜、十三道沟-十四道沟向斜、十八道沟-沿江向斜。断裂构造十分发育,主要有向斜南翼的走向逆冲断层,位于鸭绿江北岸,规模大、发育时间长,常使太古宙—古生代地层形态进行相互逆冲推覆。

综合上述,本区叠瓦扇状褶皱控煤构造的形成应从印支运动开始到燕山运动早中期基本形成。由于区内受到南东向的水平挤压运动,形成了较大的褶皱构造,即浑江复向斜、老岭复背斜、长白复向斜。在力的继续作用下产生逆冲推覆,首先形成东西向断裂,由南向北逆冲推覆,并产生不对称向斜,其南翼陡北翼缓,而后主要产生北东向逆冲断层,形成叠瓦扇状逆冲推覆,使原来的向斜分割成多个断块。由东向西推覆,长期剥蚀显示一系列向东倾伏的不完整的向斜,呈叠瓦扇状排列,最后到晚侏罗世—早白垩世由挤压转变为拉张作用力,形成一系列张性和张扭性正断层垂直于上述构造,并有中基性火山岩侵入,破坏了煤层的完整性。

2. 滑脱构造控煤

吉林省南部地区的大地构造位置处于西伯利亚板块和中朝板块拼合处,它们的俯冲和碰撞对本区构造产生极大的影响,吉南区东缘受库拉板块和太平洋板块对大陆板块俯冲,也必然有较大的影响,尤其在后期,所以本区表现的滑脱构造极为发育和复杂。同时由于局部地区地壳上升产生重力滑动,其规模虽然不大但却常见,如在浑江煤田西段铁厂-砟子区及杉松岗地区的推覆构造和一些小型的重力滑动构造。

浑江滑脱构造控煤区为浑江煤田的西南部分,从杨木桥子起经铁厂、五道江、六道江、八道江、八宝、砟子到苇塘,为长60km、宽不足10km的狭长条带。西北侧与龙岗断穹以断裂为界,东南与老岭断隆相接,西南端与辽宁省桓仁断凸相邻,本区整体为一北东向、北东东向复式向斜。由于逆冲推覆强烈,其复向斜的形态已难辨认,大致由西北向南东可划分为道清-通明不完整向斜、铁厂-五道江-大通沟向斜、老房子-砟子向斜、头道沟-石人向斜,中间有背斜或断裂相间。向斜多为不对称向斜,即西北翼较缓,倾角一般为20°~30°,局部较大;东南翼较陡,倾角常在40°以上,甚至倒转,如铁厂向斜、砟子向斜、八宝向斜等均呈倒转形状。由于侧向挤压力的作用,本区的控煤构造在褶皱的基础上由逆冲推覆构造变为主导地位,整体为一完整的推覆和滑覆体系,推覆构造的总体延伸方向与岩层走向及褶皱方向大体一致,即呈北东向,为一系列同向逆冲断层组成的叠瓦扇构造。该控煤构造上覆又为大面积低角度披盖状的外来岩席推覆,构成复杂的倾向腹地式的双重构造。逆冲断层在煤田内至少有4条或4个断夹块,低角度(近水平)的岩席状滑覆体至少有3片。

杉松岗滑脱构造控煤区位于杉松岗煤田的东段,主要含煤地层时代为早侏罗世,其构造形态以杉松岗-三源浦复向斜为主体构造。它由3~8个次级向背斜组成,向斜轴呈北东向走向,向南西倾没,次级向背斜多呈向南东向倒伏。于缸窑屯附近已经被花岗片麻岩推覆体掩盖后进入杉松岗矿区,在矿区内有5条重力滑动断层赋存于花岗片麻岩之下。5条断层各呈勺状,大体相互平行叠置,每个断片以下奥陶统亮甲山组和下侏罗统杉松岗组构成,二者呈不整合接触,各盘的保存面积由上向下逐渐加大,向斜轴由上而下逐渐由南向北迁移,其中以第四断片分布面积最广,赋存的煤层是杉松岗矿区开采的主要对象。

(二) 中、新生代盆地的形成及控煤构造

(1) 吉林省中、新生代为古亚洲和滨太平洋两大构造域重叠控制区,早二叠世末大规模海侵在本区已经结束,地槽升起但未发生褶皱运动,南台北槽逐渐统一。晚二叠世已为陆相沉积,基底构造性质趋向一致。古亚洲大陆趋于僵化,滨太平洋大陆边缘活化带开始发育,因此晚二叠世—早三叠世在上述两个构造交替发展,出现了过渡阶段。中生代时期由于太平洋板块对欧亚板块的俯冲挤压,古亚洲大陆复而破裂,断裂活动极为强烈,主要表现为大规模差异性断块运动和平缓的褶皱,并改造或继承先期断裂,形成一系列规模不等的断陷盆地或坳陷盆地,并伴有大规模的中性—酸性岩浆侵入和喷发,形成别具一格的火山-湖相沉积盆地,煤、石油、非金属矿产和金属矿产极为丰富。新生代喜马拉雅运动对本区有较大影响,表现为继承性断裂活动和断陷盆地的继续下沉。前者导致了基性—碱性岩浆沿断裂带喷溢;后者接受了陆相含煤碎屑及油页岩沉积,形成了硅藻土、黏土、煤等矿产,并使古近纪地层发生了平缓褶皱。第四纪地壳升降运动加速,河流切割加剧,最终形成今日错综复杂的地貌景观。

(2) 由于受古构造、古沉积环境的控制及其构造变动在时间或空间上的差异性,使中、新生代沉积盆地发育程度不尽相同,建造、厚度因地而异。如在吉林省内共圈出中、新生代沉积盆地70个,其中坳陷盆地17个,断陷盆地32个,断坳盆地21个,按其成因类型主要以坳陷盆地为主。断陷、断坳盆地在空间分布上主要受北北东向和北东向构造控制,具有明显的方向性,一般盖层发育较全,保存较好,而坳陷盆地在空间分布上则无明显的方向性,盖层发育不甚完整。

中、新生代沉积盆地的建造类型以火山-含煤碎屑岩建造及火山-灰色碎屑岩建造分布最广,约占盆地总数70%,其余30%为含煤沉积盆地、含油页岩盆地和含油盆地,显示出中、新生代沉积盆地具有火山活动与成煤(油)期交替出现的沉积特征。

在中生代初期局部形成坳陷的基础上,中、新生代沉积盆地接受了晚侏罗世—白垩纪的巨厚沉积,由于太平洋板块的作用和影响,北东向断裂活动十分强烈,从而奠定了本区中生代地质构造的基本格局。因受断裂控制,中生代盆地的分异、转化及其展布方向似有一定的规律。由于断裂活动的不断加强,盆地中的岩层出现推覆、侧向迁移和重叠。在吉林省大致以柳河-吉林断裂带为界,其东南侧由西南向东北依次出现较新的地层,如柳河盆地、抚松盆地、屯田营盆地、延吉盆地、珲春盆地、凉水盆地、三合盆地等,最后被新生代玄武岩所覆盖,显示沉积中心由西南向东北方向迁移;与此相反,断裂的西北侧以相反方向迁移,为双阳盆地、平岗盆地、辽源盆地、松辽盆地等,其沉积中心由东北向西南方向迁移。

(3) 西部地区表现的构造格架主要是燕山运动的产物,印支运动在西部地区主要表现为大面积隆起。燕山运动最强的一幕发生于中侏罗世末、晚侏罗世初,形成了以北东方向为主导的褶皱构造并常呈雁行排列。燕山期太平洋北进,大陆南移的水平挤压扭动形成了雁行排列的隆起和坳陷,北东向构造在本区普遍存在,规模宏伟,断裂作用和岩浆活动强烈。本区有巨型松辽坳陷带和大兴安岭隆起带及一些次一级的裂陷盆地群,性质不同的断裂构成了本区现存的构造格局。随着北东向或北北东向的断裂和裂陷的发生,本区也产生了一系列呈雁行排列的含煤或储油盆地,如镇赉-兴隆山、瞻榆、宝龙山的"多"

字形盆地组合及巨流河盆地群。在宝龙山、巨流河盆地含煤,兴安岭隆起带的西侧与海拉尔盆地群及巴音和硕盆地群(包括霍林河盆地)的西界接壤。在隆起带上本区由一系列北北东向或北东向的复式背向斜组成,主要为中晚侏罗世的中酸性和中基性火山岩、火山碎屑岩,其轴部广泛出露海西期花岗岩体,呈北北东向展布,西坡主要是上侏罗统兴安岭群。进入燕山晚期和喜马拉雅期,本区处于上升抬起剥蚀状况,未接受白垩纪、古近纪及新近纪地层的沉积。

(三)佳伊、敦密断裂带受控盆地类型及其控矿规律

1. 佳伊、敦密断裂带受控盆地类型

佳伊、敦密断裂带在早白垩世和古近纪对煤、油气成矿的构造起控制作用,主要表现在断裂构造背景、裂陷沉积演化的时空关系、裂陷的复合作用、岩浆活动及深部构造作用等方面,形成断裂带内不同类型的盆地,如聚煤盆地或煤油气盆地。

佳伊、敦密断裂带与控盆地构造格架和背景,盆地沉积地层时代、厚度、分布面积,沉积矿床类型,断裂带和周边构造背景的复合关系,形成裂陷盆地规模,深部构造特征及岩浆活动等地质构造因素有关。该断裂将受控沉积盆地划分为两大类型,即裂谷型盆地和断陷型盆地。其中裂谷型盆地进一步划分为两种形式:深大断凹型和中小断凹型,不同类型盆地控制煤油气成矿趋势不同。

2. 断裂带控矿规律

1)中生代断陷型聚煤盆地群成煤期

该期断裂带内主干断裂为盆缘断裂,控制晚侏罗世煤系、煤层沉积的断陷型聚煤盆地。聚煤盆地构造形式为地堑型、半地堑型。盆缘主干断裂内侧发育巨厚的冲积扇,彼此孤立的断陷盆地具有相似的沉积充填序列和构造演化特征。初始裂陷盆地内有火山岩和火山碎屑岩堆积,裂陷作用控制聚煤盆地规模、分布、沉积充填序列及聚煤作用等。敦密断裂带在下辽河断陷东缘、英额门、朝阳镇—桦甸—暖木条子均有晚侏罗世煤系赋存,并发育可采煤层,如英额门、苏密沟、红石等地均为中小型断陷盆地。区域背景为敦密断裂带与中朝板块北缘以前震旦纪变质岩系为基底,断裂活动相对西伯利亚板块要小。敦密断裂带北段为鸡西-穆棱大型聚煤盆地,东缘同沉积断裂为向盆地内倾斜的正断层,并与区域东西向、北西向构造复合控制煤系沉积。

2)新生代裂谷盆地煤油气聚积期

佳伊、敦密断裂带内受控盆地主要沉积古近纪含煤地层及局部新近系。不同类型盆地古近系沉积面积、厚度、岩性、岩相组成与相的空间配置不同,对煤油气的聚积起着控制作用。总的趋势:裂谷深大断凹盆地为煤油气盆地;裂谷中小型断凹盆地为煤油页岩盆地;裂谷断陷型盆地为聚煤盆地。

3)不同类型盆地形成机制

佳伊、敦密断裂带内构造格架显示,断裂带内一般由两条对倾的张性断裂构成地堑或半地堑盆地,充填沉积了侏罗纪、白垩纪、新近纪和古近纪地层。古近系分布面积大、厚度大、全区发育,但不同类型盆地有明显差异,其主要原因是断裂带与周边构造背景复合作用。当断裂带穿越构造背景为区域总体沉降、拉张应力场作用时,断裂带宽,基底沉降幅度大,形成深大凹陷型盆地,即断陷与负向坳陷复合、叠加,盆地沉降幅度大;相反与正向隆起复合则断陷盆地沉降幅度小(或不形成沉积盆地),沉积地层薄,形成中小断坳型盆地。而处于断裂长期的古隆起带时,则无断陷盆地形成,为相对隆起剥蚀区,因此在断裂带内出现规模不同、彼此分割而不连续的断凹型盆地。如伊舒盆地的构造背景在中朝板块北缘活动带与西伯利亚南缘活动带交接部位、舒兰区南侧基底隆起处,石炭纪—二叠纪地层与海西期花岗岩出露,北翼为断裂形成半地堑型盆地,盆地狭窄,沉降幅度小,沉积厚度200~1300m。而在岔路河—伊通区间,裂陷作用与北西向双阳中生代盆地复合垂向叠加,沉降幅度大,古近系厚度3000~4000m,西南二

龙山水库区为断陷区。裂陷内白垩纪地层出露,古近系超覆沉积在白垩纪地层之上,形成自舒兰—伊通—二龙山区间古近纪地层东西薄、中间厚的深大断凹型盆地。由于裂陷作用,断裂带内形成不同类型的沉积盆地和侵蚀盆地,控制着古近纪地层沉积的厚度、岩性、岩相组成及煤油气沉积环境等。

第三节　岩浆岩

　　吉林省岩浆活动十分频繁,岩浆岩分布也很广泛,仅花岗岩和新生代玄武岩就分别占全省基岩出露面积的60%和17%左右。岩浆岩种类繁多,成因复杂,与之有关的矿产也各具特色。吉林省侵入岩浆活动十分频繁,从老到新可划分为阜平期、五台期、加里东期、海西期、印支期和燕山期六大旋回,其中尤以海西期和燕山期最为发育。岩浆侵入活动产物种类繁多,有超基性岩、基性岩、中性岩、酸性岩和碱性岩等,其中以花岗岩类最为发育,而且与贵金属、有色金属、非金属、黑色金属等矿产有着重要的关系。火山活动频繁,按其喷发时代、喷发类型、喷发产物、构造环境等特征,自太古宙至新生代,共有7期火山活动,这7期自老至新为阜平期、五台期、中条期、加里东期、海西期、印支期—燕山期、喜马拉雅期。

　　本次评价侧重晚古生代开始对煤田的煤系、煤层、煤质有联系和有直接影响的岩浆岩作如下的叙述和分析。

一、侵入岩

　　侵入岩形成时代可分为海西期、印支期、燕山期、喜马拉雅期。

　　(一)海西期侵入岩

　　(1)海西早期仅有超基性岩、基性岩侵入,主要分布于红旗岭、漂河川,呈岩脉和岩墙状,侵入于黄莺屯组、石缝组中,常重叠于加里东晚期岩群之上,同位素年龄为365～331Ma,主要岩石类型为辉长岩、斜方辉岩、角闪岩、角闪辉长岩、橄榄岩等。

　　(2)海西中期在吉林省东部有小梨河、青阳威子南山、半截河、弧顶子等岩体,面积小,一般在4km²左右,常侵入鹿圈屯组,并为范家屯组不整合,小梨河岩体同位素年龄为338Ma。在克旗西北的克旗煤矿附近的米生庙岩体(与锡盟交界处)面积较大(达97km²),侵入于上石炭统,一般呈岩株状,大的呈岩基状,主要岩石类型为碎裂花岗岩、文象花岗岩、混染石英正长岩。米生庙岩体为石英闪长岩。

　　(3)海西晚期为华北陆块和西伯利亚板块最后拼接时的产物,所以主要位于内蒙地轴附近呈东西向分布且面积较大,在大兴安岭区也有大面积分布。主要岩体有通辽西的白音塔拉岩体、色布尔岩体、大石寨岩体、乌兰浩特岩体等,常侵入二叠系吴家屯组。在南部库伦至平安之间也有较大岩体。吉林省东部本期有小型的基性、超基性岩,中性岩侵入体,如双凤山岩体、茶尖哈岩群、和龙县长仁岩群、獐项岩群等,常呈岩脉状、岩株状,主要为辉岩、角闪岩、辉长岩等,侵入的最高层位为拉溪组,也为较晚的酸性侵入岩,分布于敦化、汪清、延吉、东丰至四平,不少岩体面积大于1000km²,为大面积分布的岩基和岩株。它们常侵入二叠系,同位素年龄为302～206Ma,漂河川的黑云母花岗岩同位素年龄为227Ma,敦化雁脖岭岩体的花岗闪长岩和石英闪长岩同位素年龄分别为302Ma、210Ma,珲春荒沟岩体的二长花岗岩同位素年龄为206Ma,延吉的广德峰-大洞岩体的花岗闪长岩同位素年龄为295Ma。主要岩石类型为斜长花岗岩、黑云母花岗岩、花岗闪长岩、石英闪长岩、二长花岗岩、花岗岩、碱长花岗岩等。

(二)印支期侵入岩

印支期侵入岩分早、晚两期,一般受佳伊断裂、敦密断裂、集安-松江断裂、图们江断裂带及一系列次一级的东西向断裂和北西向断裂控制。从岩体分布特征上看,印支期侵入岩可分为3个侵入岩带,即西带舒兰-吉林印支早期侵入岩带;中带靖宇-敦化印支早期和印支晚期侵入岩带;东带延边印支晚期侵入岩带。

1. 印支早期侵入岩

(1)基性岩:青林子、和平营子、鹿道等小的岩体,呈北东向伸展的脉状、岩株状,出露面积数平方千米或更小一些。常侵入晚古生代地层中,并被燕山早期花岗岩侵入,同位素年龄为224Ma(青林子岩体)。主要岩石类型为辉长岩、含长单斜辉长岩、角闪辉长岩、橄榄辉长岩等。

(2)中性岩:仅发现浑江三棚湖岩体和通化香磨岩体,前者出露面积约28km²,呈岩株状,侵入于晚三叠世火山岩之中,并被下侏罗统煤系覆盖。香磨岩体侵入集安群,同位素年龄为229.8Ma,主要岩石类型为闪长岩和石英闪长岩。

(3)酸性岩:较为发育,主要分布于通化、延边和吉林中部地区,有天北、二秃顶子岩体,呈岩基状,其他还有九台陈家屯岩体、周家屯岩体、延边大兴沟、天宝山、两江等岩体较小,呈岩株状。陈家屯和周家屯岩体常侵入二叠系和三叠系中,大兴沟岩体侵入上二叠统开山屯组,且被上三叠统托盘沟组覆盖,同位素年龄为218Ma。天宝山和两江岩体同位素年龄分别为214Ma、210Ma。天北岩体侵入上二叠统杨家沟组,同位素年龄为190Ma。主要岩石类型有花岗岩、二长花岗岩、花岗闪长岩、黑云母花岗岩、黑云斜长花岗岩等。

2. 印支晚期侵入岩

印支晚期侵入岩主要分布于吉林东部的延边和通化地区。岩石类型从基性到酸性皆有发育,但主要以酸性岩为主。

(1)中基性岩:主要有"四十九"岩体、张毛草沟岩体、东胜屯岩体、胜利站岩体等。"四十九"岩体侵入上三叠统。张毛草沟岩体被燕山早期花岗岩侵入,呈岩株、岩脉状,面积一般小于1km²。主要岩石类型有辉长岩、辉绿岩、辉石闪长岩、闪长岩等。

(2)酸性岩:主要有珲春三道沟、上中沟、鹰嘴砬子、敦化西北岔、捕鹿房、西北岔、盘石仙人洞、伊通寒葱顶子、大兴沟托盘沟岩体和浑江幸福山岩体。出露面积较大,一般达几十平方千米,其中三道沟岩体150km²,捕鹿房岩体78km²、西北岔岩体200km²,呈岩基、岩株状。三道沟岩体侵入上三叠统南村组火山岩中;上中沟岩体的同位素年龄为197Ma;西北岔岩体侵入上三叠统托盘沟组,并被屯田营组不整合覆盖;盘石仙人洞、伊通寒葱顶子岩体侵入上三叠统大酱缸组;浑江幸福山岩体侵入龙岗群,并被燕山早期头道沟花岗岩体侵入,同位素年龄为198Ma。主要岩石类型有花岗岩、斜长花岗岩、二长花岗岩、花岗闪长岩、似斑状花岗岩等。

(三)燕山期侵入岩

本期侵入活动十分频繁且剧烈,侵入岩分布广泛,岩石类型复杂多样,基性—超基性、中基性、中酸性、酸性及碱性岩类均有出露,其中花岗岩类分布最广。根据岩浆演化阶段、地层层序、接触关系及同位素地质年代等资料,将燕山期侵入岩划分为早期和晚期侵入岩,其中以早期侵入活动较为强烈。

1. 燕山早期侵入岩

本期侵入岩分布较广泛,活动频繁且剧烈,呈岩基、岩株状产出。岩石类型复杂主要以花岗岩类为主,沿某些断裂带尚有少量的超基性、基性及碱性岩类出现,岩体出露面积大,多期性、多阶段性表现得尤为明显,常构成一些较大的复式岩体。

(1)超基性岩:主要见于永吉县头道沟一带,岩体成群出现,分布在东部的头道沟—鸦鹊沟南山一带、中部偏东南的三道沟—小城子附近、西部的芹菜沟—大窝吉一带。侵入到中侏罗世火山岩的下部凝灰岩中,主要岩石为纯橄榄岩、辉橄岩、橄榄岩等。

(2)中基性岩:在大兴安岭有扎旗的窟窿山岩体和霍林河的哈拉哈德边呼舒岩体,双阳土顶子岩群,浑江老秃顶子、吉林头道川大岭、白石砬子、二道埠、歪土砬子等岩体;永吉头道沟岩群,珲春马滴达、五道沟,通化边沿村,吉林韩广富屯,小三个顶子,长春的团山子、敦家店,蛟河的鸡爪顶子、康大砬子、青背等岩体。岩体出露面积小,一般为数平方千米,较大的有窟窿山岩体为 $20km^2$,郭家店和松顶子岩体约 $9km^2$,呈岩株状或小的岩基状。它们常侵入石炭二叠系、侏罗系及海西期侵入岩中,如二密松顶山岩体侵入到中侏罗世火山岩,头道沟岩群三道沟岩体侵入上三叠统大兴沟群及海西期花岗闪长岩中,长春敦家店岩体同位素年龄为 150.3Ma,庙岭岩体被营城组火山岩覆盖,同位素年龄为 161Ma。主要岩石类型为辉长岩、橄榄辉长岩、碱性辉长岩、辉石闪长岩、石英闪长岩、闪长玢岩、闪长岩等。

(3)酸性岩:特点是岩体大、分布广泛,呈大的岩基状。主要岩体有科右中旗的敖兰敖日格岩体(面积 $400km^2$)、大石寨武松岩体、乌兰浩特四方地岩体、霍林河的呼和温多尔岩体。吉林省的大顶子、老秃顶子、源水头道川大岭、白砬子、二边埠、牡丹岭、碾子沟-金家、双阳庙岭、许家洞荒沟、细林河-扇东山、大拉子山、罗圈屯、同仁沟、四方顶子、榆树川、大川沟、大夹皮沟-黑松沟、热闹街、天桥沟、头道沟、秃老婆顶子等多个大型岩体,面积一般均为数十平方千米,大者达 $400km^2$。如大顶子岩体 $432km^2$,呈岩基、岩株状,岩体常侵入二叠系,部分侵入侏罗系及海西期花岗岩中,大顶子岩体侵入红旗组并被晚侏罗世火山岩所覆盖,同位素年龄为 175Ma。源水岩体侵入加里东期花岗岩,同位素年龄为 188Ma。牡丹岭岩体侵入屯田营组和海西期花岗岩,并与上侏罗统不整合覆盖,同位素年龄为 163.9Ma。碾子沟-金家岩体侵入晚三叠世火山岩和海西期花岗闪长岩,并被上侏罗统覆盖。许家洞荒沟岩体侵入海西期花岗岩和屯田营组,同位素年龄为 152Ma。主要岩石类型有碱长花岗岩、黑云母花岗岩、花岗岩、二长岩、石英二长岩、斜长花岗岩、花岗闪长岩等。

2. 燕山晚期侵入岩

燕山晚期侵入岩不甚发育,其岩浆侵入活动与燕山早期有继承性特点,多数岩体叠加在早期岩体之上,分布特点与燕山早期基本相同,多数以岩株产出,时代为白垩纪。

(1)基性岩:苍家街岩体群出露于通化县四棚甸子一带,出露较大者有苍家街、袜桶沟、湖米沟、春阳等岩体。岩体均顺层侵入上白垩统三棵榆树组凝灰岩中,取该岩体辉长岩全岩,以 K-H 法测得同位素年龄为 75.5Ma。主要岩石类型为橄榄辉长岩、辉长岩。

(2)中性岩:于浑江老岭站、珲春杜荒岭等地呈岩株产出,出露面积分别为 $1.5km^2$、$14.2km^2$,主要岩石类型为闪长岩和石英闪长岩。在老岭站南十二道沟一带闪长岩中有晚侏罗世安山岩小捕虏体,并在老岭站采石场见燕山晚期花岗斑岩侵入闪长岩中。珲春县杜荒岭附近石英闪长岩侵入晚侏罗世金沟岭期安山岩中。在九十三沟矿区石英闪长岩侵入燕山早期英安斑岩中,并被珲春组煤系不整合覆盖。

(3)酸性岩:主要分布在通化、吉林等地,岩体分布受敦化-密山、集安-松江断裂控制,主要岩石类型为碱长花岗岩、花岗岩、花岗斑岩等。集安夹皮沟岩体侵入晚侏罗世安山岩及英安岩被船底山期玄武岩覆盖。暖木条子东取碱长花岗岩中碱长石同位素年龄为 103.7Ma,在集安果园岩体侵入晚侏罗世安山岩,十三道沟一带花岗岩侵入晚侏罗世安山岩,老岭村附近花岗斑岩侵入于闪长岩中,通沟岩体的花岗斑岩侵入于晚侏罗世安山岩,在下绿水桥一带晚侏罗世安山岩被花岗斑岩侵入,上绿水桥晶洞碱长花岗岩侵入晚侏罗世安山岩,汪清县二道沟岩体侵入下白垩统大拉子组。

(4)酸碱性岩:盘石、通化、桦甸等地零星出露有酸性和碱性侵入岩,其中桦甸永胜碱性岩体最为典型,岩浆分异作用较完善,自中心到边部依次为含辉正长岩、霓辉霞石正长岩、似斑状霓辉正长岩、霓辉正长岩、含石英霓辉正长岩-石英正长岩5个相带。此外,尚有喷发相粗面岩,岩体中脉岩有细晶正长斑岩、霓辉正长岩及闪长玢岩。

(四)喜马拉雅期侵入岩

在一些地区发现辉绿岩侵入到古近纪煤系中和侵入到白垩系中,可能是喜马拉雅期。本区主要有梅河煤田和珲春煤田。本区岩石类型为辉绿岩,辉绿岩侵入煤层中并对煤层有一定的影响。

二、喷出岩

区内喷出岩分布范围广泛,其中除晚古生代火山岩与煤田关系不大外,中、新生代火山岩与煤田关系密切,常为煤田含煤岩系的基底或盖层,有时与含煤岩系互为共生或互层,简述如下。

(一)晚古生代火山岩

地槽区火山岩系普遍发育,分布范围较广,但火山-沉积层受到褶皱、侵入岩浆作用影响,而使其分布不甚连续。石炭纪—二叠纪火山活动较频繁,但不甚强烈,多以海底中性、中酸性、酸性火山熔岩溢流为主,综合全区(以吉林小区为基础),共有两次(大旋回)火山活动,其中包括6个火山活动旋回。晚古生代火山岩常构成煤田的基底,与煤田及含煤岩系、煤层没有直接关系,多为海底中性、中酸性、酸性火山熔岩溢流产物。晚古生代火山岩主要分布于西部大兴安岭,有大面积出露,吉林东部盘石—吉林一线和延边区有零星分布。大兴安岭主要为下二叠统的大石寨组,为数百米至千余米厚的流纹斑岩、安山岩、杏仁状安山岩夹凝灰岩。吉林东部从早石炭世就有局部火山岩,但以二叠纪时火山喷发最为强烈,主要岩石类型为流纹岩、英安岩、安山岩及凝灰岩。

(二)中生代火山岩

中生代开始全区上升为陆地,成为与现今形态基本一致的欧亚大陆板块的东缘部分。受太平洋板块北西方向俯冲作用影响,产生了近北东方向平行分布的一系列断陷-褶皱带。伴随这种作用,自晚三叠世之后,先后发生了5期(旋回)强烈不等的火山活动。

中生代火山岩区划分5个火山岩带,分别如下。兴安岭西条带:晚侏罗世火山岩(兴安岭期)。兴安岭东条带:主要为中侏罗世火山岩系,称巨宝火山岩。松辽盆地东缘火山岩带:晚侏罗世和早白垩世火山岩系,称火石岭期和营城期火山岩。吉林中部火山岩带:中侏罗世火山岩系万宝期和晚侏罗世火山岩系的火石岭期。苏密沟-暖木条子火山岩带:主要为晚侏罗世火石岭期。

火山复活,爆发和溢出了大量碱流质浮岩和角砾熔岩,覆盖在长白山组石英粗面岩之上,构成冰场组。长白山天池火山口北壁白岩峰处,碱流质浮岩覆盖在长白山组粗面岩之上形成接触关系景观,长白山天池八卦庙处、冰场组上段黑色碱流质角砾熔岩覆盖于长白山组石英粗面岩之上形成接触关系景观。炭化木^{14}C同位素年龄为$(1230\pm75)\sim200a$。

长白山地区以长白山天池为中心的新生代火山活动十分发育,从上新世至全新世,有多次火山旋回活动。

三、岩浆活动对煤田的影响

由于岩浆活动侵入和喷出岩,对已形成的煤田在其赋存和煤层、煤质均有不同程度的影响,主要表现在下列几个方面。

(一)对煤田整体的影响

1. 破坏了煤田的完整性

由于岩浆侵入形成很多岩体,常沿断裂分布,将煤田分割为数块,影响了对煤炭的利用。如万红煤田和牤牛海煤田由于燕山期花岗岩侵入,呈北东向所截,使其西部煤田边界不清,中间还有一些小的岩体又将煤层切割多块;双阳-烟筒山间由于花岗岩和花岗闪长岩体呈东西向所截,使原来五家子煤矿和石墨矿由一个整体划分为两块;塔拉营子和西沙拉间可能原为早中侏罗世一个完整的含煤盆地,由于岩体侵入而被隔开。

2. 掩盖了煤田

由于侏罗纪和新生代各期火山岩的大面积喷发,覆盖了早先形成的煤田,而且由于巨厚的火山岩层使煤田赋存更深,增加了寻找煤田和勘探煤田的难度。尤其是吉林东部的新生代多期火山岩,虽然其厚度不大,但呈岩被广泛覆盖了下伏的石炭二叠系和中、新生代煤田。如长白县、松树镇-安图、敦化、汪清等地分布有大面积的新生代玄武岩,并有部分被晚侏罗世火山岩所覆盖,长期以来很难寻找其下伏煤田。

(二)对煤层和煤质的影响

1. 对煤层影响

由于岩浆岩的侵入,煤层失去完整性和连续性。一些岩床侵入煤层或煤层顶、底板,吞蚀了煤层,使煤层厚度变薄,甚至全部被岩床所取代。一个厚煤层由于岩床的侵入而使煤层分岔,厚度变薄而不可采。

2. 对煤质影响

煤层由于受到高温岩浆或岩浆岩的影响,使煤层变质程度增高,有的煤层甚至变成天然焦或石墨,如平岗煤田就是一个典型的例子。这种变质作用既有害有时又有利。在年轻煤田或低变质区内,由于岩浆岩的侵入使煤层变质程度增高,这是有利的,如变成可供利用的石墨,反而提高了煤炭利用途径和利用价值,磐石县仙人洞石墨矿即是一个例子,又如杉松岗煤矿的煤种变成焦煤、瘦煤和无烟煤。将岩浆侵入对煤层和煤质有影响的煤田、煤产地列表(表2-3-1)如下。

表 2-3-1　各煤田、煤产地受岩浆侵入后的影响统计表

地区	侵入岩类型	产状	侵入时代	煤层影响	煤质影响	受影响程度
六道江—五道江	石英斑岩、闪长斑岩	岩脉、岩床	燕山期	侵入煤层变薄	变质增高、无烟煤	局部、较小
松树镇—小营子	石英斑岩、闪长斑岩	岩脉、岩床	燕山期	侵入煤层变薄	变质增高、天然焦	较强
湾沟	中基性侵入岩	岩脉、岩床	燕山期	吞蚀煤层1km²	变质增高	局部较强
长白县	中酸性侵入岩	岩脉、岩株	燕山期	侵入煤层		有一定影响
和龙煤田	中酸性侵入岩	岩脉、岩床	燕山晚期	侵入煤层		较弱、局部
平岗	辉绿岩、玄武岩、酸性次火山岩	岩脉、岩墙	燕山期	侵入煤系、煤层	变质增高、无烟煤—天然焦	较强
五家子—仙人洞	花岗岩、花岗闪长岩、石英斑岩、正长斑岩	岩基、岩脉	燕山期、印支期	侵入煤系、煤层	变质增高、无烟煤—石墨矿	较强、普遍
营城煤田	辉绿岩、玄武岩、酸性次火山岩	岩株、岩墙	燕山晚期	煤层变薄	局部变质增高	较弱
万宝—忙牛海	花岗岩、花岗闪长岩、闪长斑岩、正长斑岩	岩株、岩脉	燕山期	煤层变薄、吞蚀	变质增高	较强
黄花山	石英斑岩、闪长斑岩、安山玢岩、正长斑岩	岩床、岩脉	燕山期	侵入煤系、煤层	变质增高为贫煤—无烟煤	较强
联合村	石英斑岩、花岗闪长岩、闪长斑岩、正长斑岩	岩脉、岩墙、岩株	燕山期	侵入煤系、煤层	变质增高为贫煤—无烟煤	较强
巨里黑	闪长斑岩	岩墙、岩脉	燕山期	侵入煤系、煤层	变质增高为贫煤	较强
塔拉营子	石英斑岩、闪长斑岩、正长斑岩	岩墙、岩脉、岩株	燕山期	侵入煤系、煤层	变质增高超无烟煤	较强
梅河煤田	辉绿岩	岩床	喜马拉雅期	侵入煤层		弱
珲春煤田	辉绿岩	岩床	喜马拉雅期	侵入煤层		弱

第三章　含煤地层与煤层

第一节　含煤地层划分与对比

一、划分标准

地层划分标准采用《中国地层指南》(地质出版社,2001)中所附的《中国区域年代地层(地质年代)表》(全国地层委员会,2001)方案,其中新生界划分为新近系和古近系,二叠系三分,石炭系二分。

二、划分方法

1. 多重地层单位划分对比研究

吉林省含煤地层时代有晚古生代、中生代及新生代。

(1)本书对目的层的岩石地层、生物地层(各种生物带或生物组合)和年代地层进行划分对比研究,建立工作区的区域等时地层格架。

(2)本书在岩石、生物和年代地层单位划分对比的基础上,进行层序地层、事件地层、磁性地层等多重地层单位划分对比,进一步优化区域等时地层格架。

(3)本书在深入进行多重地层单位划分对比研究的基础上,编制目的层的地层划分对比柱状图。

2. 岩石地层划分方法

岩石地层划分带采用以下几种方法:①重要地层界面法;②标志层法;③岩性法;④岩性组合和地层结构法。

三、含煤地层区划

根据《吉林省地质志》和《岩性地层清理成果划分方案》,本书重点针对成煤期及含煤地层划分了地层区划。吉林省含煤地层区划、含煤地层分布见图 3-1-1 和图 3-1-2。

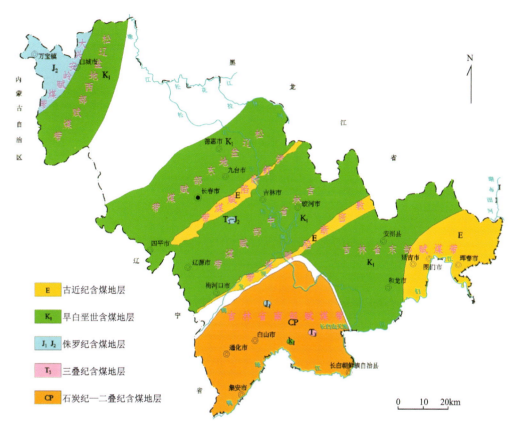

图 3-1-1　吉林省含煤地层区划示意图

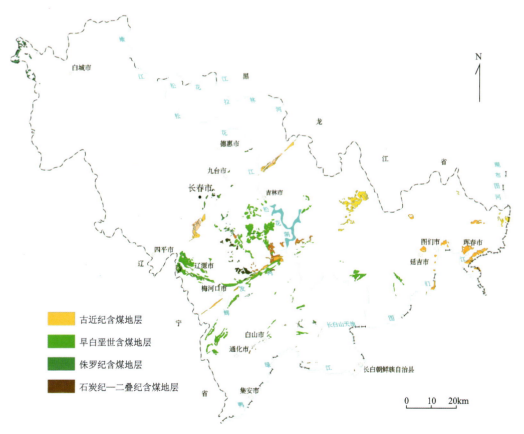

图 3-1-2　吉林省含煤地层分布示意图

1. 晚古生代石炭纪—二叠纪

晚古生代石炭纪—二叠纪含煤炭地层分布于吉林南部，对应岩性地层单元标准地层为太原组和山西组。

2. 早中生代晚三叠世—中侏罗世

早中生代晚三叠世—中侏罗世含煤炭地层零星分布于吉林中部、西部和南部，对应岩性地层单元标准地层分别为大酱缸组、太阳岭组、红旗组、万宝组、北山组、冷家沟组（或杉松岗组）。

3. 晚中生代早白垩世

晚中生代早白垩世含煤炭地层广泛分布于吉林西部、中部、东部和南部，对应岩性地层单元标准地层分别为沙河子组、安民组、长安组、长财组和石人组。

4. 新生代古近纪

新生代古近纪含煤炭地层分布于伊舒断陷带、敦密断陷带和吉林东部区的东部，对应岩性地层单元标准地层分别为舒兰组、梅河组（或桦甸组）、珲春组。

四、煤层及煤层组的精细对比

采用古生物化石组合、岩性组合、沉积旋回、测井曲线、煤岩等方法，并充分利用煤炭系统的第三次煤田预测成果以及现有其他专题研究成果，进行层序地层格架下煤层及煤层组合的精细对比，编制煤层和煤层组对比表，详见本章吉林省各主要煤田煤层特征表。

五、含煤地层对比表和对比柱状图

选择各煤田或矿区的典型地层剖面，建立含煤地层柱状图，含煤地层对比到组。按晚古生代、中生代、新生代分别编制含煤地层对比表和含煤地层柱状对比图。

第二节 含煤地层

吉林省的含煤地层在平面分布、形成时代和沉积类型上具有多样性和复杂性。

(1)含煤沉积盆地构造类型：滨海平原盆地和中小型内陆断陷盆地。

(2)成煤期时代：晚石炭世—早二叠世、晚三叠世、早中侏罗世、早白垩世、古近纪—新近纪均有含煤地层发育，甚至在第四纪也发育了较广泛的泥炭层。

(3)沉积类型：海相、海陆交互相、陆相。如石炭纪—二叠纪的煤系和煤层发育在堡岛复合体系的潮坪上；三角洲体系的三角洲平原和分流间湾上；部分为湖泊河流体系的滨湖三角洲上。中生代和新生代的含煤岩系、煤层主要发育在陆相湖泊体系的湖泊相泥岩之下，而湖滨三角洲边缘相带、湖泊相泥岩之上的湖泊淤浅的三角洲平原和洪泛平原，常发育冲积扇无煤带。晚古生代石炭纪—二叠纪含煤地层分布在吉林省南部，大致呈东西向分布。中、新生代含煤地层则全省均有分布，且一般多呈北东向分布。

根据煤田(盆地)分布特点将省内划分为8个赋煤带,即大兴安岭赋煤带、松辽盆地西部赋煤带、松辽盆地东部赋煤带、伊舒断陷赋煤带、吉林中部赋煤带、敦密断陷赋煤带、吉林东部(延边)赋煤带和吉林南部赋煤带。以下按时代分别讲述含煤地层的一般特征。

一、晚古生代含煤地层

石炭纪—二叠纪含煤地层仅分布在吉林南部赋煤带内,即主要分布在北东向的浑江复向斜内和近东西向的长白县条带内,在三源浦附近有零星分布的石炭纪地层,但未发现煤层。浑江复向斜从杨木桥子起,经铁厂、八道江、苇塘、湾沟、松树镇呈断续分布,地层发育好、研究程度高,现以其为代表概述于后。地层自下而上可划分为石炭系本溪组、太原组,二叠系山西组、下石盒子组、上石盒子组和孙家沟组(表3-2-1,图3-2-1)。其中下石盒子组以上地层为不含煤或不具可采煤层的地层,而太原组和山西组为主要含煤地层,本溪组为局部含煤层。含煤地层分述如下。

表3-2-1　吉林省晚古生代(石炭纪—二叠纪)含煤地层对比表

地层系统			吉林西部 (松辽盆地)	吉林中部 (双阳、蛟河)	吉林东部 (延边区)	吉林南部 (浑江、长白)
系	统	符号				
二叠系	上统	P_3				孙家沟组
	中统	P_2		马达屯组	开山屯组	上石盒子组
	下统	P_1	大石崖组	范家屯组	柯岛组	下石盒子组
					庙岭组	*山西组
石炭系	上统	C_2		石嘴子组	山秀岭组	*太原组
				磨盘山组		本溪组
	下统	C_1		鹿圈屯组		

注:*为主要含煤地层。

1. 本溪组(C_2b)

本溪组区内大部分地区均有分布,以堡岛体系仅局限台地沉积为主。岩性以灰色、灰黑色泥岩和粉砂岩为主,夹有砂岩和多层薄层灰岩(3~9层),上部夹有紫色的泥岩和粉砂岩。本组一般可进一步划分为3个段。上段为灰黑色泥岩、粉砂岩、砂岩,夹多层薄层灰岩,灰岩中含蜓类化石:*Profusulinella* sp., *Ozawainella* sp., *Millerella minuta*, *Pseudostaffella* sp., *Fusiella* cf. *swbtilis*, *Subbertella* 等;中段以灰绿色、灰黑色夹紫色泥岩,粉砂岩和砂岩,灰岩层较少或无,产植物化石:*Neuropteris gigantean*, *Linopteris brongniarti*, *L. neuropteroides*, *Mesocalamites cistiformis*, *Stigmaria ficoides* 等;下段或底部为紫色砾岩、铁质岩和铝土岩,产植物化石:*Archaeocalamites* sp., *Lepidostrobophyllum* cf. *majus*, *L.* cf. *hastatus* 等。本组厚度为30~230m。下伏与奥陶系马家沟组灰岩呈平行不整合接触。

2. 太原组(C_2t)

太原组为主要含煤地层,由堡岛体系向三角洲体系过渡,分布广,主要为三角洲体系沉积。聚煤环境有潟湖后的泥炭坪(6煤)和分流间湾泥炭坪(5煤),沉积稳定,煤层厚度较大。富煤中心位于铁厂—苇塘间北东东向的条带内,而两侧由于水深而煤层变薄,由灰色、灰黑色砂岩,粉砂岩和泥岩组成。底部为一层中细粒砂岩(称"道清砂岩")与下伏本溪组呈整合接触。

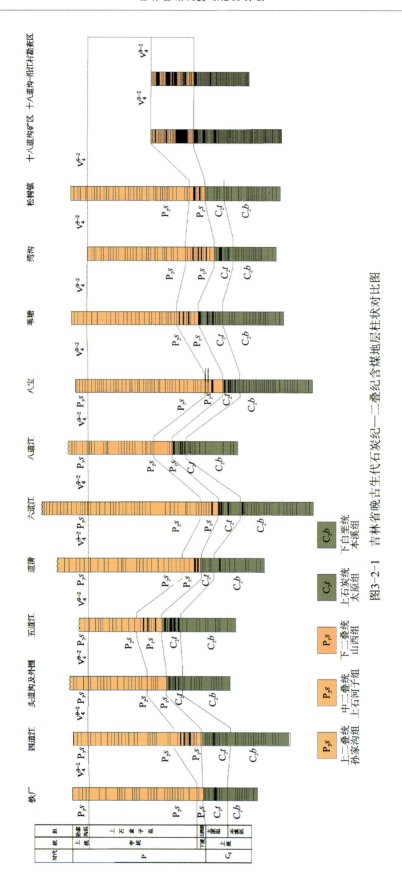

图3-2-1 吉林省晚古生代石炭纪—二叠纪含煤地层柱状对比图

除松树镇一带外，本区均含3层可采煤层（第4、5、6号煤层），煤层厚度：4号煤层一般厚0.14～7.56m；5号煤层一般厚0.51～4.21m；6号煤层一般厚0.19～8.14m。

本组产生丰富的植物化石，下部有时产海相动物化石，主要有动物化石：*Chonetes letesinuata*，*Neospirifer* sp.，*Marginifera* sp.；植物化石：*Neuropterisovata*，*N. plicata*，*N. plicata*，*N. Cyata*，*Pecopterisfeminaeformis*，*Sphenophyllum oblongifolium*，*Annularia stellata*，*Tingia kawasakii* 等。本组厚度为15～80m，下伏与本溪组整合接触。

3. 山西组（P_1s）

山西组分布同太原组，为重要含煤地层，呈三角洲-河流体系沉积，由三角洲向河流体系过渡，以河流沉积为主。曲流河发育，两侧形成广阔的泛滥平原及沼泽。煤层发育较好，呈北东东向展布。下部为灰白色、灰色砂岩，含砾砂岩，一般厚10～20m，与下伏太原组常显冲刷现象，并见太原组上部地层缺失，故为平行不整合接触关系。上部为深灰色泥岩、粉砂岩和砂岩，顶部常为铝土质岩，含煤3层，即1号、2号、3号煤层，其中3号煤层发育最好，全区可采，1号、2号煤层局部可采，以松树镇较为发育，本组厚30～50m。煤层厚度：1号煤层0.5～21.92m；2号煤层0.81～19.31m；3号煤层0～6.16m。本组产丰富的植物化石：*Lepidodendron szeiana*，*Lepidostrobophllum* cf. *lanceolatum*，*L. hastatum*，*Neuropteris ovata*，*Calamites suckowii*，*C. cistii*，*Pecopteris wonii*，*P. feminaeformis*，*Alethopteris huiana*，*Sphenophyllum thonii*，*Emplectopteridium alatum*，*Cladophlibis* sp.，*Taeniopteris* sp. 等。

二、早中生代含煤地层

早中生代含煤地层主要分布在吉林南部赋煤带内，在大兴安岭赋煤带、吉林中部赋煤带内也有零星分布。大兴安岭赋煤带分布有下侏罗统红旗组，中侏罗统万宝组；吉林南部赋煤带分布有上三叠统北山组（或称小营子组），下侏罗统冷家沟组、杉松岗组，中侏罗统望江楼组或侯家屯组；吉林中部赋煤带内的双阳—盘石一带分布有上三叠统大酱缸组、下侏罗统板石顶子组和中侏罗统太阳岭组，见早中生代含煤地层对比关系表（表3-2-2），含煤性一般较差，分述如下。

表3-2-2　吉林省早中生代（晚三叠世—早中侏罗世）含煤地层对比表

地层系统			吉林西部 （白城万红）	吉林中部 （双阳、辽源）	吉林南部	
系	统	符号			柳河杉松岗	浑江
侏罗系	上统	J_3	火石岭组	德仁组	碱厂沟组	抚松组
	中统	J_2	付家洼组	*太阳岭组	侯家屯组	望江楼组
			*万宝组			
	下统	J_1	*红旗组	板石顶子组	*杉松岗组	冷家沟组
三叠系	上统	T_3		*大酱缸组		*北山组
			大石崖组 P_1d	范家屯组 P_1f	马家沟组 O_2m	

注：带"*"为主要含煤地层。

（一）大兴安岭赋煤带

西南从内蒙古自治区哲盟的西沙拉、塔拉营子、巨里黑、联合村、牦牛海至吉林省的万宝、红旗及白城西部，断续分布着下侏罗统红旗组和中侏罗统万宝组含煤地层，其中以万宝组研究程度较高，具有代表性。含煤地层特征和含煤性如下。

1. 红旗组(J_1h)

红旗组主要分布于塔拉营子、联合村、万宝矿,均含有可采煤层,为一套陆相以浅湖沉积体系为主的含煤岩系,是浅湖的湖滨带和三角洲平原的泥炭沼泽聚集的煤层,且多次湖泊水面升降,形成多个旋回和多层薄煤层,部分为湖泊淤浅形成广阔沼泽平原,形成较稳定的煤层。该组以灰色、灰黑色粉砂岩,泥岩为主要特征,夹有多层砂岩,底部一般有磨圆度较好的砾岩,含多层薄和中厚煤层。在红旗地区含6个层群,可采的有15个分层,3层全区可采,其中B_9层厚5.40~9.43m,最厚达17.91m,其他煤层较薄;联合村含上、下两个煤组,含煤9层,一般均达可采厚度(0.8m)。

本组产有丰富的植物化石:*Coniopteris Phoenicopsis* 植物系的早期组合分子及瓣鳃类化石,主要的有 *Neocalamites carrerei*, *N. hoerensis*, *Equiseties laterals*, *E.* cf. *ferganensis*, *Phlebopteris* cf. *brauni*, *Thaumatopteris schenki*, *Todites derticulata*, *Cladophlebis ingens*, *Cl. stricta*, *Anomozamites* sp. *Ginkgoites sibiricus*, *G. ferganensisi*, *G. mariginatus*, *Phoenicopsis angustifolia*, *Czekanowskia setacea*, *Podozamites schenki*, *Cycadocarpdium* cf. *erdmanhi*;动物化石 *Ferganoconcha* spp.。

本组厚度变化大,在红旗区一般厚度为500~700m,下伏不整合在二叠系之上。

2. 万宝组(J_2w)

万宝组分布面积较广,主要有牦牛海、联合村、黄花山、万宝、白城西部等地,为一套与火山喷发有一定联系的河流-湖泊沉积体系的含煤岩系。下部多为冲积扇和河流沉积环境,逐渐向相对稳定转化,有一较稳定的冲积扇与河流泛滥平原过渡带的泥炭沼泽环境并形成煤层,其煤层常沿相带断续分布而厚度相应变化较大。由于岩相变化较大,所以岩性和厚度变化也大,一般盆地边缘和底部由于受同沉积构造的影响,多为粗碎屑沉积,远离边缘则多为湖相的泥岩和细碎屑沉积,同时火山活动由微弱而增强,最后几乎为火山熔岩所代替。万宝煤矿本组下部为砾岩段,厚数十米至200m,含砾砂岩夹粉砂岩等;上部为含煤段,主要由灰色、灰黑色砂岩,粉砂岩和泥岩组成,一般含3~5层煤,其中3层局部可采,一般厚0.7~1.5m,最厚可达4.52m。

本组产丰富的植物化石,主要有 *Neocalamites* sp., *Equiseties laterals*, *Todites williamsoni*, *Coniopteris hymenophylloides*, *C.* spp., *Eboracia lobifolis*, *Cladophlebis hsichiana*, *Raphaelia diamensis*, *R. stricta*, *Anomozamites* sp., *Beiera gracilis*, *Phoenicopsis angusifolia*, *Ph.* sp., *Czekanowskia rigida*, *Solenites* cf. *murriayana*, *Sphenobaiera pecten* 等,以及动物化石 *Ferganoconcha* spp. 等。

本组厚度一般为500~700m,局部大于1000m,下伏不整合在红旗组和二叠系之上。

(二)吉林南部赋煤带

含煤地层分布在浑江条带、杉松岗-三源浦条带及临江-腰沟条带,均呈北东向带状分布,为上三叠统北山组,下侏罗统冷家沟组、杉松岗组,中侏罗统望江楼组。其中中侏罗统含煤性极差,分述如下。

1. 北山组(T_3b)(原小营子组J_3x)

北山组仅零星分布于白山市的石人北山和松树镇小营子,为河流-湖泊体系沉积岩系。聚煤作用主要发育在小型湖泊的三角洲平原上和湖滨带,且逐趋较稳定,形成较厚煤层,尔后被湖泊(水体)淹没,并将煤层保存下来。一般下部为砾岩段,呈灰色、杂色砾岩和含砾砂岩,厚大于100m;上部含煤段主要由灰色、黄绿色厚层状砂岩,粉砂岩,泥岩组成。在小营子含煤1~2层;Ⅰ层煤可采,厚0.8~3.5m;Ⅱ层煤局部可采,厚0~3.3m。在石人北山只含不可采薄煤层。

本组产丰富的植物化石,北山剖面产:*Neocalamites caricinoides*, *N.* cf. *hoerensis*, *Danaeopsis fe-*

cuda，*Cladophlebis asiatica*，*Cl. grabauiana*，*Cl. kaoiana*，*Cl. gracillis*，*Thinnfeldia* sp.，*Glossophyllum shensiense* 等。在小营子产：*Neocalamites carrerei*，*Equiseties ferganensis*，*Cycadocarpidium erdmanni*，*C. tricarpum* 等。

本组厚 295～1170m，与下伏二叠系呈不整合接触。

2. 冷家沟组(J_1l)或杉松岗组(J_1sh)

冷家沟组分布于浑江条带（向斜）的南部，厚数百米，为以砂岩、泥岩为主的含煤岩系，仅含不可采薄煤层。

杉松岗组分布于杉松岗及向南西断续分布于三源浦和三棵榆树一线，为河流-湖泊沉积体系的含煤岩系，并含有植物化石。下煤组主要为河流沉积相，煤层发育在泛滥平原的泥炭沼泽环境中，而后逐渐演化为湖泊环境，并发育有三角洲沉积，在三角洲平原发育了泥炭沼泽，形成了中煤组较稳定的煤层。本组以砂岩为主，含砾岩-砂质泥岩及 3 个煤层组。上煤组含煤 1～3 层，薄而不可采；中煤组含煤 1～3 层，达可采厚度，一般厚 1.60m 左右；下煤组发育较好，含煤 1～4 层可采煤层，一般厚度 1～2m，最大厚度大于 40m。

本组产植物化石：*Neocalamites carrerei*，*N. hoerensis*，*Coniopterishym Enophylloides*，*Cladophleisingens*，*Cl.* sp.，*Ginkgoietes lepidus*，*G.* cf. *marginatum*，*Czekanowskia rigida*，*C. setacea*，*Baiera concinna*，*Podogamites lanceolatus*，*P.* cf. *eichwaldi*，*Cycadocarpidium* sp.；动物化石：*Sibi-reconcha* aff. *lankoviensis*，*S. Kemtchugensis*，*S.* spp.，*Tutuella sibirensis* 等。

本组厚度 250m 左右，下伏不整合在奥陶系之上。

3. 望江楼组(J_2w)和侯家屯组(J_2h)

望江楼组分布于白山市鸭绿江边，为含薄煤的砂岩、粉砂岩，夹砾岩，底部常有砾岩层，中部夹紫色杏仁状、致密状安山岩。产植物化石：*Neocalamites* cf. *carrerei*，*N.* sp.，*Equiseties gracillis*，*Coniopteris hymenophylloides*，*C. quinqueloba*，*Cladophlebis* cf. *hsiehiana*；动物化石：*Pseudograpta* sp. 等。时代应为中侏罗世，区别于杉松岗组的化石。本组厚 320m，下伏不整合钓鱼台组之上。

侯家屯组(J_2h)多布于柳河地堑条带内，下段为黄绿色粉砂岩夹碳质泥岩和劣煤，煤层不可采；上段为砾岩、砂砾岩、粉砂岩。产植物化石：*Coniopteris tatungensis*，*Cladophlebis argutula*，*Ctenis* cf. *chinensis*，*Pterophyllum* sp.，*Nilssonia* sp.，*Anomozamites* cf. *manor*，*Ginkgoites* sp.，*Podozamites lanceolatus* 等。本组厚度 200m，与下伏龙岗群呈不整合接触。

（三）吉林中部赋煤带

早中生代含煤岩系分布在双阳和磐石之间的烟筒山、五家子、双阳盆地南缘太阳岭等地，地层划分为上三叠统大酱缸组、下侏罗统板石顶子组、中侏罗统太阳岭组，含煤性均较差。

1. 大酱缸组(T_3d)

大酱缸组为一套河流-湖泊相沉积轻变质岩系，分为两个岩性段。下段上部为泥岩、粉砂岩、凝灰质粉砂岩、中—粗粒砂岩；中部为泥岩，其中含 7、8 两个煤层组；下部为粉砂岩、细—粗粒砂岩、砂砾岩、砾岩，厚大于 200m。

上段中、上部为粉砂岩、凝灰岩、泥岩，局部为中—粗粒砂岩，含 3、4、5、6 四个煤层组；下部为凝灰岩、粉砂岩、中-粗粒砂岩、含砾砂岩、砾岩。厚 35～265m。

石溪乡方家沟、东姜家沟大酱缸组上部含煤 3、4、5、6 四个煤层组，下部含 7、8 两个煤层组。其中可采煤层有 5 层，分别为 5-1、5-3、6、7-1、7-2。5-1 煤层厚 0.63～2.71m，平均厚度 1.59m，全区发育；5-3

煤层厚 0.93～3.5m，平均厚 1.87m，全区发育；6 煤层厚 0.74～10.18m，平均厚 3.76m，全区发育；7-1 煤层厚 0.77～3.67m，平均厚度 1.61m，局部发育；7-2 煤层厚 1.31～2.32m，平均厚 1.75m，局部发育。

本组产植物化石，主要有：*Neocalamites carrerei*，*Todiles* cf. *goeppertianus*，*Cladophlebis asiatica*，*Cl. haibarnensis*，*Cl.* cf. *goeppertianus*，*Cladophlebis asiatica*，*Cl. haibarnensis*，*Cl.* cf. *roainana*，*Glossophyllum florini*，*Drepanozamiles inciisa*，*Cycadocarpidium* sp. 等。本组厚度在 500m 以上，不整合在石炭系鹿圈屯组上。

2. 板石顶子组（J_1b）

板石顶子组分布于双阳盆地南部至烟筒山一带，为河流-湖泊环境沉积体系，只含薄煤。下部为灰色、深灰色砾岩和中粗砂岩夹黑色泥岩；上部为灰色、灰黑色粉砂岩和泥岩，夹黄绿色、灰绿色中细砂岩与酸性凝灰岩，含薄煤层均不可采。含植物化石：*Equiseties sarrani*，*E. ferganensis*，*E.* cf. *lateralis*，*Neocalamites* sp.，*Cladophlebisasiatica*，*Cl. raciborskii*，*Coniopteris* sp.，*Phoenicopsis angustifolia* 等。本组厚大于 450m，下伏不整合在二叠系范家屯组之上。

3. 太阳岭组（J_2t）

太阳岭组分布于双阳盆地东侧太阳岭一带，以河流体系为主含煤岩系，只含薄煤，性差。下部为灰色砾岩和厚层状粗砂岩；中部以灰色砂岩为主，夹粉砂岩和泥岩，含薄煤数十层；上部为砂岩、砾岩、粉砂岩互层。在太阳岭夹薄煤层 3 层均不可采；在八面石含煤 8 层，其中可采者 4 层，分层厚 0.50～5.00m；在五家子矿含煤 1～8 层，分层厚 0～24.58m。产植物化石：*Equiseties* cf. *cateralis*，*Neocalamites* sp.，*Coniopteris hymenophylloides*，*Todites williamsoni*，*Cladophlebis asiatica*，*Cl. argutual*，*Czekanowskia rigida*，*C. setacea*，*phoenicopsis* sp.，*Ginkgoites* sp.，*Nilssonia* sp.，*Cycadocarpidium* sp. 等。本组厚 100～950m，最大超过 1000m，下伏与板石顶子组为平行不整合接触。

三、晚中生代含煤地层

晚中生代含煤地层是吉林省最重要的含煤地层，含煤岩系分布呈北东向条带，在一系列中小型断陷盆地内。本区自西向东可划分 5 个赋煤带：①松辽盆地西部赋煤带，在平安镇、镇赉-洮安、高力板、瞻榆等数个断陷盆地内，可能有晚中生代含煤地层分布，目前仅镇赉-洮安、巨流河、沙力好来有相当煤系地层赋存，并在巨流河、沙力好来见有可采煤层，其他仅据物探资料分析；②松辽盆地东部赋煤带，在四平—长春—九台一线的广大区域内的几个中小型盆地内，赋存有下白垩统含煤地层称沙河子组、营城组；③吉林中部赋煤带主要含煤盆地有辽源、平岗、双阳-长岭、蛟河等，其含煤地层分别称久大组、安民组、长安组、金州岗组、二道梁子组、奶子山组和中岗组；④吉林东部（延边）赋煤带含煤地层分布于延吉、安图、和龙、福洞、屯田营等 10 余个小型盆地内，其含煤地层统称下白垩统长财组；⑤吉林南部赋煤带，含煤盆地分布于柳河、三源浦、浑江北-三道沟及临江的烟筒沟等 10 余个断陷盆地中，含煤地层分别称亨通山组、三源浦组、五道沟组、苏密沟组、石人组、烟筒沟组，详见表 3-2-3，图 3-2-2。

晚中生代含煤地层沉积的共同特征是边缘具有冲积扇、扇三角洲沉积而以河流-湖泊体系为主体的沉积环境，其岩性、岩相、地层厚度、煤层结构和厚度均具有明显的分带现象，并与火山活动有密切的联系。

表 3-2-3　吉林省晚中生代（早白垩世）含煤地层对比表

地层系统			松辽盆地东部赋煤带	吉林中部赋煤带			吉林东部赋煤带		吉林南部赋煤带			
系	统	符号		辽源	双阳	蛟河	延吉	和龙	柳河	三棵榆树-杉松岗	桦甸	浑江-靖宇
白垩系	下统	K_1		泉头组			大拉子组	泉水村组	黑威子组	三棵榆树组	黑威子组	榆木桥子组
			*营城组	金家屯组	金家屯组	磨石砬组						
				*长安组	*二道梁子组	*中岗组		*长财组	*亨通山组	*三源浦组	*五道沟组	*石人组
			*沙河子组	*安民组	大新开河组	奶子山组					*苏密沟组	
				久大组				屯田营组	下桦皮甸子组	兰山组	帽山组	林子头组
侏罗系	上统	J_3	火石岭组	德仁组					包大桥组	碱厂沟组		抚松组

注：带"*"者为主要含煤地层。

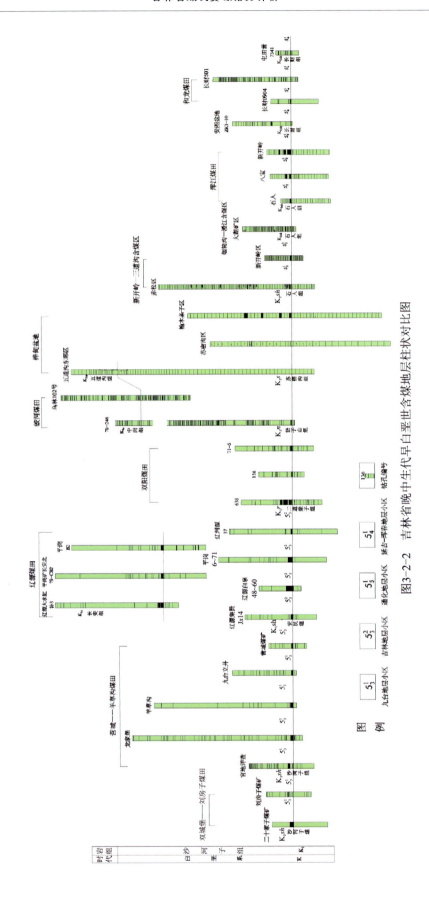

图3-2-2 吉林省晚中生代早白垩世含煤地层柱状对比图

(一)松辽盆地西部赋煤带

松辽盆地西部赋煤带含煤地层研究程度较低,只有镇赉-洮南-瞻榆条带内有可靠的早白垩世地层,以灰色、绿灰色砂岩和粉砂岩为主夹泥岩,厚度控制在 400m 以上,未见可采煤层,其上与泉头组(K_2q)呈不整合接触,与下伏地层关系不明。

近年来,在洮南一带施工的钻孔未见煤层,因此本次预测评价工作只划分了一个瞻榆煤田。

(二)松辽盆地东部赋煤带

松辽盆地东部赋煤带自北向南有榆树煤田、营城-羊草沟煤田、双城堡-刘房子煤田、四平-双辽煤田,本区称沙河子组和营城组。

1. 沙河子组(K_1sh)

沙河子组研究程度较高,以营城煤田为代表,沙河子组为河流-湖泊相沉积体系,边缘(东南)的冲积扇与泛滥平原之间形成较好的泥炭沼泽环境从而形成煤层,并有 5 个以上的旋回,每个旋回的上部为含煤层位。煤层形成后为湖泊相环境,泥炭堆积停止。本组主要由砂岩和泥岩组成,按岩性可划分 3 段:上段称砂泥岩段,厚 100～400m。下段为含煤段,由灰白色、灰色砂岩和深灰色粉砂岩及泥岩组成,含煤 1～5 层,可采 1～4 层。其中,Ⅰ层煤厚 0.1～4.64m、Ⅱ层煤厚 0.10～3.00m、Ⅲ层煤厚 0.10～2.39m、Ⅳ层煤厚 0.10～1.33m、Ⅴ层煤厚 0.10～3.35m。石碑岭-新立城水库Ⅰ层煤厚度 0～2.30m、Ⅱ层煤厚度 0～0.94m、Ⅲ层煤厚度 0～2.80m、Ⅳ层煤厚度 0～1.22m、Ⅴ层煤厚度 0～1.27m。在石碑岭相当第 5 层煤最厚达 8.60m。中段为泥岩段呈灰黑色、灰褐色泥岩夹粉砂岩,含动物化石:*Ferganoconcha* spp.。在石碑岭-新立城水库在本组底部还有砾岩段,厚度约 150m。本组厚度 350～500m。

本组产丰富的植物化石,营城组主要有:*Equisetites* sp., *Coniopteris burejensis*, *C. nympharum*, *Acanthopteris gotgani Gleichenites brevipennatus* cf. *Ganatosorus hetovae*, *Raphaelia prynada*, *Cladophlebis* spp., *Pterophyllum* cf. *propinquum*, *Nilssonia sinensis*, *Nilssonia sinensis*, *N. schaumburgensis*, *Ginkgo huttoni Ginkgoites sibiricus*, *G. chilinensis*, *G. orientalis*, *Baiera manchurica*, *B. gracilis*, *Sphenobaiera longifolia*, *Czekanowskia rigida*, *Sphenolepis kurriana*, *Pagiophyllum* sp., *Elatocladus manchurica*, *Parataxodium zacutensis*。

2. 营城组(K_1y)

营城组分布于四平山门、刘房子、石碑岭-新立城水库、羊草沟和营城、上河湾等地,为中基性和酸性火山喷发及间歇的河流-湖泊相复杂沉积体系,主要在较小面积的湖泊环境下的湖滨、湖泊淤浅形成局部泥炭沼泽,形成不稳定的煤层,结构复杂,厚度变化大,一般在湖泊相沉积较厚,煤层发育较好,局部含可采煤层。

该组自下而上一般可划分两段:下段为灰绿色、紫色中基性火山岩及其火山碎屑岩夹砂岩和粉砂岩,主要发育于营城煤田的九台区;上段下部为灰白色、灰绿色酸性火山岩-流纹岩,珍珠岩,松脂岩,黑曜岩及其凝灰岩,中部夹沉积砂岩、粉砂岩、泥岩、煤层,上部局部有数十米厚的中基性火山岩。由于岩相变化大,沉积岩夹层有多层,其层位各处不一致,火山物质成分也不尽一致,含煤各地亦不同。在营城煤田以火山岩为主,羊草沟沉积岩有很多层,但以酸性火山岩最发育而且偏上部;刘房子、羊草沟则以沉积岩为主(湖泊相),夹有数层水下沉积的凝灰岩。含煤情况:刘房子含煤 3 层组,共有煤层 6～16 层,可采 1～14 层,煤层总厚度达 0.84～31.32m,单层厚一般为 0.70～1.50m;羊草沟共含煤 22 层,上含煤段 7 层可采煤层、下含煤段 2 层可采煤层,煤层总厚度达 25.10m,平均厚度 12m。

营城煤田产化石:*Acanthopteis gotgani*, *Sphenopteris* (*Asplenium*) *jehnstropii*, *Gleichites graeil-*

is,*Nilssonia schaumburgensis*,*Sphenolepis kurriana* 等。本组厚 500～1000m,不整合于沙河子组及其他更老的地层之上,与其上覆下白垩统登楼库组、泉头组为不整合接触。

(三)吉林中部赋煤带

吉林中部赋煤带自北向南分布有蛟河煤田、双阳煤田、辽源煤田,向南西与辽宁省西丰县接壤,均断续分布早白垩世含煤地层。辽源煤田称久大组、安民组和长安组,双阳煤田为大新开河组、二道梁子组,蛟河煤田为奶子山组、中岗组和磨石砬子组,按煤田分述如下。

1. 辽源煤田

久大组和安民组系火山岩地层夹沉积岩和局部可采煤层,为火山喷发间歇形成的局部区域小湖泊盆地,在其湖滨和湖泊淤浅地方形成泥炭沼泽,形成不稳定的煤层;长安组系以湖泊相为主的含煤岩系,其聚煤环境为湖泊条件,广阔的湖滨带形成泥炭沼泽而聚煤,而后湖泊扩大,结束泥炭沼泽的沉积。

(1)久大组(K_1j)和安民组(K_1a)。

久大组以中基性火山岩、火山碎屑岩为主,夹含煤岩系(黑色泥岩和粉砂岩、砂岩、含砾砂岩),含薄煤 4 层,其厚度分别为 0～1.75m、0～0.85m、0.5m、0.15～4.1m。在泥岩夹层中产:*Lycoptera* sp.,*Ephemeropsis trisetalis*,*Eosesteria* sp.,*Ferganoconcha. minor*,*F. elongata*,*F. subc-entralis*;植物化石:*Equisites* sp.,*Conioperis* sp.,*Cladophlebis* sp. 等。本组厚大于 1000m,不整合在石炭二叠系和呼兰群之上。

安民组下部为酸性火山岩,其中夹数十米至数百米的含煤岩系,产化石:*Nilssonia* sp.,*Ginkgo* cf. *digitata*,*Ginkgoites* cf. *orientalis*,*G*. cf. *sibircus*,*Baiera* sp.,*sphenobaiera* sp.,*Czekanowskia rigida*,*Elattocladus submanchuica* 等。含煤岩系以灰黑色泥岩、粉砂岩为主,夹砂岩和含砾砂岩,含煤两层,厚度分别为 0～1.7m、0.2～3.0m,局部可采;辽河源一带含薄煤 8 层,局部可采 3～5 层。本组厚数十米至 1000m,与下伏久大组为整合接触。

(2)长安组(K_1c):以湖泊相为主,其岩性以泥岩、粉砂岩为主夹薄层砂岩。在辽源含一复煤层于本组底部,厚 0.5～40m;在平岗含煤 3～5 层,其中 3～4 层局部可采,一般厚 0.1～1.80m。长安组产植物化石:*Onychiopsis elongata Ruffordia goepperti*,*Coniopteris burejensis*,*C. angastum*,*Ginkgoites saportana*,*Acanthopteris gothani*,*Nilssonia* sp.,*Pterophyllum* cf. *sibircus*,*G*. cf. *orientalis*,*Baiera gracilis*,*B. minima*,*Elatocladus* sp.,(cf. *Cephalotaxopsis* sp.),*Brachyphyllum* sp. 等。本组厚 350～760m,与下伏安民组为整合接触,与上覆金家屯组火山岩呈不整合接触。

2. 双阳煤田

在双阳煤田的西缘和双阳北部的长岭盆地分布了下白垩统二道梁子组含煤地层。

二道梁子组(K_1e):下部为砂砾岩段,以砾岩、砂岩为主夹黑色粉砂岩和薄煤层;上部为含煤段,以砂岩、粉砂岩、泥岩互层为主,含薄煤层。在二道梁子含煤 5 层局部可采,煤层总厚 0.20～12.85m。在长岭含煤 4 层,其中 3 层可采,煤厚分别为 0.70～1.83m、1.73～6.11m、0.80～4.95m。本组地层厚 280～350m。产植物化石:*Ginkgo digitata*,*Baiera furcata*,*Phoenicopsis angustifolia*,*Nilssonia* sp.,*Ctenis* sp.,*Cephalotaxopsis* sp.,*Curessinocl-adus* sp.;动物化石:*Ferganoncha curta*,*F. subcentralis*,*F.* cf. *jeniseica* 等。不整合于太阳岭组之上,与上覆金家屯组呈不整合接触。

3. 蛟河煤田

蛟河煤田可划分下白垩统奶子山组、中岗组和磨石砬子组。

(1)奶子山组(K_1n):分布于蛟河煤田的东部和东北部,为河流-湖泊相沉积体系,河流泛滥平原与东侧边缘冲积扇之间形成泥炭沼泽,由于河流侧向迁移,形成多个旋回,每个旋回的上部均有煤层发育,向西马尾状分岔变薄而尖灭。该组以灰色砂岩为主,夹黑色粉砂岩和泥岩,有明显的旋回,含煤5个层组,有8～9个分层为可采和局部可采。奶子山组底部为冲积扇砾岩、角砾岩,其上划分上、下两个煤段:下煤段厚50～270m,上部为砂岩(中—粗粒)夹薄层细砂岩、泥质岩,含煤3～13层;上煤段厚100～420m,由粗砂岩及含砾砂岩组成,夹薄层泥岩、粉砂岩,含煤1～5层,Ⅱ煤为主要可采煤层,Ⅳ、Ⅴ煤层局部可采。乌林区上煤段最为发育,其他地区仅2～3个可采煤层。乌林区煤层厚度:Ⅱ煤0～1.38m、Ⅲ$_1$煤0.10～8.70m,Ⅲ$_2$煤0.20～3.45m,Ⅲ$_3$煤0.10～1.83m,Ⅳ$_1$煤0.10～3.30m,Ⅳ$_2$煤0.30～3.87m,Ⅴ$_1$煤0.10～7.65m,Ⅴ$_2$煤0.10～3.15m,一般都在1m以上,下部还有数层局部发育的煤层。底部一般为砾岩和残积相角砾岩。含丰富的植物化石:*Coniopteris burejensis*、*C. saportana*、*Acanthopteris onychioides*、*Ruffordia goepperti*、*Gleichentes* sp.、cf. *Gonatosorus ketovae*、*Nilssonia sinensis*、*Ginkgoites sibiricus*、*G. orientalis*、*G.* cf. *chilinensis*、*Baiera manchurica*、*Phoenicopsis angustifolia*、*Elatocladus manchurica*;动物化石:*Ferganoconcha* spp.等。本组不整合在二叠纪变质岩系和花岗岩之上。

(2)中岗组(K_1z):煤田内均有分布,以湖泊相沉积为主,在冲积扇与湖泊相之间过渡地带(扇三角洲平原)形成泥炭沼泽,后期湖泊扩大,沼泽停止发育,全部被湖泊相泥岩所覆盖。煤层稳定性较差,中岗组的下部为砾岩段,以砾岩为主夹砂岩和砂质泥岩;上部为泥岩段,黑色泥岩夹粉砂岩,其下部含复煤1层,一般有2个分层,即Ⅰ$_1$、Ⅰ$_2$,厚度分别为0.20～3.2m、0.10～3.75m。含植物化石:*Coniopteris burejensis*、*C. silapensis*、*Acanthopteris onychioides* cf. *Gonatosorus ketouae*、*Cladophlebis delicatala*、*Gleichinites* sp.、*Ruffordia goepperti*、*Pagiophyllum* sp.等。本组厚150～450m,平行不整合于奶子山组之上。

(3)磨石砬子组(K_1m):蛟河煤田东南侧含杉松植物群的一套含煤岩系,为冲积扇-湖滨相-浅湖泊相系沉积体系,在湖滨带发育泥炭沼泽聚集煤层。该组下部一般以砂岩为主,含砾砂和粉砂岩、泥岩,夹薄煤层3～10层,局部可采8层;上部以灰黑色泥岩为主夹粉砂岩和砂岩。产丰富的植物化石,主要有*Lycopodies* sp.、*Equisetites* sp.、*E. burejensis*、*Acanthopteris gothani*、*A. onychioides*、*Arctopteris rarinervs*、*Cladophlebis shansungensis*、*Dryopteris chinensis*、*Onychiopsis* cf.、*elongata*、*Ruffordia goepperti*、*Asplenium jehostropii*、*Coniopteris setacea*、*Palbinopterisinaequipinnata*、*Ctenis Lyrata*、*C. szeiana*、*Chilina ctenioides*、*Chiaohoella mirabilis*、*Neozamites*、*verchojanensis Brachyphyllum* cf. *japonicum*、*Rhipdocladus flabellate*、*Sphenolepis sternbergianum*、*Torreya* sp.,以及被子植物化石:*Phyllites* sp.、*Cissites* sp.等。本组厚600～1000m,与下伏中岗组为整合接触。

(四)吉林东部(延边)赋煤带

吉林东部(延边)赋煤带区内分布大约10个中小型盆地,其中以延吉、和龙、福洞、安图等盆地为代表,研究程度较高或含煤性较好。含煤地层统称为下白垩统长财组(K_1ch),其下伏上侏罗统火山岩系屯田营组尚未发现煤层。

长财组(K_1ch):原西山坪组与原长财组合并而成,分上、下两段。

下段(原西山坪组)分布在和龙松下坪和福洞盆地的土山子-西山坪,分布较为典型且可靠,是一套以湖泊相为主的含煤岩系,在湖滨带形成泥炭沼泽和不稳定煤层。该段下部以深灰色泥岩为主;底部为灰色砾岩;上部以灰色砂岩为主,夹薄层泥岩,含煤1～5层。在煤田内煤层稳定性差,局部可采1～2层,一般厚0.70～5.00m,在庆兴煤矿最厚达10.95m。产化石:*Nilssonia* sp.、*Czekanowskia* sp.、*Ferganoconcha* sp.。不整合于屯田营组或龙岗群(前震旦系)之上。

上段(原长财组)为本区的主要含煤地层,属河流相沉积体系,发育冲积扇沉积,河流相泛滥,平原不宽广,于二者之间发育了不稳定的泥炭沼泽。煤层厚度变化大,含煤带狭窄,均为小型断陷盆地的聚煤特点。该段下部为砂砾岩层段,为典型的河流相沉积。岩性为浅灰色、灰色,以含砾粗砂岩为主,粗砂岩、细砂岩次之,夹粉砂岩薄层,部分钻孔见多层薄煤,砂砾岩层段平均厚度85m,与下伏地层呈平行不整合接触。该段上部为含煤层段,岩性为灰色、浅灰色含砂砾岩,粗砂岩与灰黑色泥岩、粉砂岩,夹煤数层,含植物化石,含煤层段平均厚225m,与下伏砂砾岩段呈整合接触。

本组一般含煤5~7层。在和龙盆地含煤10余层,其中可采层7层,厚度分别为Ⅰ煤0.20~1.36m、Ⅱ煤0~3.10m、Ⅲ煤0.15~2.40m、Ⅳ煤0~1.16m、Ⅴ煤0~1.61m、Ⅵ煤0~0.73m、Ⅶ煤0.16~3.41m。在延吉盆地老头沟含煤7层,其中可采2层,一般厚0~3.2m。和龙含植物化石:*Equisettes* sp.,*Coniopteris burejensis*,*C.* cf. *gracillima*,*Acanthopteris onychioides*,*Cladophlebis delicatula*,*Todites* cf. *denticulata*,*Raphaelia* sp.,*Nilssonia sinensis*,*Ginkgoites sibircus sphenobaiera* sp.,*Phoenicopsis* sp.,*Czekanowskia rigida*,*Brachyphyllum* sp.,*Taxocladus* sp.。在老头沟产化石:*Ruffordia goepperti*,*Coniopteris burejensis*,*Acanthopteris gothani*,*Onychiopsis elongata*,*Cladophlebis* cf. *argutula*,*Nilssonia orientalis*,*sphenolepis kurriana*,*Pagiophyllum* cf. *crassfolium* 等。本组厚度50~500m。

(五)吉林南部赋煤带

吉林南部赋煤带包括柳河地堑条带、浑江-抚松条带(石人、新开岭、榆树川、三道沟、那尔轰、景山等)、临江烟筒沟等。含煤地层依次称亨通山组、苏密沟组、五道沟组、石人组、烟筒沟组。亨通山组含煤性差、烟筒沟组分布面积小,简述如下。

(1)石人组(K_1sh):以河流-湖泊相为主的含煤岩系,多为小型断陷的湖泊盆地,由冲积扇发育为湖泊。在湖泊形成的早期,其湖滨带和局部三角洲发育泥炭沼泽,形成厚度变化较大的不稳定煤层,含煤带较窄。该组一般下部为砾岩段,以砾岩、砂岩为主,夹凝灰质砂砾岩;上部为含煤段,含可采煤层。在石人—新开岭一般含煤1~2层,其下部煤层厚0.20~7.06m。三道沟含煤6层(3层局部可采),煤层厚度分别为:Ⅰ层煤0.99~1.22m、Ⅱ层煤1.36~1.74m、Ⅲ层煤0.47~1.74m、Ⅳ层煤0.17~1.75m、Ⅴ层煤0.48~1.55m、Ⅵ层煤0.55~2.24m。烟筒沟含煤5层(其中有4层可采),煤层厚度分别为:Ⅰ煤0~0.73m、Ⅱ煤0.12~5.57m、Ⅲ$_上$煤1.11~11.40m、Ⅲ$_下$煤0.14~3.40m、Ⅴ煤0~2.00m。本组产植物化石:*Coniopteris burejensis*,*C. nympharum*,*Ruffordia goepperei*,*Acanthopteris gothani* 等;动物化石:*Nakamuranaia* sp.,*Nippononaa* sp.,*Sphaerum jeholnese*,*Ferganoconcha sibirica*,*Lycoptera davidi* 等。

(2)亨通山组(K_1h):分布于柳河及三源浦,为浅湖相沉积岩系,以灰色、黄绿色粉砂岩为主,夹薄层砂岩、泥岩,上部含薄煤层。在三源浦含局部可采煤层3~5层,煤厚0.99~1.23m;在柳河条带内含煤11层,其中局部可采3层,煤厚均在1m左右。产植物化石:*Acanthopteis gothani*,*Onychiopsis elongata*,*Ruffordia goepperti*;动物化石:*Ferganoconcha curta*,*Sphaerium* cf. *selenginense*,*Sinamia* sp.,*Kuntulunia* sp.,*Lycoptera* sp. 等。本组厚250~680m,与下伏下桦皮甸子组整合接触。

(3)苏密沟组(K_1s):分布在敦密地堑的南段,即海龙—暖木条子一带,上部以紫色中性火山碎屑为主,夹安山岩;中部为泥岩、砂岩、煤层、灰质泥岩和薄层凝灰质砂岩,在苏密沟区含煤1~8层,煤层呈鸡窝状,局部可采1层,厚0.39~1.91m;下部为灰绿色安山质凝灰岩、安山岩夹角砾状熔岩。产植物化石:*Baiera* sp.,*Czekanowskia* sp.,*Phoenicopsis angustifolia*,*Podozamites lanceolatus* 等。本组厚750~1000m,不整合在下二叠统之上。

(4)五道沟组(K_1w):分布在五道沟、黑石镇、驮佛鳌、辉发城及永安屯—启新等地。上部为灰色、灰黑色泥岩,粉砂岩,粗—细砂岩和煤层,其次为含砾砂岩、砾岩等,在五道沟矿区含煤14层,局部可采11层,煤层厚0.17~1.65m;二道沟含煤8层,其中3层可采,煤层厚0.06~5.60m,即3、5两层煤比较发育,均为局部可采煤层。黑石地区煤系厚100m,含煤7层,最大厚度1m。本段煤层极不稳定,一般呈透镜状,沿倾向、走向变化都较大。下部以灰黑色致密状厚层泥岩为主,与粉砂岩、细砂岩互层,夹有30～50m厚的凝灰岩或火山角砾岩。底部夹有鸡窝状煤。该组产植物化石:*Coniopteris burejensis*,*C. heeriana*,*Ginkgo* cf. *huttoni*,*Ginkgoites orientalis*,*G.* cf. *lepidus*,*Gisibiricus*,*Baiera manchurica*,*B. minima*,*B. gracilis*,*B. Pseudogracilis*,*Czekanowskia setacea*,*Phoenicopsis* sp.,*Nilssonia sinensis*,*Podozamites lanceolatus*,*Elatocladus manchurica*,*E. submanchurica* 等。本组厚520～835m,整合在苏密沟组之上。

四、新生代含煤地层

新生代含煤地层的含煤性及其经济意义对吉林省来说仅次于晚中生代含煤地层,其分布具明显的分带性,主要分布在吉林省的东部。吉林省的古近纪含煤地层分布在3个条带中,即伊舒断陷赋煤带、敦密断陷赋煤带和吉林东部(延边)赋煤带的东部。详见表3-2-4,图3-2-3。

表3-2-4 吉林省新生代(古近纪)含煤地层对比表

地层系统			伊舒断陷赋煤带		敦密断陷赋煤带			吉林东部赋煤带	
系	统	符号	伊通	舒兰	梅河	桦甸	敦化	珲春	凉水
新近系	上新统	N_2	船底山组玄武岩						
	中新统	N_1	水曲柳组		土门子组				
古近系	渐新统	E_3	*舒兰组		*梅河组	*桦甸组		*珲春组	
	始新统	E_2							
	古新统	E_1	新安村组						
煤系基底			K 或 γ_4		K		K 或 γ_4	J_3t 或 γ_4	γ_4

注:带"*"者为主要含煤地层。

(一)伊舒断陷聚煤带

古近系含煤地层南从伊通县小孤山、大孤山起,经万昌、孤店子,向北到舒兰和平安,再与黑龙江省的五常相连,长约250km,宽平均约5km,最宽处达20km。含煤地层划分为古新统新安村组、始新统—渐新统舒兰组、中新统水曲柳组。

(1)新安村组(E_1x):分布在新安村—四间房地段,水曲柳、平安、红阳—缸密及一拉溪和伊通可能也有分布,主要是湖泊和冲积扇沉积岩系,在横向上由冲积扇、扇三角洲向盆地中心变薄尖灭,相变为湖泊相泥岩、黏土岩沉积。该组为一套灰绿色沉积岩系,以往称下部为绿色岩系。一般可划分为3段:下段为黏土岩,由灰绿色粉砂岩、泥岩、泥灰岩、细砂岩组成,局部为砾岩,含杂色黏土矿层;中段为含煤段,由灰褐色、灰绿色粉砂岩、泥岩组成,夹碳质泥岩和薄煤20余层,局部达可采厚度;上段为砂岩泥岩段,由灰绿色粉砂岩、砂岩、砂砾岩、泥岩、铝土岩组成,含薄煤层。含有丰富的孢粉组合,出现了一些古老分子,如高腾粉、杵纹粉、皱囊粉、鹰粉、山龙眼等花粉,具有明显的晚白垩世至古近纪时代的特点,故定其时代为古新世。本组厚约300m,最厚达650m,与下伏老地层(二叠纪变质岩层、白垩纪红色砂砾岩层及海西期花岗岩)呈角度不整合接触。

(2)舒兰组($E_{2-3}s$):分布广泛,是以湖泊相沉积为主的含煤岩系,贯穿有顺向河流体系沉积,盆地两侧发育有冲积扇和扇三角洲相、河流泛滥平原,在湖泊与冲积扇间复杂的沉积环境中,靠湖一侧发育泥

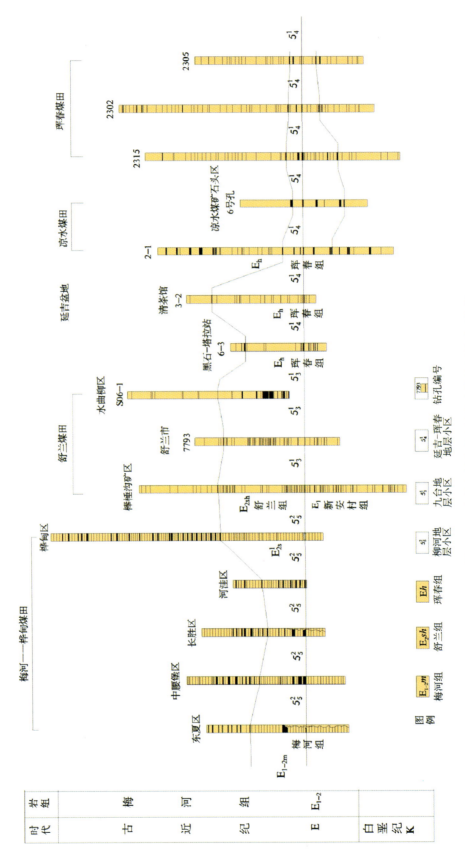

图3-2-3 吉林省新生代古近纪含煤地层柱状对比图

炭沼泽,也有发育在小型三角洲平原及湖滨相带上,形成多层薄煤。最后总体下降为湖泊,沼泽环境结束,基本全为湖泊相泥岩沉积。本组可划分为含煤段和泥岩段,下部含煤段为灰色、绿灰色细砂岩,粉砂岩与泥岩互层,厚30~700m,含煤20~30层,其中可采8~13层,可采煤层总厚度9.59~19.35m。上部为褐灰色泥岩段,以泥岩为主夹粉砂岩和细砂岩,厚30~480m。泥岩中夹薄层含砾砂岩,砾径2~4cm,并含有动物化石：*Asoininea* sp.,*Peanoruis* sp.。本组内产丰富的植物化石：*Sequoia chinensis*,*Alnus kefersteinii*,*Catalpa szei*,*Caslanea miomollissima*,*Zelkova ungeri*,*Cercis miochninensis*,*Tilia miohenryana*,*Magnolia miocenicai*等,并有丰富的孢粉组合,被子植物花粉占组合绝对优势,而被子植物中的乔木植物花粉又占首要地位,如亲缘山毛榉科的栎粉属和栗粉属都有相当的含量。在裸子植物花粉中开裂杉、单双束松粉都有相应的含量,而蕨类孢子含量都很少,一般都小于1%。本组厚度大于1000m,与下伏新安村组为整合接触。

(3)水曲柳组(N_1s):分布范围广泛,亦称上部绿色岩段,由灰色、灰绿色砂岩,粉砂岩,砂砾岩组成。一般可分两段：上段为泥岩段,厚度大于200m,以灰绿色、灰白色泥岩为主,含粉砂岩、薄层含砾砂岩和碳质泥岩,在块状泥岩中含有动物化石,粉砂岩中具有斜层理并含植物炭化碎片,在块状泥岩中含灰褐色、灰绿色黏土层5层,厚度分别为14.37m、3.90m、5.53m、18.38m、4.03m;下段为砂砾岩段,厚90~750m,由下而上可划分为砂砾岩层、粉砂岩泥岩层、砂砾岩层、粉砂岩泥岩层,共四大层两个沉积旋回。含丰富孢粉组合：蕨类孢子占3.92%~20.47%,裸子植物花粉占20.90%~43.85%,被子植物花粉占26.35%~74.36%。在被子植物中出现了一些草本植物花粉,如菊科、禾本科、菱粉属、三角柳叶菜粉等。与下伏舒兰组为整合或平行不整合接触,上覆第四系局部地区为新近系船底山玄武岩。

(二)敦密断陷赋煤带

敦密断陷赋煤带南起辽宁抚顺,经梅河、桦甸直至敦化的黑石一带,向北东延伸入黑龙江境内的宁安、鸡西、密山,其含煤地层分别称梅河组、桦甸组、珲春组。

1. 梅河组($E_{1-2}m$)

依据岩性、岩相组合及含煤性,梅河组划分为4个岩段,即下煤段、中煤段、上煤段、绿色岩段,其沉积相演化如下。

下煤段是初始裂陷盆地底部和盆缘带,为由扇砾岩、砂砾岩堆积形成的冲积扇及泥质岩沉积,夹煤1~3层,局部可采,在垂向上向上变细、变薄,在横向上向盆地中心变薄、变细,为湖泊泥质岩沉积。厚100~150m。

中煤段是含煤碎屑岩沉积,盆地二次扩张,有F_1、F_3盆缘断裂控制,盆地扩张,沉积域扩大,扩张超覆沉积。由盆缘至盆地中心沉积岩相依次为边缘相冲积扇-扇三角洲砂体-浅湖相泥质岩沉积(为主要沉积聚煤场所,主要可采煤层12层大面积形成)。岩性岩相组合为扇砾岩、砂砾岩和不等粒砂岩沉积及泥质岩沉积。由于扇体不断向盆地内扩张充填形成扇三角洲,以砂岩为主,盆地逐渐被淤浅,沼泽化聚煤,含煤3~5层,主要可采煤层为13号层、12号层,最大厚40~50m,一般为3~10m,全区发育。12号煤层沉积之后是盆地最大扩张期,以深湖相褐色泥岩沉积充填整个盆地。盆地北缘沉降幅度较小,为低能环境的中—细粒砂岩及泥质岩沉积,形成湖滨三角洲,局部有2~5层可采煤层,该段厚50~100m。

上煤段为巨厚层砾岩、砂砾岩沉积,各盆地中心相变为泥质岩沉积,形成扇前平原沼泽化聚煤,含煤1~9层,局部可采2~4层,在横向上盆地中部至东部为大面积湖相褐色、灰绿色泥岩沉积,无聚煤作用,此段厚度250m左右。

绿色岩段是绿色泥岩沉积,超覆在上煤段之上,泥岩中常夹有薄层中—细砂岩,见有发育较完整的鲍马序列组合的浊流沉积的特征。此段厚180~220m。

梅河组中产植物化石,主要有*Sequoia chinensis*,*Metasequoia* sp.,*M. disticha*,*Ginkgo adian-*

toides, *Cercidiphyllum arcticum*, *Taxodium* cf. *dubium* 等，还有丰富的孢粉组合。本组厚 500～700m，不整合于白垩系之上。

2. 桦甸组(Ehd)

桦甸组主要为湖泊相沉积体系，在其三角洲（部分为扇三角洲）平原上沼泽发育，形成多层薄煤层，上部煤层发育较差，可能由于边缘同沉积断裂快速下降，在其扇三角洲平原上沼泽发育条件较差有关，主要分布在桦甸市的公朗头、庙岭、北台子、西台子、桦甸镇一带，依岩性自下而上可划分3段。

下段为含黄铁矿段，其上部为紫红色泥岩、灰绿色泥岩和粉砂岩夹碳质泥岩与砂岩互层，夹1～3cm厚的石膏数层；中部为绿色泥岩，间夹薄层紫色泥岩及薄层石膏；下部为灰色—深灰色泥岩、薄层碳质泥岩，含较多的黄铁矿结核，大者可达20～30cm，含煤1～2层，局部可采1层，煤层厚0.8～1.10m。本段厚280m。

中段为含油页岩段，以灰色、深灰色泥岩为主，夹灰白色薄层砂岩和油页岩26层，可采13层，并夹薄煤及碳质泥岩，油页岩上部质佳，呈褐色、棕褐色含油率达8%～12%，下部呈褐灰色劣质含油率仅4%～8%。该段厚245m。

上段为含煤段，其上部主要由灰色泥岩及灰白色砂岩互层组成，含高灰分煤5层，均为不可采之薄煤层，中部为灰色厚层泥岩间夹薄层粉砂岩，下部为灰色、深灰色泥岩与灰色、灰白色砂岩互层组成。其中含煤18层，有4个煤层局部发育较好，达到可采厚度，其中10号煤层全区发育结构单一。

本组产化石：*Rosa* sp., *Fagus* sp., *Quercus* sp. 等以及腹足类、介形类、鱼类、爬行动物的骨片等化石，层位可与抚顺组相对比。全组厚990～1250m，与下伏下白垩统黑威子组及下二叠统范家屯组呈不整合接触。

3. 珲春组(Eh)

珲春组分布于杨家店—敦化、黑石—大山一带，向北东延伸至黑龙江省。据黑石区、大山区勘查资料，本组下部100m厚的砂砾岩段为含砾砂岩、砂岩夹粉砂岩和泥岩。下含煤段以深灰色、灰黑色泥岩、粉砂岩互层夹薄层砂岩为主，含薄—中厚煤层5层，煤层结构简单—复杂，在敦化煤田范围内多为局部可采煤层，煤层底板深度、煤层厚度详见表3-2-5，本段厚100m左右；中间砂岩段以砂岩为主夹泥岩和粉砂岩，厚120m左右；上含煤段以灰黑色粉砂岩、泥岩、砂岩互层为主，其结构上部较粗、下部较细，含薄煤1～2层，个别钻孔煤层达可采厚度，本段厚大于200m。该组具与9301号钻孔孢粉组合主要特征：被子植物花粉占首要地位，占孢粉总数的58.94%；裸子植物花粉居孢粉组合第二位，为孢粉总数的29.1%；蕨类孢子含量最少，占整个孢粉总数的11.69%；藻类在个别深度中出现，多集中在100.25～100.45m深度处。样品孢粉组合的时代应为始新世至渐新世早期，与佳伊地堑中舒兰组层位相当。本组总厚度达400～500m，不整合于白垩系之上。

表3-2-5　敦化黑石-大山盆地钻孔见煤情况表

黑石区			大山区		
孔号	煤层底板深度/m	煤层厚度、结构/m	孔　号	煤层底板深度/m	煤层厚度、结构/m
ZK103	416.63	2.77	DS-1	647.75	1.20
	420.33	1.05(0.30)0.70		668.85	0.50(0.45)1.70(0.40)1.40(0.30)0.45=5.20
ZK104	465.38	0.90	DS-2	610.25	0.60(0.60)0.60(0.25)0.40=2.45

续表 3-2-5

黑石区			大山区		
ZK105	762.80	1.32	DS-8	664.00	1.50
	767.22	2.69		680.90	1.05
ZK902	663.79	1.65	11-3	804.55	0.85
ZK904	831.58	2.35	DS-10	653.25	1.40(0.60)1.75
D94-4	344.10	1.10	DS-11	835.60	1.10(0.45)0.60
1-1	1 157.60	0.75(0.25)0.40(0.25)	S-3	628.30	0.85
		0.35(0.10)0.45(0.25)		667.20	0.60(0.20)0.75(0.25)0.45=2.25
		0.70=3.50		670.00	0.50(0.45)0.75

本区珲春组之上为新近系中新统土门子组，厚 300～400m，最大厚度大于 700m。下部为灰白色、浅灰色胶结较差的砂砾岩；中部为灰黑色的粉砂岩和泥岩，含 10 余层薄煤，未达可采厚度；上部为含白色硅藻土、黄绿色粉砂岩，粉砂质泥岩。在硅藻土层中采到 Acer sp.、Carpinus sp.、Quercus sp.、Fagus sp.、Taxodium ssp.、Pinus cf. miocenica、Glyptostrobus sp.、Pseudopicea sp. 等化石。该组被玄武岩覆盖。

（三）吉林东部（延边）赋煤带

吉林东部（延边）赋煤带大致呈北东向，零星分布有三合、开山屯、延吉市北的清茶馆、凉水和石头、珲春、敬信、春化、杜荒子等小型盆地，其中以珲春盆地为代表，分布面积最大，可达 460km²，地层发育较全，含煤性最好，研究程度较高，含煤地层为珲春组。春化盆地内的珲春组之上见新近纪中新世一套含煤地层为土门子组。

1. 珲春组（Eh）

该组划分为 6 个岩性段，自下而上为砾岩段、下含煤段、下褐色层段、中含煤段、中褐色层段和上含煤段。砾岩段一般由灰色、灰黑色砾岩，夹砂岩、粉砂岩，以及薄煤层 0～20 层，局部达可采厚度。下含煤段由灰色、浅灰色粉砂岩，泥岩，含砾粗砂岩，中砂岩，细砂岩组成，含煤 13～25 层，可采或局部可采 10 余层，其中发育一组 K_2 标志层，其特征为黄绿色凝灰质砂岩，以大量凝灰岩团块分布于砂岩中为特点，团块成分为蒙脱石。含植物碎片化石和较完整的叶片化石。下褐色层段为灰色、浅灰色、褐色泥岩，粉砂岩，含砾砂岩，偶见泥灰岩，以多层褐色泥岩层重复出现为特征，含植物碎片化石及完整的叶片化石。中含煤段为灰色粉砂岩、泥岩、细砂岩、中砂岩夹薄层粗砂岩及含砾粗砂岩，含煤 20～30 余层，局部可采仅 0～2 层，在中部发育沉积凝灰岩，厚度为 0.10～1.00m，为 K_1 标志层。中褐色层段为灰色、褐色粉砂岩，泥岩，夹薄层含砾粗砂岩，以发育多组粒度下细上粗的小逆粒序旋回及多层褐色层为特征，含瓣鳃类、腹足类动物化石。上含煤段为以浅灰色、灰色粉砂岩，泥岩，中砂岩为主，含煤 0～15 层，可采或局部可采 0～3 层，岩石中含有植物叶片化石。

珲春煤田共含煤 33～70 层，总厚度约 25m，其中可采和局部可采 10～15 层，煤层总厚度为 12m。主要可采煤层厚度：19 号层 0～3.17m，20 号层 0～4.20m，21 号层 0～3.35m，23 号层 0～5.00m，26 号层 0～3.85m，27 号层 0～3.30m，28 号层 0～3.79m，30 号层 0～5.05m，31 号层 0～2.80m。凉水煤田含煤 9～14 层，可采 2～5 层，一般厚度 0.70～1.50m。三合含煤 10 余层，一般为局部可采。本组厚度在珲春煤田最大，一般 200～960m，最大厚度大于 1000m，凉水煤田珲春组厚 400～500m，三合煤产地珲春组厚500~630m。珲春组不整合在屯田营组及老地层之上。

珲春煤田的珲春组中含丰富的植物化石,主要有 Osmunda sp., Cladophlebis sp., Phyllites sp., Sequoia chinensis, Metasequoia cf. Glyptostrobus europaeus, Populus sp., Salix sp., Alnus kefersteinii, Betula sp., Fagus feroniae, Qucrcus sp., Carpius sp., Ziyphus aff. tiliaefolius, Qltis asiatic, Ulmus sp., Zelkova ungeri, Trochodendroides smilacifolia 及 Protophyllum multinerue, P. haydn, P. cordifolium, P. micophyllum, P. ovatifolium, P. renipolium, P. rotudum, Leguminosites sp., Graminophyllum sp. 等。

各岩煤段的孢粉组合分上、下两部,具体分述如下。

上部浅灰色粉砂岩段:水藓孢、水龙骨单缝孢、拟落叶松粉、无口器粉、柳粉、栎粉、榆粉、假粉孢粉组合带。该段以被子植物居首位,占孢粉总数52.5%;裸子植物花粉居第二位,占32.8%;蕨类孢子只占14.7%。主要含煤段含紫萁孢、三角块瘤孢、原始松粉、开裂杉粉、开通粉、胡桃粉、栗粉、褶皱粉、高腾粉孢粉组合带。该段被子植物花粉占孢粉组合居首位,为60%;裸子植物花粉占次要位置,为27.4%;蕨类为第三位,占1.25%;藻类仅占0.1%。次要含煤段含三角块瘤孢、粗缝孢、泪杉粉、二连粉、铁杉粉、莱茵苗榆粉、两里拉粉、克氏脊榆粉、刺木兰粉、西伯利亚赫诺娃粉、山龙眼粉孢粉组合带。该段被子植物花粉占主要位置,为孢粉组合的58.1%;裸子植物花粉占次要位置,为组合的25.5%;藤类占第三位为16.3%;藻类只占0.1%。

下部砂砾岩段含紫萁孢、块瘤来托藏孢、南美杉粉、皱球粉、小栗粉、三角脊瑜粉、木兰粉、辽宁孢形粉等孢粉组合带。该段被子植物花粉占第一位,为孢粉组合的56.7%;蕨类占第二位约为20.2%;裸子植物花粉第三位,约占孢粉组合的18.5%;藻类占孢粉组合的4.6%。

2. 土门子组(N_1t)

土门子组主要分布在珲春市春化镇北土门子—草帽顶子一带,底部为含砂金砾岩,其上为含砾砂岩、砂岩和凝灰岩夹硅藻土层,平行不整合于珲春组之上,厚度21.80m,曾称为下草帽顶子组,其上部为砂岩、粉砂岩、黏土岩,含植物化石,含煤2层,局部可采,厚度分别为1.70m、1.50m,中间夹2.24m灰色页岩,总厚度123.20m,被称为小东沟组,顶部被后期玄武岩覆盖。土门子组下部为河流相沉积,向上转为湖泊沼泽相沉积。该组在汪清县杜荒子、敦化、蛟河杨家店也有分布,并见有植物化石,主要有 Fagaceae sp., Quercus sp., Zelkova sp., Ailanthus sp., Carpinus cf. megabracteata, Tilia sp., Sequoia sp., Coniferus sp., Pinus sp., Phyllites sp., Acer sp. 等是中新世的重要部分。

五、吉林省各时代含煤地层与相邻省区同期含煤地层对比

吉林省各时代含煤地层与相邻省区同期含煤地层对比,详见图3-2-4。

第三节 煤 层

一、晚古生代煤层

石炭纪—二叠纪含煤地层仅分布在吉林南部赋煤带内,太原组和山西组为主要含煤地层。

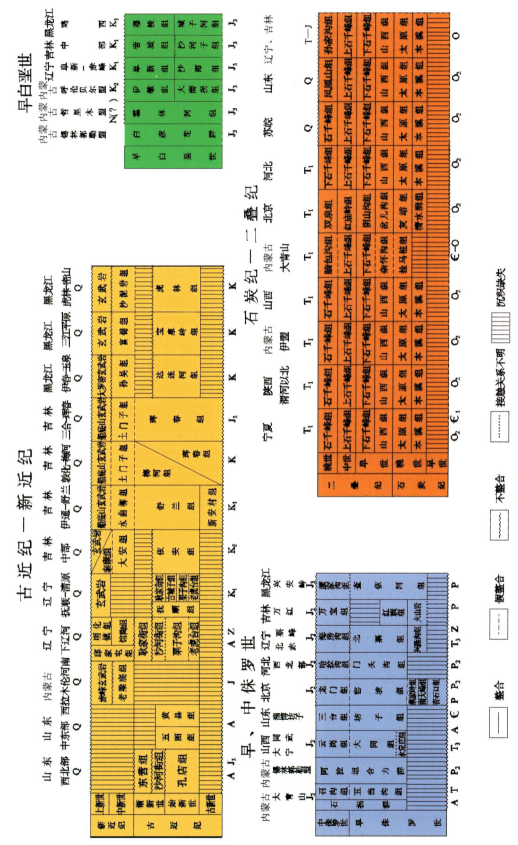

图 3-2-4　吉林省与相邻省区含煤地层对比简(图)表

太原组（C_2t）：除松树镇一带外均含 3 层可采煤层，称第 4 号、5 号、6 号煤层。煤层厚度：4 号煤层一般厚 0.14～7.56m；5 号煤层一般厚 0.51～4.21m；6 号煤层一般厚 0.19～8.14m。

山西组（P_1s）：含煤 3 层，称 1 号、2 号、3 号煤层，其中 3 号煤层发育最好，全区可采；1 号、2 号煤层局部可采，在松树镇一带较为发育。煤层厚度：1 号煤层 0.5～21.92m；2 号煤层 0.89～19.31m；3 号煤层 0～6.16m。

石炭纪—二叠纪煤层特征详见表 3-3-1。

二、早中生代煤层

早中生代煤层主要分布在吉林南部赋煤带内，在大兴安岭赋煤带、吉林中部赋煤带内也有零星分布。

（一）大兴安岭赋煤带

红旗组（J_1h）：在红旗地区含 6 个层群，可采者有 15 个分层，3 层全区可采，其中 B_2 层厚 5.40～9.43m，最厚达 17.91m，其他煤层较薄；联合村含上、下两个煤组，含煤 9 层，一般均达可采厚度（0.8m）。

万宝组（J_2w）：一般含煤 3～5 层，其中 3 层局部可采，一般厚 0.70～1.50m，最厚可达 4.52m。详见表 3-3-2、表 3-3-3。

（二）早中生代吉林南部赋煤带

北山组（T_3b）（原小营子组 J_3x）：在小营子含煤 1～2 层，Ⅰ层煤可采，厚度 0.8～3.5m；Ⅱ层煤局部可采，厚度 0～3.3m。在石人北山只含薄煤层不可采，煤层特征见表 3-3-4。

冷家沟组（J_1l）或杉松岗组（J_1sh）：含 3 个煤层组，上煤组含煤 1～3 层薄而不可采；中煤组含煤 1～3 层，达可采厚度，一般 1.60m 左右；下煤组发育较好，含煤 1～4 层可采煤层，一般厚 1～2m，最大厚度大于 40m。煤层特征见表 3-3-5。

（三）早中生代吉林中部赋煤带

大酱缸组（T_3d）：大酱缸组上部含煤 3、4、5、6 四个煤层组，下部含 7、8 两个煤层组。其中可采煤层有 5 层，分别为 5-1、5-3、6、7-1、7-2。5-1 煤层厚 0.63～2.71m，平均厚 1.59m，全区发育；5-3 煤层厚 0.93～3.5m，平均厚 1.87m，全区发育；6 煤层厚 0.74～10.18m，平均厚 3.76m，全区发育；7-1 煤层厚 0.77～3.67m，平均厚 1.61m，局部发育；7-2 煤层厚 1.31～2.32m，平均厚 1.75m，局部发育。

太阳岭组（J_2t）：以烟筒山石棚区和八面石为代表。1 号煤层厚 0.68～15.59m，平均厚 4.89m。2 号层煤层分 3 层，即 2-1、2-2、2-3，其中 2-1 煤层局部可采厚 0.87～2.62m，平均厚 1.65m；2-2 煤层区内大部分可采厚 0.68～12.41m，平均厚 2.41m；2-3 煤层区内大部可采，特别是北部，最厚达 38.2m，平均厚 29m。3 号层煤全区发育，普遍达到可采厚度，为一复煤层，厚 1.47～24.98m，平均厚 7.58m。4 号煤层厚 2.76m。5 号煤层厚 2.31m。6 号煤层厚 5.0m。7 号煤层厚 2.0m。煤层结构复杂，煤层厚度变化大，向深部逐渐变薄直至不可采。

表3-3-1 浑江煤田太原组、山西组主要煤层特征表

井区名称	煤层名称	煤层厚度/m 最小~最大	煤层厚度/m 平均	层间距/m	煤层结构	煤层稳定性	煤类	灰分 A_d/%	挥发分 V_{daf}/%	硫 $S_{t,d}$/%	发热量 $Q_{b,daf}$/(MJ·kg^{-1})
水洞井深部	1	0.50~21.92	3.50	4~5	复杂	较稳定	气肥煤	20.77	32.11	0.989	
松树矿	2	0.89~19.31	4.00	1~7	复杂	较稳定	气肥煤	16.49	27.04	0.557	
	3	0~6.16	1.00		复杂	不稳定	气肥煤	23.74	33.14	1.33	
湾沟矿	2	0.50~1.90		2.5	复杂	不稳定	气肥煤	11.48~17.27	31.96~36.79		27.78~31.06
	3	0.50~6.00			复杂	不稳定	气肥煤	10.98~21.28	30.89~36.21		27.31~31.15
砟子井（主井）	1	0.29~15.41	4.57	1~4	中等	较稳定	焦煤	18.29	26.56	0.42	27.99
	2	0.14~6.58	1.52	0.8~6.2	简单	较稳定	焦煤	18.21	24.90	0.42	
	3	0.14~1.88	1.10	6.15~26.3	中等	不稳定	焦肥	19.31	24.54	0.43	26.81
	4	0.14~7.56	1.43	0.5~13.1	中等	较稳定	焦煤	16.84	26.23	0.39	
	5	0.51~4.21	2.85	7.4~8.1	中等	较稳定	焦煤	15.45	28.04	0.50	26.99
	6	0.19~8.14			中等	较稳定	焦煤	19.80	27.23	0.57	30.25
八道江矿（主井）	1	1.79~6.76	3.19	3.61	中等	较稳定	瘦煤	9.70~16.91	15.56~21.23		
	2	0.77~6.67		1.38	中等	较稳定	瘦煤	11.83~18.64	13.43~19.81		
	3	1.53~18.57		7.06	中等	较稳定	瘦煤	7.81~28.90	13.94~21.53		
	4	0.68~3.91	1.24		中等	较稳定	瘦煤	15.60~24.70	19.77~21.62		
铁厂二井	2	0.32~15.28		14	中等	较稳定	瘦煤	33.03~45.54	17.27~25.84		19.18~23.53
	3	0.08~10.63	0.80		中等	较稳定	瘦煤	28.12~33.80	17.71~30.58		22.08~24.56

表 3-3-2 万红煤田红旗组、万宝组主要煤层特征表

井区名称	煤层号	煤层厚度(平均厚度)/m	层间距/m	结构	可采情况
万宝二井	1	0.55		简单	不可采
万宝二井	2	0.60~1.50	90	简单	可采
万宝二井	3	0.70~1.00	35	简单	局部可采
万宝二井	4	0.70~1.50	190	简单	局部可采
西太平	1		25~50		
裕民一、二井	2	0~1.39	15~66		
裕民一、二井	3	0~0.45	20~70		
裕民一、二井	4	0.42~4.52	48~88		
丁家店详查区	1^1		6	简单	局部可采
丁家店详查区	1^2		166	简单	不可采
丁家店详查区	2^1		3~22	较复杂	可采
丁家店详查区	2^2	0~3.55	6~55	较复杂	局部可采
丁家店详查区	3	0~1.61		简单	局部可采
团结矿	1	0.24~2.47(1.60)		复杂	可采
团结矿	2	0.57~1.63(0.61)	11~17/14	复杂	局部可采
团结矿	3	0.23~2.64(1.39)	14~25/21	简单	局部可采
团结矿	4	0.54~1.82(0.95)	3~12/8	简单—较复杂	局部可采
团结矿	5	0.89~3.55(2.98)	12~28/19	复杂	可采
红旗一井	2^1			简单	
红旗一井	2^2	0~1.36	7~14/12	简单	局部可采
红旗一井	3^1	0.17~1.61	31~40/37	简单—复杂	局部可采
红旗一井	3^2	0.46~2.46(1.80)	4~9/7	简单	局部可采
红旗一井	3^3	0~1.46(0.64)	5~10/8	简单	局部可采
红旗一井	3^4	0.17~0.96	7~12/9	简单	局部可采
红旗一井	4^1	0.27~1.50(0.91)	5~16/11	简单	局部可采
红旗一井	4^2	0~1.00(0.57)	5~20/11	简单	局部可采
红旗一井	5^1	0~2.71(1.23)	12~40/26	简单—复杂	局部可采
红旗一井	5^2	0.31~2.00(0.87)	12~16/15	简单	局部可采
红旗一井	5^3	0~1.14(0.89)	9~15/12	简单	局部可采
红旗一井	5^4	1.22~5.27	12~22/17	复杂	可采
红旗一井	6^1	0.17~1.97(0.90)	75~94/83	简单	可采
红旗一井	6^2	0~2.35(0.37)	8~12/10	简单	可采
红旗二井	1^2	0.14~1.50(0.37)			局部可采
红旗二井	1^4	0.03~4.44(1.24)	27~127/76	简单	局部可采
红旗二井	1^5	0.13~3.10(1.05)	15~56/36	简单	局部可采
红旗二井	1^6	0.10~2.21(1.36)	11~28/20	简单	局部可采
红旗二井	2^1	0.13~2.55(0.81)	31~154/92	简单	局部可采
红旗二井	2^2	0.18~3.29(1.13)	13~27/20	简单	局部可采
红旗二井	3^1	0.30~2.74(1.24)	13~70/41	简单	局部可采
红旗二井	3^2	0.26~3.64(1.03)	3~12/7	简单	局部可采
红旗二井	3^3	0.28~1.79(0.74)	5~9/7	简单	局部可采
红旗二井	3^4	0.30~4.38(1.57)	3~7/5	简单	局部可采
红旗二井	4^1	0.34~2.86(1.01)	5~26/15	简单	局部可采
红旗二井	4^2	0.30~3.68(1.91)	3~17/10	简单	局部可采
红旗二井	4^3	0.21~3.42(1.41)	10~35/22	简单	局部可采
红旗二井	5^1	0.13~4.31(1.50)	8~21/35	简单	局部可采
红旗二井	5^2	0.19~5.94(1.39)	8~40/24	简单	局部可采
红旗二井	5^3	0.10~3.07(1.44)	5~21/13	简单	局部可采
红旗二井	5^4上	0.24~4.98(1.89)	5~19/12	简单	局部可采
红旗二井	5^4下	0.16~8.77(2.09)	1~16/8	简单	局部可采
红旗二井	6	0.14~2.97(1.34)	34~80/57	简单	

表 3-3-3　万红煤田红旗组、万宝组主要煤层煤质特征表

井区名称	煤层号	灰分 $A_d/\%$ 最小~最大/平均	挥发分 $V_{daf}/\%$ 最小~最大/平均	发热量 $Q_{b,daf}/(MJ\cdot kg^{-1})$ 最小~最大	黏结性 (1~7)	胶质层厚度 Y/mm	硫 $S_{t,d}/\%$	煤类
红旗一、二井	3	9.37~45.35/25.70	8.24~20.94/16.58	17.07~23.17	粉状	0		瘦煤—贫煤
	5	7.92~48.32/28.79	6.22~16.73/11.81	19.60~21.65	粉状	0		瘦煤—贫煤
团结矿	3	32.13~46.23	11.18~13.56	13.91~18.45		0		贫煤—无烟煤
	5	34.43~45.23	7.49~21.11/9.11	14.11~18.68				贫煤—无烟煤
万宝矿	4	12.41~29.38/17.32	19.54~30.07/26.93	16.68~26.00	6		2.68~2.49	肥焦 2 号
丁家店	3	15.20~49.21	26.93~32.95	20.58	5~7		2.64	肥焦煤
详查区	2¹	30.49~48.59	30.30~39.74/34.79	16.41~24.28	5~6	25		肥焦煤
西太平裕民一、二井	2	39.20~50.00/48.04	17.04~23.34/17.62	18.11~20.76	3~4	块		瘦煤—焦煤
黑顶山煤点		29.64~30.02	6.48~16.26	24.06~26.61		0	0.94~0.64	贫煤—无烟煤

表 3-3-4 浑江煤田北山组(小营子组)主要煤层特征表

井田	煤层	煤层厚度/m 最小~最大	煤层厚度/m 平均	煤层结构	煤层稳定性	煤类	灰分 $A_d/\%$	挥发分 $V_{daf}/\%$	硫 $S_{t,d}/\%$	发热量 $Q_{b,daf}/$ $(MJ·kg^{-1})$
小营子	1上	0~2.09				气肥煤	42.30	21.14	3.34	
	1中	0~2.12	1.5	复杂	不稳定	气肥煤	41.07	26.33	2.26	
	1下	0.88~3.95	2.00	复杂	不稳定	气肥煤	26.26	16.05	2.03	
	2下	0.42~5.33	1.91	简单	不稳定	肥煤	19.14	23.82	1.56	
抚松	2	0.80~1.60	1.23	简单	不稳定	弱黏煤	46.54	23.32		

表 3-3-5 杉松岗矿区主要煤层特征表

井区名称	煤层名称	煤层厚度/m 最小~最大	煤层厚度/m 平均	层间距/m	煤层结构	煤层稳定性	煤类	灰分 $A_d/\%$	硫 $S_{t,d}/\%$	发热量 $Q_{b,daf}/(MJ·kg^{-1})$
半截河区	5	0.55~2.11	0.93	4.5~11	简单	较稳定	贫煤—无烟煤	12.05~31.10	1.02~1.07	34.47~35.73
	3	0.59~4.50	1.60	4~7	复杂	较稳定	贫煤—无烟煤	10.93~32.80	0.62~0.90	34.65~36.50
	2	0.53~0.87	0.83	1.3~5.5	中等	较稳定	贫煤—无烟煤	11.81~44.83	0.41~1.25	33.91~36.04
	1	0.50~4.34	1.50		简单	稳定	贫煤—无烟煤	12.69~49.83	0.47~1.18	33.53~36.22
煤窑沟区	F₁	0.13~3.15	1.86		中等	较稳定		37.60		
南部区	3	0~0.69	0.53	6~10	简单	不稳定	肥焦煤	24.23		26.77
	2	0.10~0.97	0.57	4.5~25	复杂	不稳定		55.59		
	1	0.19~8.39	1.15		中等	较稳定	肥焦煤	21.86~48.45		17.63~27.52
生产区	中三	0~18.23	1.60	4~10	简单	较稳定	肥焦煤	7.34~43.27	0.46~0.75	33.12~35.52
	中二						肥焦煤	8.19~38.44	0.42~0.76	32.45~35.52
	下二	0.22~42.04	5.82				焦煤	6.25~40.34	0.40~0.98	34.41~35.99
	下一						焦瘦煤	11.91~40.51	0.73	36.71
西部区	4	0.14~2.39	1.52	10		较稳定	弱黏煤	33.84~45.81		20.11~23.01
	3	0.09~12.26	4.70	4.2	复杂	稳定	弱黏煤	24.17~44.54		18.68~27.70
	2	0.14~3.62	0.90	3.7	简单	较稳定	弱黏煤	25.26~31.64		
	1	0.21~8.54	1.64		简单	较稳定	弱黏煤	28.20~35.14		
北部区	Ⅰ层组	0.34~15.71	2.84	12.5	复杂	稳定	瘦肥煤	18.11~48.68	0.46~2.45	16.35~32.12
	Ⅱ层组	0.14~12.19	2.47		复杂	较稳定	肥焦煤	27.76~31.18		
保安堡区	2	0~1.43			复杂	较稳定	气肥煤	20.14~22.31		

三、晚中生代煤层

(一) 松辽盆地西部赋煤带

松辽盆地西部赋煤带含煤地层研究程度较低,未见可采煤层。

(二) 松辽盆地东部赋煤带

沙河子组(K_1sh):营城含煤1~5层,可采1~4层,主要煤层特征见表3-3-6。石碑岭-新立城水库Ⅰ层煤厚0~2.30m、Ⅱ层煤厚0~0.94m、Ⅲ层煤厚0~2.80m、Ⅳ层煤厚0~1.22m、Ⅴ层煤厚0~1.27m。在石碑岭相当第5层煤最厚达8.60m。

营城组(K_1y):刘房子含煤3层组,共有煤层6~16层,可采1~14层,煤层总厚0.84~31.32m,单层厚一般为0.70~1.50m;羊草沟共含煤22层,上含煤段7层可采煤层,下含煤段2层可采煤层,煤层总厚达25.10m,平均12m。

表3-3-6 营城煤田主要煤层特征表

煤层名称	煤层厚度/m 最小~最大	煤层厚度/m 平均	层间距/m	煤层结构	煤层稳定性	煤类	灰分 A_d/%	挥发分 V_{daf}/%	硫 $S_{t,d}$/%	发热量 $Q_{b,daf}$/(MJ·kg^{-1})
Ⅰ	0~8.50	3.35	0~20 13~40 12~44 3~21	中等	较稳定	长焰煤	26.42~36.41	41.25~45.75	0.70~0.96	18.40~20.49
Ⅱ	0~3.71	2.10		简单	不稳定	长焰煤	23.90~28.96	42.24~45.50	0.70~2.25	17.86~20.49
Ⅲ	0~5.61	2.30		中等	较稳定	长焰煤、气煤	23.20~34.41	41.15~44.15	0.32~1.08	19.65~20.07
Ⅳ	0~1.45	1.00		复杂	不稳定	长焰煤				
Ⅴ	0~3.35	2.30		复杂	不稳定	长焰煤	30.07~39.36	41.81~44.48	0.72~1.47	18.48~21.54

(三) 晚中生代吉林中部赋煤带

1. 辽源煤田

久大组(K_1j)和安民组(K_1a):含薄煤4层,其厚度分别为0~1.75m,0~0.85m,0.5m,0.15~4.1m。安民组含煤2层,厚度分别为0~1.7m,0.2~3.0m,局部可采。辽河源一带含薄煤8层,局部可采3~5层。

长安组(K_1c):在辽源含一复煤层于本组底部,厚0.5~40m;在平岗含煤3~5层,其中3~4层局部可采,一般厚0.1~1.80m。辽源煤田主要煤层特征见表3-3-7。

表3-3-7 辽源煤田主要煤层特征表

井区名称	煤层名称	煤层厚度/m 最小~最大	煤层厚度/m 平均	层间距/m	煤层结构	煤层稳定性	煤类	灰分 A_d/%	挥发分 V_{daf}/%	硫 $S_{t,d}$/%	发热量 $Q_{b,daf}$/(MJ·kg^{-1})
辽源矿	1	0.50~40.0	10.0		简单	稳定	长焰煤	22.38	44.05	1.15	12.22~36.07

续表 3-3-7

井区名称	煤层名称	煤层厚度/m 最小~最大	煤层厚度/m 平均	层间距/m	煤层结构	煤层稳定性	煤类	灰分 $A_d/\%$	挥发分 $V_{daf}/\%$	硫 $S_{t,d}/\%$	发热量 $Q_{b,daf}/$ (MJ·kg^{-1})
大水缸	金1	0.50~1.79	0.64	6~28	简单	不稳定					
	金2	0.09~2.02	0.97	0~15	复杂	不稳定					
	金3	0.61~2.01	0.78		简单	不稳定	长焰煤	22.47	37.42		33.08
白泉平原	1	0.87~3.67		0~2	简单	不稳定					
	2	1.65~8.83			简单	不稳定	长焰煤	27.92	37.51	1.83	33.53
北柳	1	0.10~11.67			复杂	稳定	气煤	36.92	45.09	0.7~1.9	12.67~26.74

2. 双阳煤田

二道梁子组(K_1e):在双阳二道梁子一带含 8 个煤层。

(1)2 号煤层:厚 0.38~2.83m,平均 1.59m。可采厚度 0.80~2.56m,平均 1.72m。煤层结构较简单,夹矸以泥岩为主,厚 0.56~0.52m。煤层顶底板以泥岩为主。

(2)3 号煤层:厚 0.28~5.07m,平均 1.41m。可采厚度 0.80~4.62m,平均 1.64m。煤层结构简单,夹矸 0~1m,厚 0.14~0.45m,岩性以泥岩为主,不稳定。

(3)4-1 号煤层:与 3 号煤层间距 27~185m,平均 65m。

(4)4-2 号煤层:厚 0.30~13.62m,平均 3.85m。可采厚度 0.80~11.01m,平均 3.40m。煤层结构简单—复杂,夹矸层数一般 0~2 层,个别 3~6 层。岩性为泥岩和碳质页岩,厚 0.19~0.74m,不稳定。该煤层在全区发育。

(5)5 号煤层:发育比较普遍,但厚度变化较大,沿走向、倾向尖灭较快,仅小范围局部可采(俗称窝子煤),煤层厚 3.48~39.07m,平均 12.10m。可采煤层厚 3.20~37.74m,平均厚 13.53m。

(6)6 号煤层:厚 1.53m,结构不稳定,局部发育。

(7)7 号煤层:不可采。

(8)8 号煤层:厚 1.43~14.49m,平均厚 4.72m,沿走向变化不大,相对较稳定,沿倾向变化较大,逐渐变薄,很不稳定。

3. 蛟河煤田

奶子山组(K_1n):含煤 1~5 层,Ⅱ煤为主要可采煤层,Ⅳ、Ⅴ煤层局部可采。乌林区煤层厚度:Ⅱ煤 0~1.38m,Ⅲ$_1$煤 0.10~8.70m,Ⅲ$_2$煤 0.20~3.45m,Ⅲ$_3$煤 0.10~1.83m,Ⅳ$_1$煤 0.10~3.30m,Ⅳ$_2$煤 0.30~3.87m,Ⅴ$_1$煤 0.10~7.65m、Ⅴ$_2$煤 0.10~3.15m。

中岗组(K_1z):含复煤一层,一般有两个分层,即 I$_1$、I$_2$,厚度分别为 0.20~3.2m、0.10~3.75m,详见表 3-3-8。

(四)吉林东部(延边)赋煤带

长财组(K_1ch):下段(原西山坪组)含煤 1~5 层,在煤田内煤层稳定性差,局部可采 1~2 层,一般厚 0.70~5.00m,在庆兴煤矿最厚达 10.95m;上段(原长财组)一般含煤 5~7 层,在和龙盆地含煤十余层,其中可采层为 7 层,厚度分别为Ⅰ煤 0.20~1.36m、Ⅱ煤 0~3.10m、Ⅲ煤 0.15~2.40m、Ⅳ煤 0~

1.16m、Ⅴ煤0～1.61m、Ⅵ煤0～0.73m、Ⅶ煤0.16～3.41m。和龙煤田主要煤层特征详见表3-3-9。

在延吉盆地老头沟含煤7层,其中可采有两层,一般厚0～3.2m。

表3-3-8 蛟河煤田主要煤层特征表

煤层名称	煤层厚度/m 最小～最大	煤层厚度/m 平均	层间距/m	煤层结构	煤层稳定性	煤类	灰分 $A_d/\%$	挥发分 $V_{daf}/\%$	硫 $S_{t,d}/\%$	发热量 $Q_{b,daf}$ /(MJ·kg^{-1})
Ⅰ	0～1.13	0.63	80	简单	不稳定	长焰煤				
Ⅰ$_a$	0～1.00	0.80	20	中等	不稳定	长焰煤	45	39	0.70	25.09
Ⅰ$_b$	0～2.03	0.70	250	中等	较稳定	长焰煤	45	38	0.65	27.18
Ⅱ$_上$	0～2.15	0.60	50	简单	不稳定	长焰煤	50		0.65	23.00
Ⅱ	0～7.80	5.40	120	简单	较稳定	长焰煤	37	41	0.30	33.62
Ⅲ	0～7.80	0.60	10	简单	较稳定	长焰煤	50	40	0.35	33.19
Ⅳ	0～6.81	3.20	30	简单	不稳定	长焰煤	35	39	0.70	32.62
Ⅴ	0～3.90	0.70	20	中等	不稳定	长焰煤	40	38	0.45	32.62
Ⅵ	0～2.80	0.50	20	简单	较稳定	长焰煤	35	39	0.35	30.94
Ⅶ	0～7.66	0.90	60	中等	不稳定	长焰煤	30	40	0.65	30.11
Ⅷ	0～10.65	4.70	60	中等	不稳定	长焰煤	35	40	0.45	31.36
Ⅸ	0～5.05	2.50	80	中等	不稳定	长焰煤	37	38	0.35	32.62
Ⅹ	0～3.02	1.50	80	简单	不稳定	长焰煤				
Ⅺ	0～2.35	1.20	70	简单	不稳定	长焰煤				
Ⅻ	0～6.60	3.30		中等	不稳定	长焰煤				

表3-3-9 和龙煤田主要煤层特征表

煤层名称	煤层厚度/m 最小～最大	层间距/m	煤层稳定性	煤类	灰分 $A_d/\%$	硫 $S_{t,d}/\%$	发热量 $Q_{b,daf}$ /(MJ·kg^{-1})
Ⅰ	0.19～1.36	4～19	极不稳定	长焰煤	15.42～43.25	0.45	
Ⅱ	0～3.11	1.8～13	较稳定	长焰煤	13.22～43.91	0.88	32.19～33.79
Ⅲ	0.15～2.41	4～19	不稳定	长焰煤	19.78～43.82	1.00	34.70
Ⅳ	0～1.16	16～84	不稳定	长焰煤	20.12～37.93	0.47	34.53
Ⅴ	0～1.01	4～26	极不稳定	长焰煤	10.95～29.20	0.67	33.24
Ⅵ	0～0.73	1～6	较稳定	长焰煤	14.99～22.52	0.51	34.63
Ⅶ	0.16～3.41		较稳定	长焰煤	14.46～34.81		34.17

(五)吉林南部赋煤带

石人组(K_1sh):在石人—新开岭一般含煤1～2层(表3-3-10),其下部第6层厚0.20～7.06m;三道沟含煤6层,其中3层局部可采,煤层厚度为Ⅰ层煤0.99～1.22m、Ⅱ层煤1.36～1.74m、Ⅲ层煤0.47～1.74m、Ⅳ层煤0.17～1.75m、Ⅴ层煤0.48～1.55m、Ⅵ层煤0.55～2.24m;烟筒沟含煤5层,其中有4层可采,煤层厚度为Ⅰ煤0～0.73m、Ⅱ煤0.12～5.57m、Ⅲ$_上$煤1.11～11.40m、Ⅲ$_下$煤0.14～3.40m、Ⅴ

煤0～2.00m。详见表3-3-10。

亨通山组（K_1h）：在三源浦含煤3～5层局部可采，煤层厚0.99～1.23m；在柳河条带内含煤11层，其中局部可采3层，煤厚均在1m左右。

表3-3-10　浑江煤田石人组主要煤层特征表

井田	煤层	煤层厚度/m 最小～最大	煤层结构	煤层稳定性	煤类	灰分 A_d/%	挥发分 V_{daf}/%	硫 $S_{t,d}$/%	发热量 $Q_{b,daf}$/(MJ·kg^{-1})
新开岭	1	2.83～11.97	复杂	不稳定	气煤	24.64	36.45	1.03	
八宝矿	1	0～1.55			气煤	16.89	30.26		28.00
	2	0.14～4.22			气煤	23.31	31.99		18.44
浑江北岸	1	0～1.70		中等	气煤	44.55	26.96	1.3	
	1	0～2.50		中等	气煤	43.45	42.34	1.13	

苏密沟组（K_1s）：在苏密沟区含煤1～8个分煤层，煤层呈鸡窝状，局部可采一层，厚0.39～1.91m。

五道沟组（K_1w）：在五道沟矿区含煤14层，局部可采11层，分煤层厚0.17～1.65m；二道沟含煤8层，其中3层可采，分煤层厚0.06～5.60m，即3、5号煤层比较发育，均为局部可采煤层。黑石区含煤7层，最大厚1m。

四、新生代煤层

新生代煤层主要发育在古近纪含煤地层中，新近纪含煤地层中仅局部具可采煤层。

（一）伊舒断陷聚煤带

舒兰组（$E_{2-3}s$）：含煤20～30层，其中可采8～13层，可采煤层总厚9.59～19.35m。详见表3-3-11。

表3-3-11　伊舒断陷带舒兰组煤层特征表

煤层名称	煤层厚度/m 最小～最大	平均	层间距/m	稳定程度	可采程度	结构	煤类
1	0～1.73	0.92	20.70		不可采		
2	0～3.35	0.48	25.08		不可采		
3	0～4.53	1.26	18.46	较稳定	大部分可采	简单—较简单	长焰煤
4煤组	0.51～22.42	6.80	17.98	较稳定	全区可采	简单—较简单	长焰煤
5	0.21～3.73	1.40	17.50	较稳定	大部分可采	简单	长焰煤
6	0～7.70	2.89	21.19	较稳定	大部分可采	简单—较简单	褐煤
7上	0～4.59	1.31		较稳定	大部分可采	简单—较简单	长焰煤

(二)敦密断陷赋煤带

(1)梅河组(Em):下煤段夹煤1~3层,局部可采;中煤段含煤3~5层,主要可采煤层为13号层、12号层,最大厚40~50m,一般为3~10m,全区发育,12号煤层沉积之后是盆地最大扩张期,局部有2~5层可采煤层;上煤段含煤1~9层,局部可采2~4层。

梅河煤田主要煤层特征详见表3-3-12,煤类为褐煤。

表3-3-12 梅河煤田主要煤层特征表

井区名称	煤层名称	煤层厚度/m 最小~最大	煤层厚度/m 平均	层间距/m	煤层结构	煤层稳定性	灰分 A_d/%	挥发分 V_{daf}/%	硫 $S_{t,d}$/%	发热量 $Q_{b,daf}$/(MJ·kg^{-1})
河洼区	6	0.20~3.48	1.39	1.5~3.5	较复杂	较稳定	27.62~45.06	50.94	1.08	27.42
河洼区	7	0.25~2.74	1.08	7~11	较复杂	较稳定	36.12~42.35	50.55	0.96	28.23
河洼区	8	0.17~19.1	0.69		较复杂	不稳定	30.75~48.65	50.96	0.92	29.18
长胜东部	5	0.21~1.48	0.84	48	简单	不稳定	39.41	53.40		27.85
长胜东部	6	0.03~1.37	0.75	14	简单	不稳定	37.41	53.70		26.85
长胜东部	7	0.11~2.04		18	简单	不稳定	43.60	54.42		27.60
长胜东部	8	0.13~2.42	0.92		简单	较稳定	33.48	48.49		28.59
长胜东部	12	0.19~12.77	3.4	16	复杂	较稳定	29.12	52.12		29.33
长胜东部	13	0~5.30	1.79		复杂	不稳定	31.12	54.92		29.96
中腰堡	12	0~26.14	5~15	18~20	复杂	较稳定	15.54	46.91		30.08
中腰堡	13	0~9.06	1~3		复杂	不稳定	24.54	46.91		29.33
东夏	12	0~54.13	25.0	105~108	极复杂	较稳定	16.55	46.60		30.33
东夏	13	0~14.66	0.60		复杂	极不稳定				

(2)桦甸组(Ehd):下段含煤1~2层,局部可采1层,煤层厚0.8~1.10m;中段夹油页岩26层,可采13层,并夹薄煤及碳质泥岩,油页岩上部质佳,呈褐色、棕褐色,含油率达8%~12%,下部呈褐灰色,质劣,含油率仅为4%~8%;上段含18层煤,有4个煤层局部发育较好,达到可采厚度,其中10号煤层全区发育且结构单一。

(3)珲春组(Eh):敦化区含煤5层,在敦化煤田范围内多为局部可采煤层,由上至下煤层厚度分别为1.32m、2.69m、1.31m、1.0m、3.50m,最厚达5.20m,煤层结构简单—复杂,稳定程度为较稳定—不稳定。

(三)吉林东部(延边)赋煤带

珲春组(Eh):珲春煤田共含煤33~70余层,总厚约25m,其中可采和局部可采10~15层,煤层总厚12m,煤层特征详见表3-3-13。凉水煤田含煤9~14层,可采者2~5层,一般煤层厚0.70~1.50m。三合煤田含煤10余层,一般为局部可采。吉林东部赋煤带内煤类多为褐煤,仅珲春煤田的中西部(深部)为长焰煤,东部(浅部)为褐煤。

表 3-3-13　珲春煤田珲春组煤层特征表

煤层名称	煤层厚度/m 最小~最大	煤层厚度/m 平均	层间距/m	煤层结构	煤层稳定性	煤类	灰分 $A_d/\%$	挥发分 $V_{daf}/\%$	硫 $S_{t,d}/\%$	发热量 $Q_{b,daf}/(MJ \cdot kg^{-1})$
19	0~3.17	0.92	17	较简单	较稳定	褐煤、长焰煤	32.12	48.15	0.36	30.67
20	0~4.20	0.80	14	较简单	较稳定	褐煤、长焰煤	30.64	48.74	0.35	31.01
21	0~3.35	0.80	19	较简单	较稳定	褐煤、长焰煤	33.43	48.72	0.34	30.80
23	0~5.00	0.93	17	复杂	较稳定	褐煤、长焰煤	33.94	48.94	0.30	30.35
26	0~3.85	1.00	16	复杂	较稳定	褐煤、长焰煤	32.30	48.44	0.29	30.53
27	0~3.30	0.67	20	复杂	不稳定	褐煤、长焰煤	35.53	48.79	0.32	30.59
28	0~3.79	0.81	23	复杂	不稳定	褐煤、长焰煤	35.40	49.95	0.28	30.69
30	0~5.05	0.77	27	复杂	不稳定	褐煤、长焰煤	37.42	51.31	0.27	30.49
31	0~2.80	0.64		复杂	不稳定	褐煤、长焰煤	39.12	50.56	0.25	30.38

土门子组（N_1t）：含局部可采煤层 2 层，厚度分别为 1.70m、1.50m。

第四章 沉积环境与聚煤规律

第一节 含煤岩系岩石特征

一、石炭纪—二叠纪含煤岩系岩石特征

(一)分布规律

石炭纪—二叠纪含煤岩系主要分布于吉林南部赋煤带的浑江煤田(条带)、长白煤田(条带)中。煤系岩石类型具多样性,外源沉积岩中的砾岩、砂岩、粉砂岩、泥质岩、火山碎屑岩,内源沉积岩中的石灰岩、铝质岩、煤等,其中砂岩、粉砂岩、石灰岩、泥岩、煤是组成煤系的主要岩石类型。

垂向上自晚石炭世起,岩性由中细碎屑岩、灰岩、铝质岩、煤组成,具多样性。到早二叠世岩性有粗、中细碎屑岩-煤组成,岩性较单一。

灰岩主要分布于晚石炭世地层中,泥质岩、砂岩普遍分布于晚石炭世—二叠世地层中。煤层位于上石炭统上部和下二叠统中部。

(二)主要岩石类型

(1)砂岩又分为石英砂岩类、长石砂岩类和岩屑砂岩,具体如下。

石英砂岩类:主要为中粒石英砂岩,出现于上石炭统和下二叠统地层中。上石炭统中主要为中粒石英砂岩,结构成熟度和成分成熟度高,是滨岸带环境的产物;下二叠统地层中主要为细—粗粒石英砂岩,结构成熟度及成分成熟度较低,反映潮汐及潮坪环境的产物。垂向上石英砂岩向上逐渐减少,结构成熟度和成分成熟度也逐渐降低。

长石砂岩类:主要出现于上石炭统中。石英含量低于50%,长石含量20%~50%,其他岩屑10%~20%。

岩屑砂岩:分布于中石炭统—下二叠统中,碎屑含量75%~80%,杂基15%~20%,杂基支撑结构。

(2)碳酸盐类:主要为泥晶灰岩或泥灰岩,一般为薄层状,层位稳定,也常作为对比的标志。含海相生物化石如海百合、半鳃类和腹足类等。主要赋存在上石炭统本溪组中,以透镜状灰岩或泥灰岩出现在煤系(太原组)中。

(3)泥质岩类:泥质岩是煤系的重要组成部分,在中石炭统—下二叠统中分布广泛。

二、早中侏罗世含煤岩系岩石特征

早中侏罗世含煤岩系岩石特征主要为陆源碎屑岩类,包括砾岩、砂岩、泥岩。一般下部岩性较粗,颜色较杂,且多含安山岩、凝灰岩等砾石,结构成熟度和成分成熟度低,向上逐渐变细,颜色变深,成熟度较高。

三、早白垩世含煤岩系岩石特征

早白垩世含煤岩系岩石特征主要为陆源碎屑岩类,包括砾岩、砂岩、泥岩,砂岩相对密度较大。纵向上一般下部岩性较粗,颜色较杂,有火山岩层且多含火山岩等砾石,结构成熟度和成分成熟度低,向上逐渐变细,颜色变深,成熟度较高。横向上靠近盆缘岩性较粗,成熟度较低,向盆地中心方向岩性变细,成熟度较高。

四、古近纪含煤岩系岩石特征

古近纪含煤岩系岩石特征主要为陆源碎屑岩类,包括砾岩、砂岩、泥岩,砂岩、泥岩相对密度较大。纵向上一般下部岩性较粗,结构成熟度和成分成熟度低,向上逐渐变细,颜色变浅,成熟度较高。横向上靠近盆缘岩性较粗,成熟度较低,向盆地中心方向岩性变细,成熟度较高。由于区域上的断裂活动,地壳大幅沉降,均发育有巨厚的泥岩,泥岩中富含有机质,个别为油页岩。

第二节 含煤岩系沉积体系和沉积环境

一、石炭纪—二叠纪含煤岩系沉积相及其展布特征

（一）岩相类型及其特征

1. 主要岩相类型及其环境意义

石炭纪—二叠纪含煤岩系仅分布在吉林南部赋煤带内,主要分布在呈北东向的浑江复向斜内和近东西向的沿鸭绿江分布的长白县条带内,在三源浦附近有零星分布的石炭纪地层,但未发现煤层,可采煤层主要集中在浑江煤田。岩石相是综合岩石结构特征和沉积构造特征来反映各微相沉积物形成过程中古水动力能量大小和变化的术语。从研究区钻孔岩芯、岩屑录井资料看,研究区古生代石炭纪—二叠纪岩石类型多样,沉积构造、颜色丰富,所形成的岩相类型也较多,通过研究在研究区含煤岩系列识别出20种岩相类型,如表4-2-1所示。

表 4-2-1　石炭纪—二叠纪含煤岩系主要岩相类型

岩相名称		岩相描述	沉积环境解释
砾岩相	细砾岩	以细砾为主,次为高岭土化长石,含炭屑,棱角状分选差	辫状河道
	基底式胶结砾岩	基底式胶结坚硬,局部胶结松散,以石英为主,高岭土化长石次之,含少量燧石,分选差	河床滞留沉积
	平行层理砾岩	中厚层状,平行至变形层理,以石英为主,含大量炭屑,可见黄铁矿薄膜,钙质胶结	辫状河道
	含砾砂岩	硅质胶结,含石英砾石,分选磨圆度差,具冲刷面	河床滞留沉积
砂岩相	波状层理砂岩	灰黑色,波状层理	天然堤
	块状砂岩	以石英为主,富含高岭土化长石,含暗色矿物,局部胶结松散,分选较好,磨圆度中等	河口坝
	平行层理砂岩	层理面可见剥离线理	河道
	斜层理砂岩	小型斜层理及缓波状层理,含少量植物化石碎片	纵向坝或点砂坝
	板状层理砂岩	大型板状交错层理砂岩,时有冲刷面	分流河道及点砂坝
	楔状层理砂岩	大型楔状层理发育	河口坝
	交错层理砂岩	层理细层倾角较小,砂岩分选,磨圆度较好	湖滨砂坝、障壁砂坝
	红褐色砂岩	含大量绢云母片及煤屑、煤包裹体等,部分含砾岩	河道滞留沉积
粉砂岩相	斜层理粉砂岩	含白云母片及炭化植物化石片,小型斜层理发育	分流间湾
	块状粉砂岩	致密块状,夹薄层细砂岩泥岩,具滑面,层理不清	泛滥平原或远砂坝
	水平缓波状层理粉砂岩	深灰色,含较多白云母,含植物化石碎片	各种环境
黏土岩相	灰黑色泥岩	含炭化植物碎片,具水平层理	沼泽
	紫红色、杂色泥岩	薄片及团块状结构	泛滥平原或湖泊
	灰色、灰绿色泥岩	薄片状结构,具平行层理	三角洲、滨浅湖
	碳质泥岩	水平层理,块状、鳞片状结构	沼泽
	煤层	黑色块状、粉末状、条带状结构	泥炭沼泽

2. 主要岩相组合

岩相组合是沉积环境变化的主要指示,也是含煤地层预测煤层发育状况变化情况的主要依据,根据该地区钻孔资料分析可将该地区的岩相组合分为以下几种,见图 4-2-1。

含煤岩系主要是以上 5 种岩相组合在横向上展布和纵向上演化,各种岩相组合代表了不同的沉积环境变化。

岩相组合 A:主要为含砾粗砂岩、粗砂岩、砂岩,砾石具有叠瓦状排列,具冲刷构造、交错层理、平行层理等沉积构造,反映的沉积环境是曲流河沉积体系的河床滞留沉积和边滩沉积,而向上逐渐变细的粉砂岩-泥岩则代表了垂向加积的泛滥平原和决口扇沉积。该组合一般发育于石盒子组。

岩相组合 B:底部是具有交错层理的厚层中砂岩,向上有厚煤层发育,煤层的结构简单,厚度较大,横向连续一般。煤层顶板为泥岩-粉砂岩。该种岩相组合反映的沉积环境为三角洲体系,底部的厚层砂

序号	岩相组合	岩性柱/m	含煤性	岩性简单描述	沉积环境解释
A	厚层含砾粗砂岩、粗砂岩+砂岩	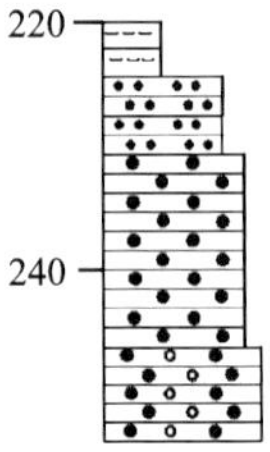220 240	含煤性较差，一般不含煤(如六道江 10-13 孔，通明 28-5 孔等)	含砾粗砂岩为灰白色，泥质胶结，成分以石英、长石为主	河流沉积体系
B	厚砂岩+厚煤层	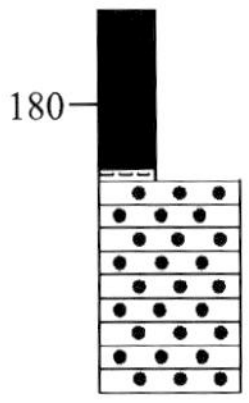180	含煤性较好，煤层厚度较大，为该地区主要可采煤层，结构简单，顶板为厚层粉砂岩、泥岩(如铁厂 57-1 孔、通明 28-5 孔等)	底部为厚层砂岩，向上变为细砂岩、泥岩，含少量植物化石，煤层以光亮型为主	三角洲沉积体系
C	厚层泥岩、细砂岩+薄煤层	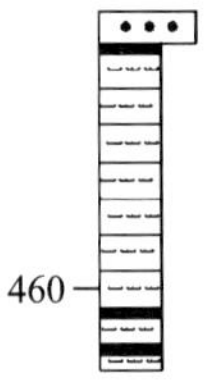460	含煤性较好，煤层层数较多，夹矸较多，总厚度大，单层厚度较小，厚度变化较大，横向连续性好(研究区广泛发育此岩相组合)	岩性以厚层泥岩或砂岩夹薄煤层为主，微波至平行层理	障壁-潟湖-潮坪沉积体系
D	薄层泥岩、粉砂岩、细砂岩+薄煤层	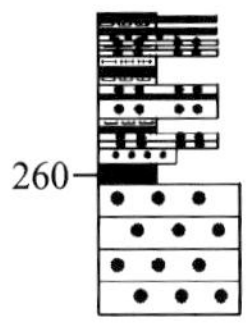260	含煤性一般，煤层层数很多，横向连续性较差，煤层厚度较小(如六道江 5-1 孔、六道江 10-13 孔、通明 28-5 孔)	含煤段为深灰色、黑灰色泥岩或粉砂岩与薄层的煤层互层，中间夹灰色中厚层状细砂岩，底部常为厚层砂岩	三角洲前缘、平原
E	厚层中砂岩+厚层细砂岩+厚层泥岩	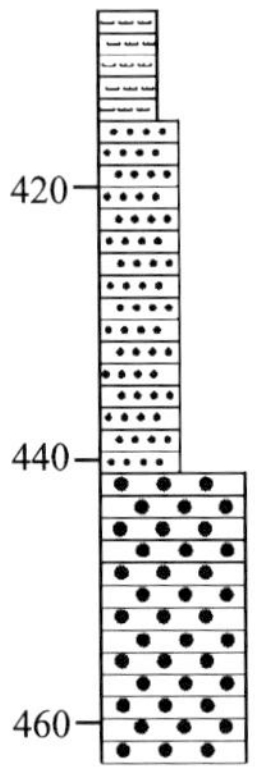420 440 460	不具有含煤性，没有煤层形成(全区广泛发育)	由巨厚层砂岩、灰黑色、深灰色泥岩和粉砂岩等组成，常成旋回出现	河流体系

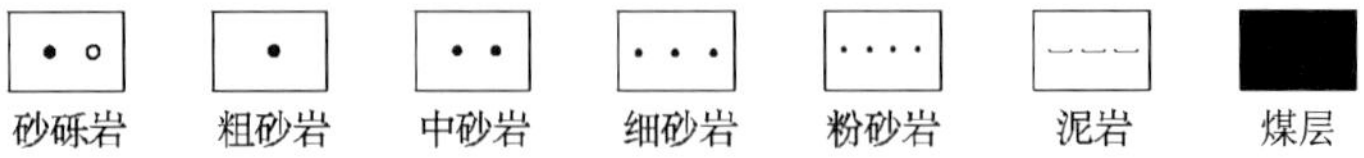

砂砾岩
粗砂岩
中砂岩
细砂岩
粉砂岩
泥岩
煤层

图 4-2-1　研究区主要岩相组合及其含煤性示意图

岩具有水平层理和波状层理，成分以石英燧石为主，磨圆度中等到好，为河口砂坝沉积，煤层主要发育在三角洲分流间湾泥炭沼泽环境中。该组合一般发育于太原组。

岩相组合 C：岩性以厚层泥岩或砂岩夹薄煤层为主，该种岩相组合主要反映的沉积环境是障壁-潟湖-潮坪沉积体系。该组合一般发育于本溪组。

岩相组合 D：主要岩性为灰色、深灰色、黑灰色细砂岩，粉砂岩，泥岩，煤层。D 组合的岩层从粒度上来看总体较细，从含煤性上来看，煤层的层数较多厚度较小，煤层结构复杂夹矸较多，夹矸多为泥岩、碳质泥岩。与 A、B、C 岩相组合比较，D 组合发育的沉积环境进一步靠近潮下，一般为下三角洲平原接近三角洲前缘的边缘区域。水位变化较频繁，沉积环境不稳定，所以很难形成厚层的单一岩性的沉积岩，厚层的煤层在这种环境下也难以形成，仅在沉积物充填过程中水深稍微变浅才有植物生长的环境，而这种环境极易受海水影响，不如离湖较远的地方稳定，因此此时形成的煤层一般层数多而厚度薄。该组合一般发育于山西组。

岩相组合 E：主要以紫色、紫红色厚层砂岩，泥岩为主，叠瓦状构造，水平层理、波状层理。该组合形成的环境一般为河流体系的泛滥平原和决口扇，含煤性较差，一般不具有煤层。该组合一般发育于石盒子组和石千峰组。

（二）沉积体系及其特征

1. 沉积模式和沉积相

石炭纪—二叠纪含煤地层主要为障壁-潟湖-滨外陆棚-三角洲-河流沉积体系，在钻孔岩芯宏观沉积相分析及岩相类型的归纳总结基础上，根据各类岩相在垂向上的组合关系及在平面上的分布，识别出 3 种沉积体系、9 种沉积相和多种沉积类型（表 4-2-2），辫状河沉积序列见图 4-2-2。

表 4-2-2　浑江煤田石炭纪—二叠纪沉积相划分

沉积体系	沉积相	沉积类型
辫状河	辫状河道	河道滞留沉积、心滩
	河漫滩	河漫湖泊、泛滥平原
三角洲	三角洲平原	分流河道
		分流间湾
		天然堤
		沼泽
	三角洲前缘	河口坝
		远砂坝
	前三角洲	
障壁海岸	潮坪	
	潟湖	
	障壁岛	障壁砂坝
	滨外陆棚	滨外碳酸盐岩陆棚

1）辫状河沉积体系

坎特和沃克（1976）提出了一个辫状河沉积的垂向序列。由下至上依次为：①最底部河床滞流沉积，以含泥砾的粗砂岩和砾质砂岩为主，与下伏呈侵蚀冲刷接触；②上部为不清晰的大型槽状交错层理含砾粗砂岩和具清楚槽状交错层理的粗砂岩以及板状交错层理砂岩；③再向上主要由小型板状交错层理砂岩组成，偶见大型水道冲刷充填交错层理砂岩；④顶部由垂向加积的波状交错层理粉砂岩和泥岩互层，以及一些具模糊不清的角度平缓的交错层理砂岩组成。由侵蚀冲刷接触至大型水道冲刷充填交错层理砂岩为河床滞流沉积和心滩沉积,构成河床沉积,粉砂岩和泥岩互层代表了垂向加积的泛滥平原沉积。辫状河在垂向层序上有以下特点:河流二元结构的底层沉积发育良好,厚度较大,而顶层沉积不发育或厚度较小;底层沉积的粒度粗,砂砾岩发育;由河道迁移形成的各种层理类型发育,如块状或不明显的水平层理、巨型槽状交错层理、单组大型板状交错层理等。

辫状河沉积主要见于石千峰组和上、下石盒子组,沉积物较粗,主要为厚层状砾岩和粗砂岩,底部发育冲刷面,冲刷面上常见植物茎干化石;砾石一般磨圆度中等,分选较差,砾径大小不等;砾石间为砂质充填,夹薄层细砂岩;有时可见大型槽状交错层理和板状交错层理;砾石常见叠瓦状排列,砾岩体呈大的透镜体;垂向上旋回性清晰,每一旋回底部以冲刷面开始,下部为块状砾岩和巨大型交错层理的砾岩,上部变细为含砾砂岩和中粗砂岩。辫状河体系可区分出河床滞留沉积、心滩沉积以及河漫滩洪泛沉积。河床滞留沉积以具冲刷面和植物茎干化石的块状砾岩为特征;心滩沉积以交错层理的砂岩为特征,辫状河一般河漫滩沉积不发育(图4-2-2)。

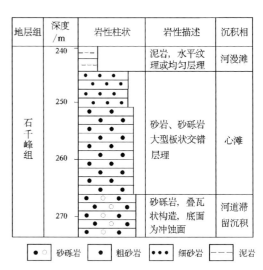

图4-2-2　辫状河沉积序列(六道江10-13孔)

2)三角洲沉积体系

该体系属于辫状河三角洲沉积体系,主要发育于太原组和山西组。辫状河三角洲为辫状河进入停滞水体形成的三角洲(薛良清等,1990),浑江地区石炭纪—二叠纪主要为潮湿气候,山前冲积扇主要表现为辫状河沉积,泥石流沉积缺乏,故以发育辫状河三角洲为主,而扇三角洲不发育。辫状河三角洲主要是通过辫状河携带大量粗粒沉积物在地形转折的基部泄入停滞水体而形成,河流流量具有突发性和变化大的特点,反映在地层中则主要是粗粒的砾石质河流沉积与细粒湖泊沉积呈指状交错。

三角洲体系总体属于浅水三角洲,其特征是三角洲平原沉积发育,三角洲前缘和前三角洲沉积相对不发育。垂向上旋回性清晰,表明受海平面变化影响明显(图4-2-3)。此外,三角洲平原上煤层较发育,横向也较连续。辫状河三角洲体系可划分为三角洲平原相、三角洲前缘相和前三角洲相。

(1)三角洲平原相。辫状河三角洲平原相主要由辫状河道和冲积平原组成,潮湿气候条件下可有河漫沼泽沉积。高度的河道化、持续深切的水流、良好的侧向连续性是三角洲平原相的典型特征,位于陆上的辫状河组合,以牵引流为主,缺少碎屑流沉积。它一般包括分流河道、分流间湾、天然堤、决口扇、间湾湖泊和沼泽等沉积类型。

①分流河道。砾石质辫状河道主要发育块状层理,砂质分流河道发育平行层理和板状交错层理,具有向上变细的正粒序。底部冲刷面发育,并可见植物茎干化石。岩石

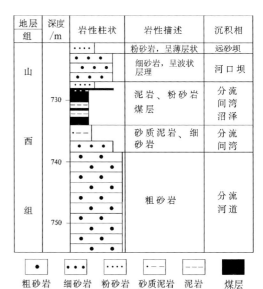

图4-2-3　辫状河三角洲沉积序列(八宝76-10孔)

类型以中—细砾岩和中—细砂岩为主。砾岩呈灰色、灰白色,砾石成分复杂,磨圆度中等—较好,分选性较差,以块状为主,可见冲刷-充填构造;砂岩多为灰色、灰白色岩屑长石砂岩,长石岩屑砂岩等,中—厚层状,碎屑分选中等,磨圆度较差,以孔隙式胶结为主。分流河道垂向上常与分流间湾共生。

②分流间湾。分流间湾发育于三角洲平原分流河道间地区,这种沉积一般由薄层状泥岩、泥质粉砂岩、粉砂质泥岩组成,常见水平层理和小型波状层理,含菱铁质结核和植物叶片化石。当分流间湾水较浅时,会有泥炭沼泽发育。

③天然堤。三角洲平原的天然堤与河流的天然堤相似,位于分流河道的两旁,向河道方向一侧较陡,向外一侧较缓,是由于携带泥沙的洪水漫出淤积而形成,天然堤在三角洲平原的上部发育较好,但向下游方向其高度、宽度、粒度和稳固性都逐渐变小,岩性主要为粉砂岩、泥岩,发育波状交错层理、水平层理等沉积构造,水流波痕、植屑、植茎、植根和潜穴等较常见。

④决口扇。三角洲的决口扇较河流更为发育,且面积较大。

⑤沼泽。沼泽沉积在三角洲平原上分布最广,表面接近于平均高潮面,是一个周期性被水淹没的低洼地区,它的水体性质主要为淡水或半咸水,植物繁茂,为一停滞的弱还原或还原环境。它的岩性主要为暗色有机质泥岩、泥炭(或煤)沉积,其中常夹洪水沉积的薄层粉砂岩。常见有块状均匀层理和水平纹理,生物扰动作用强烈,有时见有潜穴,常含有植屑、炭屑、植根、介形虫和腹足类以及菱铁矿等。

(2)三角洲前缘相。三角洲前缘相主要为河口坝和远砂坝等沉积单元。三角洲前缘是三角洲的水下部分,位于海平面与浪基面之间,呈环带状分布于三角洲平原向海洋一侧边缘,即分流河道前端,由于受到河流、波浪和潮汐的反复作用,沉积分选好、质较纯的砂。

①河口坝。河口坝主要由分选较好的中—粗粒砂岩组成,也可见细砾岩和含砾砂岩,垂向上一般呈下细上粗的反韵律,砂体中可见平行层理和交错层理。由于辫状河三角洲通常由湍急洪水或山区河流控制,分流河道迁移性较强,入水后河口坝不稳定,难于形成正常三角洲前缘那样大型河口坝,而与扇三角洲相似,河口坝不发育或规模较小。

②远砂坝。远砂坝与河口坝为连续沉积的砂体,位于河口坝的末端。与河口坝相比,远砂坝砂体厚度较薄、岩性较细,主要由细砂岩、粉砂岩、粉砂岩泥岩、泥质粉砂岩、泥岩互层组成。多发育平行层理和波状交错层理,局部可见包卷层理。

(3)前三角洲相。前三角洲沉积是发育于辫状河三角洲外侧的相对较细的沉积组合,与三角洲平原和前缘沉积呈指状交错。沉积物主要为浅灰泥岩、含碳质泥岩、菱铁质泥岩、泥质粉砂岩、粉砂岩,发育水平层理和小型波状层理,与远砂坝、河口坝一起构成向上变粗的沉积序列。

3)障壁-潟湖沉积体系

障壁海岸相是受障壁的遮挡作用在海岸带发育起来的,障壁海岸相主要由下列3部分组成:①与海岸近于平行的一系列障壁岛;②障壁岛后的潮坪和潟湖;③潮汐水道系统,它连接着岛后潟湖、潮坪与广海。本溪组发育障壁海岸体系沉积,主要发育了障壁岛(障壁砂坝)、潟湖相及滨外陆棚相。

(1)障壁岛:障壁岛是平行海岸,高出水面的狭长砂体,以其对海水的遮拦作用而构成潟湖的屏障(图4-2-4)。障壁岛相的岩石类型主要为中—细粒砂岩和粉砂岩,重矿物富集,颗粒分选和磨圆度好,具有厚层楔状、槽状交错层理,也可发育低角度板状交错层理。

(2)潟湖相:潟湖是被障壁岛所遮拦的浅水盆地,环境安静、低能,沉积物以细粒陆源物质和化学沉积物为主。

(3)滨外陆棚:研究区发育了滨外碳酸盐岩陆棚,沉积物岩性主要为石灰岩,以泥晶生屑灰岩为主,见珊瑚、蜓、海百合等生物化石,反映了沉积物较细、水动力弱、水体较深的环境。

本次研究对浑江煤田钻井岩芯资料和前人报告分别做了综合研究,绘制了综合柱状图,并结合沉积相连井剖面图等,对研究区的沉积体系、沉积模式及其在层序地层格架中的分布进行了研究。

2.沉积相在纵向上的展布

(1)本溪组:沉积时期处于广阔的陆表海环境中,主要为障壁海岸滨外碳酸盐岩陆棚和潟湖环境,在垂向上,障壁岛、潟湖和潮坪多次相间交替出现,由于构造活动的影响和海平面的变化,造成了多次海平

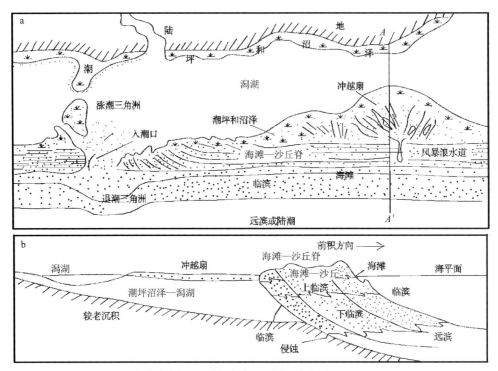

图 4-2-4　障壁海岸沉积环境的平面及剖面示意图（据 Mccubbin,1982）

面的升降,形成多层灰岩。该时期为晚古生代最大规模海侵,基本上淹没了全区,之后海水开始逐渐退出本区。

（2）太原组：该时期发育三角洲相,但海侵规模变小,海水变浅,由于构造运动的影响,本区东北边缘向上抬升,西南部下降,海水逐渐退出本区,出现了有利于聚煤的古地理环境,加上古气候、古植物等有利条件,从而形成了本区晚古生代重要的聚煤期。

（3）山西组：主要发育三角洲平原相,海水已全部退出。底部以河道沉积的砂岩为主,垂向上粒度由粗变细,沉积相也逐渐过渡为泛滥平原和泥炭沼泽相。该沉积相也是有利的聚煤场所,形成了本区晚古生代第二个重要的聚煤期。

（4）石盒子组—石千峰组：该时期研究区地势继续抬升,全区都变为陆相沉积,主要为河流相,可见有辫状河道、河漫滩、泛滥平原、河漫湖泊亚相,砂岩含量较多,不具有聚煤作用。

总之,垂向上从本溪组到石千峰组沉积相从障壁潟湖-滨外陆棚过渡到三角洲-河流相（图 4-2-5）。

3. 沉积相在平面上的展布

为了分析盆地的沉积特征,根据各个地区的不同特点,对浑江煤田分别做了两条连井对比图,用以分析沉积环境的分布特征及其在横向上的变化情况。

从铁厂-金坑和八宝-水洞沟连井沉积相展布可以看出,本溪组障壁潟湖-滨外陆棚沉积相和太原组三角洲沉积相在全区都有发育,本溪组的滨外碳酸盐岩陆棚和潟湖相在六道江沉积厚度较大,岩性全区变化不大,底部的中砂岩、砂岩向上部岩性逐渐变细；而太原组在通明地区沉积厚度最大；山西组三角洲相在局部区域不发育,如八道江南山地区,况且该沉积厚度从铁厂到松树镇变化很大,沉积较厚的区域在六道江和八宝地区；下石盒子组在全区仅在八宝和湾沟等局部地区发育,底部为中砂岩,向上有一层铝土岩,顶部为一层较细的粉砂岩、泥岩,在沉积区域岩性较稳定；上石盒子组和石千峰组全区发育稳定,岩性比较单一,多为砂岩和泥岩,为河流相沉积,上石盒子在六道江地区沉积较厚,八道江地区较薄；石千峰组在通明地区沉积最厚。

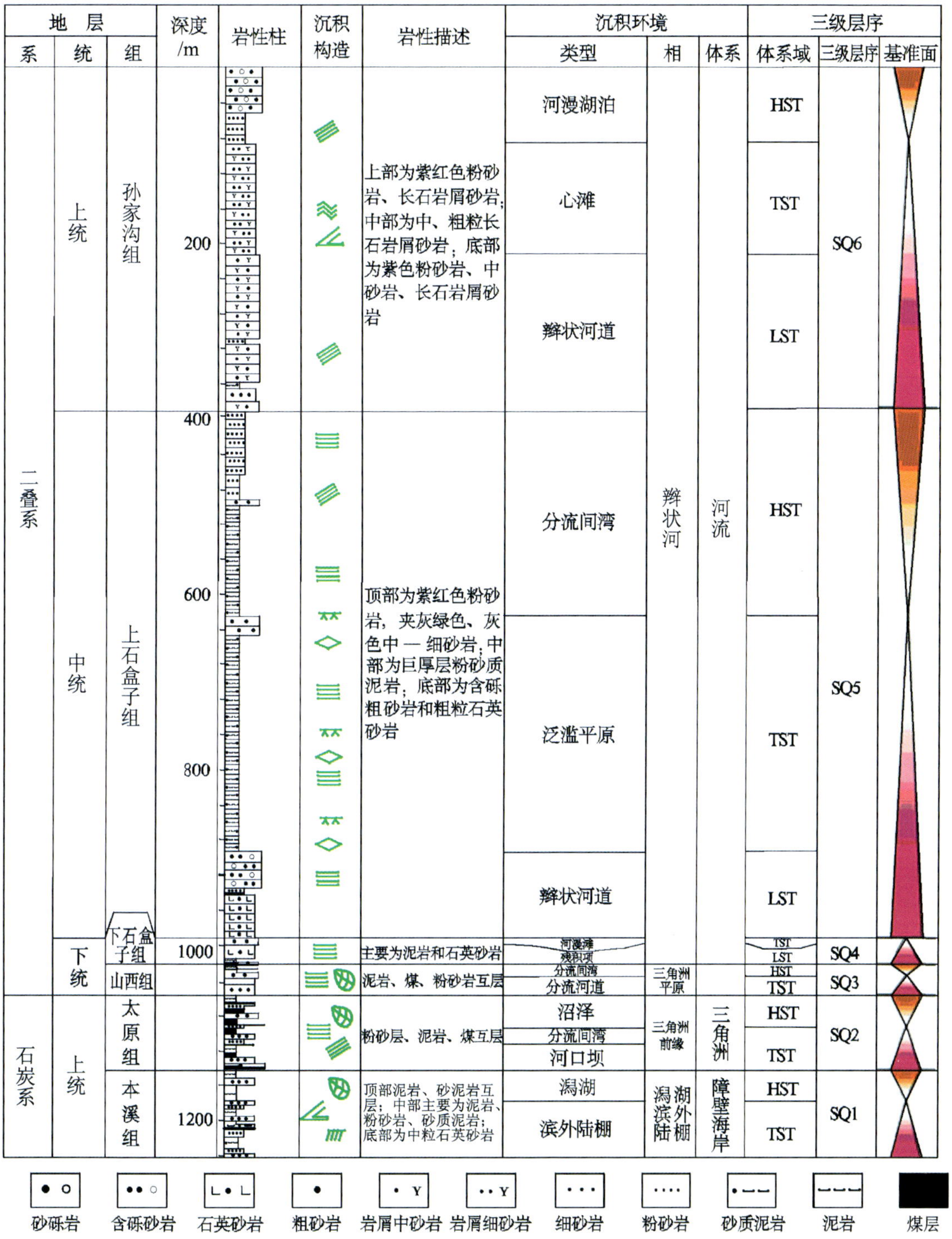

第四章 沉积环境与聚煤规律

地层			深度/m	岩性柱	沉积构造	岩性描述	沉积环境			三级层序		
系	统	组					类型	相	体系	体系域	三级层序	基准面
二叠系	上统	孙家沟组	200			上部为紫红色粉砂岩、长石岩屑砂岩；中部为中、粗粒长石岩屑砂岩；底部为紫色粉砂岩、中砂岩、长石岩屑砂岩	河漫湖泊			HST	SQ6	
							心滩			TST		
							辫状河道			LST		
	中统	上石盒子组	400 / 600 / 800			顶部为紫红色粉砂岩，夹灰绿色、灰色中—细砂岩；中部为巨厚层粉砂质泥岩；底部为含砾粗砂岩和粗粒石英砂岩	分流间湾	辫状河流		HST	SQ5	
							泛滥平原			TST		
							辫状河道			LST		
	下统	下石盒子组	1000			主要为泥岩和石英砂岩	河漫滩残积层			TST	SQ4	
		山西组				泥岩、煤、粉砂岩互层	分流间湾 / 分流河道	三角洲平原		HST / TST	SQ3	
石炭系	上统	太原组				粉砂层、泥岩、煤互层	沼泽	三角洲前缘	三角洲	HST	SQ2	
							分流间湾 / 河口坝			TST		
		本溪组	1200			顶部泥岩、砂泥岩互层；中部主要为泥岩、粉砂岩、砂质泥岩；底部为中粒石英砂岩	潟湖	潟湖滨外陆棚	障壁海岸	HST	SQ1	
							滨外陆棚			TST		

图例：砂砾岩 含砾砂岩 石英砂岩 粗砂岩 岩屑中砂岩 岩屑细砂岩 细砂岩 粉砂岩 砂质泥岩 泥岩 煤层

图 4-2-5 石炭纪—二叠纪地层综合柱状图

二、早中侏罗世沉积体系及其特征

(一) 主要岩相类型及其环境意义

岩石相是综合岩石结构特征和沉积构造特征来反映各微相沉积物形成过程中古水动力能量大小和变化的术语。从研究区露头剖面、钻孔岩芯、岩屑录井资料看,研究区岩石类型多样,沉积构造、颜色丰富,所形成的岩相类型也较多通过研究,识别出14种岩相类型,如表4-2-3所示。

表4-2-3 早中侏罗世主要沉积体系及沉积相单元一览表

岩相名称		岩相描述	沉积环境解释
砾岩相	砾岩	以细砾为主,分选差,有泥质胶结,松散破碎	辫状河道
	基底式胶结砾岩	基底式胶结坚硬,局部胶结松散,以石英为主,高岭土化长石次之,含少量燧石,分选差	河床滞留沉积
砂岩相	波状层理砂岩	灰绿色,波状层理	天然堤
	平行层理砂岩	中砂岩,层理面可见剥离线理	河道
	斜层理砂岩	小型斜层理及缓波状层理,含少量植物化石碎片	纵向坝或点砂坝
	板状层理砂岩	大型板状交错层理砂岩,时有冲刷面	分流河道及点砂坝
	楔状层理砂岩	大型楔状层理发育	河口坝
	红褐色砂岩	含大量绢云母片及煤屑、煤包裹体等,部分含砾岩	河道滞留沉积
粉砂岩相	斜层理粉砂岩	含白云母片及炭化植物化石片,小型斜层理发育	分流间湾
	水平缓波状层理粉砂岩	深灰色,含较多白云母,含植物化石碎片	各种环境
黏土岩相	灰黑色泥岩	含炭化植物碎片,具水平层理	沼泽
	灰色、灰绿色泥岩	薄片状结构,具平行层理	三角洲、滨浅湖
	碳质泥岩	水平层理或块状,鳞片状结构	沼泽
	煤层	黑色块状、粉末状、条带状结构	泥炭沼泽

根据各种岩相类型及不同沉积类型的沉积特征,在吉林省早中生代的含煤岩系中可识别出下列沉积体系:三角洲沉积体系、湖泊相、河流沉积体系以及冲积扇-辫状河三角洲沉积体系。

(二) 主要岩相组合

早中侏罗世岩相组合是沉积环境变化的主要指示,也是含煤地层预测煤层发育状况变化情况的主要依据。根据该地区钻孔资料分析可将该地区的岩相组合分为以下几种,见图4-2-6。

序号	岩相组合	岩性柱/m	含煤性	岩性简单描述	沉积环境解释
A	厚层含砾粗砂岩、粗砂岩+砂岩	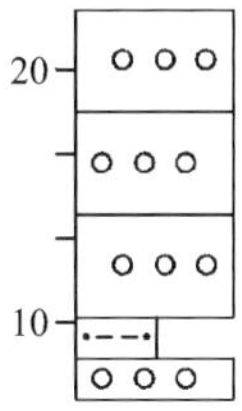	含煤性较差，一般不含煤	灰绿色，有火山岩碎块	冲积扇沉积体系
B	厚砂岩+厚煤层	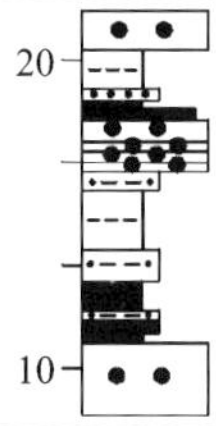	含煤性较好，煤层厚度较大，为该地区主要可采煤层，由灰黑色砂岩、粉砂岩、泥岩组成	底部为厚层砂岩，向上变为细砂岩、泥岩，含少量植物化石，煤层以光亮型为主	三角洲沉积体系
C	厚层砂岩夹杂+粉砂岩泥岩	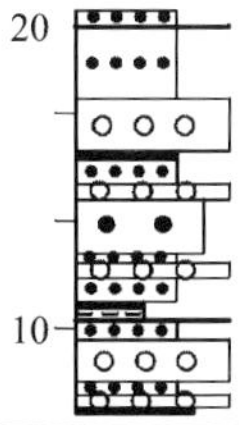	含煤性一般，煤层层数很多，横向连续性较差，煤层厚度较小	含煤段为深灰色、黑灰色泥岩或粉砂岩与薄层的煤层互层，夹杂为厚层砂岩	河流沉积体系

图 4-2-6　早中侏罗世主要岩相组合及其含煤性示意图

含煤岩系主要是以上5种岩相组合在横向上展布和纵向上演化，各种岩相组合代表了不同的沉积环境变化。

岩相组合A：主要为含砾粗砂岩、粗砂岩、砂岩、砾石，具冲刷构造、叠瓦结构、交错层理、平行层理等沉积构造，反映的沉积环境是河流沉积体系的河床滞留沉积和边滩沉积。该组合一般发育于红旗组和万宝组。

岩相组合B：主要岩性为灰绿色、灰黑色细砂岩、粉砂岩、泥岩、煤层。B种组合的岩层从粒度上来看总体较细，从含煤性上来看，煤层的形成较为稳定，为三角洲平原的泥炭沼泽聚集的煤层，形成的比较稳定的煤层。该组合一般发育于红旗组。

岩相组合C：主要以厚层砂岩为主，夹杂粉砂岩、泥岩，叠瓦状构造，水平层理、波状层理。该组合形成的环境一般为河流体系的泛滥平原，含煤性较差。该组合一般发育于万宝组。

(三)沉积体系及其特征

1. 沉积模式和沉积相

1)三角洲沉积体系

三角洲沉积体系位于海(湖)陆之间的过渡地带，是由于河流流入海(湖)盆地的河口区，因坡度减缓、水流扩散而流速降低，将携带的泥沙沉积于此，形成近于顶尖向陆的三角洲沉积体。三角洲沉积体系一般包括三角洲平原相、三角洲前缘相以及前三角洲相，这里主要发育三角洲平原相。三角洲平原是指由三角洲发育而成的平原，三角洲平原沉积相包括分流河道、分流间湾、沼泽、天然堤、决口扇沉积类型。组成三角洲的沉积物比较复杂，主要有砾石、细砂、黏土等。入湖处的沉积物粒度自岸向海(湖)逐渐变细，近岸沉积物层理发育，向海(湖)逐渐消失。组成该段的砂岩以发育水流波痕层理为特征，也发育槽状、楔状和板状类型交错层理，而且从下到上规模逐渐变小。共生的沉积构造有波状层理、透镜状层理，偶见平行层理。岩性以发育互层状的泥岩、粉砂岩为主，夹碳质泥岩和煤层，以发育均匀层理和水平纹层为特征。此外，本区也可见砂泥水平互层层理、波状层理、透镜状层理。研究区三角洲体系总体属于浅水三角洲,其特征是三角洲平原沉积发育,三角洲前缘和前三角洲沉积相对不发育。垂向上旋回性清晰,表明受海(湖)平面变化影响明显。

(1)分流河道沉积类型。分流河道是三角洲平原中的格架部分,形成三角洲的大量泥沙都是通过它们搬运至河口处沉积下来的。分流河道沉积具有一般河道沉积的特征,即以砂沉积为主以及向上逐渐变细的层序特征。但它们比中、上游河流沉积的粒度细,分选变好。一般底部为中—细砂岩,常含泥砾、植物干茎等残留沉积物,向上变为粉砂、泥质粉砂、粉砂质泥等。砂质层具有槽状或板状交错层理和波状交错层理,而且其规模向上变小,其底界与下伏岩层常呈侵蚀冲刷接触。

(2)分流间湾沉积类型。在三角洲平原上,分流河道之间的地带称为分流间湾地区,与海(湖)相连通。岩性主要为泥岩,夹少量透镜状的粉砂岩、细砂岩。岩石中水平纹理发育,生物扰动作用强烈,偶见海(湖)相化石。当三角洲向海(湖)方向推进时,在主要分流间湾地区可形成泥岩楔,其沉积特征与冲积平原上的泛滥盆地沉积比较相似。分流间湾为较细粒的砂泥沉积,其中煤层主要发育在三角洲平原中的分流间湾和间湾沼泽。

(3)沼泽沉积类型。沼泽沉积在三角洲平原上分布最广,具有一般沼泽所具有的特征。这种沼泽的表面接近于平均高潮面,是一个周期性被水淹没的低洼地区,其水体性质主要为淡水或半咸水。这种沼泽中植物繁茂,为一停滞的弱还原或还原环境。岩性主要为暗色有机质泥岩、泥炭或褐煤沉积,其中夹洪水沉积的薄层粉砂岩,见有块状均匀层理和水平层理。

(4)天然堤沉积类型。天然堤位于分流河道的两旁,向河道方向一侧较陡,向外一侧较缓。这种天然堤是由洪水期携带泥沙的洪水漫出淤积而成。天然堤在三角洲平原的上部发育较好,但向下游方向其高度、宽度、粒度和稳固性都逐渐变小。粒度比河流沉积细,而比沼泽沉积粗,以粉砂、粉砂质黏土为主,而且由河道向两侧变细和变薄。水平纹理和波状交错纹理发育。

(5)决口扇沉积类型。决口扇沉积主要由细砂岩、粉砂岩组成,粒度比天然堤沉积物稍粗,具有小型交错层理、波状层理及水平层理,冲蚀与充填构造常见,面积较大。在三角洲平原上,小型决口水道和决口扇上的水道进一步扩大,并随着天然堤的形成而进一步稳定,最后在分流间区(湾)上开辟一条新的河道。

2)辫状河沉积体系

以大兴安岭西部区为例,在此研究区辫状河沉积较为常见,反映的沉积物较粗,主要为厚层状砾岩、粗砂岩,底部发育冲刷面,冲刷面上常见茎干化石。砾石一般为磨圆度中等,分选较差,砾径大小不等。砾石间为砂质充填,夹薄层细砂岩,有时可见大型槽状交错层理和板状交错层理。砾石常见叠瓦状排列,砾岩体呈大的透镜体。垂向上旋回性清晰,每一旋回底部以冲刷面开始,下部为块状砾岩和具大型交错层理的砾岩,上部变细为含砾砂岩和中粗砂岩。辫状河体系可区分出河床滞留沉积、心滩沉积以及河漫滩洪泛沉积。河床滞留沉积以具冲刷面和植物茎干化石的块状砾岩为特征,心滩沉积以交错层理的砂岩为特征。辫状河一般河漫滩沉积不发育(图4-2-7)。

早中生代的煤炭资源在吉林省分布较少,并且含煤程度较差,本次研究对松辽盆地西部地区的侏罗系作为重点研究对象,根据钻井岩芯资料和前人报告,绘制了综合柱状图,并结合沉积相连井剖面图等,对研究区的沉积体系、沉积模式及其在层序地层格架中的分布进行了研究。

2. 沉积相在纵向上的展布

(1)红旗组:研究区的红旗组沉积时期为陆相环境,主要发育为河流相、湖泊相,产植物化石。下部主要为砾岩、砂岩,发育有大型的板状交错层理,反映了本地区的辫状河沉积相;上部为砂岩、粉砂岩、泥岩、数层煤层,主要为三角洲沉积相,颜色为灰绿色和灰黑色,其中可见波状交错层理和透镜状层理。

(2)万宝组:研究区在万宝组沉积时期处于陆相环境中,同红旗组一样主要发育为河流、湖泊相环境,含有植物化石。下部为大段的砾岩,反映了辫状河沉积;上部的岩性变化较大,夹杂有煤层3~5层,煤层主要发育于三角洲相的沼泽体系域中,其中万宝组与下伏的红旗组为平行不整合接触关系。这个

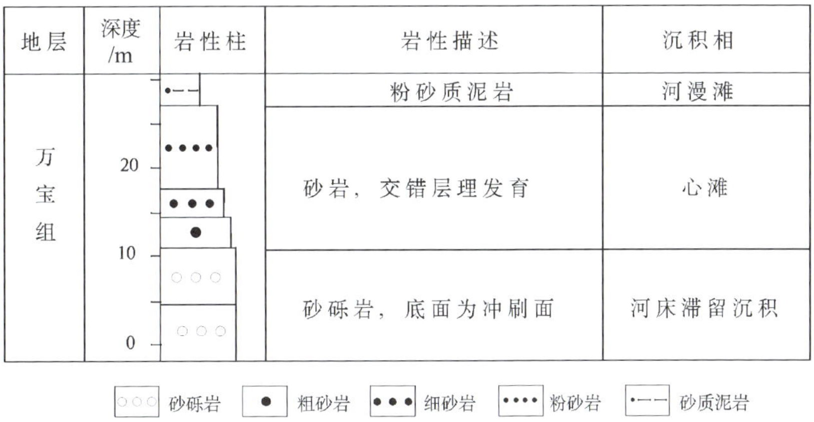

地层
深度 /m
岩性柱
岩性描述
沉积相
万宝组
20
10
0
粉砂质泥岩
河漫滩
砂岩，交错层理发育
心滩
砂砾岩，底面为冲刷面
河床滞留沉积
砂砾岩
粗砂岩
细砂岩
粉砂岩
砂质泥岩

图 4-2-7　大兴安岭地区早中侏罗世辫状河沉积序列示意图

时期为本地区的一个重要成煤期，如图 4-2-8 所示。

年代地层
系
统
组
深度 /m
岩性柱
沉积相
类型
相
体系
三级层序
体系域
层序
基准面
侏罗系
中统
万宝组
下统
红旗组
800
850
沼泽
分流河道
沼泽
河漫滩
心滩
河道
心滩
河道
分流间湾
沼泽
河道
三角洲
辫状河
三角洲
辫状河
TST
LST
TST
LST
层序Ⅱ
层序Ⅰ
凝灰岩
砾岩
砂岩
中砂岩
粉砂岩
砂质泥岩
泥岩
煤层

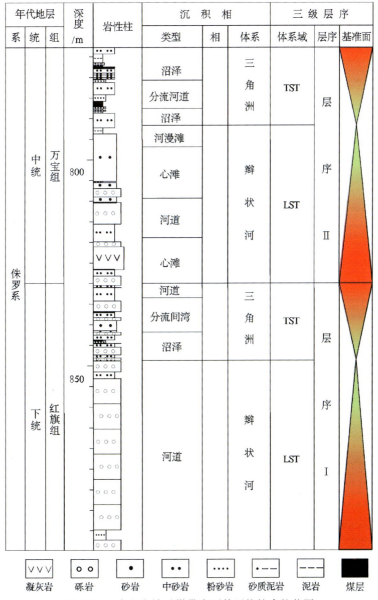

图 4-2-8　大兴安岭赋煤带中下侏罗统综合柱状图

3. 沉积相在平面上的展布

为了分析盆地的沉积特征,根据各个地区的不同特点和大兴安岭地区赋煤特点,作南北连井对比图,用以分析沉积环境的分布特征及其在横向上的变化情况。

从连井沉积相展布可以看出,全区的岩性变化不是很明显,底部为砾岩,砂岩向上部岩性逐渐变细。接着为万宝组底部的砂岩,砾岩再过渡为上部的以粉砂岩、泥岩为主的含煤段。本地区三角洲沉积相在全区都有发育,但是主要的成煤环境沼泽相则只在局部地区有发育,反映了本地区的成煤条件较差。红旗组和万宝组的沼泽环境没有固定的发育地区。另外,由于本地区凝灰岩、玄武岩多见,成煤环境受到火山运动的影响。大兴安岭地区中白城地区煤层数量较多,但是厚度较小,平安镇地区冲积扇发育,沼泽相缺乏,缺少成煤机会。

三、早白垩世含煤地层沉积环境及其展布特征

晚中生代是吉林省内最重要的成煤期,含煤岩系主要为早白垩世陆源碎屑沉积,在地理位置上分布呈北东条向带,分布在一系列中小型的断陷盆地内,主要集中于松辽盆地东部和吉林省中部、东部赋煤带。

(一)岩相类型及其特征

1. 主要岩相类型及其环境意义

岩石相是综合岩石结构特征和沉积构造特征来反映各微相沉积物形成过程中古水动力能量大小和变化的术语。从研究区露头剖面、钻孔岩芯、岩屑录井资料看,研究区岩石类型多样,沉积构造、颜色丰富,所形成的岩相类型也较多,通过研究,识别出 14 种岩相类型,如表 4-2-4 所示。

表 4-2-4 早白垩世含煤地层主要岩相类型表

岩相名称		岩相描述	沉积环境解释
砾岩相	砾岩	红色砾石,半圆状—次棱角状	冲积扇
	块状砂砾岩	局部胶结松散,分选较好,磨圆度中等	河口坝
	赤紫色砂岩	含有砾岩,分选磨圆度较差	冲积扇
砂岩相	平行层理砂岩	层理面可见剥离线理	河道
	斜层理砂岩	小型斜层理及缓波状层理,含少量植物化石碎片	纵向坝或点砂坝
	板状层理砂岩	大型板状交错层理砂岩,时有冲刷面	点砂坝及辫状河道
	楔状层理砂岩	大型楔状层理发育	点砂坝
粉砂岩相	斜层理粉砂岩	灰色、深灰色,具水平层理	分流间湾
	块状粉砂岩	具滑面致密块状,夹薄层细砂岩泥岩,层理不清	泛滥平原或远砂坝
	逆粒序层理粉砂岩	黑灰色,向上粒径变粗	远砂坝、河口坝
泥岩岩相	灰绿色泥岩	薄片状结构,具平行层理	分流间湾
	碳质泥岩	水平层理或块状	沼泽
	煤层	黑色块状、破碎	沼泽
	灰黑色泥岩	含炭化植物碎片,具水平层理	沼泽

2. 主要岩相组合

早白垩世含煤岩系主要是 4 种岩相组合在横向上展布和纵向上演化，各种岩相组合代表了不同的沉积环境变化(图 4-2-9)。

序号	岩相组合	岩性柱/m	含煤性	简单描述	位置层位
A	砾岩+砂岩	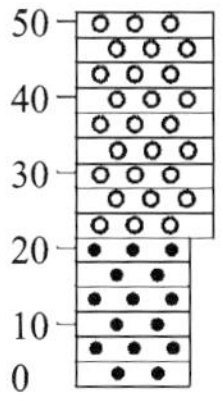	一般不含煤	以杂色、红色砾岩为主，夹杂红色细砂岩	吉林东部(延边)赋煤带长财组下部
B	泥岩+粉砂岩+煤层	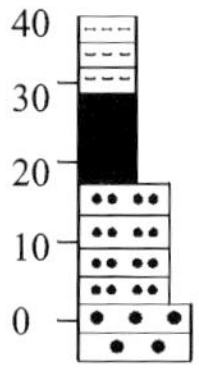	含煤性比较好，为该地区主要可采煤层，煤层层数少，单层厚度大	煤：黑色，以块状为主，半亮型煤；泥岩：薄层状，深灰色、黑灰色。厚层煤多伴随有泥岩	松辽盆地东部赋煤带沙河子组中部可见
C	厚层含砾粗砂岩、粗砂岩+薄层泥岩、粉砂岩	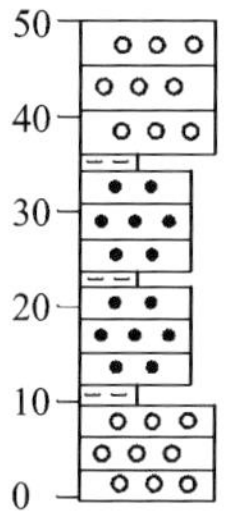	含煤性较差，一般不含煤	底部为灰白色砾岩、含砾粗砂岩，分选差，向上变为灰色细砂岩，含植物化石	松辽盆地东部赋煤带沙河子组可见
D	薄层泥岩、粉砂岩、粉砂质泥岩+薄煤层	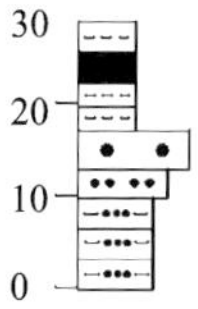	含煤性一般，煤层层数比较多，连续性相对较差，煤层厚度较小，一般厚度较小，少见厚煤层	含煤段为深灰色、黑灰色泥岩或粉砂岩与薄层的煤层互层，中间夹灰色薄层状粉砂质泥岩	吉林东部(延边)赋煤带长财组可见

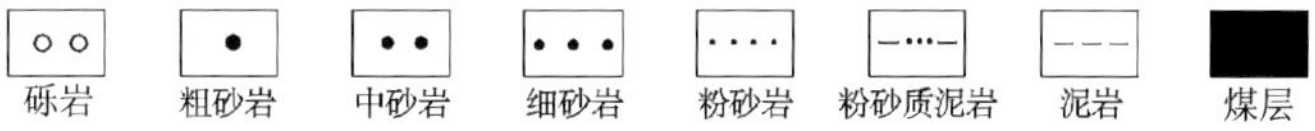

图例：砾岩 粗砂岩 中砂岩 细砂岩 粉砂岩 粉砂质泥岩 泥岩 煤层

图 4-2-9 早白垩世含煤地层主要岩相组合类型示意图

早白垩世含煤岩系主要是以上 3 种岩相组合在横向上展布和纵向上演化，不同的岩相组合代表了不同的沉积环境变化。

岩相组合 A：红色，成分复杂，砾石大小不等。砂岩呈红色，厚层状，具交错层理。该岩相组合代表了冲积扇相、辫状河道沉积。

岩相组合 B：由具水平层理的粉砂岩、泥岩粉砂岩组成。泥岩呈灰黑色，厚层状，夹炭化线理，水平层理发育。粉砂岩呈薄层状，浅灰色，分选不好，夹深灰色泥质条带。该种岩相组合代表着下三角洲沉积，为本区主要的成煤环境。

岩相组合 C：由厚层含砾粗砂岩、粗砂岩、夹薄层泥岩、粉砂岩组成。泥岩呈暗灰色，底部为煤，代表着辫状河沉积，基本不含煤。

岩相组合 D：由薄层泥岩和薄煤层组成。泥岩呈暗灰色，底部为煤。煤呈黑色，半暗型。该种岩相组合代表着上三角洲平原沉积，为本区的另一个典型的成煤环境。

综上所述，B 组岩性组合的煤层发育较好，D 组有不连续的煤层，A 组、C 组合则基本不含煤。

3. 沉积构造

1）物理作用形成的构造——层理构造

（1）水平层理：本区比较多见，特点是平行于层面纹层呈直线状互相平行。层理的显现是由于进入沉积物中的物质发生变更所致，水平层理多在粉砂岩和泥岩中出现，常见于沼泽、湖泊、前三角洲等环境中。一般是在比较稳定的水动力条件下形成的，物质从悬浮物或溶液中沉淀而成。本地区见于沙河子组下部的三角洲沉积类型的沼泽相中。

（2）平行层理：平行层理主要是由平行而又几乎水平的纹层状砂和粉砂组成，平行层理一般出现在急流及高能量环境中，在河道环境中常见，而非静水沉积，多在细砂和中砂中发育良好，原因是在平坦底床上连续滚动的砂砾产生粗细分离而显现的平行纹层。在松辽盆地东部的沙河子组上部河道沉积相中。

（3）交错层理：交错层理是沉积介质的流动造成的，由一系列斜交于层系界面的纹层组成。当介质具有一定流速时，底床上可以产生一系列的砂波。纹层倾向表示介质流动方向。

①板状交错层理：在河流沉积相中最为典型，层系间的界面平直，并且相互平行。

②槽状交错层理：主要见于河流沉积的砂岩中，层系界面呈槽状或小舟状，细层单向倾斜。

③楔形交错层理：层系界面成楔形相交，细层单向倾斜，主要见于三角洲或者河流沉积的砂岩中。

（4）均匀层理（又称块状层理）：特征是层内物质均匀分布，组分和结构上无明显差异，沉积物快速堆积形成的产物，多见于河床滞留相、湖滨三角洲含砾砂岩和沼泽相泥质岩中。

（5）粒序层理（又称递变层理）：在一个层内，粒度向上或向下变细的层理，主要见于冲积扇和河流沉积中，在松辽盆地东部的泉头组中可见。

2）生物成因的沉积构造

（1）遗迹化石。区内见到的遗迹化石主要是潜穴。它是由动物在尚未完全固结的软的泥质物内部因居住或觅食形成的孔穴，又称为虫孔或虫管。研究区所见虫孔全为简单的管状潜穴，既有垂直或斜交层面的，也有平行层面的，以前者最多见。管状呈圆形或椭圆形，直径常见 2mm 左右，其中常充填浅色的细砂，主要见于泛滥盆地、湖泊和三角洲等沉积环境。

（2）植物根茎化石。植物的根茎化石在研究区内多有发现，是植物根呈炭化残余或枝杈状矿化痕迹出现在陆相地层中，能够很好地识别出淡水和咸水环境。它们在煤系中特别常见，是陆相的可靠标志。

（二）沉积体系及其特征

本次根据各煤田钻井岩芯资料和勘探报告做了综合研究，绘制了综合柱状图，并结合沉积相对比剖面图等，对研究区的沉积体系、沉积模式及其在层序地层格架中的分布进行了研究。

1. 沉积模式和沉积相

1）三角洲沉积体系

（1）三角洲平原。三角洲平原主要分布在断陷湖盆同沉积断层一侧，其岩性表现为大套的杂色砾岩、砂砾岩、砂岩，具明显的正韵律，层序厚度一般大于 10m。岩石粒度粗，分选差，砾岩多以杂基支撑为主，沉积构造主要以直立砾石、杂乱砾岩和复合递变层理砾岩为主，自然电位表现为齿化的箱形与钟形的组合，在研究区钻遇的井中微相发育不完全，仅见分流河道和少量分流间湾。

①沼泽沉积类型：沼泽沉积在三角洲平原上分布最广，具有一般沼泽所具有的特征。这种沼泽的表面接近于平均高潮面，是一个周期性被水淹没的低注地区，其水体性质主要为淡水或半咸水。这种沼泽中植物繁茂，为一停滞的弱还原或还原环境。岩性主要为暗色有机质泥岩、泥炭或褐煤沉积，其中夹洪水沉积的薄层粉砂岩，见有块状层理和水平层理。

②天然堤沉积类型：天然堤位于分流河道的两旁，向河道方向一侧较陡，向外一侧较缓。这种天然堤是由洪水期携带泥沙的洪水漫出淤积而成。天然堤在三角洲平原的上部发育较好，但向下游方向其高度、宽度、粒度和稳固性都逐渐变小变差。粒度比河流沉积细，而比沼泽沉积粗，以粉砂和粉砂质黏土为主，而且由河道向两侧变细、变薄。水平纹理和波状交错纹理发育。

③决口扇沉积类型：决口扇沉积主要由细砂岩、粉砂岩组成。粒度比天然堤沉积物稍粗，具有小型交错层理、波状层理及水平层理，冲蚀与充填构造常见，面积较大。在三角洲平原上，小型决口水道和决口扇上的水道进一步扩大，并随着天然堤的形成而进一步稳定，最后在分流间区（湾）上开辟一条新的河道。

（2）三角洲前缘。三角洲前缘是三角洲的水下部分，以陡峭的前积相为特征，主要为砂砾岩、砂岩，夹深灰色泥岩，主要发育水下分流河道、水下分流河道间湾和席状砂微相等。

①水下分流河道：陆上分流河道在水下的延伸部分，垂直流向剖面上呈透镜状。岩性主要为灰色块状砂岩、含砾砂岩，夹薄层灰色、深灰色泥岩。为下粗上细的正韵律叠置层，底部有冲刷充填构造，呈向上变细的层序，层序厚度一般在 5m 左右。发育大中型板状交错层理、楔状交错层理、透镜状层理以及平行层理。

②水下分流间湾：主要由泥质粉砂岩、粉砂质泥岩及少量粉砂岩组成。泥岩及粉砂岩的颜色为深灰色、浅灰色。分选一般较差，与粒度较粗的水下河道砂砾岩交互出现，有的水下分流河道直接进入半深湖，使得少量水下分流间湾的泥岩接近于半深湖泥岩。主要层理构造为断续波状及波状层理，次要层理构造为小型交错层理、透镜状层理等。

③席状砂：由于三角洲前缘的河口坝经水流冲刷作用使之再分布于侧翼而形成的薄而面积大的砂层，主要为粉砂、泥质粉砂沉积，夹有灰色、绿灰色泥岩。砂岩分选中等—较好，主要发育的构造类型有块状、平行波状层理，层厚小于 5m。三角洲前缘各个微相的测井曲线特征明显：水下分流河道微相单层厚度大，随泥质夹层数量的增加，依次表现为高幅箱型、齿化箱型、钟型和高幅指型；河口坝微相表现为齿化漏斗型和中高幅指型；前缘席状砂微相呈低幅指型。

下白垩统三角洲沉积体系的垂向序列示意图如图 4-2-10 所示。

2）冲积扇沉积体系

冲积扇环境及其相模式由洪水将沉积物从山区带出，在山口的山麓地带因坡降减小，沉积物堆积而成，主要分布于干旱或半干旱气候区。该体系在平面上呈扇形，轴向剖面呈下凹状，横向剖面呈上凸状。扇体坡度一般为 $3°\sim6°$，扇体半径自几百米到几百千米，可由一系列冲积扇体组成冲积扇体系。

冲积扇形成的条件：①有充足的陆源碎屑物质；②特殊的地理位置。被峡谷所限的山区河流携带着从源区剥蚀的大量碎屑物质，出谷口后因地势变宽，坡降减缓，河道加宽变浅，流速降低，搬运能力减弱，大量底负载迅速堆积下来；③主要形成于干旱和半干旱气候区，植被不发育，物理风化强烈，降雨量少，多降暴雨，洪水短暂而猛烈。在潮湿地区、极地地区发育较差。

冲积扇的相模式有以下几种。

①扇根：扇根的沉积物主要为泥石流沉积和河道充填沉积，位于冲积扇的上游一侧，沉积坡角最大，有单一的或 2~3 个直而深的主河道，由分选极差的、无结构的混杂砾岩，或具叠瓦状的砾岩、砂砾岩组成，无层理，块状构造，筛余沉积物或砾石之间为黏土、粉砂和砂等基质所充填。有时有不典型的平行层理、大型板状交错层理、递变层理。

②扇中：位于冲积扇的中部，是扇的主体，坡度较平缓，发育辫状河道，由砂、含砾砂和砾组成，常见筛余沉积物，与扇根相比砂增多。砾石呈叠瓦状排列，交错层理较发育（平行层理、板状交错层理、槽状交错层理、逆行沙丘交错层理）。河道冲刷-充填构造较发育，与扇根相比，分选性相对较好，但仍属于分选差。

③扇端：在冲积扇的趾部，地形较平缓，由砂和含砾砂组成，夹粉砂和黏土，局部可见膏盐层，分选性

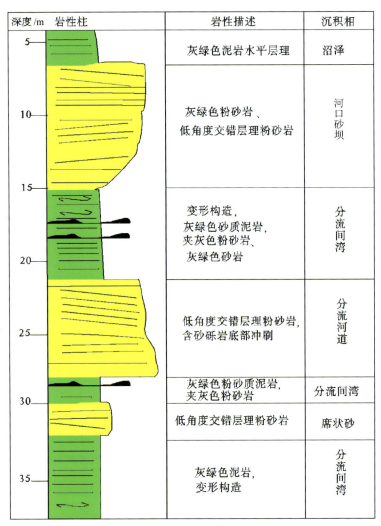

图 4-2-10 下白垩统三角洲沉积体系的垂向序列示意图

好,可见平行层理、板状交错层理和冲刷-充填构造,细粒中可见块状层理、水平层理、变形构造和暴露构造。

在研究区营城盆地的泉头组中,普遍发育有冲积扇沉积,其主要特征是含有厚层砾岩或者厚层的砂砾岩,发育有不明显的平行层理、大型板状交错层理,块状杂砾岩的扇根,也有叠瓦状层理的扇中。本地区典型的冲积扇模式在垂向序列上可以展示为以下模式(图 4-2-11)。

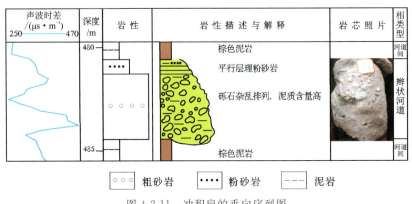

图 4-2-11 冲积扇的垂向序列图

3) 辫状河沉积体系及沉积相

大陆沉积环境中,河流作用是很重要的地质营力之一,它不仅是一种侵蚀和搬运的营力,而且是一种沉积营力。在适宜的构造条件下,有时甚至可发育上千米厚的河流沉积,是陆相地层的主要组成部分。河流沉积广泛分布于现代沉积和古代的地层中,是研究较详细的沉积环境。通过对现代河流的水动力学、水流动态、侵蚀、搬运与沉积作用、沉积物结构和构造等方面的深入研究,河流的类型按位置可以分为上游、中游、下游;按河道的数量及其弯曲程度分为平直河、曲流河、辫状河、网状河。

根据以往相关资料和沉积相的相关特征,本地区的河流相可以鉴别为辫状河。它由一系列宽而浅的河道、河道砂坝(心滩)及冲积岛组成,边滩不发育,河漫滩发育较少。心滩主要由粗粒物质组成。主要见于研究区东部河流冲积平原的近陆源地区,在营城组和沙河子组的中上部较发育。研究区内辫状河与曲流河沉积的对比:辫状河的岩性较粗,以具有高幅的平滑箱形测井曲线为特征,以砂、砾为主,常发育厚层的砾岩和含砾粗砂岩,在序列上正韵律结构,细粒沉积薄或缺失。在沉积构造上发育各种大型槽状、板状交错层理,常见块状层理,一般缺乏小型砂纹层理。

此外,河道边缘沉积和泛滥盆地沉积主要是粉砂岩和泥岩,具水平层理和小型交错层理,见有少量植物化石或化石碎片,厚度薄,常与上覆岩层呈冲刷接触,与下伏岩层呈明显接触或急剧过渡。

4) 湖泊沉积体系及沉积相

湖泊是陆地上地形相对低洼和流水汇集的地方。徐家围子沙河子组时期广泛发育湖泊相,亚相可划分为滨浅湖亚相和深湖-半深湖亚相。

(1)滨浅湖亚相:指枯水期最高水位线至浪基面之间的地带,在研究区内大面积分布。岩性由灰黑色、灰绿色、暗紫色块状泥岩夹薄层砂岩构成,由于水动力条件复杂,湖浪等的冲刷筛选作用强烈,其沉积构造也复杂多样。薄层砂岩为小型交错层理砂岩相或浪成波状交错层理砂岩相,席状砂微相岩性主要特征为中厚层粉砂岩、细砂岩与灰色泥岩互层,单砂层厚度1~5m,自然伽马曲线为指状、波状负异常组合,底部突变或弱冲刷,以波状交错层理、波状层理发育为特征,生物扰动强烈,泥岩中含炭化植物枝干。泥岩中主要见水平层理和波状水平层理。刘房子地区显示在滨浅湖的湖湾地区煤层比较发育。

(2)深湖-半深湖亚相:位于浪基面以下水体较为安静的部位,处于弱还原-还原环境,沉积构造相对单一,主要发育水平层理、块状层理以及差异压实形成的层理。岩性主要为深灰色、黑灰色泥岩,页岩及油页岩,偶夹薄层灰岩、泥灰质粉砂岩。微相主要为湖泥和浊积体等。

2. 沉积相在纵向上的展布

根据钻孔实测资料及地质勘查报告,选择在松辽盆地东部赋煤带生产能力最多的营城煤田,编制了其沉积相及层序地层综合柱状图两幅。

1) 松辽盆地东部赋煤带营城煤田7817号钻孔

7817号钻孔位于营城煤田北部官地详查区,该孔揭露的地层自下而上为沙河子组、营城组、泉头组(图4-2-12)。

(1)沙河子组:主要为一套陆相的河流、冲积扇、三角洲相。在含煤地层的底部岩性主要为凝灰岩、凝灰质砂岩、砂岩。颜色主要是由绿色过渡到灰绿色、灰色。沉积构造主要是发育平行层理。在测井上反映曲线幅度变化较小,沉积环境是较稳定的水体。沉积相主要发育有下三角洲的分流间湾。

在中部含煤段岩性主要有细砂岩、粉砂岩、粉砂质泥岩、泥岩、碳质粉砂岩。颜色为灰黑色、黑色。沉积构造主要见水平层理。沉积相主要表现为底部的浅湖相的浅湖泥向上过渡至滨湖砂坝到滨湖沼泽的序列,发育了下三角洲平原环境。

上部含煤段岩性主要为砂岩、粉砂岩、泥岩。颜色为深灰色、灰色。主要的沉积构造为水平层理、平行层理。沉积相为上三角洲相。

(2)营城组:由下向上发育低位体系域、湖侵体系域和高位体系域。

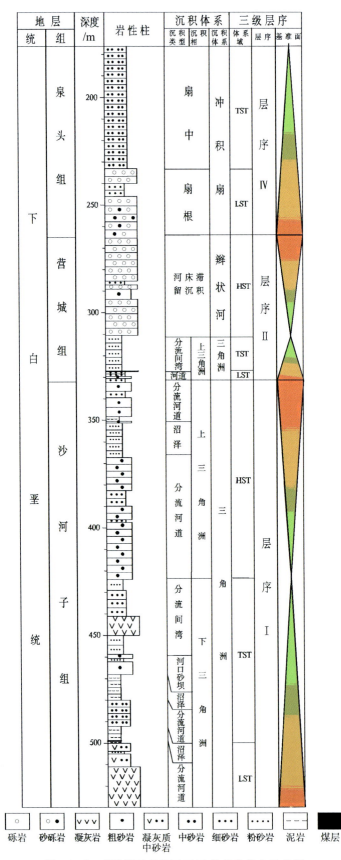

图 4-2-12 营城煤田官地区 7817 号钻孔综合柱状图

低位体系域:岩性主要为中砂岩,颜色为灰色。沉积相主要表现为河道沉积。

湖侵体系域:岩性主要为细砂岩。颜色为灰黑色、灰色。沉积相主要表现为分流间湾。

高位体系域:岩性主要为中砂岩、细砂岩、粉砂岩、泥质粉砂岩、泥岩。颜色为深灰色、黑色。反映的沉积构造为水平层理、波状层理。沉积相主要表现为底部滨湖相的滨湖沼泽向上过渡到三角洲平原的分流河道序列。

(3)泉头组:由下向上发育低位体系域、湖侵体系域。

低位体系域:由泉头组底部大段粗砂岩、中砂岩组成。岩性主要为粗砂岩、中砂岩、泥岩。颜色为红色。反映的沉积构造是主要发育交错层理。沉积相主要表现为冲积扇的扇根。

湖侵体系域:岩性主要为细砂岩。颜色为红色。沉积构造为主要见水平层理、低角度交错层理。沉积相主要表现为冲积扇的扇中。

2)松辽盆地东部赋煤带营城煤田7815号钻孔

7815号钻孔位于营城煤田中部营城勘探区,主要发育为含煤地层沙河子组(图4-2-13)。沙河子组层序由下向上依次发育了低位体系域、湖侵体系域和高位体系域。

低位体系域:岩性主要为凝灰岩、凝灰质砂岩、砂岩。颜色反映的是由绿色过渡到灰绿色、灰色。沉积构造主要发育平行层理。在测井曲线上表现为底部呈圣诞树状,顶部呈倒圣诞树状。这反映了沉积环境从比较稳定的水体到动力比较强的水体变化。从水深比较深的前三角洲到三角洲前缘过渡。沉积相主要发育有前三角洲到三角洲前缘的河口坝。

湖侵体系域:岩性主要为粉砂岩、砂岩、泥质粉砂岩、泥岩,含有煤层。颜色主要为灰黑色、黑色。沉积构造主要平行层理、水平层理、小型交错层理。测井曲线呈圣诞树状。沉积相表现为下三角洲的沼泽、天然堤、沼泽、分流河道。

高位体系域:岩性主要为砂岩、细砂岩、砂质泥岩,局部见煤层。颜色由灰白色过渡到灰黑色、浅灰色。沉积构造主要见水平层理、交错层理。沉积相主要表现为上三角洲的天然堤、沼泽、分流河道,并发育了河流相。

3. 沉积相在平面上的展布

为了分析盆地的沉积特征,根据各个地区的不同特点,作如下沉积相对比图,用以分析各地区的沉积环境的分布特征及其在横向上的变化情况。

1)松辽盆地东部赋煤带沉积相展布特征

通过营城煤田、长春煤田、刘房子煤田晚白垩世沉积相对比图,进行沉积相平面展布分析,可知松辽盆地东部赋煤带含煤地层主要为沙河子组,沉积环境均为冲积扇、河流、扇三角洲、湖泊沉积相。冲积扇沿盆缘同生断裂内侧分布,组成了大小不等的冲积扇群。长春煤田冲积扇分布于两侧刘房子煤田的边缘几乎被冲积扇所包围。

(1)营城煤田。沉积相的分布受盆缘断裂和近东西向次级隆起的控制,形成冲积扇、河流和湖泊沉积的复合相带。东南盆缘断裂内侧为冲积扇砂砾岩带,扇带较窄,只是在次级隆起的南侧,冲积扇砂砾岩带向西延伸较远,隆起北侧冲积扇带迅速向西过渡为湖相泥岩-粉砂岩带。中间隆起为多种沉积作用构成的砂泥岩带,形成扇三角洲和洪泛盆地。煤田西北缘为边缘相砂岩-砂砾岩带。聚煤带分布与扇三角洲和洪泛盆地相一致,呈近东西向展布,东、西两端向冲积扇及边缘相变薄尖灭。在构造上,聚煤带受东西向次级构造的控制,富煤带位于次级隆起和坳陷的斜坡带上,呈东西向展布,南、北两侧变薄。垂向上含煤性和煤层稳定性均向上变好。煤田内九台至官地处有一向东倾伏的近东西向次级隆起,含煤段沉积较薄,南、北两侧增厚。

(2)刘房子煤田。沉积相北、西、南三面皆为冲积扇砂砾岩带,形成三面受盆缘断裂控制的半封闭型断陷小盆,东面为冲积扇相沉积。含煤段厚70~200m,呈明显的呈环状分布,由盆地边缘向盆内变薄。

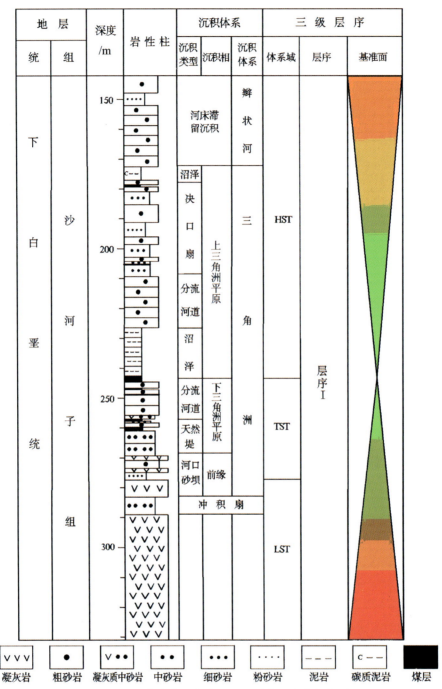

图 4-2-13　营城煤田营城区 7815 号钻孔综合柱状图

岩相变化：盆缘被冲积扇砂砾岩带环绕，区内总体显示泥岩带与砂泥岩带成北西至北北西向相间分布。区内有北西向河流分布，物质来源除冲积扇补给外，亦有来自北西向的河流补给。在区内中部有扇三角洲沉积相，富煤带应该位于泥岩与砂泥岩带的过渡地区。

③长春煤田。沉积带相带与地层厚度分布一致，谷地两侧为冲积扇砂砾岩带，组成扇三角洲，扇带较宽，在谷地中段，盆缘两侧冲积扇已对接相连。扇三角洲依次出现辫状河道、漫流沉积、洪泛盆地和湖泊，但洪泛盆地和湖泊沉积均窄小。煤层赋存在洪泛盆地和冲积扇向浅湖过渡地带，厚度一般小于 2m，多为薄煤层，垂向上增厚，稳定性变好；横向上由洪泛盆地向外缘冲积扇、由滨湖带向冲积扇和浅湖分叉尖灭。煤田受盆缘断裂控制，成一北北东向双边断陷狭长谷地。含煤段厚度变化甚大，为 0～200m，在

倾向上由盆缘两侧向谷地轴线变薄；沿走向厚度变化亦大，受同生断裂控制，有北东向次级隆起和断陷，与北北东向狭长谷地成锐角相交。谷地中段北东向断陷沉积最厚，中段两端沉积甚薄。北端向北逐渐增厚，南端有一北东向次级隆起剥蚀区，无含煤段沉积，向南部又逐渐增厚。

2）吉林中部赋煤带沉积相展布特征

为了分析吉林中部赋煤带的盆地沉积特征，绘制了双阳煤田、辽源煤田、蛟河煤田晚白垩世沉积相对比图进行沉积相平面展布分析，用以分析各地区沉积环境的分布特征及其在横向上的变化情况。

（1）双阳煤田。双阳盆地形成、沉积及演化过程受印支运动的影响，松辽盆地的东南缘缺失三叠系，燕山运动早期本区受断裂控制开始下降，双阳盆地雏形基本形成。这时区内水动力较弱，基底起伏不平，高地无沉积，凹地沉积较大。盆地内所沉积的面积很小且极不连续，虽然太阳岭组在零星地域含有可采煤层，但对整个盆地煤层预测意义不大，所以本书只略加说明。侏罗纪早期受燕山运动第Ⅱ幕影响，强烈的构造运动使地壳下降速度加快，双阳盆地进一步发展。冲积扇沉积相的分布：据盆地西南部地质资料分析，上侏罗统底部多数地区该砾岩不整合超覆于古生代地层之上，从岩性上看碎屑物多呈灰色，砾石成分以花岗岩、正长斑岩、凝灰岩、古生代变质岩为主，盆地边缘分选磨圆度较差，盆地中心分选磨圆度逐渐变好。表明此时水动力比前期增强，砾岩沉积时，盆地经过了燕山期第Ⅰ幕的填平补齐。随着沉降幅度加大，盆地覆水相对加深，河流、漫滩广泛发育，粗碎屑在盆地边缘呈条带状分布，盆地中心则沉积了细粒级砂岩夹泥岩，斜层理及斜波状层理较发育，个别钻孔可见冲刷接触面及细砂支撑的砾岩。随着水面不断上侵，盆地出现了第一次浅湖相环境，一套以泥岩、粉砂岩为主的水平层理发育，局部微波状层理发育，并沉积含少量化石的黏土岩类。盆地四周的三角洲不断向盆地中心推进，水面变浅，冲积平原大面积沼泽化。由于盆地覆水深度不同，呈边缘向中心推进序列，泥炭沼泽环境发育不平衡，出现煤层在盆地中上部较厚、边缘和盆地中心较薄的分布特点。盆地聚煤期古沉积环境以沼泽、河漫滩、三角洲平原为主体，厚煤带在盆地中上部沿盆地走向分布，沿盆地倾向分布无煤带，厚煤带两侧均为分叉变薄带，所以双阳盆地为孤立的内陆山间盆地。成煤作用后，地壳沉降速度加快，整个盆地呈欠补偿沉积状态，进入深水环境沉积期，沉积的岩性主要为灰黑色、黑色粉砂岩，泥岩，水平层理发育，此段沉积持续时间较短。随后的沉积受燕山运动第Ⅱ幕影响，强烈的构造运动导致火山多次喷发，双阳盆地继续活动，原规模扩大，叠加了以灰绿色沉凝灰岩、灰白色含砾凝灰岩为主的火山碎屑岩，同时在火山喷发的间歇期，局部短期地存在成煤环境，即在灰绿色沉凝灰岩和灰白色含砾凝灰岩中夹有黑色粉砂岩-泥岩及极不连续的薄煤层。煤层在整个盆地均不可采，无工业价值。短暂的间歇之后，火山继续喷发叠加了以流纹岩、粗面质凝灰岩为主的新的盖层。

（2）辽源煤田。岩性以碎屑岩和泥岩为主，纵向自下而上由粗到细再由细到粗逐渐过渡，即底部薄煤层段以粗、中砂为主，反映了河道和冲积扇沉积相。接着往上发育了扇三角洲和湖泊相，形成了厚煤层段，以粉砂岩为主，厚煤层段沉积之后为黑色泥岩段，然后与砂质泥岩、粉砂岩（夹薄层细中砂岩）呈互层交替沉积，且各层多具水平层理，含植物化石碎片，但在横向上变化则不明显。总的趋势在辽源凹陷由东往西、由北向南岩性均由粗到细，而各煤层之间间距亦由东向西、由北向南逐渐由大变小。沉积相主要为泥炭沼泽相和湖泊相，也就是先为河流相、扇三角洲相，过渡到泥炭沼泽相后成为湖泊相、浅湖相，呈交替沉积。底部薄煤层段（向斜凹处）由灰白色粗中砂岩、灰黑色粗砂岩及黑色泥岩组成，该层似河床相，一般含煤2～3层，不稳定，只局部可采。底部厚煤层段在本区普遍发育，沉积在底部薄煤层的灰黑色泥岩（向斜凹处）或灰绿色凝灰岩（背斜隆起处）之上，由煤层、泥岩、粉砂岩交替沉积组成，含煤1～6层，主采煤层2层。2号煤层（俗称下煤）一般厚为5～15m，煤层稳定，结构简单，为沼泽沉积相。

（3）蛟河煤田。沉积物中含植物化石和大量动物化石，如瓣鳃类、骨舌鱼、昆虫化石等，其中斜层理和交错层理比较发育。煤层变化不稳定，由北向南逐渐变厚再变薄。主要岩性有下部粗碎屑岩堆积，逐渐向上过渡为砂岩、细砂岩及可少量可采煤层，反映了冲积扇和河流相向扇三角洲湖泊相过渡的特点。

四、古近纪含煤地层沉积环境及其展布特征

新生代含煤地层主要为古近系,地理位置分布在 3 个条带中,即伊舒断陷赋煤带、敦密断陷赋煤带及吉林东部赋煤带东部。

(一)岩相类型及其特征

1. 主要岩相类型及其环境意义

岩石相是综合岩石结构特征和沉积构造特征来反映各微相沉积物形成过程中古水动力能量大小和变化的术语。从研究区露头剖面、钻孔岩芯、岩屑录井资料看,研究区岩石类型多样,沉积构造、颜色丰富,所形成的岩相类型也较多,通过研究识别出 10 种岩相类型,如表 4-2-5 所示。

表 4-2-5 古近纪含煤地层主要岩相类型表

岩相名称		岩相描述	沉积环境解释
砂砾岩相	砾岩	含砾石,半圆状—次棱角状	冲积扇
	杂砂岩	含有砾岩,分选性、磨圆度较差	冲积扇
砂岩相	平行层理砂岩	层理面可见剥离线理	河道
	板状层理砂岩	大型板状交错层理砂岩,时有冲刷面	河道
粉砂岩相	斜层理粉砂岩	灰色、深灰色,有水平层理	分流间湾
	逆粒序层理粉砂岩	黑灰色,向上粒度变粗	远砂坝、河口坝
泥岩相	灰绿色泥岩	薄片状结构,具平行层理	分流间湾
	碳质泥岩	水平层理或块状	沼泽
	煤层	黑色块状、破碎	沼泽
	灰黑色泥岩	含炭化植物碎片,具水平层理	湖泊

2. 主要岩相组合

古近纪含煤岩系主要是 4 种岩相组合在横向上展布和纵向上演化,各种岩相组合代表了不同的沉积环境变化(图 4-2-14)。

含煤岩系主要是以上 4 种岩相组合在横向上展布和纵向上演化,不同的岩相组合代表了不同的沉积环境变化。

岩相组合 A:杂色,成分复杂,分选性、磨圆度差,具交错层理。该岩相组合代表了冲积扇相、辫状河道沉积。

岩相组合 B:由泥岩、粉砂岩组成。泥岩灰黑色,厚层状,夹炭化线理,水平波状层理发育,分选性好,粒度均。该种岩相组合代表着三角洲沉积,为本区主要的成煤环境。

岩相组合 C:由含砾粗砂岩、粗砂岩、(薄层)粉砂岩、(薄层)泥岩组成,暗灰色,底部为煤。该岩相组合代表着河流相沉积,基本不含煤。

序号	岩相组合	岩性柱/m	含煤性	简单描述	位置层位
A	砂岩+砾岩	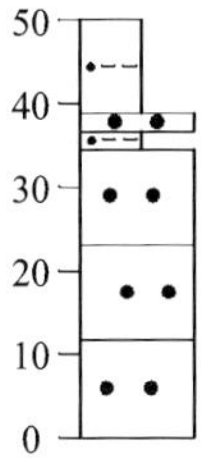	一般不含煤	由杂色中细砾岩、含砾岩屑长石粗砂岩及中粗粒岩屑砂岩组成,分选性、磨圆度都差	梅河组下段
B	泥岩+粉砂岩+煤层	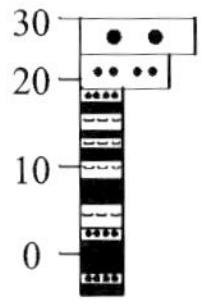	含煤性比较好,为该地区主要可采煤层,煤层层数少,单层厚度大	煤,黑色,由粉砂岩、泥岩组成,有时夹有少量透镜状细砂,岩石多为灰绿色及褐色,分选性好,以水平、波状层理为主,时见动物化石	珲春组中部
C	含砾粗砂岩、粗砂岩+薄层泥岩、粉砂岩	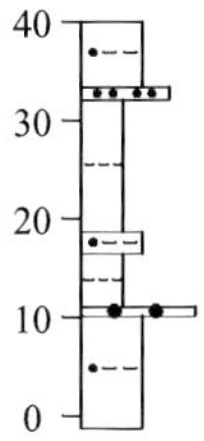	含煤性较差,一般不含煤	底部为灰白色砾岩、含砾粗砂岩,分选性差,向上变为灰色细砂岩,含植物化石	梅河组中段
D	薄层泥岩、粉砂岩+薄煤层	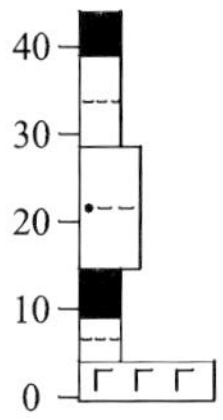	含煤性一般,煤层层数比较多,连续性相对较差,煤层厚度较小,少见厚煤层	由具有平行层理、波状层理的粉砂岩,泥岩互层组成,含有较多的植物化石碎片	梅河组上段

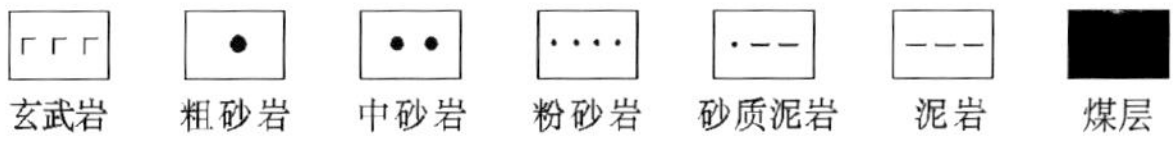

图 4-2-14 古近纪含煤地层主要岩相组合类型示意图

岩相组合 D:由薄层泥岩和薄煤层组成。泥岩呈暗灰色,夹杂煤。煤呈黑色,半暗型。该岩相组合代表着上三角洲平原沉积,为本区的另外一个典型的成煤环境。

综上所述,B 组岩性组合的煤层发育较好,D 组有不连续的煤层,A 组、C 组合则基本不含煤。

(二)沉积体系及其特征

根据各煤田钻井岩芯资料和勘探报告绘制了综合柱状图,并结合沉积相对比剖面图等,对研究区的沉积体系、沉积模式及其在层序地层格架中的分布进行了研究。

1. 沉积模式和沉积相

1)扇三角洲平原亚相

扇三角洲平原是扇三角洲沉积的陆上部分,表现为泥石流和水上分流河道沉积特征,是阵发性洪水冲击携带的粗粒沉积,由砂砾岩和紫红色、灰色细粒沉积及煤组成,也是扇三角洲粒度最粗的部分。由于冲积扇进入湖中受到水力影响很难搬运,形成溯源的粗粒堆积(图 4-2-15)。

(1)水上分流河道微相。水上分流河道主要由砾岩、砂岩组成,底部见冲刷面,砾石呈叠瓦状构造。岩石分选性差,成熟度较低,石英体积分数在 47%～50% 之间,呈次棱角—次圆状。在砂砾岩中发育块

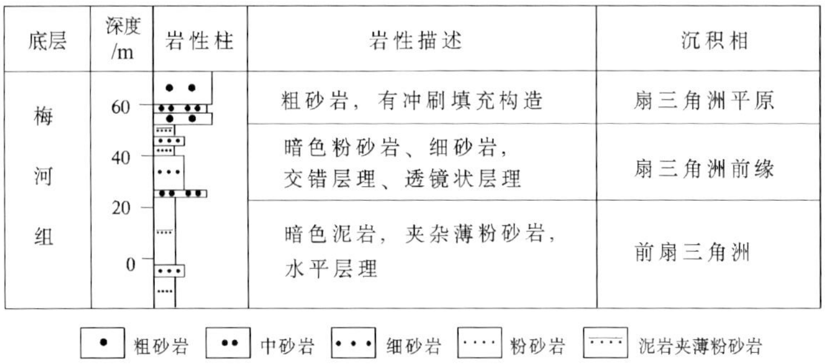

底层	深度/m	岩性柱	岩性描述	沉积相
梅河组	60 40 20 0		粗砂岩,有冲刷填充构造	扇三角洲平原
			暗色粉砂岩、细砂岩,交错层理、透镜状层理	扇三角洲前缘
			暗色泥岩,夹杂薄粉砂岩,水平层理	前扇三角洲

图例: ● 粗砂岩 ●● 中砂岩 ••• 细砂岩 •••• 粉砂岩 ---- 泥岩夹薄粉砂岩

图 4-2-15 梅河组扇三角洲沉积相示意图

状层理、交错层理、递变层理,岩屑主要有流纹岩、凝灰岩和沉积等。沉积物主要呈颗粒支撑、点接触、孔隙式胶结。胶结类型主要有两种,分别为杂基充填和钙质胶结,或颗粒之间经常夹有泥灰岩结核。

(2)河道间沼泽微相。河道间沼泽微相在桦甸组的中上部比较发育,岩性组合主要为灰白色、灰绿色泥岩以及黑色煤,一般上部为河道的粗粒沉积,沉积构造见块状层理、水平层理及弱变形层理等。煤底界面可见虫孔、虫迹等生物扰动构造,发育黄铁矿结核。河道间沼泽的灰绿色泥岩和灰白色泥岩含大量的炭屑及少量的钙质结核。

2)扇三角洲前缘亚相

扇三角洲前缘是桦甸组中最常见的亚相类型(图 4-2-16),多为厚层砂岩、含砾砂岩。扇三角洲前缘整体具有向上变粗的反粒序特征,在测井曲线上总体呈底部渐变、顶部突变接触的中幅微齿漏斗型、钟型、箱型组合,表明沉积物供给逐渐充沛且由下及上水动力能量逐渐加强。

图 4-2-16 桦甸组沉积相示意图

①水下分流河道微相。水下分流河道是水上河道的水下延伸部分,随着扇体向前方扩散,在湖泊水体的影响下不断分叉并下切作用减弱。该相段主要由较粗的砂岩组成,具正粒序且底部常见冲刷面,发育块状层理、平行层理、爬升层理、槽状交错层理。

②河口坝微相。在水下分流河道河口,由于湖底坡度减缓、水流分散,流速突然降低,大量底负载物质便堆积下来,形成河口坝。主要由灰白色细砂岩、粉砂岩组成,常见平行层理、脉状层理、低角度斜层理、双向交错层理,生物扰动明显,局部也发育液化现象及由此引起的变形层理和泄水构造。河流入湖在河口处形成的河口坝基本上是一个前积的过程,所以呈现下细上粗的反韵律特征。砂岩分选性较好,次棱角状—次圆状,颗粒支撑,孔隙式胶结。

③席状砂微相。席状砂是分布在河口坝外缘的薄层砂体,源于河口坝砂体受波浪和岸流淘洗、簸选,发生侧向迁移,使之成席状或带状广泛分布于扇三角洲前缘。主要为灰色细砂岩-粉砂岩与灰色、深灰色泥岩互层,主要见波状、透镜状层理、水平层理,还可见液化现象、生物扰动和虫孔。镜下观察波状层理较发育的席状砂薄片,可见明显的碎屑矿物颗粒条带和黏土质条带。碎屑矿物颗粒条带,颗粒分选性较好,呈半定向排列,次棱角—次圆状,颗粒支撑,孔隙式胶结。黏土质条带零散分布大的碎屑颗粒、极其细小的石英颗粒、炭屑和黄棕色黏土和钙质结核。

3)前扇三角洲亚相

前扇三角洲为扇三角洲与正常湖泊过渡地带,在能量相对较弱的相对深水环境,由悬浮物质垂向加积沉积而成,主要为深灰色、灰色泥岩及粉砂质泥岩,夹薄层粉细砂岩条带,发育水平层理、块状层理及中等—强烈生物扰动构造。其中可见植物茎秆化石,泥岩中见自生黄铁矿结核、介形虫化石、软体动物化石。河口坝、席状砂常与该亚相相伴生。因泥岩夹砂石质条带,自然电位曲线呈现出光滑平直线形同步夹微齿线形或低幅指形。

4)湖泊相

研究区广泛发育的湖泊相沉积体系,根据洪水面、枯水面和浪基面把桦甸盆地湖泊相划分为滨浅湖亚相、半深湖—深湖亚相,它们在垂向上相互叠置,横向上相互过渡。盆地缓坡带还划分出湖沼亚相。

①滨浅湖亚相。以洪水岸线和枯水岸线为界线,滨湖位于两个界线之间,滨浅湖相带也是湖水进退影响最为明显的地区,受地形和上述两个界线水位之差影响。滨浅湖宽度变化很大且沉积环境复杂,水动力条件变化大,波浪作用明显。滨湖带是湖泊接受沉积物堆积的重要地带,不同的水动力条件沉积类型差别较大,主要沉积物为砾岩-砂岩-泥岩等。

②半深湖—深湖亚相。半深湖—深湖相位于浪基面以下水体较为安静的部位,处于弱还原—还原环境,沉积构造相对单一。主要发育水平层理、块状层理以及差异压实形成的变形层理。岩性主要为深灰色、黑灰色泥岩-页岩-油页岩,偶夹薄层灰、灰质粉砂岩-泥灰质粉砂岩。微相主要为湖泥和浊积体等。

5)辫状河沉积相

研究区的辫状河道底部发育明显的冲刷面,辫状河道厚层砂砾岩往往是多个河道充填沉积构成,但是本区水下扇规模较小,辫状河道叠合不明显,主要为砾岩-砂岩-粗砂岩沉积,由灰色、深灰色泥岩杂基支撑。以显示快速沉积的块状层理为主,少见递变层理。

2. 沉积相在纵向上的展布

根据钻孔实测资料及地质勘探报告,编制了伊舒断陷赋煤带和敦密断陷赋煤带两幅综合柱状图。

(1)伊舒断陷赋煤带

舒兰煤田sq07-1钻孔位于赋煤带的北部,主要发育了含煤地层舒兰组和新安村组,为一套陆相的湖泊、河流、扇三角洲沉积。

研究区含煤地层的底部岩性主要为红褐色砂岩,可见冲刷构造、叠瓦构造,反映为冲积扇沉积。接着往上岩性主要为粉砂岩、砂岩、泥质粉砂岩泥岩,可见薄煤层。泥岩为褐色,致密块状,反映为湖泊相沉积。再往上岩性为中砂岩、细砂岩、粉砂岩、粉砂质泥岩,可见煤层,为曲流河沉积。在舒兰组的上部岩性主要为粉砂砂岩、细砂岩、泥质粉砂岩、泥岩，见煤层。颜色由灰绿—灰黑色，波状层理发育，含有动物化石 Asoininea sp., Peanoruis sp.。沉积相主要表现为三角洲平原的天然堤、沼泽、分流河道、决口扇、分流间湾（图 4-2-17）。

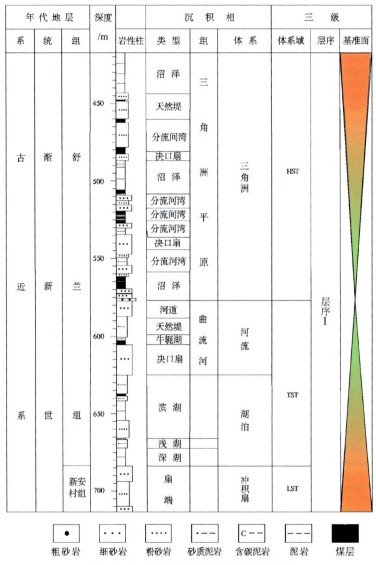

图 4-2-17 伊舒断陷赋煤带综合柱状图

（2）敦密断陷赋煤带

梅河地区 7-6 钻孔，主要发育含煤地层为梅河组，与桦甸地区的桦甸组和敦化地区的珲春组相对应。

梅河组主要为一套陆相的冲积扇、河流、湖泊、三角洲沉积。在梅河组的底部，岩性主要为砂岩，可见灰绿色砾岩，分选性差，有块状层理。砾石之间为黏土、砂充填。砾石主要成分为花岗片麻岩，杂基支撑，主要为冲积扇沉积。夹煤 1~3 层，局部可采。随之往上岩性变为粉砂岩、泥岩、泥质粉砂岩泥岩。颜色主要是灰黑色、黑色。沉积构造主要见平行层理、水平层理，沉积相从下往上表现为河流相、湖泊相、前三角洲、三角洲前缘、三角洲平原相。含煤 3~5 层，主要可采煤层为 12 号层、13 号层，全区发育。上部含煤段岩性主要为砂岩、泥岩，见煤层。颜色为灰色、灰黑色，沉积构造主要见水平层理、波状层理。含煤 1~9 层，局部可采 2~4 层。可见植物化石：Sequoia chinesis, Metasequoia sp., M. disticha 等，沉积相主要表现为上三角洲的沼泽和分流河道（图 4-2-18）。

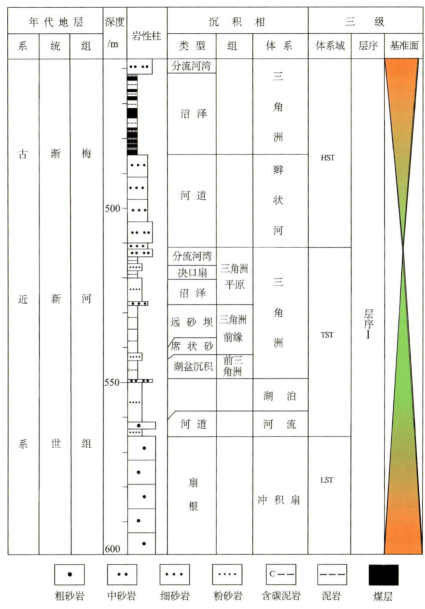

图 4-2-18 敦密断陷赋煤带综合柱状图

3. 沉积相在平面上的展布

为了分析盆地的沉积特征,根据各个地区的不同特点,做了沉积相对比图,用以分析各地区的沉积环境的分布特征及其在横向上的变化情况。

1)伊舒断陷赋煤带

伊舒断陷赋煤带内舒兰煤田现有勘查及矿井生产资料较多,本次研究以舒兰煤田为主。伊舒断陷赋煤带舒兰煤田含煤地层主要为舒兰组,沉积环境为冲积扇、河流、扇三角洲、湖泊沉积相。

舒兰煤田冲积扇沉积主要发育在盆地南部北西侧,在扇三角洲平原和扇前湿地具有聚煤作用,但一般较差,只有1号煤层发育较好,厚度可达11m,但分布面积较小。随着湖侵的扩大,盆地的南部为湖泊主要发育区,北西边缘为同沉积断裂位置,盆地中心沉降幅度大,长期形成了湖泊沉积相。在盆地的北西侧局部地段也有湖侵沉积体系。

在舒兰组上部主要发育了湖泊、扇三角洲体系域。分布在盆地沉积中心的南东一侧，无盆缘断裂，盆地边缘向盆地内部形成了较宽的河流冲积平原-三角洲平原地带，常在河道周围的洪泛盆地形成泥炭沼泽聚煤环境，煤层具有层数多、厚度一般较薄的特点。舒兰组多数煤层是在这种环境中聚煤作用而形成的。有时在这种沉积体系中，小型湖沼或滨浅湖淤浅也有聚煤作用，煤层一般较厚。

2）敦密断陷赋煤带

为了分析盆地的沉积特征，根据敦密断陷赋煤带特点，在梅河盆地做了南北向沉积相对比图，用以分析盆地内沉积环境的分布特征及其在横向上的变化情况。

敦密断陷赋煤带梅河盆地含煤地层主要为梅河组，且沉积环境均为冲积扇、河流、扇三角洲、湖泊沉积相。

盆地基底为前震旦系鞍山群变质岩及白垩系为紫色、紫红色夹灰绿色粗碎屑岩系，盆内充填梅河组含煤地层，覆盖层为第四系，梅河组可划分为上、中、下3个含煤段及顶部绿色岩段，平均厚1160m。其中含煤5层，2层全区可采，为主要含煤段；上含煤段含煤9层，4层局部可采。

盆地底部为冲积扇沉积相，在盆地初始裂陷时自成体系，形成盆地充填序列的底部粗碎屑冲积段，主要分布在盆地边缘断裂的内侧。沉积物主要类型有泥石流沉积物、河道充填沉积物和漫流沉积物，以砾岩为主，可见巨砾岩、中砾岩，砾石粗大，灰绿色，分选性差，次棱角状。块状层理。砾石之间为黏土、砂充填，主要成分为花岗片麻岩，杂基支撑。

随着湖侵的扩大，湖泊沉积体系是该地区的重要沉积体系，从湖盆边缘向湖心深处可分出湖滨、浅湖及深湖3个亚环境。砂岩一般为长石岩、屑砂岩、岩屑砂岩，呈灰色、灰白色，分选性好，圆状—次圆状。在砂岩及粉砂岩中发育小型交错层理及水平层理。主要发育了5号煤层。

在梅河组的顶部主要发育有河流和扇三角洲相。在盆地内含煤岩系形成于辫状河及曲流河两种沉积环境之中，其中曲流河与聚煤作用关系更为密切。曲流河沉积见于中含煤段上部及上含煤段中部，在平面上呈带状分布，在剖面上呈上平下凸状透镜体，垂向序列具二元结构，底部发育冲刷面，层序旋回性明显。曲流河下部主要为河床相滞留沉积及边滩沉积，前者以中砾岩、含砾粗砂岩、粗砂岩为主，分选性中等，次圆状，发育交错层理；后者以灰色、灰白色、灰绿色中—细砂岩为主，厚度大，发育槽状交错层理、平行层理，粒度向上变细。上部为泛滥沉积，以悬浮载荷的垂向加积作用为主，主要沉积环境有天然堤、决口扇、河漫滩及沼泽。天然堤在垂向上呈薄层状，砂、泥岩互层，发育小型波状、槽状交错层理，概率累积曲线以悬浮总体为主，跳跃总体少见。决口扇与天然堤共生，粒度较之稍粗，发育小型砂纹交错层理。河漫滩主要为细砂、粉砂，亦有泥质沉积，沉积构造以波状层理、水平层理为主。

(3) 珲春煤田

珲春煤田的含煤地层主要为珲春组，且沉积环境均为冲积扇、河流、三角洲、湖泊沉积环境。珲春煤田的含煤地层可分为3个含煤段，6段岩性组合。自下而上沉积物主要类型有暗色砾岩段，粗砂岩段过渡为灰色、浅灰色粉砂岩、泥岩，含砾粗砂岩，中粗粒砂岩及少量细砂岩段。该组含煤13～25层，可采10层，主要沉积环境为冲积扇和三角洲。随着湖侵的扩大，湖泊沉积体系是该地区的重要沉积体系，岩性为灰色粉砂岩、泥岩、细砂岩、中砂岩、夹薄层粗砂岩及含砾粗砂岩，反映了沉积环境从三角洲到湖泊的过渡，并且发育了部分可采煤层。在珲春组的上部岩性主要以粉砂岩、泥岩、细砂岩为主，夹少量中—粗粒砂岩。沉积环境逐渐过渡为河流环境，部分地区有薄煤层发育。

第三节 层序地层分析

一、层序地层学简介

在本次吉林省层序地层学研究中,层序的定义及体系域的划分采用埃克森石油公司"Vail"学派的观点,埃克森石油公司提出的经典层序地层模式如下(图4-3-1),现将主要术语、概念简述如下。

图 4-3-1　埃克森石油公司提出的经典层序地层模式图

(一)层序与体系域

层序是层序地层学的基本地层单元,为由不整合面或与之可对比的整合面限定的、相对整一的、成因上有联系的一套地层。更具体地说,层序是内部无明显不整合面的、成因上有联系的一套地层序列,由以体系域的样式叠加的准层序或准层序组组成,其边界为不整合面或与之可对比的整合面。层序可划分为由同时期沉积体系组成的体系域,包括低位体系域、海侵体系域和高位体系域。层序底界与层序内初始海泛面之间的地层单元为低位体系域,低位体系域由盆底扇、斜坡扇、低水位楔状体和深切谷组成;初始海泛面与最大海泛面之间为海侵体系域,海侵体系域下界为海侵面,上界为下超面或最大海泛面,海侵体系域内准层序逐次后退,随着依次堆积的较新的准层序向陆地逐步退积,其水体逐渐变深;最大海泛面与层序顶界面之间为高位体系域,早期高水位体系域通常由一个加积式准层序组所组成,晚期的高水位体系域由一个或多个进积式准层序组构成,在许多碎屑岩层序中,高水位体系域明显被上覆层序边界削蚀。

体系域被解释为一个完整海平面上升-下降旋回特定阶段的沉积。但是层序和体系域的识别确实基于地层几何形状和物理关系,所使用的地层和相的客观标准并不依赖于其出现频率、厚度、横向覆盖范围以及沉积机理。体系域的识别依赖于:①层序中的垂向位置;②体系域中准层序组的进积或退积叠加模式;③沉积环境、相在层序内部的横向分布位置。

(二)基准面与可容空间

Wheeler(1964)提出,基准面既不是海平面,也不是海平面向陆方向的水平延伸,而是一个相对于地表波状起伏的、连续的、略向盆地下倾的抽象面(非物理面),其位置、运动方向及升降幅度不断随时间变化。

可容纳空间是指地球表面与基准面之间可供沉积物堆积的空间,在基准面旋回期间相域内保存不同沉积物体积的过程称为沉积物体积分配。它是地层基准面旋回过程中由于可容纳空间的变化导致的沉积过程的动力学响应。在地质记录中的沉积学和地层学响应表现为:地层旋回的对称性随时空变化、相分异作用、进积/加积地层单元的叠加样式。可容纳空间随基准面的变化而不断变化,并产生沉积物保存、剥蚀、过路不留和非补偿 4 种地质作用。

(三) 层序级别划分依据及成因解释

全球海平面变化周期指的是一个时间段落，在这段时间内发生了全球海平面的相对上升和相对下降。一个典型的海平面相对升降变化周期包括海平面的逐渐相对上升、静止期和迅速的相对下降。一个海平面相对变化周期可以在全球、区域和局部规模上加以识别。

尽管有人认为层序是没有级次的，但大多数人认为不同级次的海平面升降变化周期形成了不同级次的层序，所以正确划分并准确确定海平面相对变化周期是层序地层学研究的基本问题。根据 Vail (1987) 和 Miall 等 (1997) 的研究成果，一般将海平面升降变化周期分成一级、二级、三级、四级和五级周期。每个周期的持续时间和成因都是不同的。在多数情况下，一个沉积层序是在一个海平面变化周期内形成的，也就是说不同级别的海平面相对变化周期对应于相应级别的沉积层序，故与海平面升降变化周期对应，层序也主要有一级、二级、三级、四级和五级层序 (表 4-3-1)。

表 4-3-1 海平面相对变化周期及其成因

周期级别	持续时间/Ma	周期成因
一级	>100	泛大陆的形成和解体
二级	10~100	全球板块运动和大洋中脊体积变化
三级	1~10	全球性大陆冰盖生长和消亡、洋中脊变浅、构造挤压作用和板内应力调整
四级	0.1~1 或 0.2~0.5	大陆冰盖生长和消亡、天文驱动力
五级	0.01~0.1 或 0.01~0.2	米兰柯维奇冰川全球海平面变化旋回和天文驱动力

一级层序往往是全球海平面变化的一级周期形成的，其形成周期原因可能是全球泛大陆的解体和形成造成的海平面的升降旋回。一级层序体系域是由一个或多个二级周期形成的二级层序组成的。

二级层序是由全球板块运动和大洋中脊体积变化造成的。

三级层序是由全球性大陆冰盖生长和消亡、洋中脊变迁、构造挤压作用和板内应力调整形成的。

四级层序是由大陆冰盖的生长和消亡，或者三角洲的生长与废弃所产生的全球性海平面快速波动。

五级层序是由米兰柯维奇冰川全球海平面变化旋回和天文驱动力造成的。

本次煤田预测划分为三级层序。

二、石炭纪—二叠纪层序地层格架及展布特征

(一) 层序地层关键界面的识别

1. 区域性不整合面

在吉林省晚古生代沉积层序中发育有一些不整合面，如平行不整合、地层上超等现象，石炭系本溪组下部为区域不整合面。

2. 古土壤层

煤层底板的根土岩是潮湿气候下的古土壤层的典型代表，以发育植物根痕迹及块状构造为特征。古土壤层是陆上暴露的最好标志之一，根据其发育程度，顶面可作为准层序或层序界面。

3. 不整合面上的古土壤层

古土壤层一般是基底暴露经成土作用形成,古土壤在冲积平原河道间地区是识别层序界面的极好标志。古土壤可根据以下特征予以识别:垂向上颜色有规律地变化;由下向上沉积构造逐渐消失、地层的硬结度逐渐减弱;植物根化石的存在;红色、紫红色泥岩中成壤钙结核的存在;泥裂及泥质网状结构是地层暴露的标志;黏土质泥岩中的伪背斜构造、棱柱状构造、蜂窝状构造特定的土壤构造等。

4. 煤层

大区域分布的具有一定厚度的煤层,多是在海平面抬升过程中形成的(Aitken,1994),其顶面一般是海泛面或最大海泛面。

(二)晚古生代石炭纪—二叠纪含煤地层层序、地层格架及展布特征

1. 区域层序地层对比和层序地层格架建立的意义

层序地层对比是指在横向上不同钻孔(钻井)或剖面之间,进行层序地层格架的横向对比工作。这方面的工作包括三级层序边界的追踪与对比、三级层序组的对比、标志层的追踪和对比、煤层的对比等。层序地层对比工作是建立在详细的单剖面(钻孔)层序地层格架分析基础之上的。

层序地层对比和层序地层格架的建立对于含煤盆地分析与含油气盆地勘探都具有重要的意义。在含煤盆地中,三级海平面变化控制了区域范围内聚煤中心的迁移规律,因此层序对比工作对于寻找有利聚煤区域十分重要。此外,研究煤层在层序地层格架中的位置具有重要的意义。位于海侵体系域中的煤层,受海水作用的影响较为强烈,陆源有机质、矿物质输入量较少,因此含硫量较高。但灰分可能相对较低;而在高位或低位体系域中形成的煤层受海水作用的影响相对较弱或基本没有,受河流作用相对较强,陆源物质的输入量较多,因此这些煤层含硫量相对较低,而灰分较高(尤其是低位体系域中的煤层)。通过层序对比工作,可以有效地追踪煤层在层序地层中位置的变化情况,预测煤质、煤相的变化,从而为寻找优质的煤炭资源提供服务。

2. 研究区层序地层格架及其展布

对研究区石炭纪—二叠纪含煤岩系进行层序地层划分,该区地层时有不同组段缺失,且地层厚度变化较大,通过对41个钻孔和露头剖面进行了层序地层分析,识别出6个三级层序和14个体系域。层序Ⅰ相当于本溪组,发育有海侵体系域和高位体系域,缺失低位体系域,主要为障壁潟湖-滨外陆棚沉积体系;层序Ⅱ相当于太原组,发育海侵体系域和高位体系域,同样缺失低位体系域,为三角洲沉积体系;层序Ⅲ相当于山西组,与层序Ⅰ、层序Ⅱ一样,只发育海侵体系域和高位体系域,缺失低位体系域,为三角洲沉积体系;层序Ⅳ相当于下石盒子组,发育低位体系域和海侵体系域,缺失高位体系域;层序Ⅴ相当于上石盒子组,发育低位体系域、海侵体系域和高位体系域,层序Ⅴ时期的沉积体系为河流体系;层序Ⅵ相当于石千峰组,发育低位体系域、海侵体系域和高位体系域,主要沉积环境为河流体系。层序地层和沉积相划分详见表4-3-2。同时,在41个钻孔中,挑选典型的11个钻孔绘制了层序地层格架展布图(图4-3-2、图4-3-3)。

3. 浑江煤田的三级层序及其体系域特征详细分析

(1)三级层序SQ1。三级层序SQ1相当于本溪组,发育海侵体系域和高位体系域。层序底界以奥陶纪灰岩顶部为界,为一区域性平行不整合面,层序顶界以太原组底部的中、粗砂岩与本溪组顶部的泥岩为界。海侵体系域发育障壁潟湖相的砂岩、铝土质泥岩、滨外碳酸盐岩陆棚相灰岩。高位体系域发育

表 4-3-2 浑江煤田石炭纪—二叠纪层序地层划分对比表

地层系统			层序划分		沉积相
系	统	组	三级层序	体系域	
二叠系	上统	孙家沟组	SQ6	HST	河漫湖泊
				TST	泛滥平原、心滩
				LST	辫状河道
	中统	上石盒子组	SQ5	HST	心滩
				TST	泛滥平原、心滩
				LST	辫状河道
	下统	下石盒子组	SQ4	TST	河漫滩
				LST	残积相
		山西组	SQ3	HST	分流间湾
				TST	分流河道、沼泽
石炭系	上统	太原组	SQ2	HST	沼泽、分流间湾
				TST	沼泽、分流间湾、河口坝
		本溪组	SQ1	HST	障壁潟湖
				TST	滨外碳酸盐岩陆棚

潟湖潮坪相的泥岩、铝土质泥岩、砂岩和薄煤层,上部较细的泥岩、粉砂岩、底部的碳酸盐岩标志着最大海侵。海侵期间,首先沉积了成分成熟度和结构成熟度较高的细粒砂岩,然后过渡到粉砂岩、粉砂质泥岩,在垂向上表现为退积的序列。高位体系域在垂向上表现为从潮下到障壁潟湖的加积再到弱进积的序列,随着晚期高位体系域的发展,大部分地区发育潟湖相泥岩,并且形成了薄煤层。厚度最大 157.32m,位于八宝地区,平均厚度为 32.89m。

(2)三级层序 SQ2。三级层序 SQ2 相当于太原组,发育海侵体系域和高位体系域。层序底界以太原组底部的砂岩为界,层序顶界以 4 煤顶板的泥岩、粉砂岩与上覆层序底部的粗砂岩为界。海侵体系域发育河口坝和分流间湾沼泽相的砂岩、细砂岩、泥岩和煤层,高位体系域主要发育分流间湾沼泽相的粉砂岩、砂质泥岩、泥岩和煤层。层序 2 沉积厚度最大为 63.74m,位于八道江地区,平均厚度 34.92m。该层序沉积时期是主要聚煤期之一。

(3)三级层序 SQ3。三级层序 SQ3 相当于山西组,发育海侵体系域和高位体系域,缺失低位体系域。层序底界以山西组底部砂岩与下伏太原组泥岩、粉砂岩为界,层序顶界山西组顶部的泥岩、粉砂岩与上覆石盒子组的厚层粗砂岩、砂岩为界,以 3 煤顶板泥岩作为最大海泛面。海侵体系域发育了三角洲平原相的砂岩、细砂岩、泥岩和煤,高位体系域发育三角洲平原分流间湾沼泽相的粉砂岩、泥岩、煤。层序Ⅲ沉积厚度最大为 93.26m,位于六道江地区,平均厚度 30.3m。层序Ⅲ沉积时期是研究区主要聚煤期之一。

(4)三级层序 SQ4。三级层序 SQ4 相当于下石盒子组,发育低位体系域和海侵体系域。研究区层序 4 只在八宝地区发育,底界为下石盒子组底部的一层砂岩,属于低位体系域,向上为一套残积相的铝土岩层,再向上为海侵体系域,发育河漫滩相的细砂岩、粉砂岩、泥岩。顶界以上石盒子组底部的巨厚层粗砂岩为界。该层序沉积厚度最大为 24.85m,平均为 18.31m。

(5)三级层序 SQ5。三级层序 SQ5 相当于上石盒子组,发育低位体系域、海侵体系域和高位体系

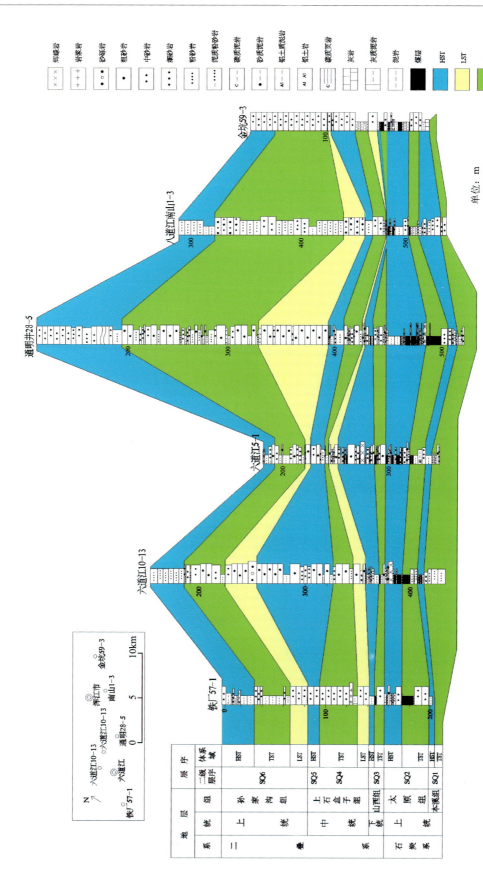

图 4-3-2 近南北向铁厂—金坑层序地层格架展布图

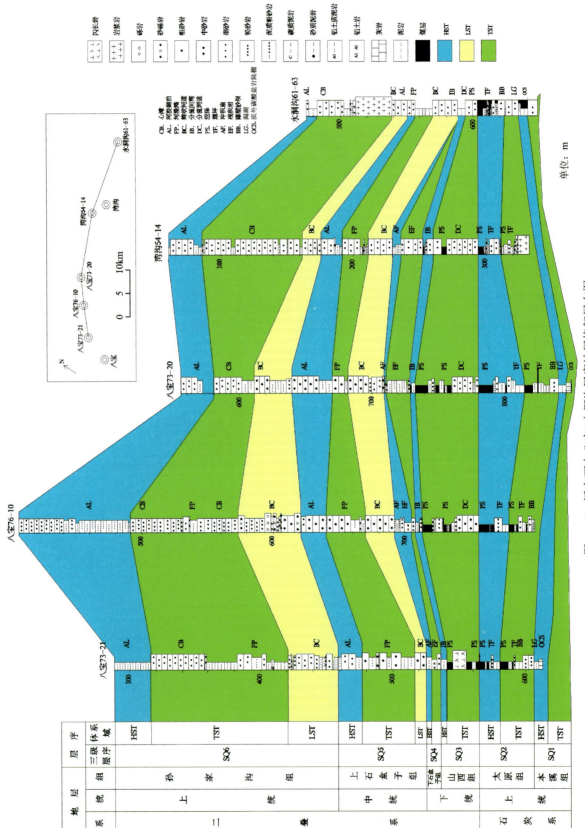

图4-3-3 近东西向八宝-水洞沟层序地层格架展布图

域。底界以上石盒子组底部的巨厚层粗砂岩与下石盒子组或山西组顶部为界，顶部以石千峰组的含砾砂岩底部为界。底部为以河流沉积为主的深切谷充填沉积，中部为基准面抬升期的以相对较细粒的沉积为代表的海侵体系域沉积。高位体系域发育了泛滥平原相的粉砂岩、泥岩等。层序Ⅴ厚度最大达133.92m，位于八宝地区，平均51.52m。

(6)三级层序SQ6。三级层序SQ6相当于石千峰组，发育低位体系域、海侵体系域和高位体系域。层序底界为石千峰组底部的厚层粗砂岩，代表了低位体系域沉积，其上的厚层泛滥平原砂泥岩互层沉积代表基准面抬升期的沉积，属于海侵体系域沉积，其上的一层厚层泥岩底面作为最大海泛面，为高位体系域，发育了河漫湖泊相的粉砂岩、泥岩。层序Ⅵ在研究区沉积厚度较大，最大可达514.28m，平均140m。

(三)煤层在层序地层格架中的分布规律

1. 煤层在层序格架内的分布特征

浑江煤田晚古生代含煤岩系基底是较为稳定的奥陶系海相碳酸盐岩，石炭纪—二叠纪含煤建造是一个完整的海侵到海退的沉积旋回。主要煤层发育在层序Ⅱ和层序Ⅲ，层序Ⅰ时期只在通明、六道江、八道江、松湾地区发育，且煤厚大都小于0.3m，最厚有7.27m(通明)。该时期的煤层发育在高位体系域末期的障壁潟湖环境。

层序Ⅱ厚煤层发育在海侵体系域的末期，属于三角洲环境。在此海侵体系域和高位体系域的转化期，海平面上升速率明显减慢，盆地沉降速率、海平面上升速率和物质堆积速率之间达到平衡，可容纳空间明显减小并逐步接近于零，有利于厚煤层的形成。层序Ⅲ厚煤层主要发育于海侵体系域末期，为三角洲沉积体系。厚煤层发育在三角洲平原泥炭沼泽相中，该沉积时期沉降速率中等，陆源碎屑供给相对较少，泥炭的堆积和保存需要水位足够高以覆盖正在腐烂的植物并阻止其被氧化，同时水位又要足够低以确保活着的植物不被淹死(Nemec,1988)，即可容空间变化速率必须与泥炭沉积速率保持某种平衡关系，才能有利于泥炭的堆积和保存，因而层序Ⅲ有较好的煤层发育。

结合煤层在层序地层格架中的分布规律表，可以得出以下结论：海侵体系域中的煤层主要位于体系域中上部和最大海泛面处，而高位体系域中的煤层主要位于体系域的中部，总体上在最大海泛面附近更有利于煤层的形成。造成上述煤层在层序地层格架中分布特征的原因主要是可容空间产生速率与泥炭堆积速率之间的平衡关系是聚煤作用的充分条件，这种平衡关系保持时间的长短决定了煤层的厚度，亦即聚煤作用强度。如果海平面上升速度较快(最大海泛面附近)，可容空间增加速度快，容易导致泥炭被淹没，不能形成持续堆积；而在初始海泛面处，海平面上升速度较慢，可容空间不足，泥炭也无法形成持续堆积。因此，只有在海侵体系域早—中期和高位体系域中—晚期，海平面的上升速度介于初始海泛期和最大海泛期之间，这时才最有利于泥炭的持续堆积，能够形成较厚的煤层。而在海陆过渡相上三角洲平原相区，河流作用比较强烈，物源输入比较充沛，沉积速率较高，在这种情况下，只有在最大海泛期前后，海平面上升速率较高，才能为泥炭的堆积提供充足的可容空间，从而形成较厚的煤层。

浑江煤田石炭纪—二叠纪主要煤层在层序地层格架中的分布规律见表4-3-3、表4-3-4。

表4-3-3 浑江煤田石炭纪—二叠纪层序格架中煤层发育情况表

三级层序	体系域	煤层发育特征
SQ3	HST	局部发育，煤层较薄，发育不稳定，形成于分流间湾沼泽环境
	TST	全区发育的厚煤层，为主要可采煤层，形成于三角洲平原的泥炭沼泽环境

续表 4-3-3

三级层序	体系域	煤层发育特征
SQ2	HST	全区发育的煤层,煤层厚度较海侵体系域有所减少,三角洲平原湖沼泽环境
	TST	全区发育的厚煤层,为主要可采煤层,形成于三角洲环境
SQ1	HST	局部发育,通明、六道江、八道江、松湾地区发育,且煤厚大都小于0.3m,为不可采煤层,形成于障壁潟湖沼泽环境

表 4-3-4 煤层在层序地层格架中的分布特征

体系域	煤层发育特征	三级海平面变化情况
HST	较有利的成煤层段,能形成较厚的煤层	缓慢上升—缓慢下降
TST	最有利的成煤层段,具有最大的成煤优势,能形成连续的厚煤层	缓慢上升—迅速上升—缓慢上升
LST	最不利的成煤层段,基本不能形成有工业价值的煤层	迅速下降—缓慢上升

2. 层序地层格架下的厚煤层聚集模式

聚煤作用发生的条件是不断增加的可容空间、陆源碎屑供给的终止以及潮湿的气候条件。因此煤层的形成与发育受海平面变化的控制,海平面变化提供了有机质堆积的潜在容纳空间这一前提条件,同时海平面升降周期的长短决定了聚煤作用持续发育的时间。在海平面上升和海侵过程中,海平面与源区相对高差变小,陆源碎屑来源减少,地下水潜水面因海平面上升而不断升高,沼泽长期处于缓慢逐渐被淹没状态,因此煤层可在海侵过程中形成,此时的煤层不是海相地层。在达到高位体系域时,如果物源供应突然增大,滨浅湖可以淤积成滨浅湖沼泽或发育小型的水下三角洲,海水发生强迫性退却,之后海水缓慢侵入可形成较厚煤层。在湖泊环境中,湖湾位置由于稳定的湖水使得植物生长稳定,易于形成沼泽,在下次的海侵过程中被淹没成煤,如果要形成厚的稳定煤层也需要长周期的缓慢变化过程。

从同一层序不同体系域内厚煤层分布看,厚煤层主要发育在海侵体系域,其次为高位体系域,低位体系域没有厚煤层发育。关于层序格架与煤层的分布关系前人进行了许多研究,低位体系域聚煤作用发生于陆棚边缘三角洲中和深切谷充填中。与此类似,对于非海相湖泊-三角洲环境,低位体系域煤层主要发育在下三角洲平原分流河道深切谷中,但由于分流河道沉积环境不稳定,泥炭连续堆积的条件并不理想。因此泥炭聚集作用很可能是在低位体系域中、晚期河道充填过程中发生的,因为这时高地与谷地之间的地形差异开始被高地剥蚀和谷地河道加积共同作用而减小,相当常见的情况是在低位体系域中、晚期形成不规则、厚度小和连续性差的煤层。

大面积稳定分布的厚煤层作为含煤岩系中的一个等时面已经受到大多数煤田地质工作者的肯定。进行含煤岩系层序地层分析时,对煤层在层序中的位置以及含煤岩系中层序界面性质的认识是十分关键的。过去多数人把煤层放在含煤旋回层或准层序的顶部作为海水变浅后的产物,但是近年来的一系列研究表明,有相当一部分煤层可能形成于海侵过程。从层序地层学的观点来看,成煤泥炭沼泽的生成、堆积和保存需要有适合成煤植物生长并保存的一定范围内的可容空间,同时成煤沼泽的发育也要求没有陆源碎屑沉积物的干扰。因此,厚煤层形成的条件为存在适合成煤植物生长、保存的变化在一定范围内的可容空间的前提下,泥炭生成、堆积速率与基准面抬升速率之间保持较长时间的平衡。

可容空间赖于潜水面或基准面的不断抬升,在内陆河流-湖泊-三角洲环境,潜水面的抬升则与相对海平面上升密切相关,因此煤层实际上是在海平面上升过程中堆积的。考虑到煤层堆积速率极快(4～100a堆积1mm),所以厚煤层的堆积需要有持续存在的可容空间以容纳快速堆积的煤层(泥炭),适合成煤的变化在一定范围内的可容空间的持续保持需要有潜水面和基准面的不断抬升,因此发育较好的煤层最可能形成于初始海泛期-最大海泛期。若将形成煤层的古地理环境视为坡度一定且地形平缓的理想状态,则在一个三级海平面升降旋回中,海平面从最低点向最高点运动阶段有利于煤层发育的过渡环境将向陆地方向迁移;而在海平面从最高点向最低点运动的阶段,有利于煤层形成的过渡环境将向海方向迁移。因此,在水陆过渡地带,形成的煤层层数多,但由于基准面变化快,煤层一般较薄,而靠近陆地一侧,煤层层数少,但厚度一般较大。

三、早中侏罗世含煤层序地层格架及展布特征

(一)层序地层及体系域界面的识别

1. 区域性不整合面

在吉林省早中生代的沉积层序中发育有一些不整合面,如万宝组和红旗组之间、太阳岭组和板石顶子组之间为不整合面,可以作为本区的一个层序界面。

2. 古土壤层

煤层底板的根土岩是潮湿气候下的古土壤层的典型代表,以发育植物根痕迹及块状构造为特征。古土壤层是陆上暴露的最好标志之一,根据其发育程度,其顶面可作为准层序或层序界面。

(二)早中侏罗世含煤地层层序地层格架及展布特征

早中侏罗世含煤地层主要分布在大兴安岭赋煤带,在吉林省的中部赋煤带也有零星分布,含煤性一般较差。根据层序地层学理论,本区识别出1个三级层序,2个层序界面,3个体系域。其中红旗组底面是一个区域性不整合面,作为一个三级层序界面,万宝组顶面作为一个层序界面,将红旗组中部砾岩之上粉砂岩的底面作为初始湖泛面,万宝组的底面为最大湖泛面。本区层序地层划分详见表4-3-5、图4-3-4。

表 4-3-5　早中侏罗世大兴安岭赋煤带含煤地层层序地层格架

地层系统			三级层序划分		沉积相
统	组	段	层序	体系域	
中统	万宝组		层序Ⅰ	HST	三角洲、辫状河
下统	红旗组	上段		TST	湖泊、三角洲
		下段		LST	冲积扇

低位体系域岩性以砾岩为主,磨圆度较好,可见灰色、灰黑色粉砂岩,以冲积扇沉积为主。海侵体系域岩性可见砂岩、粉砂岩、泥岩以及数层煤层,颜色为灰绿色和灰黑色,可见波状交错层理和透镜状层理,主要为三角洲沉积相。高位体系域岩性下部为大段的砾岩且为辫状河沉积;上部的岩性变化较大,夹杂有煤层3~5层,煤层主要发育于三角洲的沼泽沉积环境。

本区的沉积相及层序地层展布特征如下:在大兴安岭南部区南北向沉积相及层序地层对比图中(图4-3-4),钻孔所见地层主要为红旗组、万宝组。红旗组分为下段和上段,其中下段属于低位体系,主要岩性为一套砾岩、砂质砾岩;红旗组上段为一套泥岩、细砂岩、中砂岩沉积,形成多个煤层。产有植物化

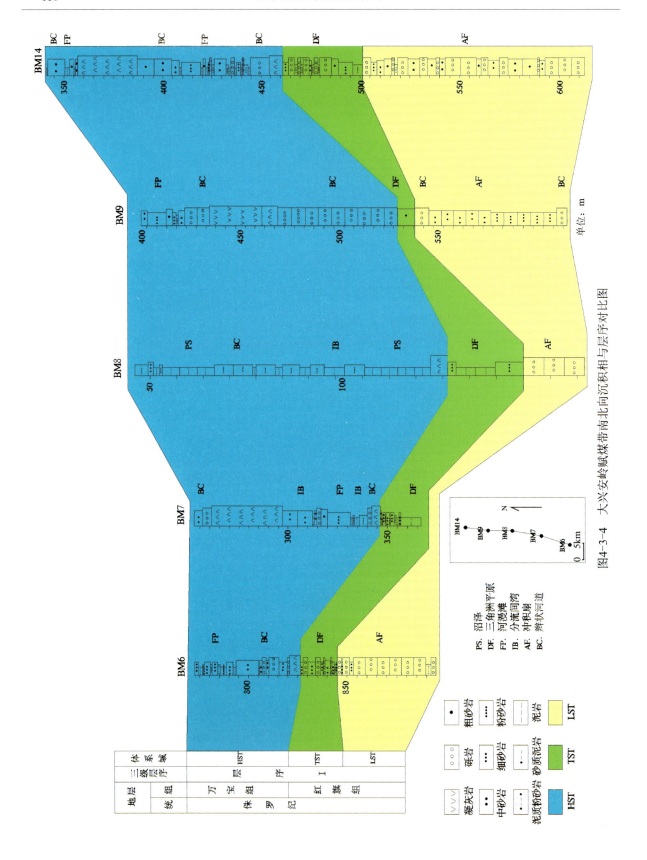

图4-3-4 大兴安岭赋煤带南北向沉积相与层序对比图

石;*Coniopteris Phoenicopsis* 植物系的早期组成分子及瓣腮类化石,主要有 *Neocalamites carrerei*,*N. hoerensis* 等,以及动物化石 *Ferganoconcha* spp.。万宝组主要岩性有含砾砂岩、粉砂岩,发育煤层。高位体系域万宝组在本区分布较广,从图中可以看出为一套与火山喷发有一定联系的河流、三角洲沉积体系。下部为冲积扇和河流沉积环境,逐渐向上过渡到相对稳定的三角洲环境。一般含 3~5 层煤,其中 3 层局部可采,一般厚度为 0.70~1.50m,最厚可达 4.52m。本组可见植物化石 *Neocalamites* sp.,*Equisetites laterlis*,*Todites williamoni*,*R.*,*Sticta* 等,主要为三角洲平原上的沼泽沉积环境。

(三)煤层在层序地层格架中的分布规律

1. 煤层在层序地层格架内的分布特征

大兴安岭赋煤带早中侏罗世含煤岩系基底为侏罗系火山岩,低位体系域时期主要发育为冲积扇沉积相,难以有煤层发育。在湖侵体系域时期,广泛发育三角洲环境。在此湖侵体系域和高位体系域的转化期,湖平面上升速率明显减慢,盆地沉降速率、湖平面上升速率和物质堆积速率之间达到平衡,可容纳空间明显减小并逐步接近于零,利于厚煤层的形成。高位体系域亦有煤层发育,在红旗地区发育了 15 个煤层,其中 3 层可采,一般厚度为 0~4.38m。

在高位体系域中,厚煤层主要发育在三角洲平原泥炭沼泽相中,该沉积时期沉降速率中等,陆源碎屑供给相对较少,泥炭的堆积和保存需要水位足够高以覆盖正在腐烂的植物并阻止其被氧化,同时水位又要足够低以确保活着的植物不被淹死(Nemec,1988),即可容空间变化速率必须与泥炭沉积速率保持某种平衡关系,有利于泥炭的堆积和保存,因而高位体系域有较好煤层发育。本区一般发育 3~5 层煤,其中 3 层局部可采,一般厚度为 0.70~1.50m,最厚可达 4.52m。

2. 层序地层格架下的厚煤层聚集模式

当前国内外对煤层在层序地层格架中的分布探讨和认识多种多样。层序地层学成煤模式采用了 Jervey 的可容空间,可容空间是一种沉积物在任何地方可堆积的可利用空间,它是基准面和基地沉降的函数。在近湖处的基准面可以认为是地下潜水面,随着湖平面有效的改变,在浅湖相环境里基准面和湖平面相等。Bohacs 和 Suter(1997)提出了一个广泛的成煤模式,该模式是以与泥炭堆积速度有关的可容空间的速度为基础的。平衡和不平衡的可容空间/泥炭堆积比率被用来分析煤的岩相学性质,低的比值能造成泥炭的暴露和侵蚀,使有机物氧化和降解,并最终形成排水性好的厚层古土壤。相比之下,高的比值将引起泥炭沼泽的淹没,这两种情况都不利于厚煤层的聚积,只有当可容空间增加速率平衡或稍微超过泥炭堆积速率时,厚煤层才会形成。

大兴安岭赋煤带成煤过程中,在靠陆一侧最大湖泛面附近,湖平面上升速率较快,泥炭堆积速率也有增加。泥炭堆积速率和湖平面上升速率持平,给煤层的形成提供了条件,沉积环境的相对稳定和沉积时间的持续累积形成厚煤层。在距物源区较近的冲积平原沉积环境一侧,煤层向上逐渐变薄,这说明此处煤层形成于三级层序的湖侵体系域内四级层序的最大湖泛面附近。此时,湖平面上升速率较大,泥炭堆积速率也较快,即在最大湖泛面附近,可容空间增加速率才会与泥炭堆积速率较长时间保持平衡,从而形成厚煤层。

结合上述理论可知,煤层的形成取决于可容空间增长速率与泥炭堆积速率之间的相对平衡状态。湖平面上升速率过慢或过快,都难于形成研究区内这层最厚的煤层。只有适度的湖平面上升速率,才能保证可容空间增加速率与泥炭堆积速率之间的相对平衡关系,使泥炭能持续堆积,从而形成厚煤层。据此认为研究区内可采煤层是在冲积平原靠陆一侧的沉积背景中,最大湖泛面附近形成的。

综上所述,结合对该地区的沉积环境和层序地层的研究以及煤层在层序地层格架中的分布和聚集规律,得出在湖侵体系域中的煤层主要位于湖侵体系域中上部和最大湖泛面处,即在最大湖泛面附近更有利于煤层的形成；高位体系域也是煤层形成期，但是成煤要比湖侵体系域差；而低位体系域最不利于成煤。

四、早白垩世地层格架及展布特征

(一)层序地层及体系域界面的识别

1. 层序界面识别原则

层序界面在湖盆边缘通常表现为区域性不整合面或河道下切冲刷面，其识别的具体特征如下。

(1)区域性不整合面。在吉林省晚中生代沉积层序中发育有一些不整合面，如平行不整合、地层上超等现象，营城组和沙河子之间为不整合面。

(2)下切谷砂砾岩体。伴随着全球海平面相对下降，由河流回春作用形成的下切谷是层序界面的典型标志。下切谷充填沉积一般以叠置的厚层及透镜状砂砾岩体为特征，可根据下切谷砂砾岩体的规模及其垂向的叠置关系把层序界面处的下切谷沉积与次一级层序的河道砂岩区别开来。本区层序以底界分界砂岩作为下切谷砂砾岩体，为一个层序界面。

(3)不整合面上的古土壤层。古土壤可根据以下特征予以识别，即垂向上颜色有规律地变化；由下向上沉积构造逐渐消失、地层的硬结度逐渐减弱；植物根化石的存在；红色、紫红色泥岩中成壤钙结核的存在；泥裂及泥质网状结构是地层暴露的标志；黏土质泥岩中的伪背斜构造、棱柱状构造、蜂窝状构造特定的土壤构造等。

(4)古土壤层。煤层底板的根土岩是潮湿气候下的古土壤层的典型代表，以发育植物根痕迹及块状构造为特征。古土壤层是陆上暴露的最好标志之一。根据其发育程度，其顶面可作为准层序或层序界面。

2. 初始湖(海)泛面识别

初始湖(海)泛面理论上为湖水体首次漫过坡折带或漫过低位下切谷所形成的湖泛面，其识别特征如下。

(1)一般将河道砂砾岩之上覆盖的泥岩、粉砂岩、细砂岩等细粒岩石的底面定为初始湖泛面。

(2)在没有河道发育的地带，初始湖泛面与层序界面重合，此时古土壤可能比较发育。

(3)大区域分布的具有一定厚度的煤层，多是在海平面抬升过程中形成的(Aitken，1994)，其顶面一般是海泛面。

3. 最大湖泛面的确定

该界面为一个基准面，旋回内基准面或可容空间速率增加最快、水体最深时形成的沉积面，其识别特征如下。

(1)在一套向上变细、变深的沉积序列中，代表最深的岩相一般为滨浅湖相泥岩、粉砂质泥岩。这样的岩性一般以相对较大的厚度出现时，可将其底面作为最大湖泛面的位置。

(2)最深的岩性岩相若在剖面上重复出现，那么在厚度上向上变到最厚的一个层位的底面即为最大湖泛面的位置。

(二)早白垩世层序地层格架及展布特征

1. 松辽盆地东部赋煤带

在松辽盆地东部赋煤带内钻孔所见地层有沙河子组、营城组、登楼库组、泉头组及第四系,沙河子组为本区主要含煤岩系。其中登楼库组仅在部分地区可见,该组中不含煤。营城组有较薄可采煤层,仅局部发育。泉头组为一套砾岩、凝灰岩沉积,不含煤。本次层序地层研究以沙河子组为主要研究对象。

在沉积相研究基础上,以及对层序关键界面的识别,本区晚中生代共识别出 5 个三级层序界面,4 个三级层序,其中层序 I 由沙河子组组成,层序 II 由营城组组成,层序 III 由登楼库组组成,层序 IV 由泉头组组成,如下表(表 4-3-6)所示。

表 4-3-6 松辽盆地早白垩世层序地层格架

地层	岩性组合	层序	层序界面
泉头组	砂砾岩段	低位体系域	SB4
登楼库组	砂砾岩段	低位体系域	SB3
营城组	砂砾岩段	高位体系域	MFS
	泥岩段	湖侵体系域	TS
	砂岩段	低位体系域	SB2
沙河子组	泥岩段	高位体系域	MFS
	含煤段	海侵体系域	TS
	砂砾岩段	低位体系域	SB1

以营城煤田为代表阐述松辽盆地东部赋煤带的层序地层。为了控制研究区内各个部分的层序地层分布特征,说明层序地层在空间上的变化特征,在研究区内沿着东西向(1 条)和南北向(1 条)进行了剖面层序地层研究(图 4-3-5、图 4-3-6)。

1)营城盆地东西向钻孔剖面层序地层特征及沉积相变化特征

研究区所选钻孔在地层上均为含煤地层,包括了主要的含煤地层沙河子组,并且贯穿整个研究区呈东西向分布。

层序界面:本剖面所有钻孔缺失营城组和登楼库组。泉头组和沙河子组之间存在着一个侵蚀不整合面,将此界面作为层序的底界面。由于沙河子组的下部凝灰岩发育,把初始湖泛面划在凝灰岩上部的有煤层出现的底板,泉头组的颜色则主要为红色,因此可将此界面作为层序 IV 的底界面。根据岩性柱叠加的变化,将初始湖泛面划分在厚层细砂岩顶板。在一套变细、变深的沉积序列中,代表最深的岩相一般为粉砂质泥岩,含有煤层的泥岩底板为标志,在测井上则表现为自然伽马的相对高值区。识别出 3 个三级层序,其中包括 2 个不整合面、3 个初始湖泛面和 3 个最大湖泛面。

在这条剖面中有 3 个三级层序。第一个三级层序为沙河子组,可以分为 3 个体系域,其中低位体系域表现为以进积到加积为主的层序,湖侵体系域表现为以退积为主的层序,而高位体系域表现为以加积到进积为主的层序。第二个三级层序为泉头组,由于地层较浅仅能发现低位体系域,表现为以进积到加积为主的层序。

(1)三级层序 I:主要对应沙河子组,在这条剖面上,所有的钻孔都钻穿了层序 I,该层序的沉积地层厚度从东向西逐渐变厚。

低位体系域:在三级层序 I 中均有分布,各井厚度不一,在西部发育比较厚,东部较薄。低位体系域主要岩性粒度总体来讲较粗,一般是砂体大部分发育的区域,主要岩性包括中砂岩、细砂岩、粉砂岩、泥

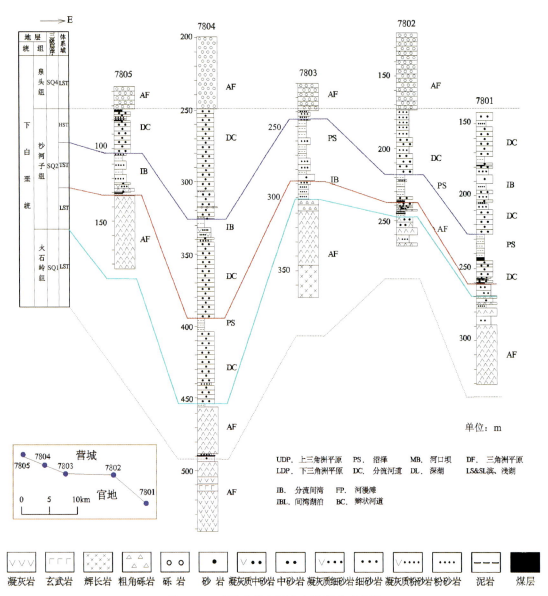

图 4-3-5 营城盆地东西走向沉积相对比图

质粉砂岩等。三级层序Ⅰ的低位体系域整体的粒度分布是中部、西部较粗,东部地区较细。此段的沉积相由于厚度比较浅主要表现为前三角洲的沉积相。

湖侵体系域:在三级层序Ⅰ中均有分布,由西部向东逐渐变薄,表明当时湖侵的程度由东向西逐渐减弱。湖侵体系域的主要岩性特征是细砂岩和泥岩、泥质粉砂岩等的互层,三级层序Ⅰ的湖侵体系域整体的粒度分布是东侧粒度较粗,向西逐渐变细。此段的沉积相主要表现为下三角洲沉积相,发育有沼泽、分流间湾、分流河道。

高位体系域:在三级层序Ⅰ中均有分布,厚度与湖侵体系域分布趋势大体相同,也是大致由东向西逐渐变薄,在7804钻孔的厚度最大。高位体系域岩性粒度整体来讲仍然较细,但比湖侵体系域粒度要粗,主要岩性包括砂岩、细砂岩、泥岩、砂质泥岩等。三级层序Ⅱ的高位体系域整体粒度分布是在7819钻孔达到粒度最粗,在西部两侧逐渐变细。此段的沉积相主要为上三角洲的河道、沼泽相。

(2)三级层序Ⅳ:主要对应泉头组,在这条剖面上除7819钻孔外,所有钻孔都钻穿了层序Ⅳ。

低位体系域:在三级层序Ⅳ均有分布,厚度分布整体趋势是西部、中部较厚,东部较薄。低位体系域岩性粒度总体来讲较粗,一般是砂体大部分发育的区域,主要岩性包括中砂岩、砾岩等。三级层序Ⅳ的

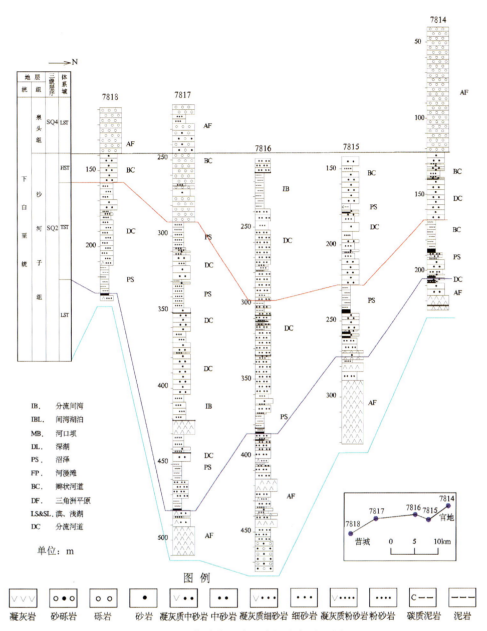

图 4-3-6 营城盆地南北向沉积相对比图

低位体系域整体的粒度分布是西部 7804 钻孔，7805 钻孔较粗，向东逐渐变细。此段的岩性较粗，沉积相主要表现为冲积扇相。

2) 营城盆地南北向钻孔剖面层序地层特征及沉积相变化特征

选择 7818 钻孔、7817 钻孔、7816 钻孔、7815 钻孔、7814 钻孔，包括主要的含煤地层沙河子组，并且能够反映营城盆地的沉降背景的泉头组，贯穿整个盆地的南北向。

层序界面特征同营城盆地东西向钻孔剖面层序地层特征一样。

(1) 三级层序Ⅰ：主要对应沙河子组，在这条剖面上，所有钻孔均有层序Ⅰ发育。

低位体系域：低位体系域在只在 7817 钻孔中有发育，对应于沙河子组下部，岩性为泥岩和含有凝灰质的泥岩，此段的沉积相主要表现为前三角洲相。

湖侵体系域：在三级层序Ⅰ均有分布，由南部向北部逐渐变薄，表明当时湖侵的程度由南向北部逐渐变弱。湖侵体系域的主要岩性特征是细砂岩和泥岩、泥质粉砂岩等的互层，三级层序Ⅰ的湖侵体系域整体的粒度分布是南部粒度较粗,向北粒度逐渐变细。此段的沉积相主要表现为下三角洲沉积相,发育有沼泽、分流河道、分流间湾。

高位体系域:在三级层序Ⅰ均有分布,厚度与湖侵体系域分布趋势为中部较厚,在南部和北部厚度逐渐减少。在中部的7816钻孔的厚度最大。高位体系域岩性粒度整体来讲仍然较细,但比湖侵体系域粒度要粗,主要岩性包括砂岩、细砂岩、泥岩、砂质泥岩等。此段的沉积相主要为上三角洲的河道、沼泽相。

(2)三级层序Ⅳ:主要对应泉头组。在这条剖面上,7817钻孔、7818钻孔、7814钻孔都钻穿了层序Ⅳ,但高位体系域和湖侵体系域缺失。该层序的沉积地层厚度由中部为最低,往南北方向上逐渐地增加。

低位体系域:除在7816钻孔,7815钻孔外,在三级层序Ⅳ其他各孔均有分布,除在7818钻孔厚度较大外,其余各钻孔厚度大体相同。低位体系域主要岩性粒度总体来讲较粗,一般是砂体大部分发育的区域,主要岩性包括中砂岩、砾岩等。三级层序Ⅳ的低位体系域整体的粒度中各孔大体相同。此段的沉积相主要表现为冲积扇相和辫状河道相。

2. 吉林省中部赋煤带

1)双阳煤田

虽然侏罗系中统太阳岭组在零星地域含有可采煤层,但对整个盆地煤层预测意义不大,所以本书只略加说明。双阳盆地的底部为低位体系域,发育了冲积扇沉积相,从岩性上看碎屑物多呈灰色,砾石成分以花岗岩、正长斑岩、凝灰岩、古生界变质岩为主,盆地边缘分选性、磨圆度较差,盆地中心分选、磨圆度逐渐变好。随着湖侵的范围扩大,沉降幅度加大,盆地覆水相对加深,河流、漫滩广泛发育,粗碎屑在盆地边缘呈条带状分布,在盆地中心则沉积了细粒级砂岩夹泥岩,斜层理及斜波状层理较发育,个别钻孔可见冲刷接触面及细砂支撑的砾岩。随着湖侵的进一步扩大,盆地出现,并且在盆地四周的三角洲不断向盆地中心推进,水面变小,水深变浅,冲积平原大面积沼泽化。由于盆地覆水深度不同,呈边缘向中心推进序列,泥炭沼泽环境发育不平衡,出现煤层在盆地中上部较厚、边缘和盆地中心较薄的分布特点(图4-3-7)。

盆地聚煤期古沉积环境以沼泽、河漫滩、三角洲平原为主体,厚煤带在盆地中上部沿盆地走向分布,沿倾向分布无煤带、分叉变薄带、合并变厚带、分叉变薄带,所以双阳盆地为孤立的内陆山间盆地。成煤作用后,地壳沉降速度加快,整个盆地呈欠补偿沉积状态,进入深水环境沉积期,沉积的岩性主要为灰黑色、黑色粉砂岩、泥岩,水平层理发育,此段沉积持续时间较短。在高位体系域中沉积受燕山运动第Ⅱ幕影响,强烈的构造运动导致火山多次喷发,双阳盆地继续活动,原规模扩大,叠加了以灰绿色沉凝灰岩、灰白色含砾凝灰岩为主的火山碎屑岩,同时在火山喷发的间歇期,局部短期地存在成煤环境,即在灰绿色沉凝灰岩和灰白色含砾凝灰岩中夹有黑色粉砂岩、泥岩及极不连续的薄煤层。高位体系域煤层在整个盆地比较薄,火山继续喷发叠加了以流纹岩、粗面质凝灰岩为主的新的盖层。

2)辽源煤田

低位体系域的岩性主要以碎屑岩和泥岩为主,纵向自下而上由粗到细、再由细到粗逐渐过渡,底部薄煤层段岩性以粗中砂为主,为河道和冲积扇沉积相。湖侵体系域中发育了扇三角洲和湖泊相,形成了厚煤层段,以粉砂岩为主,厚煤层段沉积之后为黑色泥岩段,高位体系域的岩性主要为砂质泥岩、粉砂岩(夹薄层细中砂岩)呈互层交替沉积,且各层多具水平层理,含植物化石碎片,但在横向上变化则不明显。总的趋势在辽源凹陷由东往西、由北向南岩性粒度均由粗到细,而各煤层之间间距亦由东向西、由北向南逐渐由大变小。湖侵体系域和高位体系域较为发育。高位体系域岩性由灰白色粗中砂岩、灰黑色粗砂岩及黑色泥岩组成,一般含煤2~3层,不稳定,只局部可采。底部厚煤层段主要发育在湖侵体系域上段。

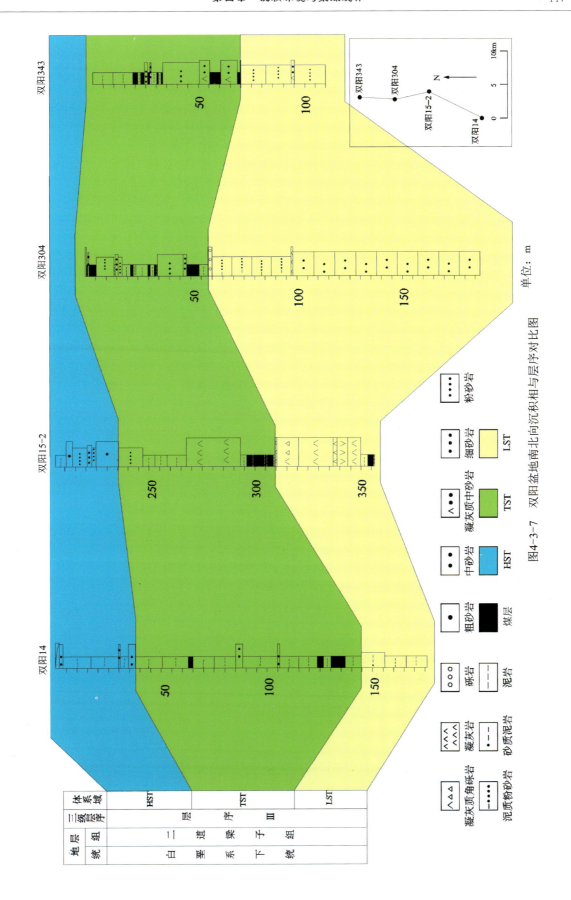

图4-3-7 双阳盆地南北向沉积相与层序对比图

3）蛟河煤田

低位体系域主要发育河流相,形成多个旋回,发育了多个较薄的煤层(图4-3-8)。湖侵体系域主要发育湖泊沉积、扇三角洲沉积,煤层在乌林地区最为发育,其他地区仅2~3个可采煤层。高位体系域在全区均有分布,岩性为砾岩、砂岩、粉砂岩,含植物化石:*Coniopteris burejensis*,*C. silapensis*,*Rufforia goepperti*,煤层的稳定性较差,反映了冲积扇和河流相向扇三角洲、湖泊相过渡的特点。

(三)煤层在层序地层格架中的分布规律

1.煤层在层序地层格架内的分布特征

吉林省晚中生代地层是陆相沉积,沉积环境以三角洲、河流、湖泊为主。本次工作表明,在三角洲平原地区,那些厚度较大、展布较广的煤层,在层序地层格架中的位置主要是湖侵体系域和高位体系域,总体上湖侵体系域更有利于煤层的形成,高位体系域次之,详见表4-3-7。

表4-3-7 吉林省晚中生代煤层在层序地层格架各体系域中的分布特征

体系域	发育特征	三级湖平面变化情况
HST	较有利的成煤层段,能形成较厚的煤层	缓慢上升—缓慢下降
TST	最有利的成煤层段,具有最大的成煤优势,能形成厚煤层	缓慢上升—迅速上升
LST	最不利的成煤层段,基本不能形成工业价值的煤层	迅速下降—缓慢上升

从各个层序煤层平均厚度来看,在松辽盆地东部地区层序Ⅱ煤厚6.70m,层序Ⅲ煤厚1.30m,其他层序很少发育煤层。从层序Ⅱ内各个体系中煤层平均厚度来看,高位体系域煤厚1.2m,湖侵体系域煤厚4.9m,低位体系域煤厚0.6m,可以看出湖侵体系域聚煤最好,其次为高位体系域。

2.层序地层格架下的厚煤层聚集模式

基于陆相环境的研究表明,在最大湖泛面处可以形成稳定分布的厚煤层。这是因为在陆相盆地中,泥炭堆积速率较快,往往大于基准面上升的速率,在这种情况下,初始湖泛面时期由于基准面上升速率较慢,难以给泥炭的持续堆积提供足够大的可容空间,故不能形成广泛分布的厚煤层。只有在湖侵体系域晚期或高位体系域早期,即最大湖泛面附近,相对较快的湖平面上升速率为泥炭堆积提供持续增加的可容空间,从而在最大湖泛面处形成较厚的煤层。

研究区沉积了一套以砂泥岩为主的碎屑岩。低位体系域大体为冲积扇或河道砂岩沉积,没有形成适合泥炭发育的环境,缺乏可供泥炭堆积的可容空间,几乎不成煤或夹含薄煤层;湖侵体系域主要为滨岸沼泽和分流间湾环境成煤,但由于陆源碎屑供给比较充足,经常破坏煤形成的还原环境,因而煤层发育;高位体系域早期具有较高的可容空间增加速率与泥炭堆积速率,也可以形成较厚的煤层。

综合单剖面层序地层格架的分析和区域层序地层对比的有关结果,所得的主要认识为层序Ⅰ为本地区主要可采煤层,煤层主要发育在湖侵体系域的上部,高位体系域也有煤层,而在蛟河盆地的低位体系域中无可采煤层。

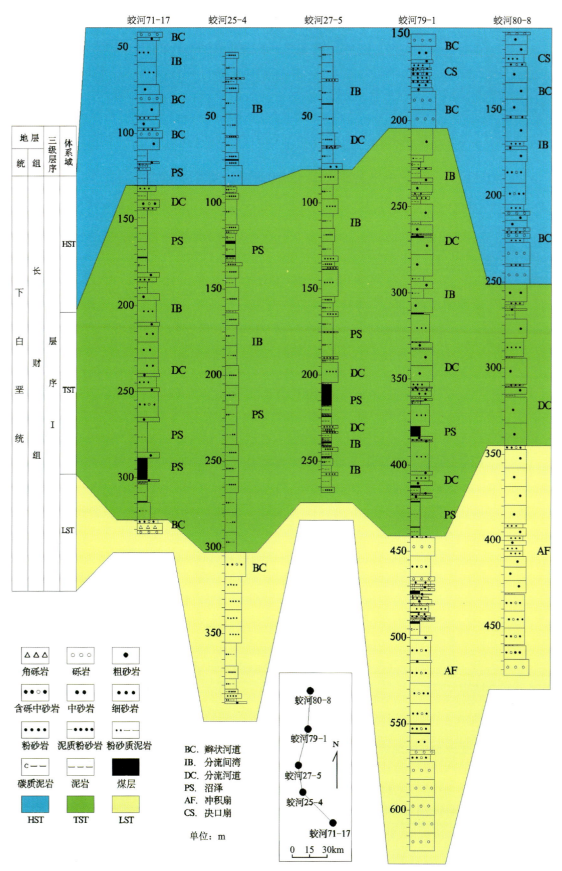

图 4-3-8 蛟河盆地南北向沉积相与层序对比图

五、古近纪层序地层格架及展布特征

(一)层序地层关键界面的识别

古近纪层序地层关键界面的识别同早白垩世层序地层界面识别相同。

(二)古近纪含煤地层层序地层格架及展布特征

在古近纪地层所见地层,伊舒断裂带内有舒兰组、新安村组;在梅河地区为梅河组,在桦甸地区为桦甸组;在敦化地区珲春区为珲春组。在沉积相研究的基础上,综合分析各种沉积特征,结合层序地层理论对古近系建立了层序地层格架,识别出1个三级层序,本区层序地层划分如表4-3-8。

表4-3-8 含煤地层层序地层格架

	伊通	舒兰	梅河	桦甸	敦化	珲春	凉水	层序
新近系	水曲柳组		水曲柳组		土门子组	土门子组		
古近系	舒兰组		梅河组	桦甸组	珲春组	珲春组	珲春组	HST
								TST
	新安村组							LST

1. 伊舒断陷赋煤带

低位体系域:主要岩性为一套灰绿色沉积岩,主要由砾岩、杂色黏土矿物夹杂粉砂岩、泥岩、砂岩组成,含薄煤层,主要发育为湖泊和冲积扇沉积体系。冲积扇沉积主要发育在盆地南部北西侧,在扇三角洲平原和扇前湿地具有聚煤作用(图4-3-9),但一般较差。只有1号煤层发育较好,厚度可达11m,但分布面积较小。

湖侵体系域:在本地区分布广泛,主要为湖泊相,并有河流沉积,在盆地随着湖侵的扩大。研究区的南部为舒兰盆地湖泊主要发育区,盆地北西边缘为同沉积断裂位置。盆地中心沉降幅度大,长期形成了湖泊沉积相。在盆地的北西侧局部地段也有湖侵沉积体系。含煤层20~30层,其中8~12层为可采煤层,并含有动物化石 *Asoiniea* sp.,*Peanoruis* sp.;植物化石:*Sequoia chinesis*,*Alnus keferstein*Ⅱ,*Catalpa szei* 等,并有丰富的孢粉组合,被子植物花粉占组合绝对优势。高位体系域对应岩性主要为粉砂岩-泥岩,夹薄层中—细粒砂岩,在泥岩中含有动物化石,粉砂岩中有斜层理并含有植物化石。在大孤山发育有灰分较高的煤层。

2. 敦密赋煤带

低位体系域主要分布在盆地边缘断裂的内侧。沉积物主要类型有泥石流沉积物、河道充填沉积物和漫流沉积物,以砾岩为主,见巨砾岩、中砾岩,砾石粗大,灰绿色,分选性差,次棱角状,块状层理。砾石之间为黏土、砂充填。砾石主要成分为花岗片麻岩,杂基支撑。

湖侵体系域是该地区的重要沉积体系,从湖盆边缘向湖心深处可分出湖滨、浅湖及深湖3个亚环境。砂岩一般为长石岩屑砂岩、岩屑砂岩,呈灰色、灰白色,分选性好,圆状—次圆状。在砂岩及粉砂岩中发育小型交错层理及水平层理。该体系中主要发育了5号煤层。在最大湖泛面的附近发育有10号煤层,全区发育,结构单一。

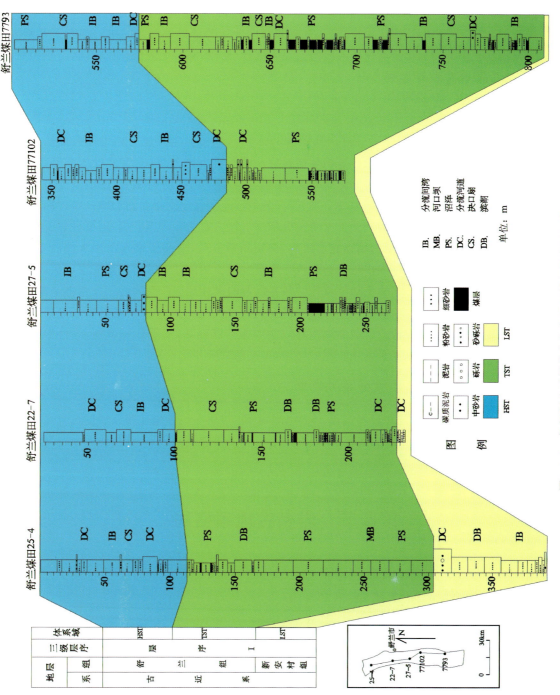

图4-3-9 伊舒断陷赋煤带南北向沉积相与层序对比图

高位体系域在梅河组/桦甸组的顶部主要发育有河流和扇三角洲相。岩性主要以中砾岩、含砾粗砂岩、粗砂岩为主，分选性中等，次圆状，发育交错层理；后者以灰色、灰白色、灰绿色中细砂岩为主，厚度大，发育槽状交错层理、平行层理，粒度向上变细，反映了河流相的沉积环境。上部为泛滥沉积，以悬浮载荷的垂向加积作用为主，主要沉积环境有天然堤、决口扇、河漫滩及沼泽。天然堤在垂向上呈薄层状砂岩、泥岩互层，发育小型波状、槽状交错层理，概率累积曲线以悬浮总体为主。决口扇与天然堤共生，粒度较之稍粗，发育小型砂纹交错层理。河漫滩主要为细砂、粉砂，亦有泥质沉积，沉积构造以波状层理及水平层理为主，发育有薄煤层（图4-3-10）。

3. 珲春煤田

珲春煤田南北向沉积相及层序地层对比如图4-3-11所示。钻孔所见地层均为珲春组。在低位体系域时期盆地持续沉降，来自物源区的碎屑物补偿速度小于地壳沉降速度，使盆地处于非补偿状态，碎屑物充填方式为从盆地内部向边缘超覆。此时，物源区在经受了长期的剥蚀后，逐渐后退，盆地扩张。同时，古地貌已由原来的起伏不平变得较为平坦，较大的地形差异仅出现于盆地边缘一带。因此冲积扇发生了向盆缘退缩、分布范围减小的变化。本阶段沉积物岩性主要为冲积扇砂岩、河流砂岩、湖沼泥岩、粉砂岩以及煤层，在垂直层序中，它们反复交替出现，煤层结构复杂，表明了成煤沼泽水体的不稳定性。其他地带煤层发育较差，向盆缘方向煤层一般表现为超覆尖灭。湖侵体系域时期地壳继续沉降，物源区进一步被剥蚀夷平，盆地不断扩张并更加平原化。珲春以西的大片地区广泛发育了三角洲平原带，这时的冲积扇仅发育在盆地边缘地带；珲春以东地区则以河流环境为主。高位体系域时期湖盆面积逐渐缩小，仅在部分地区发育了上含煤段。这时的沉积环境主要为河流体系，成煤作用较弱，岩性以浅灰色—灰色粉砂岩、泥岩、细砂岩为主，夹少量中—粗粒砂岩，可见植物叶片化石。

（三）煤层在层序地层格架中的分布规律

研究区在古近纪是典型的陆相环境沉积，本次工作表明，煤层在层序地层格架中的位置主要是湖侵体系域中上部及高位体系域，总体上在最大湖泛面附近有利于厚煤层的形成，低位体系域也可见煤层发育，但成煤环境总体较差。

第四节　岩相古地理格局

一、岩相古地理分析方法和原则

岩相古地理学来源于沉积学，它的发展与沉积学有密切关系，因此沉积学研究是岩相古地理学研究的基础和关键。

在沉积学研究基础上编制的岩相古地理图件研究包括基础图件和综合图件两大类。基础图件主要有实际材料图、沉积相柱状图、沉积相剖面图、地层等厚图、各种岩性等厚图（如砾岩等厚图、砂岩等厚图、泥岩等厚图、碳酸盐岩等厚图等）、岩比等值线图（砂泥比等值线图等）。综合图件是在上述研究基础上编制的能反映盆地的一定地层单元内沉积环境及其沉积相带变化和物源方向的综合性成果图件。

编制岩相古地理图的方法主要有地层图法和等时面法（刘宝珺，1985）。冯增昭（2004）倡导的单因素分析多因素综合作图法在指导矿产勘查和油气勘探中发挥了有效的作用。岩相古地理研究的一般方法，即室内与室外研究相结合，从单井（或单剖面）相分析到剖面相分析再到平面相分析，同时平面相、剖

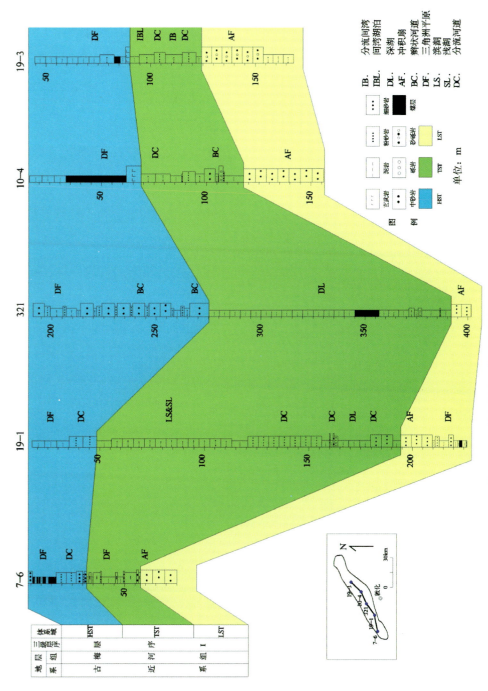

图4-3-10 敦密断陷赋煤带南北向沉积相与层序对比图

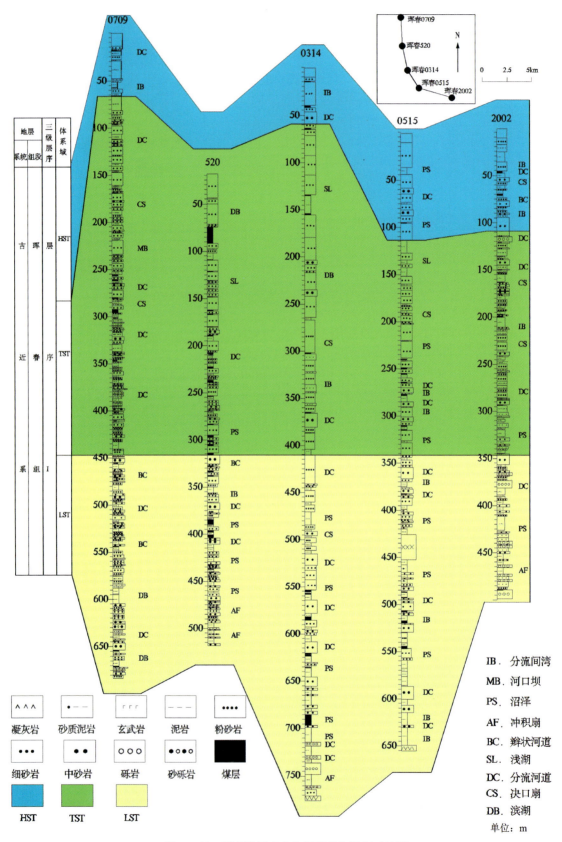

图 4-3-11 珲春煤田南北向沉积相与层序对比图

面相和单井相之间又相互印证,最终获得最合理的岩相古地理分析结果,并以优势相作为平面成图的基本单元,同时考虑平面相的组合关系,作适当调整形成最终岩相古地理图。

首先,通过露头和岩芯的沉积相分析,并结合前人研究成果,建立研究区沉积相模式,平面上通过绘制各种岩类的分布,获得全区的骨架相,与单井剖面相和连井剖面相分析相结合,从点到线再到面,从研究区边缘到研究区内部展开整个研究区的沉积相横向变化。

其次,针对盆地内的所有有效钻井资料和盆地周缘的露头资料,进行各种岩石类型、厚度、岩性厚度比值等定量资料的基础上,作出各种参数的等值线图,各项参数的等值线图代表了不同的地质意义(表4-4-1)。

表 4-4-1 古地理参数统计方法及意义

序号	参数	统计方法	等值线图意义
1	地层厚度	地层总厚度	反映区域沉降幅度、沉积物质供给、隆起和凹陷及盆地轮廓
2	砾岩厚度	砾岩层总厚度	反映冲积扇或辫状河分布范围、物源区方向
3	砂岩厚度	砂岩(粗砂岩、中砂岩、细砂岩)总厚度	反映冲积砂体、三角洲砂体的分布范围及可能的储集层分布
4	砂岩厚度百分比	砂岩岩层厚度/地层总厚度	反映冲积砂体、三角洲砂体的分布以及主要水道分布规律
5	煤层厚度	煤层总厚度	反映泥炭沼泽发育地区
6	泥岩厚度	泥质岩类(粉砂质泥岩、泥岩、灰质泥岩)总厚度	指示沉积中心以及三角洲分流间湾发育区
7	泥岩厚度百分比	泥岩层总厚度/地层总厚度	指示沉积中心以及三角洲分流间湾发育区
8	砂岩/泥岩比	砂岩厚度/泥岩厚度比值	反映主要岩相分布特征及古地理,是划分相带和相区的主要依据

最后,分析区域沉积环境和沉积相带的平面变化规律,区分沉积区和剥蚀区,勾绘平面图中不同相区的界线,指出物源区的方向,从而进行岩相古地理学综合图件的编制。

本次岩相古地理研究根据上述所说,主要采用在单剖面沉积相分析和连井剖面沉积相分析的基础上,综合讨论沉积相的平面分布,同时它们之间又要相互对照,最终得出最合理的岩相古地理图,具体步骤如下。

(1)资料统计、分析、选择。此次工作中尽可能多地收集钻孔资料,并进一步筛选可利用的钻孔。

(2)绘制各种参数平面图。分别统计各层序地层总厚度、砂泥比、砾岩百分比、泥岩百分比、煤层厚度等资料,绘制各种等值线图,综合研究该区的古地理特征。以上各项参数的等值线图代表着不同的地质意义。

(3)综合分析并绘制古地理图。主要依据砂泥比等值线图,同时结合单井柱状、连井剖面沉积相图,勾勒出研究区含煤岩系沉积期岩相古地理图,并划分了主要相带和相区。

二、岩相古地理分析的意义

岩相古地理分析是通过现存地层的地质特征，尤其是岩相特征，来分析地质历史时期地理面貌及环境变迁的一种方法。岩相古地理不仅可以反映沉积时期的古地理地貌，了解当时的沉积背景，来研究矿产资源的形成条件，而且能用以预测沉积矿床的分布，为现代资源的开采和利用提供依据。因此，岩相古地理分析在矿产预测方面是一种必不可少的手段。

三、石炭纪—二叠纪岩相古地理分析

晚古生代石炭纪—二叠纪主要集中在吉林省的浑江煤田，本次分析以浑江煤田为例。通过对晚古生代石炭纪—二叠纪钻孔地层厚度、泥岩厚度、砂岩厚度、煤层厚度、灰岩厚度以及砂泥比的分析统计，在砂泥比等值线图的基础上，参考各种等值线图，通过综合地质分析，恢复了研究区晚古生代石炭纪—二叠纪含煤岩系的岩相古地理面貌，总结了含煤岩系的古地理演化过程及特征，为研究区聚煤作用分析奠定了基础。

1. 层序Ⅰ岩相古地理图

层序Ⅰ主要包括本溪组地层，时代上相当于晚石炭世早期到晚石炭世晚期初。层序Ⅰ厚度在该区沉积厚度不均匀，差异显著，统计资料来看，沉积厚度在 0.40～157.62m 之间，最大厚度在八宝地区。该层序受底部古风化面的起伏影响较大，沉积基底有隆起、有凹陷，因此厚度变化也大。总体来看，该层序由东北方向向西南方向减薄（图 4-4-1）。

该层序中石灰岩厚度多在 0.03～6.96m 之间，平均厚度 2.05m，灰岩沉积厚度不大，说明被海水浸没时间较短。煤一般形成于沼泽环境，它们的多少说明沼泽环境的发育程度。由于该层序发育煤层薄且不连续，不可采，所以不对其详细描述。

砂泥比的分布与砂岩的分布相似，在等值线图上砂泥比最大值分布在石人镇及其东南方向，在梨树沟煤矿—七道江—浑江及小苇塘沟一线西边都在 0.5 以下（图 4-4-2）。

以上述各单项指标为参考，并重点考虑砂泥比等值线图、层序地层及沉积相对比图的结果，可以勾勒出复合层序Ⅰ的沉积体系的平面分布，石人镇及其东南方向砂泥比较高代表障壁砂坝相区，障壁砂坝往两侧到梨树沟煤矿—七道江—浑江及小苇塘沟一线则为潮坪相区，该界线以东及西南区为潟湖相。总之，层序Ⅰ沉积时，研究区古地理景观以潟湖潮坪为主，局部发育障壁砂坝（图 4-4-3）。

2. 层序Ⅱ岩相古地理图

层序Ⅱ包括太原组，从沉积厚度来看，五道江—道清—七道江一带是层序Ⅱ沉积时期沉降幅度相对较大的凹陷区。其中道清沉积厚度为 35～85m，一般为 45m，差异沉降明显，煤层在该地区沉积厚度较大。四道江地层沉积厚度 30m 左右，是沉降幅度相对较小的隆起区，六道江—八道江之间沉降幅度中等，一般地层沉积厚度为 35～40m（图 4-4-4）。

层序Ⅱ砂泥比较大值出现在四道江—七道江—石人镇一线西北地区（图 4-4-5）。层序Ⅱ沉积时期虽然基底凸凹不平，但随着海水的退去，形成了有利于煤炭聚集的环境，在三角洲平原物质供给充分，因淤浅沼泽化而发生聚煤作用。从层序Ⅱ煤层厚度等值线的分布看，厚煤层主要分布在六道江—七道江和八宝地区，与地层沉积厚度基本一致。此外，在湾沟—松树镇地区也有较厚煤层出现（图 4-4-6）。

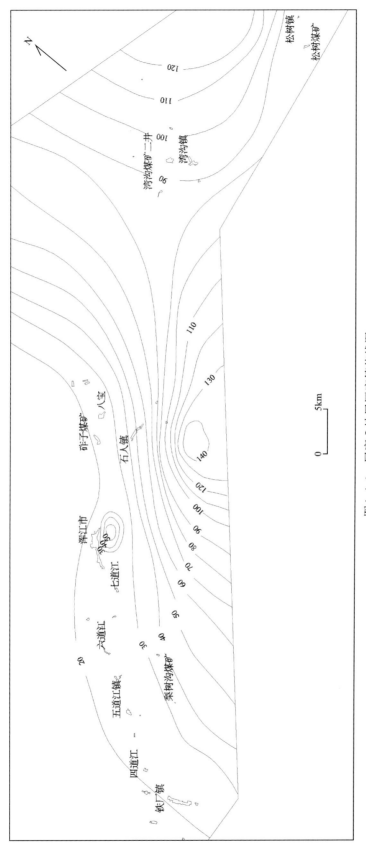

图4-4-1 层序Ⅰ地层厚度等值线图

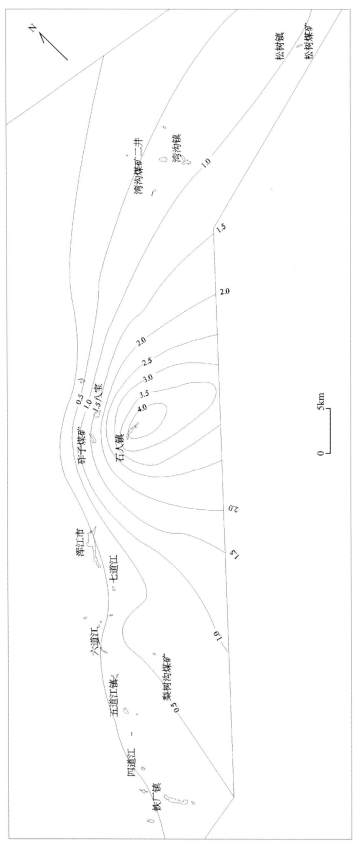

图4-4-2 层序Ⅰ砂泥比等值线图

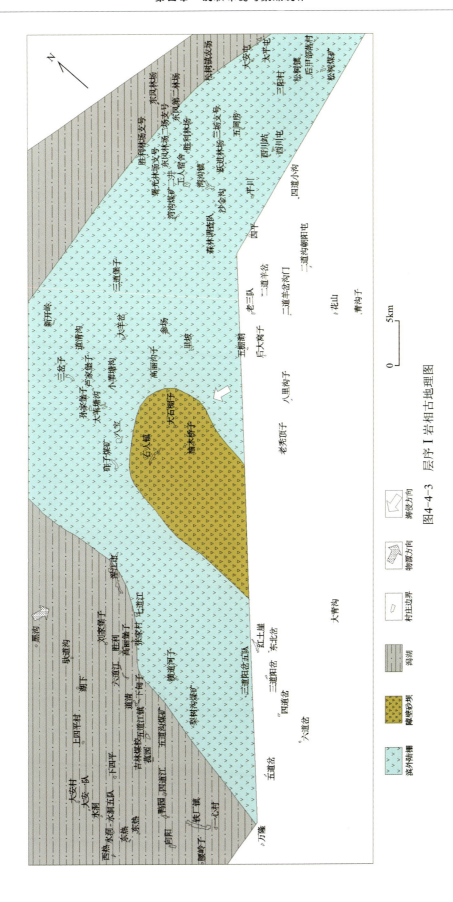

图4-4-3　层序Ⅰ岩相古地理图

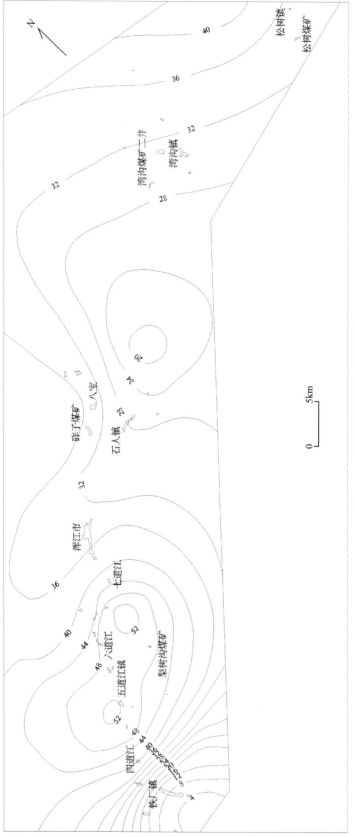

图 4-4-4 层序 Ⅱ 地层厚度等值线图

第四章 沉积环境与聚煤规律

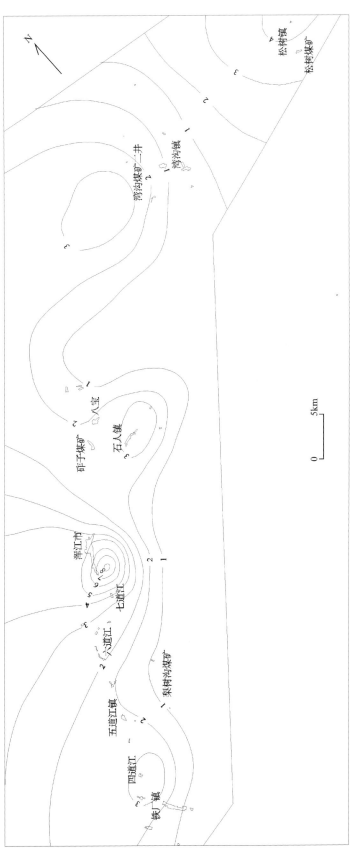

图4-4-5 层序Ⅱ砂泥比等值线图

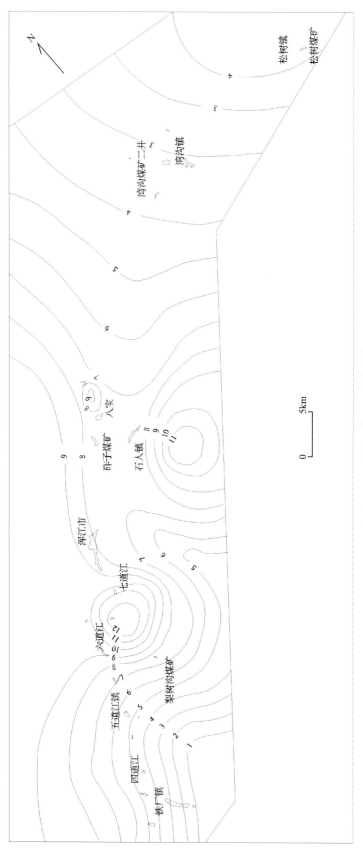

图4-4-6 层序Ⅱ煤层厚度等值线图

在重点分析砂泥比等值线的基础上,结合各单指标等值线图和层序地层学、沉积相连井对比的结果,将研究区四道江、七道江、湾沟煤矿二井以西和松树镇附近高砂泥比值的地区作为上三角洲平原,将砂泥比值在1~2之间的地区作为下三角洲平原,砂泥比小于1的地区作为三角洲前缘。总之,层序Ⅱ沉积期环境主要为三角洲平原相(图4-4-7)。

3. 层序Ⅲ岩性古地理图

层序Ⅲ包括相当于山西组地层,时代上相当于早二叠世晚期。复合层序Ⅲ的岩性主要为中细粒砂岩、粉砂岩、泥岩及煤层,砾岩不发育。地层厚度在5.80~93.26m之间,最厚在八宝和湾沟地区附近,往两侧逐渐变薄(图4-4-8)。

从砂泥比值来看,等值线图上层序Ⅲ中砂泥比分布有3个高值区,分别在研究区的四道江、白山市-咋子煤矿和湾沟煤矿二井附近(图4-4-9)。

煤层主要分布在八宝、七道江附近,整体上看煤层分布较集中,且具有东北厚、西南薄的趋势(图4-4-10)。

从上述的砂岩分布、煤层分布以及低砂泥比分布特征看,同时结合层序地层及沉积相剖面对比结果,层序Ⅲ的古地理单元可分为上三角洲平原、下三角洲平原及三角洲前缘相(图4-4-11),层序Ⅲ时期的煤层主要发育在上三角洲平原与下三角洲平原过渡带和下三角洲平原。

四、早白垩世层序岩相古地理分析

本次中生代岩相古地理分析主要选取早白垩世的含煤地层。早白垩世含煤地层主要分布于吉林省松辽盆地东部赋煤带和吉林省中部地区,在吉林省的东部和南部也有小型含煤盆地分布,选取资料点70多个,资料点主要分布在松辽盆地东部地区和吉林省中部赋煤带,具体资料点分布如图4-4-12所示:

早白垩为吉林省最重要的成煤时代,含煤岩系呈北东向条带分布在一系列中小型断陷盆地内。在松辽盆地东部地区主要发育为沙河子组,在吉林省中部主要发育为长安组和长财组,主要岩性有泥岩、粉砂岩、细砂岩、砂岩、煤层,其岩性参数统计如下表(表4-4-2)所示。

白垩纪的层序Ⅱ地层厚度变化在50~170m之间,平均值在110m左右。地层厚度最大值在研究区的营城盆地的东部地区,一般在170m左右,最小值出现在研究区的蛟河地区。白垩纪的地层厚度平面上总体表现为盆地四周向盆地中心厚度减小,这与沉积环境的递变是相互吻合的。白垩纪的砂泥比值主要变化在0.1~2之间,平均为1。

1. 松辽盆地东部赋煤带

松辽盆地东部赋煤带刘房子地区的砂岩百分比含量较低,一般在10%~50%之间,局部最低在10%左右,局部最高可达90%以上,平均50%,其主要来源于湖泊沉积环境,由湖泊沉积环境过渡为三角洲环境。平面上砂岩百分含量高值区在营城盆地的东南部,砂泥比含量最高达到了2以上。该区主要为冲积扇沉积,从东南往西北方向逐渐递减再升高,表现为由冲积扇沉积、三角洲沉积相、湖泊沉积向三角洲沉积的转变。

2. 吉林中部赋煤带

吉林省中部赋煤带松辽盆地东部地区砂泥比含量高,一般在100%~150%之间,平均125%,泥岩主要来源于湖泊沉积。平面上泥岩百分含量低值区位于研究区双阳盆地附近,泥岩含量在10%以下。在辽源盆地砂泥比从西北往东南方向逐渐递增,反映湖侵方向为盆地的西北方向。双阳盆地、蛟河盆地的砂泥岩比主要表现从盆地的边缘向四周降低的趋势。

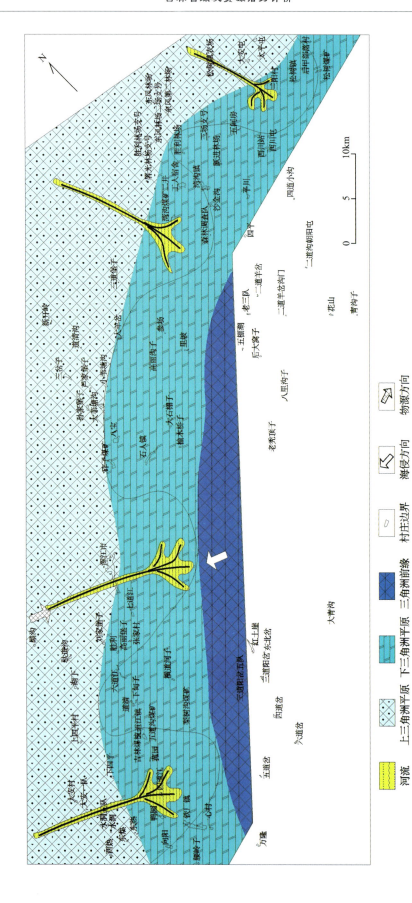

图4-4-7 层序Ⅱ岩相古地理图

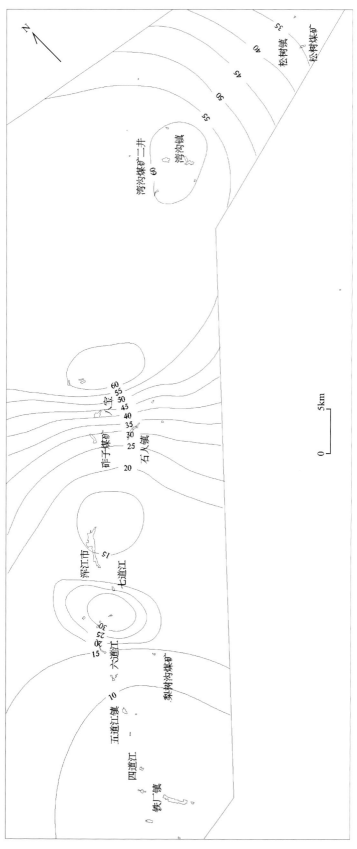

图 4-4-8 层序Ⅲ地层厚度等值线图

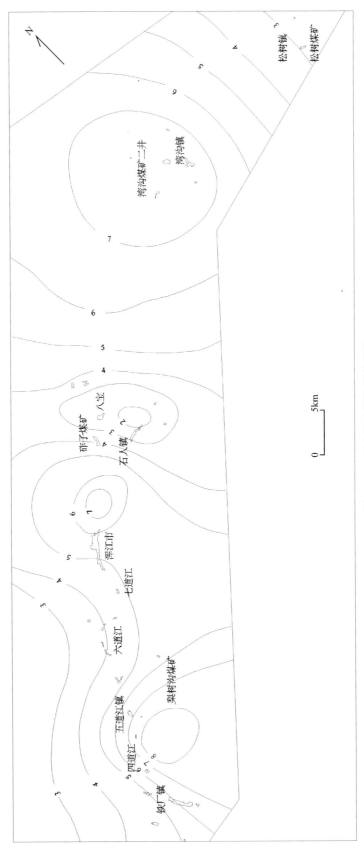

图 4-4-9 层序Ⅲ砂泥比等值线图

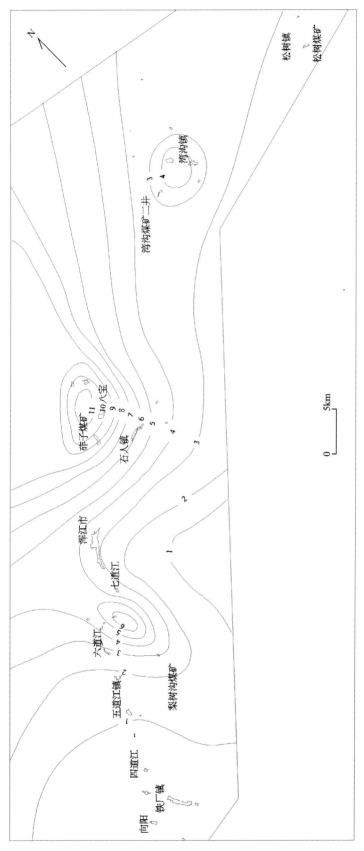

图4-4-10 层序Ⅲ煤层厚度等值线图

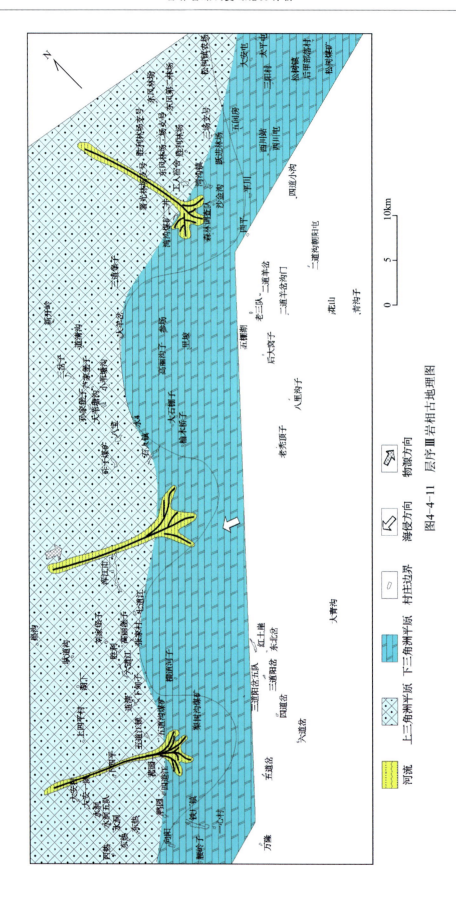

图4-4-11 层序Ⅲ岩相古地理图

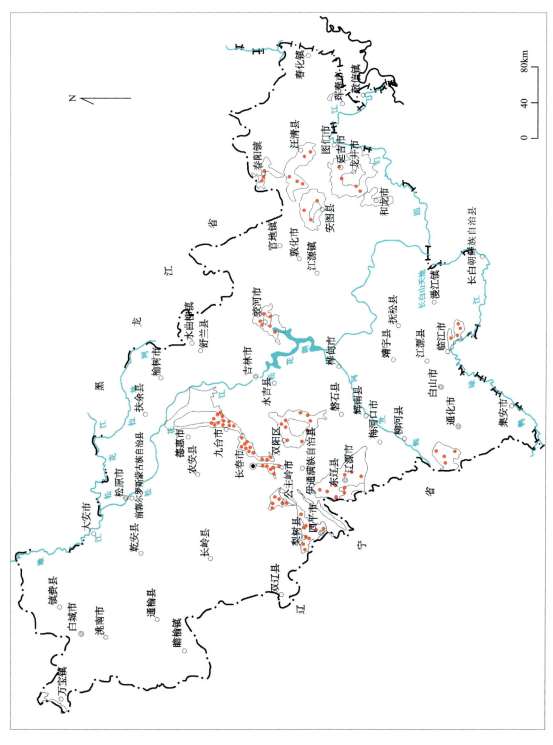

图4-4-12 层序Ⅱ钻孔资料点分布示意图

表 4-4-2　早白垩世岩性参数统计表

孔号	砂岩厚度/m	泥岩厚度/m	煤层厚度/m	地层厚度/m	砂泥比
68-9	76.73	17.99	5.58	100.3	4.27
77-8	130.70	23.90	11.25	165.85	5.47
68-2	138.79	17.13	5.79	161.71	8.10
68-13	71.11	10.13	4.85	86.09	7.02
71-7	95.15	7.00	6.85	109.00	13.59
124	93.47	23.48	11.06	128.01	3.98
86	51.54	56.66	10.54	118.74	0.91
68-7	96.75	48.98	10.10	155.83	1.98
386	64.85	64.85	6.64	136.34	1.00
389	40.15	107.25	1.35	148.75	0.37
70-2	48.75	43.65	5.40	97.80	1.12
79-9	90.05	30.35	0.30	120.70	2.97
79-10	101.80	47.45	5.50	154.75	2.15
150	90.87	14.20	4.25	109.32	6.40
12	3.95	51.35	11.05	66.35	0.08
11	5.05	74.25	14.45	93.75	0.07
249	77.30	31.10	6.25	114.65	2.49
236	42.35	76.35	8.55	127.25	0.55
72-11	151.80	19.75	2.20	173.75	7.69
51-33	28.68	15.60	1.35	45.68	1.84
53-22	19.15	72.45	12.50	104.10	0.26
68-1	120.30	10.60	10.15	141.06	11.35
74-6	54.90	14.10	4.65	73.65	3.89
82-1	96.22	2.40	0.48	99.10	40.09
70-38	97.20	8.59	0.26	106.06	11.32
70-23	29.20	75.32	2.46	106.98	0.39
70-11	53.42	52.28	3.54	109.24	1.02
70-57	61.83	12.08	8.26	82.17	5.12
70-9	61.74	27.02	13.72	102.48	2.28
70-8	54.70	40.78	7.57	103.05	1.34
70-44	63.26	26.13	4.01	93.40	2.42
70-46	49.60	34.35	2.62	86.77	1.44
70-12	100.07	26.56	4.04	130.67	3.77

续表 4-4-2

孔号	砂岩厚度/m	泥岩厚度/m	煤层厚度/m	地层厚度/m	砂泥比
70-24	64.69	66.63	2.42	133.67	0.97
70-1	78.92	55.50	10.53	144.95	1.42
70-7	82.78	34.60	4.26	121.64	2.39
56-2	7.43	31.88	9.31	48.62	0.23
56-4	24.30	29.22	0.90	54.42	0.83
70-20	108.71	19.29	4.81	132.81	5.64
70-14	66.91	35.70	2.82	105.43	1.87
70-39	74.11	21.74	0	85.85	3.41
64	95.99	18.92	0	114.91	5.07
302	83.64	65.77	0	149.41	1.27
29	29.55	60.53	7.25	100.63	0.49
15	31.34	57.77	11.66	101.72	0.54
21	45.04	48.07	12.72	105.83	0.94
22	48.13	82.44	11.37	92.54	0.58
334	49.83	32.30	14.04	98.36	1.54
13	83.84	10.04	2.83	97.27	8.35
341	46.96	68.84	0	110.59	0.68
340	51.22	22.12	2.36	75.70	2.32
339	39.36	47.47	3.22	90.38	0.83
25	18.86	59.22	14.74	101.89	0.32
16	22.56	51.68	16.36	91.20	0.44
9	37.20	43.71	10.73	91.85	0.85
20	27.23	66.08	9.67	103.23	0.41
6	22.03	60.52	7.81	90.36	0.36
5	42.06	46.23	4.95	93.89	0.91
31	47.53	35.11	2.20	98.33	1.35
4	52.96	27.83	2.20	48.16	1.90
1	68.78	6.44	0.77	75.99	10.68
10	37.00	52.63	6.11	96.13	0.70
17	51.66	42.57	9.98	107.62	1.21
26	12.27	78.68	13.93	109.87	0.16
19	25.96	45.86	15.94	88.54	0.57

3. 吉林东部、南部赋煤带

吉林省东部、南部赋煤带砂泥比含量一般在120%～170%之间,平均为140%。本地区的泥岩主要源于湖泊沉积,往盆地四周逐渐变为三角洲沉积。砂泥比的比值从盆地内部往边缘逐渐升高。以砂泥比等值线为基础,结合砂岩百分比等值线图、泥岩百分比等值线图及地层厚度变化特征等综合分析,恢复出白垩纪古地理面貌如图4-4-13和图4-4-14所示。

吉林省白垩纪古地理单元及沉积相主要三角洲、湖泊相、冲积扇,主要可以分为松辽盆地东部断陷盆地,以及吉林省中部、南部、东部的一些小型断陷盆地,后者的沉积物来源主要为盆地的四周,沉积物以碎屑供应为主。在松辽盆地东部的营城盆地,沉积物主要来自盆地的东南地区,为当时的物源方向。在刘房子盆地,冲积扇主要分布在盆地的边缘。三角洲沉积应该是该期最主要的古地理单元,其砂泥比值在1～2之间,分布于研究区主要沉积区的广大范围。

五、古近纪各三级层序岩相古地理分析

本次对古近纪岩相古地理进行分析,选取资料点55个,资料点主要分布在舒兰盆地、珲春盆地、梅河盆地,具体资料点分布如图4-4-15所示。

古近纪的含煤地层主要岩性有泥岩、粉砂岩、细砂岩、中砂岩、煤层。古近纪的地层厚度变化在71～900m之间,平均值在500m左右;地层厚度最大值在研究区的舒兰盆地和珲春盆地,地层厚度一般为700m,最小值出现在研究区梅河盆地,在古近纪的地层厚度平面上总体表现为盆地四周向盆地中心厚度减小,这与沉积环境的递变相互吻合。古近纪的砂泥比值较低,一般变化在0.1～1.2之间,平均0.6(图4-4-16)。

1. 敦密断陷赋煤带

敦密断陷赋煤带桦甸盆地的砂岩百分比含量较低,一般在10%～50%之间,局部最低在10%左右,局部最高可达90%以上,平均50%,其主要来源于湖泊沉积环境,从东往西砂泥比的含量升高,由湖泊沉积环境过渡为三角洲环境。平面上砂岩百分含量高值区在桦甸盆地的东北部,砂泥比含量最高达到了90%以上。在梅河盆地7-6孔上反映的砂泥比含量最高可达122%,桦甸盆地的砂泥比在盆地中间比较低,往四周逐渐增加,表现为由湖泊沉积相向三角洲沉积相的转变。

2. 伊舒断陷赋煤带

伊舒断陷赋煤带砂泥比含量比敦密断陷赋煤带高,一般在20%～70%之间,平均45%,泥岩主要来源于湖泊沉积。平面上泥岩百分含量低值区位于研究区舒兰盆地25-4孔附近,在10%以下。总体看,伊舒断裂赋煤带由东南往西北,砂泥比百分含量表现为先降低再增加的趋势。

3. 吉林东部(延边)赋煤带

吉林省东部赋煤带砂岩比的含量一般在10%～70%之间,平均为40%,本地区的泥岩主要源于湖泊沉积,往盆地四周逐渐变为三角洲沉积。砂泥比的比值从盆地内部往边缘逐渐升高。

以砂泥比等值线为基础,结合砂岩百分比等值线图、泥岩百分比等值线图及地层厚度变化特征等综合分析,恢复出古近纪的古地理面貌如图4-4-17所示。

吉林省古近纪的古地理单元及沉积相主要为三角洲、冲积扇、湖泊相,可以分为两个大的断裂和东部一些小的断陷盆地。断陷盆地的沉积物来源主要为盆地的四周,沉积物以碎屑供应为主。在敦密断

第四章 沉积环境与聚煤规律

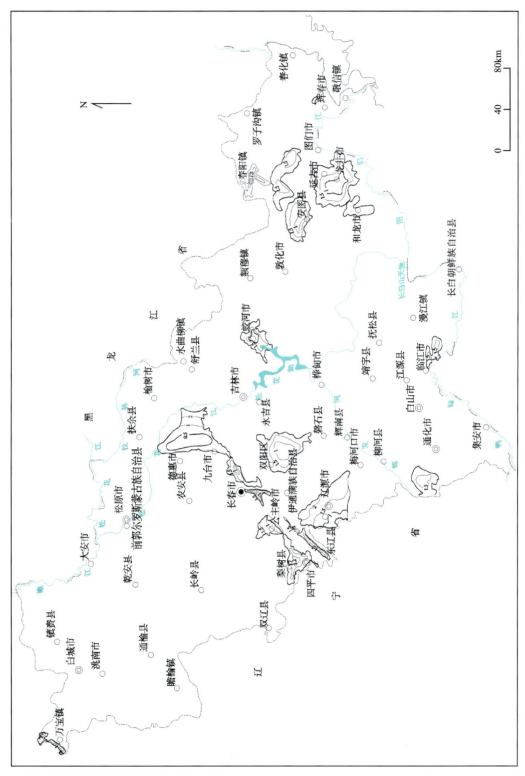

图 4-4-13 早白垩世砂泥比等值线示意图

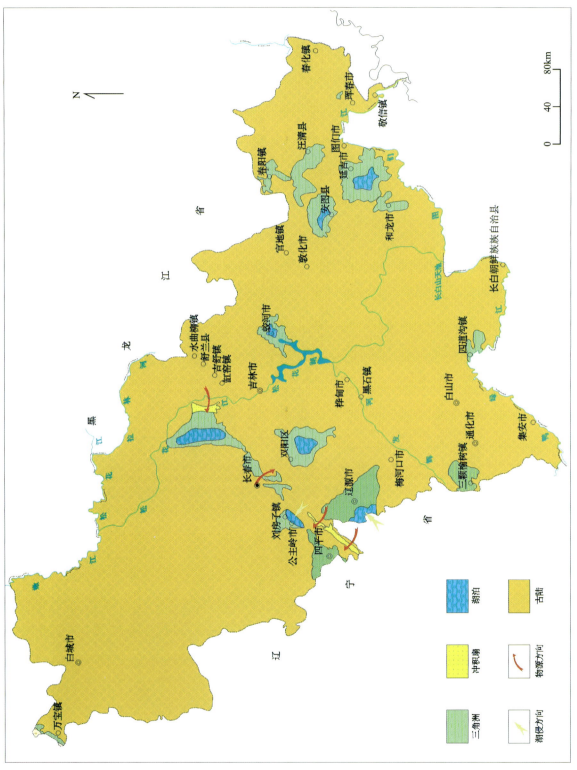

图4-4-14 早白垩世层序Ⅰ岩相古地理示意图

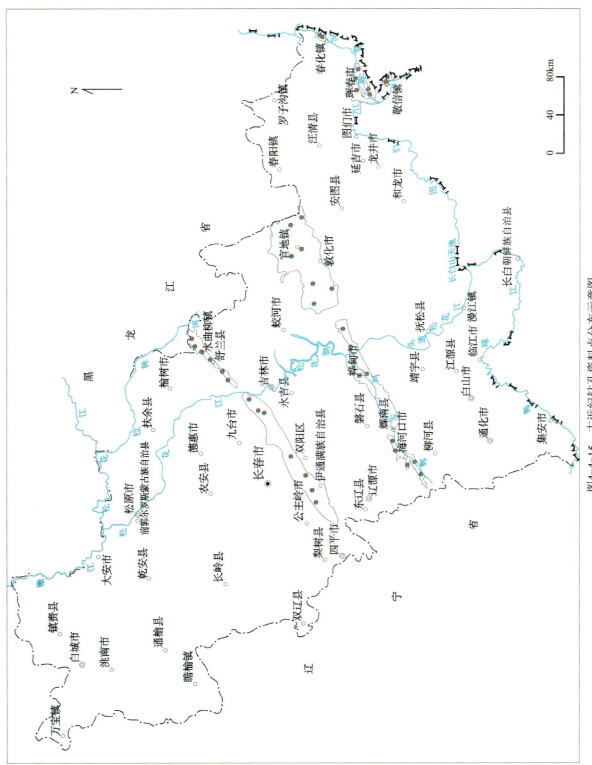

图4-4-15 古近纪钻孔资料点分布示意图

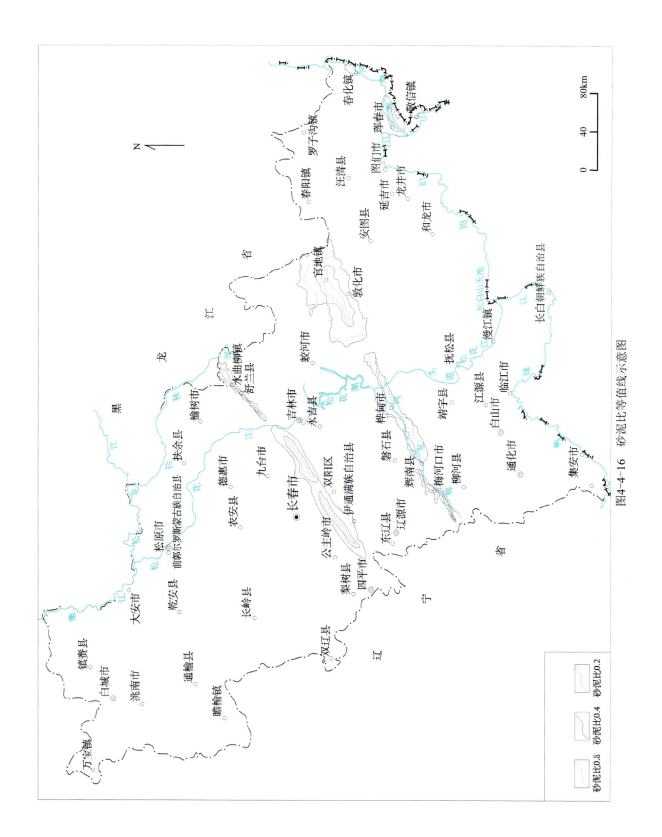

图 4-4-16 砂泥比等值线示意图

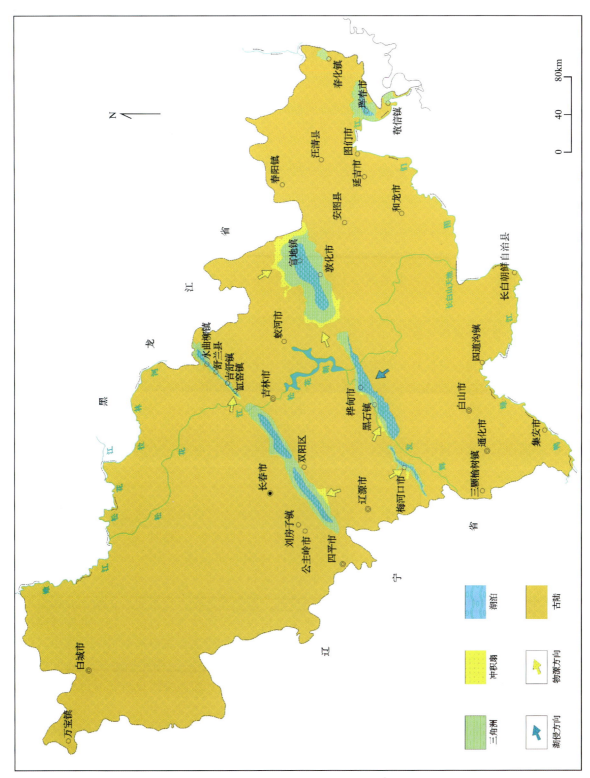

图4-4-17 古近纪岩相古地理示意图

裂带上的梅河盆地、敦化盆地、桦甸盆地的沉积物主要来自盆地的西部地区，东部为当时的湖侵方向。古近纪广泛发育断陷盆地，三角洲沉积应该是该期最主要的古地理单元，其砂泥比值在0.4~0.8之间，分布于研究区主要沉积区的广大范围。

第五节 聚煤规律及其控煤因素

一、石炭纪—二叠纪沉积期聚煤特征

（一）各种沉积环境中的聚煤作用

1. 三角洲型聚煤作用

以浑江煤田为主要研究区，三角洲平原成煤是浑江煤田最主要的成煤类型，位于研究区的中心地带，煤层多，厚度大，分布广，稳定性好，沉积速率高，煤层厚度大，并常有较厚的砂岩层。煤层的灰分一般较高，硫分变化大，含煤性好，可采率高。太原组和山西组煤层是三角洲平原成煤环境形成的主要煤层。

2. 障壁潟湖-潮坪型聚煤作用

潟湖、潮坪是本溪组较常见的成煤类型，一般是以潮坪作为聚煤场所。煤层一般稳定性好，比较连续，平行于岸线展布，结构一般比较简单，潟湖-潮坪沉积以细碎屑为主，粗粒沉积物少见。潮坪-潟湖在向陆方向上常与三角洲相邻，物质供给充分，因淤浅沼泽化而发生聚煤作用。通常煤层分布范围较广，结构简单至较复杂，以薄煤层和中厚煤层为主，硫分含量高，多为中—高硫煤，可采性较好。本溪组煤层是障壁潟湖-潮坪型环境形成的主要煤层，由于研究区海侵时间较短，形成的煤层较薄。

（二）煤层聚集规律

厚煤层的聚集受很多地质条件的控制，最重要的是基底沉降和沉积环境（邵龙义等，2006）。前者包括构造活动的强度和频率，后者包括沉积时的岩相古地理条件、古地貌、古植被、古气候、泥炭沼泽类型和沼泽中的水体深度以及地球化学条件等（Horne et al，1978；Fielding，1987）。

层序地层学分析的核心内容是可容空间的变化速率，陆相盆地可容空间的变化速率主要取决于海平面的变化速率，而海平面的变化速率与盆地基底沉降速率密切相关。可容空间产生速率与泥炭堆积速率之间的平衡关系是聚煤作用的充分条件，这种平衡关系保持时间的长短决定了煤层的厚度亦即聚煤作用强度。在浑江煤田无论是层序Ⅱ还是层序Ⅲ，煤层大多分布在最大海泛面附近的海侵体系域末期和高位体系域，该时期较快的可容空间增加速率与较快的泥炭堆积速率之间相平衡，从而有利于厚煤层的聚集。上述特征反映出有利于煤层聚积的环境是沉降速率中等、陆源碎屑供给相对较少的三角洲平原地区和障壁潟湖环境。

浑江煤田煤层聚集演化为从障壁潟湖相的沼泽沉积到三角洲平原的沼泽环境，此时的可容空间增加速率与泥炭堆积速率之间相平衡，有利于厚煤层的聚集。层序Ⅱ和层序Ⅲ煤层主要分布在上三角洲平原与下三角洲平原过渡带和下三角洲平原（图4-5-1、图4-5-2）。

第四章 沉积环境与聚煤规律

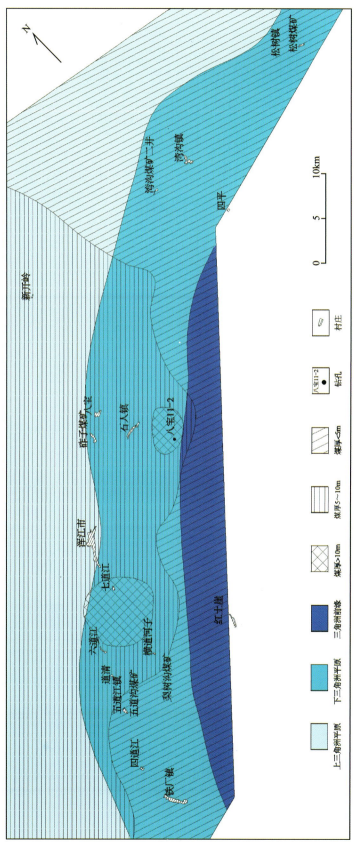

图4-5-1 层序Ⅱ聚煤规律示意图

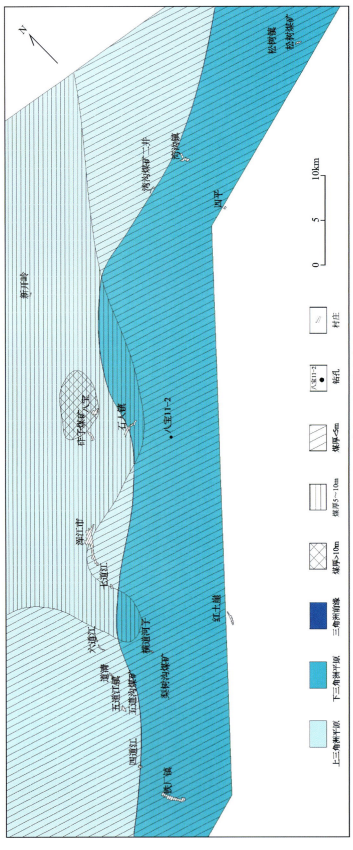

图4-5-2 层序Ⅲ聚煤规律示意图

（三）聚煤控制因素

1. 大地构造与聚煤作用

聚煤盆地的形成与演化受大地构造控制，是构造演化阶段的产物，富煤带的分布直接受聚煤盆地构造的控制，但从根本上说，是盆地基底性质、板块运移和相互作用的结果。

2. 基底构造与聚煤作用

泥炭沼泽是一种极为特殊的地貌单元，泥炭的堆积速率和盆地的沉降速率需要达到平衡，否则泥炭沼泽将会消亡，聚煤作用终止。因此，泥炭沼泽的持续、稳定发育需要长期稳定的构造环境，而基底构造是稳定构造环境形成的根本因素。

3. 盆地构造与聚煤作用

聚煤盆地构造及其演化不同程度地控制着沉积相带的展布和古地理的演化以及富煤带的分布，并直接影响到煤层的厚度和结构。浑江煤田基底构造属于华北地台稳定的克拉通基底，而含煤岩系的盆地构造为较稳定的奥陶系海相碳酸盐岩，并且沉积体系逐渐过渡到障壁潟湖-三角洲环境，这些都是研究区有利聚煤的良好条件。

4. 古植物和古气候

古植物和古气候是控制聚煤作用的主导因素之一。研究区在石炭纪—二叠纪为温暖潮湿的热带雨林气候，当时所形成的大量煤层、煤系底部的铝土质泥岩和煤系中大量的碳酸盐岩的产出以及共生的门类丰富的动物化石等，都是温暖潮湿气候的证据。温暖潮湿的气候条件有利于植物的大量繁殖，从而为成煤作用提供了物质基础，研究区大规模聚煤作用就是在这种气候背景下发生的。

浑江煤田石炭纪—二叠纪古植物面貌以真蕨纲和种子蕨纲植物为主，伴大量楔叶纲及石松纲植物中一些喜湿的沼生植物，属高等植物群。

5. 古地理类型

聚煤作用发生的古地理条件是要求有常年积水的洼地，如滨海沿岸因海退而暴露出来的滨海平原和三角洲平原，被障壁岛保护免受海浪侵袭的潟湖-海湾、大河流两岸的漫滩沼泽和内陆湖盆等等。根据岩相古地理分析，本区晚古生代石炭纪—二叠纪主要发育三角洲-潮坪相、河流相、障壁潟湖相以及滨外陆棚相。其中除了滨外陆棚相和河流相外，其余沉积类型聚煤都较好。

二、早白垩世沉积期聚煤特征

（一）沉积期聚煤特征

中生代的早白垩世为吉林省重要的聚煤时期。层序Ⅰ煤层在全区发育，煤层总厚度变化在0.1m～12m，平均厚度为5m。煤层主要形成于三角洲环境，有两个重要的聚煤带，第一个为松辽盆地东部赋煤带，煤层总厚度达到13m左右；第二个聚煤中心为吉林中部赋煤带，煤层总厚度为12m。平面上煤层总厚度表现为由冲积扇向湖泊和冲积扇方向逐渐变薄，最有利的聚煤地区为三角洲平原。如图4-5-3所示。

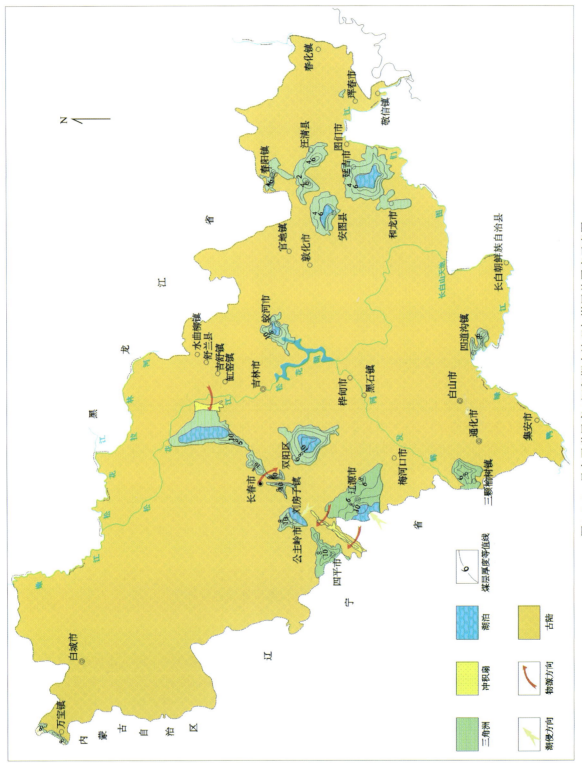

图4-5-3 早白垩世层序Ⅰ沉积期古地理与煤层总厚度示意图

(二) 聚煤作用控制因素分析

1. 古气候对聚煤作用的影响

古气候环境最终控制着成煤植物的生长、繁殖,是聚煤作用发生的前提条件,温暖潮湿气候有利于成煤植物的生长繁殖,而炎热干旱气候不利于成煤植物生长繁殖。早白垩世全球温暖潮湿的古气候环境是研究区发生聚煤作用的前提条件。

2. 沉积环境对聚煤作用的影响

沉积环境是成煤植物生长繁衍的物质基础,是聚煤作用的主要因素之一。从冲积扇到三角洲到盆地沉积中心,沉积物的砂泥比值表现出由高到低的有规律变化。因此,可以用砂泥比值与含煤系数的相关性来反映沉积环境对聚煤作用的控制作用。在上三角洲的平原地带的沼泽、湖泊,往往有利于形成较厚的煤层,煤层在河道间低洼处厚,短距离内变薄。在下三角洲平原泥炭堆积多沿河道近堤岸地带分布,平行河道方向煤层连续性略好。

3. 古地理因素

研究区范围内古地理对含煤岩系及煤层厚度有明显控制作用。早白垩世初期营城组时期,研究区断陷盆地中有基性及酸性火山喷发,由于构造的差异,不同地区喷发强度不同,喷发之后和喷发间隙,沿盆地边缘断裂内侧及火山喷发中心,冲积扇较为发育。并且在扇间洼地和火山喷发的低洼处,有薄煤层产生。随后在本地区的重要成煤期沙河子组、长财组、长安组时期,冲积扇带逐渐变窄,扇间盆地发育,出现有小型的湖泊和三角洲沉积,形成了较好的煤层。它们这种分布格局是受成煤古地理的控制。

4. 古构造因素

吉林省早白垩世的含煤地层主要位于断陷盆地内,可采煤层总厚度等值线与岩相古地理图上的煤系等厚线所展布的范围和方向具有相似和一致性,含煤性较好区与沉积中心趋于一致,反映聚煤方向和沉积方向基本相同。

三、古近纪沉积期聚煤特征

(一) 层序 I 沉积期聚煤特征

研究区的煤层总厚度变化在 0~25m 之间,平均厚度为 13m 左右,煤层主要形成于三角洲环境。研究区发育 3 个聚煤中心:第一个位于敦密断陷赋煤带;第二个位于伊舒断陷赋煤带;第三个位于吉林省东部,以珲春盆地为代表,煤层最厚可达 25m。从图 4-5-4 可以看出,研究区煤层主要形成于三角洲环境,厚煤层主要分布在断裂带,为三角洲环境成煤。从图 4-5-4 中可直观地看到,各含煤性等级在沉积区范围内,有由内向外呈环带状依次降级展布的趋势,而这一展布特征又与该期岩石相的环带状分布相吻合,这进一步显示了含煤性的发育程度深受古地理环境的控制。从图 4-5-4 中还可看到,可采煤层总厚度等值线与岩相古地理图上的煤系等厚线所展布的范围和方向具有相似和一致性,含煤性好区、较好区与沉积中心趋于一致,反映聚煤方向和沉积方向基本相同,被北东向构造所控制。

通过上述含煤性的分析及所存在的规律性,进而对层序 I 沉积期富煤带及其分布具体叙述如下:在伊舒断陷赋煤带的新安村组,岩层厚度为 550~600m,夹薄煤或局部可采煤层。舒兰组为本区主要含

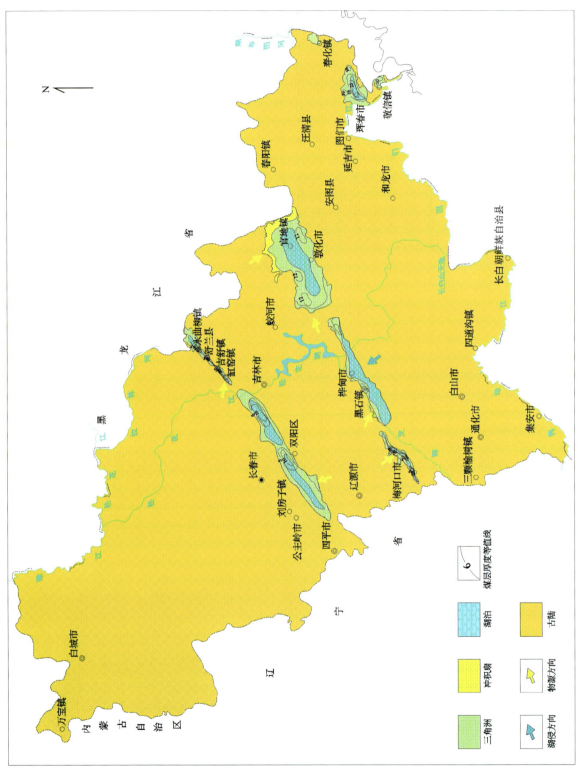

图4-5-4 古近纪层序Ⅰ沉积期古地理与煤层总厚度示意图

煤地层,由褐色、褐灰色粉砂岩-泥岩-灰色砂岩及煤层组成,厚度一般为 600m 左右,含煤 20~30 层,可采 8~12 层,可采煤层的厚度为 9.59~19.35m。

(二)聚煤作用控制因素分析

1. 古气候对聚煤作用的影响

古气候环境最终控制着成煤植物的生长、繁殖,是聚煤作用发生的前提条件。在古近纪时期东北地区属于北亚热带,气候温热潮湿,适宜于北亚热带落叶阔叶林生长,为煤层形成提供了丰富的原始物质。从当时的植物群落面貌看,以乔木类植物最多,其次为小乔木或灌木、木质藤木、陆生和水生草本植物。这样就决定了东北古近纪煤的成因类型以腐植煤为主。此外,在腐植煤中还发现以低等水生植物为主要原始物质的腐植腐泥煤夹层。主要的古气候环境是研究区发生聚煤作用的前提条件。

2. 沉积环境对聚煤作用的影响

沉积环境是成煤植物生长繁衍的物质基础,是聚煤作用的主要因素之一。从湖泊至三角洲到再冲积扇,沉积物的砂泥比表现出由低到高的有规律变化。因此,可以用砂泥比与含煤系数的相关性来反映沉积环境对聚煤作用的控制作用。特别是在砂泥比为 0.5 的地区多有厚煤层发育,表明在淡水湖泊中由于水动力较弱且有利于植物的生长,有利于滨湖带的发育,利于煤的形成和保存。

3. 古地理因素

该沉积区范围内古地理对含煤岩系及煤层厚度有明显控制作用。古近纪的煤层主要分布于两个断裂带,两断裂带呈北东向延展,为较明显的线状构造。这两个断裂带是在拉张应力作用下,使两侧地层抬起、中间陷落,在低洼处形成了断陷盆地的构造格架,堆积了古近纪含煤、油页岩地层。古近纪聚煤盆地的成因、煤系厚度和含煤性等方面都具有一定的特点。古近纪含煤地层不整合于白垩系或前震旦系古老岩系之上。多数煤盆地底部为砂砾质沉积,少数为火山岩建造。含煤地层有两个含煤段,中部为巨厚油页岩或黏土岩,均属内陆湖泊环境。梅河煤盆地的含煤地层保存较完整,底部多有一层厚度不大的粗碎屑岩,往上岩石渐变细,有的为沉凝灰岩,其上为主煤层,煤层集中,厚度大。主煤层直接顶板为油页岩。

4. 古构造因素

吉林省古近纪的含煤地层主要位于断陷盆地内,可采煤层总厚度等值线与岩相古地理图上的煤系等厚线所展布的范围和方向具有相似性和一致性,含煤性较好区与沉积中心趋于一致,反映聚煤方向和沉积方向基本相同。

第五章 煤盆地构造演化和煤田构造

第一节 煤田构造格局

一、赋煤构造单元基本特征

(一) 吉林省赋煤单元的划分

在适宜的古构造、古地理、古气候和古植物条件下发育起来的聚煤盆地，经历了地质演化历程中地壳运动和构造-热作用的改造，被分割为不同类型、不同面积的煤田或含煤区，充填于聚煤盆地中的含煤岩系则发生不同程度的变形-变质作用。煤炭资源潜力及其勘查开发前景，取决于聚煤作用等原生成煤条件和构造-热演化等后期保存条件综合作用的结果，称为煤炭资源赋存规律。术语"赋存"含有形成和保存的两重含义，相应的成矿区带称为煤系赋存单元或赋煤单元。

我国煤炭资源分布地域广阔，煤炭资源形成和演化的地质背景多种多样，不同聚煤期、不同大地构造背景的成煤条件、聚煤规律和构造演化差异显著，煤炭资源赋存地区的自然地理和生态环境、经济发展水平也有很大差别。为了有利于反映煤炭资源潜力的基本特征及其勘查开发前景，采用以成煤条件和构造背景为主线，结合其他因素进行煤炭资源赋存区划。

根据 2010 年 9 月地质出版社出版的全国矿产资源潜力评价技术要求系列丛书——《煤炭资源潜力评价技术要求》，结合吉林省的实际情况，本次采用赋煤区、赋煤带(煤盆地群)、煤田(煤产地)、矿区 4 级划分方案。

根据煤炭资源聚集和赋存分布特征可将吉林省划分为 2 个赋煤区、8 个赋煤带、28 个煤田或煤产地、57 个矿区。其中，华北赋煤区仅包括吉林省南部赋煤带，而其他 7 个赋煤带均属于东北赋煤区，分别为大兴安岭赋煤带、松辽盆地西部赋煤带、松辽盆地东部赋煤带、吉林省中部赋煤带、吉林省东部(延边)赋煤带、伊舒断陷赋煤带和敦密断陷赋煤带(图 5-1-1，表 5-1-1)。两个赋煤区在成因、地层、构造特征，以及后期演化过程均有明显的不同，且两者成煤时期也均有所不同。华北赋煤区以晚古生代时期成煤为主，而东北赋煤区以中生代及新生代成煤为主。

(二) 吉林省赋煤构造单元的划分

赋煤构造单元是从煤系赋存的角度划分的构造单元，即以地质构造控制煤系赋存状况为出发点，因此与赋煤单元具有相近的含义。赋煤构造单元的划分是对煤田构造空间分布规律的总结，为了揭示煤系赋存规律提供地质构造基础。赋煤构造单元划分的依据是褶皱、断裂等控煤构造特征的差异，以及由此导致煤系赋存状况的差异。通常煤田构造格局和煤系分布具有分区、分带展布的特点，这种分区、分

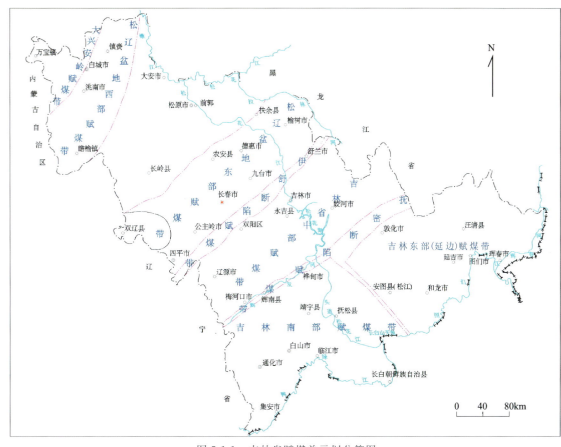

图 5-1-1 吉林省赋煤单元划分简图

表 5-1-1 吉林省赋煤单元划分表

赋煤区	赋煤带	煤田(煤产地)	矿区	矿区数
东北赋煤区	大兴安岭赋煤带	白城-万红煤田	万红矿区	1
			白城西部矿区	2
	松辽盆地西部赋煤带	瞻榆煤田	瞻榆矿区	3
	松辽盆地东部赋煤带	四平-双辽煤田	双辽矿区	4
			榆树台矿区	5
		双城堡-刘房子煤田	杨大城子矿区	6
			怀德-烧锅店矿区	7
			范家屯北部矿区	8
			刘房子矿区	9
			二十家子矿区	10
			新立城矿区	11
			石碑岭矿区	12
		营城-羊草沟煤田	营城矿区	13
			羊草沟矿区	14
		榆树煤田	榆树矿区	15

续表 5-1-1

赋煤区	赋煤带	煤田(煤产地)	矿区	矿区数
东北赋煤区	吉林中部赋煤带	辽源煤田	辽源矿区	16
			平岗矿区	17
			辽河源矿区	18
		双阳煤田	双阳矿区	19
			长岭矿区	20
	吉林东部赋煤带	蛟河煤田	蛟河矿区	21
		安图煤田	两江矿区	22
			松江矿区	23
		延吉煤田	老头沟-西城矿区	24
			勇新矿区	25
			清茶馆矿区	26
		和龙煤田	和龙矿区	27
			土山子-长财矿区	28
		屯田营-春阳煤田	屯田营矿区	29
			春阳矿区	30
			百草沟矿区	31
		凉水煤田	凉水北矿区	32
			凉水南矿区	33
		珲春煤田	珲春矿区	34
		春化煤田	春化矿区	35
		敬信煤田	敬信矿区	36
		三合煤产地	三合矿区	37
	伊舒断陷赋煤带	伊通煤田	大孤山矿区	38
			一拉溪矿区	39
		舒兰煤田	舒兰矿区	40
	敦密断陷赋煤带	梅河-桦甸煤田	梅河矿区	41
			桦甸矿区	42
		敦化煤田	黑石-大山矿区	43
华北赋煤区	吉林南部赋煤带	边沿-后沈家煤田	边沿-安口镇矿区	44
			亨通山矿区	45
		三棵榆树-杉松岗煤田	三棵榆树矿区	46
			杉松岗矿区	47
		新开岭-三道沟煤田	新开岭矿区	48
			喇咕夹矿区	49
			那尔轰矿区	50
			靖宇矿区	51

续表 5-1-1

赋煤区	赋煤带	煤田（煤产地）	矿区	矿区数
华北赋煤区	吉林南部赋煤带	浑江煤田	浑江矿区	52
			松湾矿区	53
		烟筒沟-漫江煤田	大湖矿区	54
			闹枝矿区	55
			漫江矿区	56
		长白煤田	长白矿区	57

带性在很大程度上受区域构造、大地构造单元的控制。因此从区域构造格局入手，以吉林省大地构造分区方案为基础，突出煤系赋存的区域构造控制条件，结合吉林省赋煤单元的划分方案，将吉林省赋煤构造单元划分如表 5-1-2。吉林省大地构造单元、赋煤构造单元及赋煤单元划分对比见表 5-1-3。

表 5-1-2 吉林省赋煤构造单元划分表

Ⅰ级单元	Ⅱ级单元	Ⅲ级单元
华北赋煤区	吉林南部赋煤构造带	铁岭-靖宇隆起 （三棵榆树-杉松岗煤田）
		浑江隆起 （浑江煤田、长白煤田）
东北赋煤区	大兴安岭赋煤构造带	万红坳陷 （万红煤田）
	松辽盆地西部赋煤构造带	松辽西部断陷 （瞻榆煤田）
	松辽盆地东部赋煤构造带	松辽东部隆起 （双城堡-刘房子煤田、营城-羊草沟煤田、榆树煤田、四平-双辽煤田）
	吉林中部赋煤构造带	石岭隆起 （辽源煤田）
		吉林坳陷 （双阳煤田、蛟河煤田）
	吉林东部（延边）赋煤构造带	延边坳陷 （延吉煤田、珲春煤田、凉水煤田、春化煤田、较小煤田、三合煤产地）
		敦化隆起 （屯田营-春阳煤田、和龙煤田、安图煤田）
	伊舒断陷赋煤构造带	伊舒断陷 （伊通煤田、舒兰煤田）
	敦密断陷赋煤构造带	敦密断陷 （梅河-桦甸煤田、敦化煤田）

表 5-1-3　吉林省大地构造单元、赋煤构造单元及赋煤单元划分对比表

大地构造单元划分		赋煤构造单元划分		赋煤单元划分	
华北陆块区	胶东古陆块 II$_1$	华北赋煤构造区	吉林南部赋煤构造带	华北赋煤区	吉林南部赋煤带
天山-兴蒙造山系	大兴安岭弧盆系 II$_2$	东北赋煤构造区	大兴安岭赋煤构造带	东北赋煤区	大兴安岭赋煤带
	索伦山-西拉木伦河-图们结合带 II$_3$		松辽盆地西部赋煤构造带		松辽盆地西部赋煤带
	包尔汉图-温都尔庙弧盆系 II$_4$		松辽盆地东部赋煤构造带		松辽盆地东部赋煤带
	小兴安岭弧盆系 II$_5$		吉林中部赋煤构造带		吉林中部赋煤带
			伊舒断陷赋煤构造带		伊舒断陷赋煤带
	佳木斯-兴凯地块 II$_6$		吉林东部(延边)赋煤构造带		吉林东部(延边)赋煤带
			敦密断陷赋煤构造带		敦密断陷赋煤带

(三) 赋煤构造单元构造特征

吉林省以辉发河-古洞河断裂(海龙—桦甸—和龙一线)为界,吉林省跨越了两个 I 级赋煤构造单元,南部为华北陆块(华北地台)东北缘,北部为天山-兴蒙造山系(地槽)东缘。两区不但具有构造运动、岩浆活动、沉积作用(包括聚煤作用、变质作用以及成矿作用)的显著性差异,多旋回性,而且还具有地质构造发展的多阶段性及其空间上的不平衡性。吉南台区发展演化历程可归结为 3 个大地构造发展阶段,即地槽发展阶段(太古宙—古中元古代)、准地台发展阶段(新元古代—二叠纪)、滨太平洋大陆边缘活化阶段(三叠纪—新生代)。吉北槽区可划分为两个阶段,即地槽发展阶段(寒武纪—二叠纪)、滨太平洋大陆边缘活化阶段(三叠纪—新生代)。在三叠纪时期,两大陆块拼接成一整体,共同经历了滨太平洋活化阶段。

由于两个单元在各方面的显著差异,因此在赋煤方面两者也有显著差异。吉南地区(华北赋煤构造单元)成煤期主要为石炭纪—二叠纪,而北部地区(东北赋煤构造单元)成煤期主要包括侏罗纪、白垩纪及新生代。其中两大断裂赋煤构造带伊舒盆地及敦化盆地主要为古近纪、新近纪的煤,形成原因主要是两区在古构造有显著差异,且海陆分布均不相同。

1. 吉林南部赋煤构造带

吉林省南部地区位于华北古板块东北端,是胶辽块隆东北段。区域外围是西部的北东向抚顺密山断裂、东部的北东向鸭绿江断裂和北部的东西向赤峰开原断裂带,在三者夹持下的区域次一级构造主要有三源浦-杉松岗复向斜、龙岗复背斜、铁厂-松树镇复向斜、老岭复背斜以及若干逆冲断裂及其伴生的小型褶皱和断裂。

柳河盆地、三源浦-杉松岗复向斜及两者之间的狭长隆起共同组成了柳河中生代断陷带。柳河断陷

形成以后,受北东走向的基底型逆冲断裂及其伴生逆冲断裂的改造,该逆冲断裂根带应是抚顺密山断裂向南东推覆,北西侧的柳河盆地地区表现为鞍山群向南东逆冲推覆于侏罗系—白垩系之上,南东侧的三源浦-杉松岗复向斜地区表现为鞍山群及寒武系向东南逆冲推覆于下中侏罗统杉松岗组之上。

浑江坳陷主要发育有两期逆冲断裂-推覆构造系统,分别为高角度盖层逆冲断裂组和低角度基底逆冲断裂组。其中低角度基底逆冲断裂组走向北东,由南东向北西推覆,将老岭隆起的下古生界至太古宇岩系推覆在浑江坳陷之上,在时间上和柳河断陷带的逆冲推覆断裂组同步,属于对冲型逆冲推覆构造。柳河中生代断陷带主要受华北古板块和西伯利亚古板块陆内碰撞,郯庐断裂产生左行剪切扩张作用;浑江坳陷主要受华北古板块与太平洋古板块聚合剪切挤压作用影响,形成区内一系列北东向的逆冲推覆构造。

吉林省南部的老岭背斜将其分成南北两条带煤产地,北条带为浑江复式向斜,呈北东—北东东向展布,依次有杨木林子、铁厂、五道江、头道沟、六道江、八道江、砟子、苇塘、湾沟、松树镇等向斜和断块;南条带即长白区,呈东西向展布,主要有新房子、十三道沟、十八道沟等煤产地。

晚古生代含煤盆地的含煤岩系为上石炭统太原组和下二叠统山西组,通过岩相古地理分析,其成煤阶段的沉积盆地为一广阔的陆表海。吉林省南部为与海水相通的大型盆地,北部为山前北高南低的广阔盆地,盆地中局部有鼻状隆起,沉积盆地北侧(北部盆缘)为东西向的板块拼接带。在加里东期前就开始拼接,地壳增生造山,地势逐渐升高,既有深断裂控制又褶皱造山,成为本区沉积物源供给区。在成煤时海西期盆地内以不均一升降运动为主,反映了海水时进时退,沉积物和岩相也呈周期性的变化,成煤期内可划分6~12个旋回,即可证明6~12次周期性的升降,甚至存在沉积间断。

古基底高低不平,反映沉积有先后和岩性、岩相及厚度的明显变化,本溪期的沉积最为明显。另外由于地壳沉降和上升幅度不均一,形成地层厚度不同,有几个沉降中心,辽东—吉南区有3个明显的呈东西向的沉降中心,其中长白地区大于80m。由于地壳上升下降有明显的差异,在上升时形成沉积间断,局部地层缺失,形成平行不整合关系,如浑江地区的山西组和太原组间局部有冲刷和平行不整合接触关系,上石盒子组与下石盒子组间普遍为平行不整合接触。

地壳构造运动控制了海陆变迁和沉积岩相变化及聚煤作用。本区从早石炭世开始地壳下降,海水由南侵入,形成本区较大范围的堡岛复合体系和碳酸盐岩台地体系沉积。晚石炭世地壳上升,海水缓慢向南撤退形成堡岛体系,形成较好的聚煤环境,海水略早退出发育了以三角洲为主的聚煤环境。早二叠世以后逐渐上升为陆,发育以三角洲体系和河湖体系为主的聚煤环境。二叠纪晚期由于地壳继续上升逐渐结束聚煤作用。

2. 松辽盆地西部赋煤构造带

本区西部构成晚海西期—早印支期地槽褶皱带的主体,晚古生代强烈坳陷地带。该赋煤构造带表现的构造格架主要是燕山运动的产物,印支运动在西部地区主要表现为大面积隆起。燕山运动最强的一幕发生于中侏罗世末、晚侏罗世初,形成了北东方向为主导的褶皱构造并常呈雁行排列。燕山期太平洋北进,大陆南移的水平挤压扭动形成了雁行排列的隆起和坳陷,北东向构造在本区普遍存在,规模宏大,断裂作用和岩浆活动强烈。本区有巨型松辽坳陷带和大兴安岭隆起带及一些次一级的裂陷盆地群,性质不同的断裂构成了本区现存的构造格局。随着北东向或北北东向断裂和裂陷的发生,产生一系列呈雁行排列的含煤或储油盆地,如镇赉-兴隆山、瞻榆的"多"字形盆地组合及巨流河盆地群。在宝龙山、巨流河盆地含煤,大兴安岭隆起带的西侧以海拉尔盆地群及巴音和硕盆地群(包括霍林河盆地)的西界接壤。隆起带上由一系列北北东向或北东向的复式背向斜组成,主要为中晚侏罗世的中酸性和中基性火山岩、火山碎屑岩,其轴部广泛出露海西期花岗岩体,呈北北东向展布,西坡主要是上侏罗统大兴安岭群。进入燕山晚期和喜马拉雅期,本区处于上升抬起剥蚀状况,未接受白垩纪和古近纪地层的沉积。

3. 松辽盆地东部赋煤构造带

该赋煤构造带东为四平-德惠岩石圈断裂,是在燕山期发生和发展起来的呈北北东向展布的中生代白垩纪—古近纪的断陷盆地。基底据钻探资料证实为前侏罗纪的变质岩系,盖层为巨厚的中、新生代陆相火山岩,火山碎屑岩和陆相碎屑沉积岩、泥岩等,由于盖层巨厚加上褶皱平缓等原因,基底岩系无一出露。松辽盆地的盖层褶皱较为发育,多为平缓的向斜构造,其规模不一,两翼不对称,两向斜衔接部位常形成背斜构造,翼部常伴有断层存在,但总体上呈宽缓的复式向斜。

4. 吉林中部赋煤构造带

西以四平-德惠岩石圈断裂与松辽中断陷分开,东界大体位于敦化-密山岩石圈断裂一线,以东为吉林省东部赋煤构造带,南以中朝准地台北缘超岩石圈断裂为界。区内自古生界至中、新生界均有出露。下古生界为地槽型中基性火山岩-陆源碎屑岩建造、碳酸盐岩建造和类复理石建造;上古生界为海相火山岩-陆源碎屑岩建造、复理石建造和陆相碎屑岩建造;中、新生界为陆相含煤建造等。岩浆活动亦较频繁,火山活动自早古生代开始断续活动一直延续到新生代。褶皱断裂均较发育,加里东期主要表现为紧闭线头褶皱,并常为倒转产出。断裂主要为走向逆冲断层或斜交走向的斜冲、剪断断层,晚古生代褶皱和断裂特征与早古生代加里东期特点相近。燕山期以强烈的断块运动为主,形成一系列的断陷带和断坳带。对于中、新生代甚至晚古生代以来的地史发展和演化都起到重要的控制作用,区内断裂以北东向、北北东向最为发育,并与矿产的关系密切,东西向和北西向次之。该赋煤构造带可进一步划分为石岭隆起、双阳褶皱束和蛟河褶皱束等三级赋煤构造单元。

5. 吉林省东部赋煤构造带

该赋煤构造带西北大体以集安-两江深断裂为界,西南大体在天宝山—延吉市—开山屯一线附近,向东及东南向伸向俄罗斯和朝鲜,向北东延入黑龙江省。区内地层主要为二叠系,其次为中、新生界,尚有少量的奥陶系、志留系。岩浆喷发早在加里东期开始,海底火山喷发很强烈,主要为中性火山岩类。中生代为火山强烈活动时期,喷溢巨厚的中基性、中性和少量酸性陆相火山岩类。新近纪火山继续活动喷溢,海西末期有广泛的侵入活动呈岩基产出。印支期岩体呈不规则岩株、岩基状,岩性为花岗岩、二长花岗岩等。燕山期岩体主要分布于本区北部,基本上为呈北北东延伸的岩基。加里东构造层的褶皱为一向斜构造,呈南北向紧闭线型,翼部发育平行于主轴线的次级褶曲。晚古生代地层褶皱呈北东向,紧闭线型特征明显,但也有褶皱呈南北向且属舒缓型。中、新生界属短轴开阔平缓的褶皱,受基底构造的控制。北北东向、北东向、南北向和东西向及北西向等断裂均较发育,北北东向和南北向断裂与东西向断裂交会部位控制了中、新生代断陷生成和火山喷发活动。区内东部春化—四道沟主要发育的早古生代火山岩、火山碎屑岩及陆源碎屑岩建造,构成走向南北的紧密线型向斜构造,南北走向的挤压断裂发育,沿断裂带有基性、超基性岩株侵入。中间凸起是地槽在加里东时期褶皱隆起后经海西期、早印支期一直处于隆起遭到剥蚀状态,实际上是海西地槽期的中间凸起,其上叠加海西期以后各期的构造变动。

6. 伊舒断陷赋煤构造带

该赋煤带所形成的盆地为北东向的半地堑型断陷式构造格架。在初始裂陷时期快速沉降,为冲积扇及浅水湖相沉积;之后盆地扩张,填平补齐,河流发育,分流形成辫状河,泛滥盆地相聚煤阶段为盆地的主要聚煤期;接着为盆地最大扩张期,以深湖相褐色泥岩沉积为主;第四阶段盆地收缩,演化为泥质岩沉积;最后盆地充填结束,局部有新近系冲积、洪积相砂砾岩沉积。盆地沉积之后,发生以断裂为主的较大构造变动。盆地被纵张断裂切割,形成盆地内次级的地垒、地堑构造形式。其次,盆地内横张断裂发育,有北西、北东向两组,将狭长的带状盆地切割成不同断块,上升断块煤系被抬升,局部遭受剥蚀。下降断块煤系地层被埋藏较深,尤其是在纵张断裂形成的地堑内。这组断裂切割造成盆地基底起伏及煤层赋存深度的差异,与此同时,北部的逆掩断层或推覆构造对煤系的赋存起着控制作用,形成了现存的构造格局。

7. 敦密断陷赋煤构造带

本区的原始沉积主要为宽缓向斜,经后期压性为主的构造改造形成压性构造,组成较为复杂的压性构造复合体,含煤地层时代主要为中生代晚期及古近纪。该赋煤带西南段梅河煤田呈北东-南西向展布,为抚顺-梅河地堑的一部分,煤田南北两侧走向为北东-南西向的逆断层,控制着整个煤田的形成与发展。而后期又被近南北走向断裂所切割,形成复杂的半地堑式构造格架。中段杉松岗煤田及桦甸煤田褶皱较明显,多为轴向北东东的宽缓向斜且不对称。后经以压性为主的构造改造形成较为发育的断裂构造,大致可以分为两组:一组为走向北东—北东东,常与褶皱轴向相一致,由多条断层组成,延伸较长,这组断裂对全区的构造发育起着重要的控制作用;第二组为走向北西-南东向,切割第一组断裂,不甚发育。另外,在桦甸煤田发育有走向北东-北东东向的逆掩断层,将鞍山群推覆于侏罗系之上,形成飞来峰构造。北东段敦化煤田构造较为简单,局部有较小的波状褶曲,多为宽缓的背向斜。断裂构造较发育,古生代以东西向断裂为主,中、新生代以北东向断裂为主体的,还有伴随着北西向断裂构造特征。这些断裂边断边接受沉积,控制了中、新生界沉积,对煤田的形成有重要的作用。

伊舒、敦密断裂带在晚侏罗世、古近纪对煤、油气成矿的构造控制作用,主要表现在断裂构造背景、裂陷沉积演化的时空关系、裂陷的复合作用、岩浆活动及深部构造作用等,所形成的断裂带内有不同类型盆地,即聚煤盆地或煤油气盆地。

伊舒、敦密断裂带受控盆地构造格架与背景、盆地沉积地层时代、厚度、分布面积、沉积矿床类型、断裂带与周边构造背景的复合关系、形成裂陷盆地规模、深部构造特征及岩浆活动等地质构造因素有关。将受控沉积盆地划分为两大类型,即裂谷型盆地、断陷型盆地。裂谷型盆地进一步划分为两种形式:深大断凹型和中小断凹型,不同类型盆地控制煤油气成矿趋势。

吉林省东北赋煤构造单元在二叠纪之前为地槽发展阶段,三叠纪之后与华北陆块合并成一体,一起经历了中生代—新生代的滨太平洋的活化阶段,其中除伊舒、敦密断裂带外,成煤期主要为中生代,它的成煤盆地主要以断陷、坳陷型盆地为主。

吉林省中、新生代为古亚洲和滨太平洋两大构造域重叠控制区,早二叠世末大规模海侵在本区已经结束,地槽升起但未发生褶皱运动,南台北槽逐渐统一。晚二叠世已为陆相沉积,基底构造性质趋向一致。古亚洲大陆趋于僵化,滨太平洋大陆边缘活化带开始发育,因此晚二叠世—早三叠世上述两个构造交替发展,出现了过渡阶段。中生代时期由于太平洋板块对欧亚板块的俯冲挤压,古亚洲大陆复而破裂,断裂活动极为强烈,主要表现为大规模差异性断块运动和平缓的褶皱,并改造或继承先期断裂,形成一系列规模不等的断陷盆地或坳陷盆地,并伴有大规模的中—酸性岩浆侵入和喷发,形成别具一格的火山-湖相沉积盆地,煤、石油、非金属矿产和金属矿产极为丰富。新生代喜马拉雅运动对本区有较大影响,表现为继承性断裂活动和断陷盆地的继续下沉。前者导致了基性—碱性岩浆沿断裂带喷溢;后者接受了陆相含煤碎屑及油页岩沉积,形成了硅藻土、黏土、煤等矿产,并使古近纪、新近纪地层发生了平缓褶皱。第四纪地壳升降运动加速,河流切割加剧,最终形成今日错综复杂的地貌景观。

由于受古构造、古沉积环境的控制及其构造变动在时间或空间上的差异性,使中、新生代沉积盆地发育程度不尽相同,建造、厚度因地而异,如在吉林省内共圈出中、新生代沉积盆地70个,其中坳陷盆地17个、断陷盆地32个、断坳盆地21个,按其成因类型主要以坳陷盆地为主。断陷、断坳盆地在空间分布上主要受北北东向和北东向构造控制,具有明显的方向性,一般盖层发育较全,保存较好,而坳陷盆地在空间分布上则无明显的方向性,盖层发育不甚完整。

中、新生代沉积盆地的建造类型以火山-含煤碎屑岩建造及火山-灰色碎屑岩建造分布最广,约占盆地总数70%，其余30%为含煤沉积盆地、含油页岩盆地和含油盆地，显示出中、新生代沉积盆地具有火山活动与成煤（油）期交替出现的沉积特征。

在中生代初期局部形成坳陷的基础上，本区接受了晚侏罗世—白垩纪的巨厚沉积，由于太平洋板块的作用和影响，北东向断裂活动十分强烈，从而奠定了本区中生代地质构造的基本格局。因受断裂控制，中生代盆地的分异、转化及其展布方向似有一定的规律。由于断裂活动的不断加强，盆地中的岩层出现推覆、侧向迁移和重叠。在吉林省大致以柳河-吉林断裂带为界，其东南侧由西南向东北依次出现较新的地层，如柳河盆地、抚松盆地、屯田营盆地、延吉盆地、珲春盆地、凉水盆地、三合盆地等，最后被新生代玄武岩所覆盖，显示沉积中心由西南向东北方向迁移。与此相反，断裂的西北侧以相反方向迁移，为双阳盆地、平岗盆地、辽源盆地、松辽盆地等，其沉积中心由东北向西南方向迁移的。

（四）吉林省区域地球物理场特征

1. 区域磁场特征

全省宏观磁场可分为3个大磁场区：长白山强波动磁场区、松辽平原平缓磁场区、大兴安岭波动磁场区。

长白和大兴安岭磁场区的磁场，显示为方向不稳定的以北东向略多的线型或链型的异常分布格局；异常强度大，梯度大；异常形态多变，异常轴向展布方向也多变；个别地段异常呈正、负相伴，紧密排列的磁场特征。该区以北东向磁异常带为主，东西向异常分布亦明显，范围广泛，北西向异常分布较差。这种磁异常展布，与区内以北东向为主、东西向及北西向兼有的侵入体及一些较大型盆地的分布有关，规模较小的盆地反映不明显。

（1）中新生代大中型盆地狭长负磁场条带。属于此类的有伊通-舒兰盆地、柳河-杉松岗盆地等。上述盆地边缘常有大断裂分布，沉降幅度大，接受巨厚中新生代弱磁性沉积物，故在两侧隆起带基底磁场的衬托下，表现为狭长的向前磁场，双侧梯度带十分显著，走向稳定，呈线性延展，负磁封闭中心可视为幅度最大的沉降中心。古近系煤层发育其中。负磁场条带仅指示，而不能直接反映煤层的赋存位置。

（2）中生代小型盆地槽型线状负磁场。相对于前者为小规模的盆地，中生代时，继承较古老的构造方向，继续活动，局部发育成中生代盆地，接受火山-陆源碎屑沉积，属于此类的有辽源盆地、蛟河盆地、和龙盆地等。由于两侧多受断裂所限，故负磁场边界较平直，显线性延展，但长度不大，且双侧梯度带不明显乃至于无。同时，由于中生代火山活动频繁，往往被熔岩的较强磁场干扰而成杂乱磁场状。

（3）中新生代近等轴状盆地型开阔负磁场。于中新生代尤其在白垩纪至古近纪时，出现较多开阔的古地理环境，接受了含煤盆地沉积，属于此类的有延吉盆地、珲春盆地、松江盆地、双阳盆地等。它的特点为面积大，近等轴状，犹如一个大盆子。但沉降幅度较小，基底磁场的叠加作用明显。故它反映出基底起伏影响的高低叠加趋势，这种时呈阶梯状，可推断出自基底发育至地表的浅表性断裂造成的断块性起落。

（4）上古生界走向性负磁场。在台区见于浑江盆地及长白鸭绿江北岸，由于自震旦纪以来，浑江盆地的古地理环境比较稳定，所接受的各时代沉积岩均无磁性，因此整个盆地反映为一个完整的走向性清晰的线型负磁场，负磁场极小值中心连线即为盆地沉降中心线。

综上所述，吉林省含煤盆地的磁场特征首先为负磁场，根据不同的沉积环境可成为狭长线状、短线状、近等轴状或开阔状，一般为平静场形，但受到各种场形磁性体干扰时，干扰场叠加其上，通过各种数据处理消除干扰场而突出含煤盆地的磁场特征，因而可用磁法配合推断含煤盆地。

2. 区域重力场特征

同区域磁场一样，全省宏观策略场亦可分为长白山系、松辽平原和大兴安岭3部分。在地球表面重力位均衡规律制约下,松辽中生代沉降带底下的地幔总体上升,两侧山区底下的地幔总体下降,形成了中间重力场高、两侧重力场低的宏观格局。

在长白山系低重力场区域之中,台区太古宙—元古宙固结陆核的重力场相对略高。台区元古宙地体区发育的不同时期的较大构造及其产物在重力图上均有显示。如浑江坳陷及柳河坳陷,重力场值变低级,且边缘有明显梯度带;构造断裂在重力场上反映亦较明显,如抚密盆地,梅河至桦甸段继承了台缘外侧地幔坳陷带,并向北东发育,反映出一条线状负重力场条带,并控制了发育其中的古近系煤盆。台区重力场的走向西部主要为北东向,东部三道沟河至和龙段大致为近东西向,和龙以东折为北西向,形成一个向北突出的弧。

北部槽区情况与台区有很大不同。首先,它的基底重力场方向总体以东西向为特征。

太古宙或古生代基底之上发育的中新生代盆地,在槽区最重要的是伊通-舒兰盆地,反映为一条线形的负重力条带,地堑双侧梯度带等值线非常密集,反映出边缘断裂的高角度产状。中生代以来,松辽盆地开始沉降;新生代始,由于图们—珲春—春化一带开始沉降,地幔均衡上升以保持重力位之平衡,因而松辽盆地、珲春盆地表现为大面积重力升高。

综上所述,位于台区的古生代煤盆地重力场主要表现为相对低值场,在槽区则主要表现为相对高值场。中新生代盆地则为明显的线状负重力条带,松辽、珲春等中新生代沉降带中则为高重力场中的相对降低。

吉林省莫霍面深16~36km,起伏形态与现代大型盆地、山脉呈镜象反映:长白山与大兴安岭区分别深37~46km、37~45km,松辽盆地36~37km,但山区内有众多规模小的盆地,以及舒伊、桦梅盆地这样较大的盆地,斜穿或横穿莫霍面等深线,与莫霍面形态无明显相关关系。

二、断裂构造

1. 断裂基本特征

自太古宙以来,吉林省经历了多次地壳运动,在各个地质发展阶段和各个时期的地壳运动中,均相应形成了一系列规模不等、性质不同的断裂。这些断裂,尤其是深大断裂一般都经历了长期的、多旋回的发展过程,它们对吉林省地质构造的发展、演化与成岩、成矿作用有着密切的联系。

在广泛综合前人区域地质调查和煤田构造研究的成果基础上,根据重力、航磁等物探资料并结合遥感图像的解译成果分析认为:吉林省断裂很发育,主要断裂有40余条,断裂行迹复杂,力学性质、规模各异。吉林省以海龙—桦甸—和龙为界将其分成两个地块,在合并成一体之前均有各自的演化方式。自早中生代以来,古亚洲洋消失,两地块拼成一体,共同经历中生代及新生代的演化。因此,吉林省南北在断裂的格局上有所相同及不同。吉林省在古生代以前均有一些发育的断裂,在燕山期和喜马拉雅期的强烈影响下,很多早期形成的断裂均发生改造,大部分断裂出现新的活动,在断面上出现新的断裂及岩性的糜棱化,断裂的位置也有一定的偏移。燕山期以来,出现了一些北北东向的断裂带及褶皱带,并且这些断裂直接或间接地影响早中生代以前的断裂,且在断裂附近出现大规模的岩浆活动。吉林省的断裂走向大体分为:南北向、东西向、北西向及北北东向。由于断裂较多,我们只对其中比较重要的断裂,以及对吉林省构造格局产生影响且能控制大规模沉积地层及岩浆岩的断裂进行描述,见图5-1-2、表5-1-4。

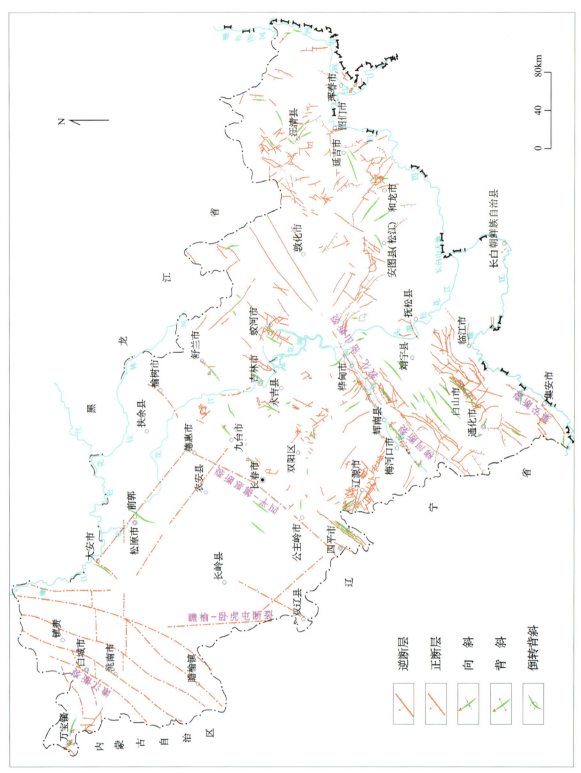

图 5-1-2 吉林省断裂褶皱构造示意图

表 5-1-4 吉林省主要断裂统计表

编号	名称	地点范围	断裂要素 走向	断裂要素 倾向	断裂要素 倾角/(°)	断裂要素 落差/m	性质	延伸长度/km	涉及层位	构造特征	控煤意义
F_1	四平	四平、长春、德惠、榆树西	NE	NW	不详		逆	360	$Pz, J_1,$ J_2, K_1	属岩石圈断裂,由4条断裂组成,南段发育有北北东向的逆断层和挤压带	早白垩世的煤层受该断层的控制,切割侏罗纪的煤层
F_2	依伊	二龙山水库、伊通、双阳、舒兰	NE	NW、SE	不详		正	260	$K_2, J_3,$ $T, P,$ E_2	属岩石圈断裂,由相互平行的北东向断裂组成,两断裂之间为一张条形盆地,断面总体外倾,向内对冲现象明显	切割侏罗纪和白垩纪煤层且控制古近纪和新近纪早期的沉积
F_3	敦密	山城镇、辉南、桦甸、敦化	NE	SW	30~80		走滑	360	$C_1, T,$ $J, K,$ E	形成时间可能在早古生代至早中生代,在中、新生代活动强烈,反复出现拉张、挤压运动。断裂两侧岩浆活动频繁,且槽地两侧多次发生了不均衡的升降运动	断层上盘煤系地层基本被剥蚀,下盘控制侏罗纪和古近纪早期煤层
F_4	集松	通化集安	NE	不详	不详		逆	500	$C, P,$ $T, J,$ K, N	形成时间在晚古生代至早中生代,但在中晚生代又以压剪性为主,在新生代又以压扩张性为主,表现了该断裂的多旋回性	切割石炭纪和二叠纪煤层
F_5	敦杜	蛟河横道子、敦化、汪清、杜荒子	近EW	S	30~60		逆	330	Pz_2, P_1 J, K, E	该断裂发生于晚古生代,中生代活动强烈,西段控制着古近纪地层,该走向地区岩脉群发育,由数条大致平行的压扭性断层组成	切割侏罗纪煤层,控制着古近纪地层形成
F_6	新马	敦杜断裂以南	近EW	N	40~70			220	$Pz_2, J_2,$ J_3, K	形成与晚古生代,与燕山期、喜马拉雅期,甚至今都在活动。该断裂切割海西期、燕山期花岗岩	该断裂东侧控制古近纪地层和中生代地层沉积

续表 5-1-4

编号	名称	地点范围	断裂要素 走向	断裂要素 倾向	断裂要素 倾角/(°)	断裂要素 落差/m	性质	延伸长度/km	涉及层位	构造特征	控煤意义
F_7	辽磐	辽源,磐石	近EW				逆	100	Pz,J_2,J_3,K_1,K_2,Kz	该断裂形成于海西期,在燕山期有强烈活动,并且断裂影响深度较深,活动时间久,在新生代仍继续活动	对桦甸盆地的中生代煤层有一定的切割作用
F_8	兴白	通化县北兴华	近EW	N	50~80		逆	240	Pz,Mz,Kz,T_3	该断裂由两条相互平行的压扭性断层组成,形成于古生代,在中生代活动强烈,东段新生代活动更加强烈,且切割古生代基底,古生代盖层及中生代地层。该断裂又控制晚三叠世中酸性火山岩	对和龙盆地的中生代煤层有切割与控制作用
F_9	头长	大泉源,头道	EW	S	60~70		逆	170	Pt,C,P,J	该断裂形成时间大约为元古宙,海西期及燕山期活动强烈,东段在喜马拉雅期也有活动。切割元古宇,古生界,侏罗系和海西期燕山期花岗岩。断裂带挤压发展显著	切割浑江煤田石炭纪,二叠纪煤层
F_{10}	镇永	松辽平原西缘,大兴安岭东缘	NNE				逆	70	P_2,J_3	该断裂形成于晚二叠世,控制晚侏罗世地层分布,与其相平行的嫩江深断裂形成时间一致,有可能是其西段的一部分	对含煤地层无影响
F_{11}	大安	松辽盆地太平川,安广	NNE				逆	200	Mz	该断裂为一条松辽盆地的隐伏断裂,由相互平行的压剪性断层组成。该断裂切割中生代地层及基底,西侧为松辽西部隆起带,东侧为松辽中央坳陷带和长岭隆起带	对含煤地层无影响
F_{12}	双前	太平川-安广断裂东侧	NNE-NS				逆	230	K,J,Kz	该断层形成于白垩纪,切割侏罗纪地层及基底,控制晚白垩世及新生代地层	对含煤地层无影响
F_{13}	柳吉	吉林,磐石,蛟河天北	NE	NNW	55~80		逆	350	Kz,T,J,K,E	该断裂主要由压扭性断层组成,形成于早中生代,在中生代活动强烈,在新生代仍有活动,具有多旋回发展特征	对侏罗纪和白垩纪的煤层有控制作用

第五章 煤盆地构造演化和煤田构造

续表 5-1-4

编号	名称	地点范围	走向	倾向	倾角/(°)	落差/m	性质	延伸长度/km	涉及层位	构造特征	控煤意义
F_{14}	红蛟	通化红土崖、靖宇、桦树林子、蛟河	NNE				逆	400	J、K、E、N	由一系列压剪性断层组成,形成于侏罗纪,多次活动,并切割敛密断裂带	对桦甸盆地的侏罗纪煤层具有一定的切割作用,对白垩纪煤层的形成有一定的限制作用
F_{15}	两哈	安图县两江、敦化县、哈尔巴岭	NNE	NW	65~80		逆冲	130	Cz	南北两端均被新生代玄武岩掩盖,由平行的逆冲断层组成	对含煤地层无影响
F_{16}	图们江	图们、罗子沟	NNE	NW	60			170	Pz_2、Mz	该断裂形成于古生代晚期,切割海西期、燕山早期花岗岩和中生代火山岩,控制着中生代盆地的形成与发展	对吉林东部盆地煤层的形成与发展有控制作用
F_{17}	里复	珲春县里化、汪清县复兴屯	NNE	SE	40~60		逆	80	T_1、T_2、J_2、J_3、K_1、K_2	由数条压剪性断层组成,形成于海西期末、燕山期活动强烈	对含煤地层无影响
F_{18}	四春	珲春县四道沟、春化	NNE	NNW	60~70		逆	90	Pz_2、Mz、Kz	由压剪性断层及压扭破碎带组成,该断裂形成于古生代末,海西晚期花岗岩及东西向断裂,切割下古生界、海西晚期花岗岩新生代断裂带,并控制春化新生代盆地	对含煤地层无影响
F_{19}	北双	长岭县北正镇、双辽	SN	W				200	Kz	该断裂是一条南北向基底断裂带,在新生代仍继续活动	对含煤地层无影响
F_{20}	石门—和龙	安图县石门、和龙、崇善	SN	W	40~50		逆	100	Pz_2、K、J、T	该断裂带由几条压性断层组成,形成于侏罗古生代,中生代又有活动,切割白垩纪以前地层和岩浆岩	切割延吉盆地侏罗纪形成的煤层,对白垩纪形成的煤层有破坏作用

续表 5-1-4

编号	名称	地点范围	断裂要素 走向	断裂要素 倾向	断裂要素 倾角/(°)	断裂要素 落差/m	性质	延伸长度/km	涉及层位	构造特征	控煤意义
F_{21}	罗密	汪清县桦皮甸子、罗子沟	SN				逆	120	P、T、$J、K_1$	由数条走向南北的压性断层和挤压破碎带组成。断裂发育于二叠纪，其断层及破碎带从二叠纪至燕山早期均有发育，该断裂切割并控制罗子沟断陷盆地的生成和发育	该断裂带对吉林省东部侏罗纪煤层的形成有一定的控制作用
F_{22}	太平-五道	珲春县太平沟、五道沟	SN		70～80		逆	60	$Pz_2、J_2、J_3、K_1、K_2$	断裂由几条相互平行的逆断层和强挤压破碎带组成，发生于古生代末、中生代活动较为强烈。沿断裂带有燕山早期花岗岩、闪长岩侵入	对含煤地层无影响
F_{23}	辽东	辽源、东丰	NW-SE					80	$T_1、T_2、J、K、K_z$	该断裂呈北西-南东方向并略向西南突的微弧形展布，由近平行的两条断裂组成。形成于海西期末，并于古生代中、新生代中，新生代活动强烈，控制和切割中生代地层。沿此断裂带有燕山期花岗岩侵入	控制和切割辽源盆地中生代煤层
F_{24}	伊辉	伊通、辉南	NW	NE	70		逆	90	P、J、K	该断裂由3条压剪性断层和糜棱岩化带组成。形成于古生代晚期、中生代又有活动，向西北切割依兰-伊通断裂	对伊通盆地的中生代煤层有一定的破坏作用
F_{25}	烟筒山-黑石	双阳、烟筒山、石咀、黑石	NW 200°～320°	NE			逆	100	$Pz、Mz$	该断裂属压剪性，形成于海西期，并控制该断裂附近的晚三叠世-中侏罗世煤层仍继续活动，中生代晚期东北晚期依兰-伊通断裂	控制该区侏罗纪煤层的形成与发展
F_{26}	桦甸-双河	双河镇、桦甸	NW				逆	70	$Pz_1、S、T_1、T_2、J_2、J_3、K$	该断裂限于依兰-伊通与敦化-密山两深断裂之间，属压剪性断裂，形成于早古生代、控制着加里东晚期东北晚期、海西晚期、燕山期花岗岩及中基性岩脉	对含煤地层无影响

续表 5-1-4

编号	名称	地点范围	断裂要素 走向	断裂要素 倾向	断裂要素 倾角/(°)	断裂要素 落差/m	性质	延伸长度/km	涉及层位	构造特征	控煤意义
F_{27}	扶余-其塔木	大安、扶余、其塔木	NW	SW			逆	200	Pz_1、O、S、J_3、K	该断裂形成于早古生代，中生代继续活动，控制加里东期花岗岩体的产出。切割晚期的两条压性断层组成，该断层东北侧由相互平行的两条压性断层组成，沿断裂带有岩脉分布	对双阳盆地及煤层的形成有一定的破坏作用
F_{28}	丰满-二道	吉林市丰满、九站、横道子	NW310°					110	P、J、K、Kz、Q	断裂切割由二叠系组成的北东向褶皱及中新生代地层，沿断裂带有第四纪玄武岩出露	切割敦密断裂带内中生代和新生代煤层
F_{29}	新额	舒兰县新安、榆树沟、敦化县额穆	NW 310°~320°	NE	50~75		逆		Pz_2、T_1、T_2、J_1、K、E、Kz	该断裂由相互平行的压剪性断层组成，形成时间为中新生代，新生期花岗岩又有活动，切割海西晚期，印支期东南段有新生代玄武岩喷溢地层。断裂东南段有新生代玄武岩喷溢	切割伊舒断裂带和敦密断裂带内的中生代煤层，对二者的古近纪煤层有破坏作用
F_{30}	春汪	汪清县春阳、汪清、珲春	NW310°					150	J、K	该断裂形成于早中生代早期，在晚期又有活动。中部控制侏罗纪-白垩纪地层及火山岩	控制吉林东部赋煤带中白垩纪煤层形成
F_{31}	三源浦-样子哨	三源浦、板庙子断裂沟、样子哨、辉南县	NE				逆	150	Pt_1、Pt_2	该断裂带由北支富江-大场园断裂和南支马鹿沟-板庙子断裂组成，属压性断裂。断裂形成于新元古代，控制着新元古代地层的沉积	断裂控制着该地区古生代含煤地层的形成与发展
F_{32}	浑江-湾沟	通化、浑江、湾沟	NE	NW	50~60		逆	100	Pt、Pz、Mz、Kz	该断裂控制着该地区古生代含煤地层，在中、新生代仍继续活动，分南、北两支，北支由数条断层组成，北支同为浑江凹陷断束，控制中新元古代及古生代地层的沉积	断裂控制着该地区古生代含煤地层的形成与发展，并对中生代各含煤地层具有一定的破坏作用

2. 主要断裂描述

在吉林省内有一条超岩石圈断裂,即赤峰-开源断裂,其地理位置即吉林省南北地块分界线(海龙—桦甸—和龙),即华北陆块及天山-兴蒙造山系的分界线,这条断裂经和龙、向东延伸到朝鲜境内,是一条规模巨大、发育长久、影响很深的断裂。两侧板块在岩性、构造特征均有所不同。该断裂长260km,宽5~10km。

(一)吉林省岩石圈断裂

吉林省岩石圈断裂共有5条,均由邻省延入且延出省外。走向为北东或北北东向。它们与赤峰-开源断裂一起构成了吉林省主要构造格架,控制吉林省区域地质的演变。这些断裂均由断层组成,规模宏大,延伸数百千米,有些断裂带内形成盆地,控制晚中生代,尤其是新生代沉积物的沉积。在带内和两侧均由中、新生代岩浆活动,并成线性展布。5条岩石圈断裂特征及其描述如下。

1. 嫩江岩石圈断裂

嫩江岩石圈断裂北起嫩江以北齐齐哈尔,向南经白城西部,由洮南伸向省外。全长达1200km。走向北北东向,为一断面东倾的正断层。该断裂形成时间为晚古生代至早中生代,在中生代活动最强烈,控制着东侧上侏罗统—下白垩统的地层,构成大兴安岭与平原的天然分界线。

2. 四平-德惠岩石圈断裂

四平-德惠岩石圈断裂位于吉林省中部,四平—长春—德惠—榆树西一线,走向北东25°~30°,由4条断裂组成,南北延伸至省外。省内长达360km,宽约20km。它是松辽坳陷与东部吉林地槽褶皱带的分界线,也称松辽平原东源断裂。该断裂形成于早侏罗纪,在新构造运动时期活动频繁。在南段发育北北东逆断层和挤压带,控制着早白垩世的地层和燕山早期花岗岩带,且切割古生代、中生代地层及侵入体。北段以大荒沟断裂为主,切割白垩系。

控煤意义:早白垩世的煤层受该断层的控制,切割侏罗世的煤层。

3. 依兰-伊通岩石圈断裂

依兰-伊通岩石圈断裂位于二龙山水库—伊通—双阳—舒兰,向北东方向延伸,经黑龙江省佳木斯、依兰进入俄罗斯境内。在吉林省内东西两支由相互平行的北东向断裂组成,走向50°~55°,省内长度260km,宽度8~25km。两断裂之间为一狭条形槽地,断面总体外倾,向内对冲现象明显。该断层形成时间为晚白垩世—早古近纪,切割晚白垩世以前地层且控制新生代地层的沉积,且沿断裂带岩浆活动激烈,在始新世时活动更加剧烈。

控煤意义:切割侏罗纪和白垩纪煤层且控制古近纪和新近纪煤层的沉积。

4. 敦化-密山岩石圈断裂

敦化-密山岩石圈断裂位于山城镇—辉南—桦甸—敦化一线沿辉发河呈北东方向延抵黑龙江密山以远,吉林省属于断裂中段。该断裂走向北东50°,全长900km,吉林省内约360km,宽10~20km。由两条高角度的逆断层组成,倾角30°~80°。由于在前寒武纪两侧地层沉积就有明显差异,其形成时间可能在早古生代,在中、新生代活动强烈,反复的出现拉张、挤压运动。断裂两侧岩浆活动频繁,且地槽两侧多次发生了不均衡的升降运动。

控煤意义:断层上盘煤系地层基本被剥蚀,下盘控制侏罗纪晚期和白垩纪早期煤层。

5. 集安-松江岩石圈断裂(鸭绿江深断裂)

集安-松江岩石圈断裂(鸭绿江深断裂)由辽宁沿鸭绿江延伸到通化集安,向北东延伸至延边地区松江—明月镇越过天岭桥延伸至黑龙江境内。省内达500km,走向40°~50°。在省内可分为两段,西南一段(集安一带),东北一段(松江一带)。该断裂形成时间大约在晚古生代至早中生代,以压剪性为主,但在中晚中生代又以拉张性为主,在新生代又以压剪性为主,表现了该断裂的多旋回性。该断裂切割中生代以前地层及侵入体且控制着中生代地层的沉积和火山活动。

控煤意义:切割石炭纪和二叠纪煤层。

(二)吉林省壳断裂

吉林省壳断裂较为发育,主要在东部地区,出露较好,中部松辽平原由于第四纪地层掩盖,断裂遗迹难见。壳断裂多成群出现,延伸几十千米至几百千米。壳断裂大体可划分为东西向、北北东向、北东向及南北向。

吉林省壳断裂按断裂延伸方向作如下介绍。

1. 东西向壳断裂

该类型壳断裂几乎遍及全省,大体上共有8条。

(1)姚安-扶余断裂带:位于松辽平原北部姚安至扶余一带,呈东西向延伸,省内长320km,宽约30km。磁场特征推断为海西期花岗岩沿断裂贯入的表现,是松辽坳陷基底隐伏的东西向构造的岩浆岩带。

(2)天北-尔占断裂带:位于北纬44°附近,西起蛟河市天北一带,向东经马鞍山抵敦化县尔占,进入黑龙江镜泊湖一带被新生代玄武岩覆盖。断裂带由数条逆断层及挤压破碎带组成,省内长达140km,宽约25km。总体倾向向北,倾角60°~80°,属压型断裂带。该断裂形成于古生代末期,中生代活动强烈。控制该地区燕山期岩浆活动和晚三叠世的火山喷发和沉积。该断裂可分为北、中、南3支。

(3)卧虎断裂带:位于松辽平原双辽北卧虎屯一带,是一条被证实的隐伏断裂带,呈东西走向,由数条断裂组成。省内长80km,沿断裂有新生代火山活动和近代地震活动。

(4)敦化-杜荒子断裂带:位于蛟河横道子,向东经敦化—汪清—杜荒子至春化一线,向东可能延伸至俄罗斯境内,总体沿北纬43°展布,省内长达330km,宽约20km,由数条大致平行的压扭性断层组成。断面总体倾向南,倾角30°~60°。该断裂发生于晚古生代,中生代活动强烈,西段控制着古近纪地层,该地区岩脉群发育。

(5)新合-马滴达断裂带:位于敦化-杜荒子断裂带以南,基本与其平行延伸,西起安图线新合一带。长220km,宽25km,由数条断续出露的压扭性断层组成。断面倾向北,倾角40°~70°。该断裂带与杜荒子断裂同形成与晚古生代,于燕山期、喜马拉雅期,甚至至今都在活动。该断裂切割古生代、中生代地层和海西期、燕山期花岗岩,东侧控制古近纪地层和煤层的沉积。

(6)辽源-磐石断裂带:位于辽源—磐石一线,走向东西,向西深入辽宁省,向东被敦密断裂所截,由石炭纪和海西晚期花岗岩中的逆断层挤压带组成。省内长达100km,宽约20km。该断裂形成于海西期,在燕山期有强烈活动,并且断裂影响深度较深,活动时间久,在新生代仍继续活动。

(7)兴华-长白山天池断裂带:位于通化县北兴华一带,向东经湾沟—长白山天池至和龙县大洞吞一线,向东可能延入朝鲜,基本沿北纬42°延伸,省内长达240km,宽约15km。以松树镇为界分为东、西两段。由两条相互平行的压扭性断层组成。总体断面倾向北,倾角50°~80°。该断裂形成于古生代,在中生代活动强烈,东段新生代活动更加强烈,且切割古老基底、古生代盖层及中生代地层。该断裂又控制晚三叠世中酸性火山岩。

(8)头道-长白断裂带:横贯通化地区南部,西由大泉源一带向东经头道—十一道沟至朝鲜,基本沿东西向鸭绿江延伸,主要由数条东西向压扭性断层组成,为太子河-浑江褶段束与营口-宽甸台拱的分界线。总长170km,宽约10km,断面倾向南,倾角60°～70°。该断裂形成时间大约为元古宙,海西期及燕山期活动强烈,东段在喜马拉雅期也有活动。切割元古宇、古生界、侏罗系,以及海西期、燕山期花岗岩。断裂带挤压显著,大多为高角度逆断层。

2. 北北东向壳断裂

区内北北东向断裂极为发育,分布广泛,几乎遍及全省,主要由一些压剪性断层及挤压带组成,规模较大的有9条。断裂主要发育在白垩纪及以前地层,同时控制着中生代火山岩的分布。

(1)镇西-永茂铁矿断裂带:位于松辽平原西缘与大兴安岭东缘相交接部位,北进入姚安县镇西一带,向南经永茂延伸到省外。省内长70km,宽20km。由数条挤压带与压剪性断层组成。该断裂形成于晚二叠世,控制晚侏罗世地层分布,与其相平行的嫩江深断裂形成时间一致,有可能是其西段的一部分。

(2)太平川-安广断裂带:一条松辽盆地的隐伏断裂,位于松辽盆地太平川—安广一线,向南、北均伸向邻省,断裂走向北北东,省内达200km,宽约25km。由相互平行的压剪性断层组成。该断裂切割中生代地层及基底,是三级构造单元分界线,西侧为松辽西部隆起带,东侧为松辽中央坳陷带和长岭坳陷带。控制两侧地层的发展。

(3)双山-前郭断裂带:位于太平川-安广断裂东侧,南由双辽县双山向北偏至前郭一带,在向北伸向黑龙江省内,省内长达230km,宽10～20km。主要由断层组成。该断层形成于白垩纪,切割侏罗纪地层及基底,控制晚白垩世及新生代地层。它是中央坳陷与东南隆起的三级构造单元分界线。

(4)柳河-吉林断裂:位于吉林—磐石一线,向西南经柳河—向阳镇进入辽宁省,北东至蛟河市天北一带。省内长达350km,宽20～30km。走向20°～25°,倾向北西,倾角55°～80°,主要由压扭性断层及破碎带组成。该断裂形成于早中生代,在中生代活动强烈,在新生代仍有活动,具有多旋回发展特征。

(5)红土崖-蛟河断裂:南由辽宁省进入通化红土崖一带,沿北北东方向延伸,经靖宇—桦树林子—蛟河延伸到黑龙江内,由一系列压剪性断层组成。省内长达400km,宽30～40km,形成于侏罗纪,多次活动,并切割敦密断裂带。

(6)两江-哈尔巴岭断裂:位于安图县两江-敦化市和安图县的交界处哈尔巴岭一线,呈北北东向延伸,南北两端均被新生代玄武岩掩盖。长130km,由平行的冲断层组成,走向30°,断面倾向北西,倾角65°～80°。

(7)图们江断裂带:位于图们—罗子沟一线,向北北东延伸到黑龙江省内,向南南西沿图们江延伸到朝鲜。断裂带长170km,宽约20km,由压型断层组成,总体走向20°,断面倾向北西,倾角60°。该断裂形成于晚古生代,切割海西期、燕山早期花岗岩和中生代火山岩,控制着中生代盆地的形成和发展。

(8)里化-复兴断裂带:位于珲春市里化—汪清县复兴屯一线,呈北北东向延伸,向西南伸向朝鲜境内,向东北延伸入黑龙江省。该断裂省内长80km,宽15km,由数条压剪性断层组成,走向15°～20°,倾向南东,倾角40°～60°,形成于海西期末,燕山期活动强烈。

(9)四道沟-春化断裂:位于珲春市四道沟—春化一线,向北与俄罗斯锡霍特山脉的北北东向构造相连,向南经过俄罗斯,并经朝鲜半岛东岸入日本海,呈北北东向延伸。省内长90km,宽约15km。由走向20°～25°的压剪性断层及挤压破碎带组成,断面倾向北西,倾角60°～70°。该断裂形成于晚古生代末,中生代活动强烈,切割下古生界、海西期花岗岩及东西向断裂带,并控制春化新生代盆地。

3. 南北向壳断裂

南北向断裂在区内较发育,省内主要有5条,相对集中在东部延边一带,西部亦有发育。

(1)野马-巨宝断裂带:位于西部地区,由内蒙古自治区延入,经野马、巨宝,又伸向内蒙古自治区内。

断裂带长数百千米，省内仅 16km，宽几千米至十几千米。由压性断层和挤压破碎带组成，断面总体倾向东，倾角 70°～75°。该断裂形成于中侏罗世前，与东西向断裂互切割错断。

(2)北正镇-双辽断裂带：位于松辽盆地南部，由长岭县北正镇向南经双辽，再伸向辽宁省。省内长 200km，宽 20km，是一条南北向基底断裂带，但又影响盖层，在新生代仍继续活动。

(3)石门山-和龙断裂带：位于东部延边地区，由安图县石门向南至和龙一线，延伸至崇善一带，向北延伸至黑龙江省内，由几条压性断层组成。省内长达 100km，宽近 10km。断面倾向西，倾角 40°～50°。该断裂带形成于晚古生代，中生代又有活动，切割白垩纪及以前地层和岩浆岩。

(4)罗子沟-密江断裂带：位于汪清县桦皮甸子、罗子沟一带，向南经地荫沟—十里坪，一直到密江一带，向北延至黑龙江，向南伸向朝鲜。省内长 120km，宽 30km，由数条走向南北的压性断层和挤压破碎带组成。断裂发育于二叠纪，其断层及破碎带从二叠纪至燕山早期均有发育。该断裂切割并控制罗子沟断陷盆地的生成和发育。

(5)太平沟-五道沟断裂带：位于珲春市太平沟—五道沟一带，向北延入黑龙江省，向南伸向俄罗斯境内，规模较大。省内长 60km，宽约 10km，由几条相互平行的逆断层和强挤压破碎带组成。断面倾向东，倾角 70°～80°。断裂发生于古生代末，中生代活动较为强烈，沿断裂带有燕山早期花岗岩、闪长岩侵入。

4. 北西向壳断裂

北西向壳断裂在区内亦有发育，主要有 9 条。

(1)瞻榆-卧虎屯断裂带：松辽盆地南部的一条北西向断裂带，从通榆县西部向东南经双山至四平一带，向北西伸向内蒙古自治区，省内长达 100km。该断裂形成于白垩纪，新生代仍有活动。

(2)辽源-东丰断裂带：位于辽源—东丰一线，呈北西-南东方向并略向西南突的微弧形展布。向北西可能延至四平北一带，向南东伸向通化地区。该断裂带长 80km，宽 10～25km，由近平行的两条断裂组成。该断裂带形成于海西期末，并于中、新生代活动强烈，控制和切割中生代地层，沿此断裂带有燕山期花岗岩侵入。

(3)伊通-辉南断裂带：位于辽源-东丰断裂带东北侧，北起伊通向东南至辉南一线，向西北切割依兰-伊通断裂。长 90km，宽 30km。断面倾向北东，倾角 70°，由 3 条压剪性断层和糜棱岩化带组成。该断裂形成于晚古生代，中生代又有活动，切割早古生代地层及海西期、燕山早期花岗岩。

(4)烟筒山-黑石断裂带：西北由双阳一带向东南经烟筒山—石嘴—黑石一带，止于敦密断裂。长 100km，走向 300°～320°，倾向北东，属压剪性断裂，形成于古生代，中生代仍继续活动，并控制该断裂附近的晚三叠世—中侏罗世盆地。

(5)桦甸-双河镇断裂带：位于双河镇—桦甸一线，走向北西，长达 70km，限于依兰-伊通与敦化-密山两深断裂之间，可能属敦化-密山深断裂，属压剪性断裂。该断裂形成于早古生代，控制着加里东晚期、海西晚期、燕山期花岗岩及中基性岩脉。

(6)扶余-其塔木断裂带：位于大安—扶余—其塔木一线，横贯松辽盆地并延伸到松辽盆地东缘山区，长 200km。该断裂形成于早古生代，中生代继续活动，控制加里东期花岗岩体的产出，切割晚侏罗世地层。该断层东北侧由相互平行的两条压性断层组成，断层面倾向南西，沿断裂带有岩脉分布。

(7)丰满-二道甸子断裂带：由吉林市丰满向北西伸向九站一带，向东南经横道子切过敦密断裂带并伸向地台区，总体走向 310°，长 110km。断裂带切割由二叠系组成的北东向褶皱及中新生代地层，沿断裂带有第四纪玄武岩出露。

(8)新安-额穆断裂带：西北由舒兰市新安向南东经榆树沟至敦化市额穆一带。由相互平行的压剪性断层组成，总体走向 310°～320°，断面倾向北东，倾角 50°～75°。形成时间为中生代，新生代又有活动，且切割海西晚期、印支期花岗岩及二叠世地层。断裂东南段有新生代玄武岩喷溢。

(9)春阳-汪清断裂带:位于汪清县春阳—汪清—珲春一线,长150km,走向总体310°。该断裂形成于中生代早期,在晚期又有活动。中部控制侏罗纪—白垩纪地层及火山岩。

5. 北东向壳断裂

北东向断裂主要发生在通化、中朝准地台区,在省内主要由两条断裂带,均由两支组成,控制着新元古代及以后地层的沉积,为地台区Ⅲ级构造单元分界线。它们发生于中条旋回,一直到中生代仍有继续活动。

(1)三源浦-样子哨断裂带:发育于三源浦—样子哨一带,向西南深入辽宁省,向东北止入辉南县,省内长达150km。该断裂带由北支富江-大场园断裂和南支马鹿沟-板庙子断裂组成,是压性断裂。断裂形成于古元古代,控制着新元古代及古生代地层的沉积。

(2)浑江-湾沟断裂带:位于通化—浑江—湾沟一带,呈北东向延伸,由南北两支组成,其间为浑江凹褶断束,控制中、新元古代及古生代地层的沉积,是Ⅲ级构造单元分界线。断裂带长达100km,为压性断裂。北支由数条断层组成,总体呈北东50°方向延伸,断面多倾向北西,倾角50°~60°。南支总体走向50°~60°,形成于元古宙,在中、新生代仍继续活动。

三、褶皱构造

(一)褶皱基本特征

区内褶皱发育于从太古宙到新生代各构造旋回,从元古宙开始,经历的加里东期、海西期、燕山期的构造旋回在本区地质历史上具有重要的历史意义。在这些构造运动时期所产生的褶皱构造形式及其类型反映着构造变动的次数、规模强度等,而且在不同的历史时期或不同的构造区所产生的褶皱类型也均不相同。活动区——华北陆块区,在剖面上呈紧密连续褶皱或舒缓连续褶皱,平面上呈线状褶皱;而稳定区——南部天山—兴蒙造山系,在剖面上呈断续褶皱,平面上呈非线性褶皱。因此,在北部天山-兴蒙造山系,褶皱带上多呈斜褶皱、倒转褶皱、同斜褶皱等,常形成复背斜或复向斜,还可形成直立褶皱、斜歪褶皱、梳状或箱状褶皱等,而南部华北稳定区常呈箱状或单拱、长垣或弯隆、单斜、鼻状等褶皱构造。形成这种构造的原因主要是由于两者的构造格局有显著的不同,且两者从最初形成的地块及后期构造演化及发展均有所不同。总之,前者褶皱较强烈,且具有连续性和线状特征,而后者褶皱较弱,具断续性和非线状特征。由此可见,不同的构造型相反映着不同构造区构造变动的规模、强度及地质历史发展特征和构造运动形式,即活动区主要以水平挤压应力为主,而稳定区主要以垂直升降为主。

(二)主要褶皱描述

1. 基底褶皱

1)华北陆块区基底褶皱

华北陆块区基底经过阜平、五台、中条共3个构造旋回而形成错综复杂的褶皱构造。

阜平构造旋回的褶皱发生在太古宙龙岗群和夹皮沟群之中,在漫长的地质历史发展过程中,由于遭受多期的构造变动和多次的褶皱作用,加上遭受多次的区域变质和混合岩化作用,构造形态极其复杂,再由于后期岩浆侵入活动和新生代玄武岩的覆盖,褶皱构造出露不完整。

区内五台构造层出露有限,与此有关的褶皱不发育,主要分布在清河台穹之上。

中条构造旋回的褶皱主要分布在辽东隆起太子河-浑江陷褶断束老岭断块之上,由于老岭群出露有限,该构造旋回的褶皱不发育,褶皱构造型相既有全型紧密褶皱,也有全型舒缓褶皱。

2)天山-兴蒙造山系褶皱

该区的褶皱基底构造包括加里东、海西和早印支三大构造层组成的褶皱构造。这一地区由于强烈的地质作用致使大部分地域,即松辽平原范围内的古生代地层强烈下陷而被埋藏在巨厚的中、新生代堆积物之下,其褶皱构造面不十分清楚。松辽平原以西仅有一小部分出露地表,四平—长春—德惠一线以东广大地域内花岗岩分布面积极其广泛。这个地域中出露的古生代地层呈孤零散布状态,褶皱构造形迹保存不全,褶皱形态、规模等多已不易恢复。但就恢复褶皱构造,多为线性紧闭复式褶皱,反映了北部造山系地区的构造型相。详细叙述如下:

(1)加里东构造旋回的褶皱。加里东构造旋回的褶皱主要分布在华北陆块以北,东北板块南缘的四平、桦甸和延吉市南勇新一带,以及佳木斯地块南缘蛟河市北部塔东、东部的烟筒砬子、珲春市东部的杨金沟一带。加里东构造旋回的褶皱形态无论在平面上还是在剖面上均表现为全型紧闭的长线状或少数的短线状形态,反映了吉林省北部地区的褶皱特征。

(2)早印支构造旋回的褶皱:主要分布于长春地区双阳、吉林地区的吉林、延边地区的汪清、珲春等地。此外,吉林省西部洮南市野马吐一带亦有分布。由西往东有如下褶皱构造。

①野马吐复式背斜:位于洮南市野马吐—巨宝一带,由巨厚的下二叠统吴家屯组构成。轴线位于野马吐—茂好庙一线,西段走向为东西向,向东逐渐转为北东向,显现出向东南凸出的弧形。核部在野马吐—茂好庙一线,地层次级褶曲很发育,这些小型褶曲的轴线与主轴线平行展布。北翼由轴部向北依次主要有鲍家洼子向斜、郑家窑-小老爷庙背斜、三盛屯-永安向斜等次级褶皱,南翼由轴部向南依次有后金蝉向斜、太平川背斜、尖山子向料、猪腰山背斜和卧龙岗向斜。两翼次级褶皱中再次级褶曲亦很发育,如尖山子向斜-猪腰山背斜,局部地段中小褶曲屡见不鲜。该复式背斜就平、剖面上的形态而言,当属全型紧密线状褶皱,轴线呈微波状起伏,并明显向西倾没。褶皱轴面向北倾斜,向东转为北西倾。褶皱轴向的弧形弯曲,经研究认为是受镇西-永茂铁矿北北东向断裂带逆时针扭动作用与地层发生牵引而造成的。

②常家沟-河北屯复式倒转背斜:位于双阳南石门子水库—黄榆一带,由上古生界石炭系、下二叠统组成。该复式倒转背斜的主轴线大体位于石溪河子南常家沟—河北屯一线,其走向由西而东,由东西向逐渐转为北东东向乃至北东向,总体长约30km,南北宽约35km。轴部被双阳中生代盆地堆积物所覆盖,南翼保留较完整。主背斜核部为下石炭统鹿圈屯组,两翼为中石炭统磨盘山组,北翼正常,南翼倒转。

南翼自核部向南依次由前夹槽子倒转向斜、将军岭-大酱缸倒转背斜及黑瞎岗倒转向斜等次级褶皱组成且被断裂切割,错断较严重。

③明城-石嘴子向斜:发育在磐石县明城—石嘴子一带,呈北北西—南南东方向展布,由石炭系和二叠系组成。核部由下二叠统范家屯组、大河深组构成,西翼产状由北而南60°~80°∠30°~60°,东翼产状230°~270°∠30°~70°,向南倾伏,北段粗榆顶子以北弯向北西西而呈向北东凸出的弧形,可能受古构造环境影响而致。整个向斜属开阔长线状对称向斜,向斜的北段西南侧存在烧锅屯背斜。核部在吉昌—明城之间,由鹿圈屯组构成,两翼为磨盘山组,轴线呈北北西—南南东向,向北西倾伏。

④杨树河子复式褶皱:发育在九台区沐石河—卢家屯一带。由二叠系、下三叠统构成,背斜、向斜相间排列,轴线呈南西-北东向延伸。北西边缘在城子街镇以南,被中生代火山岩和第四系掩盖,南东边缘止于依兰-伊通断裂,北东端止于松花江,西南端延伸至波泥河子一带,控制长度60km,宽度25km。只能恢复一个杨树河子向斜和一个暖泉子背斜,总体可能为一个复式向斜构造。

⑤吉林市-大河深复式褶皱:位于吉林市—大河深一带,夹于北东走向的依兰-伊通深断裂和敦化-密山深断裂之间,由相间并列的背斜、向斜组成。褶皱轴线呈南西-北东向延伸,西南端止于永吉县的双河镇至桦甸一线,东北端止于蛟河市的天岗—蛟河一线。这一范围内花岗岩、中生代火山岩及断裂较为发育,上古生界残存几大块,仅就其新老层序和地层产状由北西向东南恢复有哈达湾-马圈子倾伏背斜、

万家沟向斜、罗圈沟背斜、寿山沟倾伏背斜等主要褶皱构造。

⑥上营-前进复式褶皱：发育于舒兰市上营乡至蛟河市的前进乡，部分进入了敦化市，向北东伸向黑龙江省，由上二叠统杨家沟组和马达屯组构成连续的背斜、向斜，褶皱形态遭到严重破坏。据地层层序和产状为连续型紧闭-舒缓状褶皱，其中前进一带为倒转形态，上营一带为正常形态，轴线多呈 40°～50°方向延伸。自北西而南东主要有牛心顶子向斜、马鞍山背斜、榆树沟向斜、民主屯倒转向斜和团山子背斜。

⑦明月镇-庙岭复式褶皱：自明月镇向北东过龙井市北部一直伸向汪清县，呈南西-北东方向延伸。控制长度近 100km，宽度各地不一，西南段宽 3～5km，东北段宽达 30～40km，褶皱本来面目尚可恢复。自西南向北东，主要有北塘沟-罗圈沟倒转背斜、下大肚川-桃源村倒转背斜、庙岭-东西村背斜、塔顶子-大兴沟向斜等。这些褶皱构造在平面上有由南西向北东方向撕开的趋势，组成明月镇-庙岭褶皱的几个褶皱构造的规模和组成褶皱的地层倾角均较陡。该褶皱当属长线状、连续的紧闭-舒缓状褶皱构造。

⑧山秀岭倒转褶皱：位于延吉山秀岭一带，由石炭系和二叠系组成轴向北东的倒转背斜。西南段核部被燕山早期花岗岩侵入破坏，西北翼被中生界白垩系不整合覆盖，南东翼及北端伸向朝鲜境内，控制长度大于 35km，最宽达 12km。东南翼为倒转向斜，称为大南峰倒转向斜。轴向亦呈南西-北东向延伸。背斜的北西翼北段和转折部位上二叠统开山屯组又组成一个正常的向斜构造。因此，山秀岭背斜实质是一个复式背斜构造。

2. 盖层褶皱

盖层褶皱主要是指早印支亚构造旋回和燕山亚构造旋回的产物。此外，还有少量的晚印支亚构造旋回和喜马拉雅亚构造旋回的褶皱。

1) 早印支亚构造旋回

该构造旋回的褶皱是华北陆块新元古界、下古生界、上古生界经早印支亚构造旋回的产物。因此，该期的褶皱分布在陆块地区样子哨凹褶断束、浑江上游凹褶断束、鸭绿凹褶断束之中。根据现有资料，该区新元古代—晚古生代地层的褶皱形成于早印支亚构造旋回。

样子哨凹褶断束、浑江上游凹褶断束、鸭绿凹褶断束既是构造盆地，又是向斜构造，由于断裂极其发育破坏了原来构造形态，而且次级褶曲发育，使其形态更加复杂化，所以在各盆地中向斜构造并不完整，但仍能分辨出它的全貌及其特征。

(1) 样子哨向斜：位于柳河县三源浦北—六道河—辉南县样子哨—鞍子河一带三统河流域，总体呈北东向分布，长 110km，宽 7～15km，面积约 900km^2。核部为下奥陶统马家沟组灰岩，两翼分别为上、中、下寒武统，震旦系及青白口系，早侏罗世煤系不整合覆在其上，为不对称舒缓向斜构造。该向斜内发育次一级褶皱，由南西往北东依次有邹家街倒转向斜、光阳屯向斜、龙王庙向斜、平顶子向斜、秃老婆顶子向斜、太平川屯向斜、石大院向斜。由于多次的断块构造运动，在杉松岗矿区见下奥陶统亮甲山组灰岩及龙岗群杨家店组逆掩在下侏罗统义和组煤系之上，形成许多推覆体，使得煤系及其构造复杂化。

(2) 浑江复向斜：展布在浑江流域，总体呈北东向展布，长 150km，宽 20～30km，北端窄，南端宽。自北西而南东横向上依次出现次一级浑江向斜、横道河子背斜及红土崖向斜，为一复向斜构造。它由青白口系、震旦系、寒武系、下奥陶统、中—上石炭统及二叠系组成。在浑江向斜的南端出现一个开阔的歪头砬子向斜，在该向斜西北二道江一带由桥头组石英岩构成一个东西向背斜。另外，在浑江向斜核部的石炭系—二叠系中发育有次级褶皱，并略显雁行式排列，使浑江向斜总体呈"S"形弯转，而且这些褶皱内部还发育有更次一级褶曲，其空间展布亦具相同特点。

(3) 上解放褶皱群：位于鸭绿江凹褶断束的西南端集安土口子—汞洞子一带的鸭绿江西岸，为寒武系、下奥陶统组成的近东西向复向斜，东西长 6km，南北宽 6km。虽因后期断裂构造破坏而残缺不全，但仍可辨认出 3 个次级褶曲，自南而北有 755 高地向斜、上解放背斜、郭家岭向斜等。北西向和北北东向叠瓦式逆断层极其发育,在4km长的地段上发育着16条逆断层。

(4)长白向斜:位于鸭绿江凹褶断束的东段,即长白县八道沟—长白镇一带。轴线在十四道沟以西呈北西西向,以东渐转为北西,两端均延入朝鲜,区内长100km,宽6~12km。核部由石炭系—二叠系组成,向两翼变老,依次为寒武系、震旦系、青白口系。北翼岩层倾角较南翼陡,核部倾角变缓。该向斜被次一级褶皱和断裂构造复杂化。

(5)高地向斜:位于太子河凹褶断束东端,即集安市高地—治安村一带。由青白口系钓鱼台组、南芬组、寒武系各统及下奥陶统组成轴向北西的宽缓状短轴向斜,长17km,宽10km。由于北西向和北东向断裂的破坏,褶皱失去完整性,并有次级向斜和背斜,其南侧被燕山早期花岗岩侵入,北侧被晚侏罗世中性火山岩覆盖。

(6)两江褶皱群:展布在色洛河断块南东段安图两江以西地区。由北向南出露有六人沟向斜、西大顶子背斜和白河屯向斜。前者位于两江六人沟以南一带,轴线呈波形弯曲,近东西向延伸,出露长度10km。核部大致位于两江西北,由青白口系南芬组组成,向外为钓鱼台组,向斜两翼岩层向内倾,北翼倾角为30°,南翼倾角为50°。在该向斜的东端两江西北部由南芬组组成的次一级褶皱极为发育。西大顶子背斜位于前述向斜的南边西大顶子一带,呈北东东向展布,轴部为两江花岗岩体占据,仅有青白口系钓鱼台组的残余,向外为南芬组。由于加里东晚期花岗岩的侵入破坏和第四纪玄武岩覆盖背斜出露不完整,出露长度仅2.4km。白河屯向斜位于西大顶子背斜的南边白河屯以东,轴向55°,核部位于白河屯一带,从里向外依次为青白口系南芬组、钓鱼台组。由于西段被第四纪玄武岩覆盖,东段被北北东向逆断层切割,出露不完整,长度仅4km。

2)燕山亚构造旋回

(1)辽河源向斜:发育在辽源盆地内,长约11km,宽约3.6km。走向为北西-南东。该向斜为不对称向斜,北东翼产状为210°~220°∠45°,南西翼产状为30°∠19°,经过后期的地质作用,发育一定量的北西向断裂。

(2)渭津单斜:发育在渭津盆地内,走向为北西向,长约40km,宽6km。该褶皱为一单斜构造,局部为向斜构造,由夏家街组、德仁组、久大组、安民组组成。北东翼倾向南西,倾角20°~35°,南西翼倾向北东。该褶皱内发育有北西向断裂。

(3)屯田营向斜:发育在屯田营盆地内,核部为龙井组,两翼为长财组、屯田营组,北西翼倾向南东,倾角20°,南东翼倾向北西,倾角20°~30°。该向斜为一开阔向斜,走向北东,长约42km,宽为10~30km,且受北东两只断裂的控制。

(4)延吉向斜:在延吉盆地内发育,是一个开阔向斜,走向北北西,由两个叠置的向斜组成。下为屯田营组、长财组、大拉子组组成,轴向为北北西的早白垩世褶皱;上为龙井组组成轴向北东的晚白垩世褶皱。该向斜四周被断裂控制。

(5)柳河向斜:一个不对称向斜,发育在柳河盆地,轴向为北东-南西向,长为100km,宽仅10km。北段构成单斜,南段构成边沿村向斜,核部为下桦皮甸子组,两翼为包大桥组、大沙滩组、硃门子组、侯家屯组,北西翼倾向南东,倾角10°~50°,南东翼倾向北西,倾角30°~50°。此外,该向斜受到北东向断裂的控制。

(6)三源浦单斜和三棵榆树向斜:发育在三源浦盆地内,轴向为北东向,长60km,宽26km。北段三源浦单斜,南段为三棵榆树不对称向斜。核部为三棵榆树组,两翼由亨通山组、下桦皮甸子组、包大桥组、大沙滩组、硃门子组、侯家屯组组成。岩层为对倾状,北西翼倾角14°~42°,南东翼倾角30°~50°。发育有北东向、北西向断层,西南端仰起。

(7)抚松向斜:发育在抚松盆地内,轴向为北东东,是一个开阔向斜。该向斜长约55km,宽约45km,主要由硃门子组、包大桥组、石人组组成。北东段构成三道花园向斜,两翼岩层倾角为30°~45°;南西段则构成湾沟向斜,两翼岩层均向内倾,倾角南东翼为30°~40°,北西翼则20°左右。区内发育有北东向、北西向及近东西向断层。

(8)铁厂-长岗向斜：位于铁厂—长岗村，是控制程度最高的向斜，长约30km，向斜轴向呈北东向，被断层切割成铁厂段、四道江段、鸭园段、五道江段、道清段、六道江段、大通沟段、浑江镇段等八段。走向为北东—南西向，倾角为20°～80°，延伸长度有30km。多呈不对称状，向斜轴面倾向南东，向斜中的最新地层为上侏罗统和上二叠统石盒子组，其下赋存石炭系—二叠系含煤地层，是现在各矿井的开采对象。

(9)老房子-苇塘向斜：在老房子—苇塘一带出露较好，轴向为北东向，倾角为30°～40°，局部倒转在30°以下，长约25km。北部为倒转向斜，轴面倾向南东，倾角为30°，南部倾向北西，倾角为30°。该向斜被切割成5～6个区段。向斜中最新地层为上二叠统上石盒子组，其下赋存石炭系—二叠系的山西组、太原组含煤地层，是老房子矿、砟子矿、八宝矿、苇塘矿的开采对象，向斜的中段被剥蚀，仅保存本溪组。该向斜研究程度较高，并被钻探采掘证实，但老房子向西南推覆体下是否赋存有该向斜仍在探索之中。

四、主要煤田构造特征

(一)浑江煤田

1. 煤田构造基本特征

浑江煤田位于吉林省南部赋煤构造带内，该构造带被老岭背斜分成南北两条带煤产地：北条带为浑江复式向斜，呈北东—北东东向展布，依次有杨木林子、铁厂、五道江、头道沟、六道江、八道江、砟子、苇塘、湾沟、松树镇等向斜和断块；南条带即长白区，呈东西向展布，主要有新房子、十三道沟、十八道沟等煤产地。浑江煤田即位于龙岗和老岭之间，受印支期及燕山早期运动的侧向挤压和后期的重力滑动作用，煤田内部的石炭系—二叠系、上三叠统、下侏罗统含煤岩系受到强烈改造，形成北东向、近东西向断层和褶皱，控制含煤地层的形成和赋存。断层多为逆冲断层和推覆断层，褶皱多为南翼陡、北翼缓的斜歪或倒转向斜甚至平卧褶皱。

此构造带构造形态较为复杂，为一复合的凹陷褶断束，桓仁向东原单一的凹褶断束分为南、北两束，中间夹以鼻状构造隆起(老岭凸起)，反映的总体构造形态为两凹夹一凸，即北部的通化-浑江断陷褶断束，南部的集安-长白凹陷褶断束。盖层的构造变形极为复杂，主要构造特征表现为与断陷相平行的褶皱和推覆构造。

通化—浑江地区整体构造形态呈一北东—东西向的"S"形槽状断陷，西起桓仁—通化凸起的环状边界断裂，东到松树镇，被中生代盆地及长白玄武岩掩盖，北以马当-新开岭断裂与铁岭-靖宇台拱之龙岗穹隆接触，南以老岭山前断裂为界。基底为辽东元古宙拗拉谷的东北部，青白口系—晚古生代地台盖层，即分布于南北断裂围限的范围内，甚至元古宙辽东拗拉谷的构造层，向北亦不超出马当-新开岭断裂。盖层的总体变形形态为北东—东西向紧闭的不对称向斜，北翼缓，倾角30°～40°，南翼陡，局部发生倒转。古生代构造层，特别是晚古生代C—P构造层，分布在向斜的核部，沿轴线于铁厂、砟子、湾沟、松树一线分布。整个向斜被数条横向断层切割成若干段，使核部的C—P构造层保存成多个不连续的小向斜，并呈斜列排列(图5-1-3)。

复向斜的南翼绝大部分被挤压推覆构造所掩覆向斜核部C—P构造层亦被推覆构造所掩盖，推覆构造系统主要包括3个缓角度推覆体和3～5次高角度的逆冲推覆，构成双冲构造。外来体系由青白口系、震旦系岩系、下古生界以及基底的中元古界老岭群也卷入推覆构造之中，并与上侏罗统不整合接触。

晚古生代含煤盆地的含煤岩系为上石炭统太原组和下二叠统山西组，通过岩相古地理分析，其成煤阶段的沉积盆地为一广阔的陆表海。吉林省南部为与海水相通的大型盆地，北部为山前北高南低的广

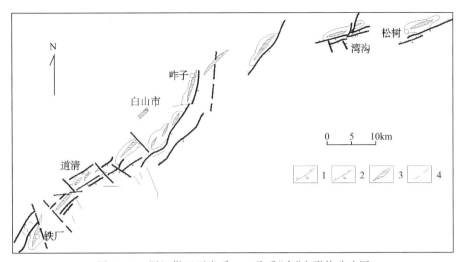

图 5-1-3 浑江煤田石炭系—二叠系"多"字形构造略图
1.压性及压扭性结构面；2.张性及张扭性结构面；3.褶皱轴面；4.推测断层

阔盆地,盆地中局部有鼻状隆起。

沉积盆地北侧(北部盆缘)为东西向的板块拼接带。在加里东期前就开始拼接,地壳增生造山,地势逐渐升高,既有深断裂控制又褶皱造山,成为本区沉积物源供给区。在成煤时海西期盆地内以不均一升降运动为主,反映了海水时进时退,沉积物和岩相也呈周期性变化,成煤期内可划分 6～12 个旋回,即可证明 6～12 次周期性的升降,甚至存在沉积间断。

古基底高低不平,反映沉积有先后以及岩性、岩相和厚度的明显变化。本溪期的沉积最为明显。另外,由于地壳沉降和上升幅度不均一,形成地层厚度不同,有几个沉降中心,辽东—吉南区有 3 个明显的沉降中心,呈东西向,其中长白区沉积厚度大于 80m。由于地壳上升下降有明显的差异,在上升时形成沉积间断,局部地层缺失,形成平行不整合关系,如浑江区的山西组和太原组间局部有冲刷和平行不整合接触关系,上石盒子组与下石盒子组间普遍为平行不整合接触。

地壳构造运动控制了海陆变迁和沉积岩相变化及聚煤作用。本区从早石炭世开始地壳下降,海水由南侵入,形成本区较大范围的堡岛复合体系和碳酸盐岩台地体系沉积。晚石炭世地壳上升海水缓慢向南撤退形成堡岛体系,形成较好的聚煤环境,海水略早退出发育了以三角洲为主的聚煤环境。早二叠世以后逐渐上升为陆,形成以三角洲体系和河湖体系为主的聚煤环境。二叠纪晚期由于地壳继续上升逐渐结束聚煤作用。

浑江煤田位于华北陆块东北部的浑江太子河凹陷中通化-浑江凹陷,在构造分区上属于华北陆块南部的浑江太子河凹陷,其北部和南部分别为龙岗隆起和老岭隆起。由于受区域构造格局和基底构造的控制,煤田构造呈现分区/分带特征,由南东向北西方向挤压而出现的由南至北的分带性和由达台山老岭断裂(即 F_{16})形成的东西分区性(图 5-1-4)。

1)构造分段特征

西区(A 区)从铁厂至苇塘,该区构造较为复杂,逆断层走向与向斜轴面方向主要为南西—北东,后期低角度推覆体的走向也大致如此。该区含煤盆地呈弧形分布,从铁厂经五道江、大通沟至 F_{16} 石人一带,其总体走向也呈南西—北东向。其中大部分盆地已被断裂破坏,被分割成数段(图 5-1-5)。

东区(B 区)从苇塘至松树,该区构造相对西区较简单,逆断层走向与向斜的轴面方向为东-西向,其中几条逆断层为叠瓦扇状,由后期挤压而导致的破坏较少。含煤盆地走向近东西向,保存较西部好,且东部地区新生代喷出岩较为频繁,两个地区有明显的分区特征。从晚印支期到燕山期,老岭背斜的隆起从 SE 向 NW 挤压,从而对浑江凹陷地区产生了多个褶皱和断裂(图 5-1-6)。

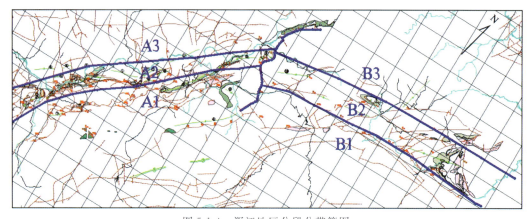

图 5-1-4 浑江地区分段分带简图
A1、B1.推覆构造带；A2、B2.叠瓦逆冲断层带；A3、B3.单斜断块带

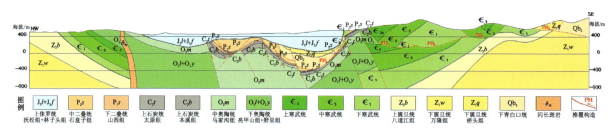

图 5-1-5 浑江西部地区北西-南东向构造剖面图

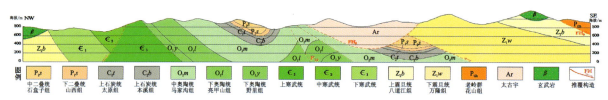

图 5-1-6 浑江东部地区北西-南东向构造剖面图

2) 构造分带特征

从印支期开始，太平洋库拉板块开始向华北陆块北部地区俯冲，导致了老岭的快速隆起和向西北方向的逆冲推覆，产生明显的呈北东向展布的构造分带，由南东向北西，可划分为强烈变形的推覆构造带（A1、B1 带）、叠瓦逆冲断层带（A2、B2 带）和单斜断块带（A3、B3 带）（图 5-1-4）。

(1) A1、B1 带：由于太平洋板块的继续活动，将老岭地区隆起并推覆到浑江凹陷上，产生了一些低角度的上叠式逆冲推覆体（FHX）。位于老岭隆起根部至浑江向斜南翼，大体以低角度的 FH 系列断层残留前锋为界，本带以低角度的上叠式逆冲推覆体为特征，覆盖在早期的叠瓦扇高角度断层之上。这些推覆体横贯浑江地区。其中，$FH_1 \sim FH_4$ 在西段，FH_5、FH_6 在东段。$FH_1 \sim FH_4$ 大体上从北西到南东分布。FH_5、FH_6 走向在空间上大致呈东西向，在空间上其下部有一些高角度的断层。

(2) A2、B2 带：该带为浑江含煤向斜的主要地区，以高角度的逆冲断层构成叠瓦扇组合为特征，其上附有一些被剥蚀的推覆体残留。这些断层对北部地区一些更早期形成的断层有一定的切割作用和改造作用。这些逆断层的走向在西段为南西—北东，东段为东—西。且由于挤压的影响，在北西—南东向形成了张性断裂，且具有走滑的性质，即一些高角度的正断层（F_X）。在盖层逆冲断裂上覆和下伏系统中伴生次级褶曲、断裂，尤其是石炭系—二叠系软弱煤系，均形成与逆冲断裂运动方向一致的斜歪-倒转褶皱。褶皱中背斜南东翼较缓而北西翼陡峻或倒转，向斜则相反。轴面均向北西倾伏，反映由南东向北西方向的推挤。

(3) A3、B3 带：早期复式向斜残留的西北翼，为向南东—南倾斜的单斜并被不同方向的断层所切割破坏，呈不连续的断裂断块格局，构造变形相对前两带而言较简单，属于浑江逆冲推覆构造体系的原地系统。该带在西段比较发育，东段由于新生代喷出岩的覆盖，大部分地区被掩盖下来。该带形成较早，位于龙岗背斜南翼至浑江盆地北翼一带。该地区在龙岗背斜南翼发育了部分北东向高角度逆断层和北西向的正断层。正断层对逆断层均有切割走滑特征。该地区出露地层大体为含煤地层的下伏系统，主要是寒武纪和震旦纪地层，再向北方向很少有中元古代以后的地层。

2. 断裂构造

浑江复向斜范围内断裂构造发育，是控制煤系赋存的主要构造要素。

根据断层的倾角和成因综合分类，可以分为（中）高角度断层和低缓倾角断层（推覆构造）两大基本类型。前者共控制 25 条断裂，即 $F_1 \sim F_{25}$。其中，正断层 10 条、逆冲断层 13 条、性质不明的 2 条。后者共 6 条，以 $FH_1 \sim FH_6$ 表示。

根据断层走向与区域地层走向的关系分类，可以分为走向断层和倾向（斜交）断层两大基本类型。走向断层具有挤压逆冲性质，根据断层面形态进一步划分为中、高角度逆冲断层和低缓倾角逆冲（推覆体）断层两类。其中，中、高角度逆冲断层的断层面多呈上陡下缓的铲形，平面上数条大体平行排列，剖面上呈叠瓦扇组合。低缓倾角断层规模一般较大，断层面呈波状起伏，构成推覆构造系统的推覆（面）断层，将煤系基底甚至变质岩系推覆于煤系之上。

倾向（斜交）断层规模一般较小，断层性质以正断层多见，并具走滑性质。倾向和斜交断层对区内构造格架具有划分意义，其中 F_{16} 复兴-新开（原称达台山老岭）断层规模较大，将本地区分割呈东西两部分，即铁厂-苇塘段（西段）、苇塘-松树段（东段）。西段逆冲断层走向大体为北东向，而东段逆冲断层走向为近东西向。

中、高角度（逆）逆冲断层共 13 条，其中倾向和斜交逆断层 5 条，走向逆断层 8 条。倾向和斜交逆断层多数兼具走滑性质，走向逆断层以逆冲性质为主，一般规模不大，剖面呈上陡下缓的铲形归并于主滑脱面，发育在沉积盖层内部，一般无变质基底卷入，构成盖层逆冲推覆系统的叠瓦扇分支断层。

浑江煤田西部的 F_{12} 与 F_{13} 逆冲断裂与浑江煤田东部的 F_{17}、F_{19}、F_{20} 逆冲断裂均切入了石炭纪—二叠纪煤系，主要表现为在下古生界至石炭系—二叠系内部的逆冲推覆。倾角多在 45°以上，北东走向，南东倾斜，在剖面上形成单向叠瓦式逆冲断裂组，平面上基本贯穿全区，向西逐渐变小尖灭。

在盖层逆冲断裂上覆和下伏系统中伴生次级褶曲、断裂，尤其是石炭系—二叠系软弱煤系，均形成与逆冲断裂运动方向一致的斜歪、倒转褶皱。褶皱中背斜南东翼较缓而北西翼陡峻或倒转，向斜则相反。轴面均向东倒伏，反映应力由南东向北西方向推挤。

由于浑江煤田西部和东部均存在沿地层走向发育的盖层逆冲断裂，它们将原本完整的浑江向斜切割成近似平行的几条次级不完整的向斜盆地，使石炭纪—二叠纪含煤区形成几个条带，出现一些互不连续的独立单元，中生代煤系也因此形成一些小块含煤盆地。

低缓角度逆冲断层规模较大，地表断层线露头为舒缓波状，大体沿区域地层走向延伸。剖面上断层面呈波状起伏，总体向南东缓倾，构成本区基底卷入型推覆构造系统的推覆（面）断层。

晚侏罗世地层沉积之前，印支期和燕山早期的老岭花岗岩体侵位产生的侧向挤压以及后续华北古板块与太平洋古板块聚合剪切挤压的联合影响，产生挤压推覆并叠加具有重力势条件的滑覆作用，将变质基底及其上覆层位以逆冲岩席形式推覆到拗陷区的各个部位。推覆作用先后有 6 个序次，分别编号为 $FH_1 \sim FH_6$，覆盖在晚侏罗世以前的地层之上。其中 FH_6 分布在老岭附近的白水泉子、松岭、五棚湖、暖泉子后山、碱场沟子西南岔、桦树一带，即以前称老岭复背斜的北段。西南段，即老岭复背斜的主体，由于 F_{16} 断层的切割，地面没有出露，是否是外来席体有待进一步调查（表 5-1-5）。

表 5-1-5 浑江煤田主要控煤断裂统计表

名称	地点范围	断裂要素 走向	断裂要素 倾向	断裂要素 倾角/(°)	断裂要素 落差/m	性质	延伸长度/km	涉及层位	构造特征	控煤意义
F_1	鸭园	NW—SE	SW	45	80~90	逆断层	5.3	$Qb, Z_1, Z_2, \in_1, C_2, P_1, J_3$	切穿石炭纪、二叠纪，分割1号向斜，下伏于上奥陶统，被震旦系所覆盖	对铁厂东部一段含煤一段有切割破坏作用
F_2	四道江	S—N	W			逆断层	2.6	$Z_1, Z_2, O_1, C_2, P_1, P_2$	切穿于奥陶纪、石炭纪、二叠纪，并分割1号陶园一二叠纪，南北端分别掩伏与震旦系和寒武纪下	对鸭园一带煤层有破坏作用
F_3	冰湖沟东、菰园	NW—SE	SW			正断层	3.2	$Z_2, \in_1, \in_2, \in_3, O_1, C—P, P_2$	一种走滑式的断层，将菰园南部石炭纪—二叠纪含煤岩系分割，并分割1号向斜	对菰园一带煤层有破坏作用
F_4	道清东	NW—SE	NE	50	370~430	正断层	13	$Pt_2, Qb, Z_1, Z_2, \in_1, \in_2, \in_3, O_1, J_3$	一只规模比较大的并具有滑式的正断层，西北起道岗背斜中元古代地层东南至甸子东，掩伏于FH_1之下	
F_5	胜利村	NW—SE	SW	65	120~140	正断层	2.8	J_3	位于六道江地区，规模较小的掩伏于侏罗系之下的断层	
F_6	陡沟子	NW—SE	NE			正断层	12.5	$Qb, Z_1, Z_2, \in_1, \in_2, \in_3, O_1, C—P_1, P_2, J_3$	规模较大的带走滑式的正断层，西北起掩伏于驮道沟青白口系向子东，任张家村南部将1号向斜切断	
F_7	八道江—浑江镇	NW—SE	NE	70	800	逆断层	17.3	$Pt_2, Qb, Z_1, Z_2, \in_1, \in_2, \in_3, O_1, C_2, P_1, P_2, J_3$	规模较大的走滑式高角度逆断层，西北起岗龙岭南至东道岭掩伏与震旦系之下，对1,3,6号向斜均有分割作用	

续表 5-1-5

名称	地点范围	断裂要素 走向	断裂要素 倾向	断裂要素 倾角/(°)	断裂要素 落差/m	性质	延伸长度/km	涉及层位	构造特征	控煤意义
F_8	东港村—林子头	SW—NE	NW			逆断层	6.6	Z_1、Z_2、$\in_1$、$\in_2$、$\in_3$、O_1、C_2、P_1	规模不大，该断层东部切割了6号向斜，并掩伏于FH_2之下	在红石砬子一带对煤层有较小的破坏作用
F_9	八宝	S—N	E	55		正断层	4.7	O_1、C_2、P_1、P_2	潜伏于FH_1与F_{11}之下的掩伏正断层，主要位于石炭纪与二叠纪地层	
F_{10}	孙家堡子—石人	NW—SE	SW	75	350~370	正断层	4.7	O_1、C_2、P_1、P_2、J_3、K_1	北起于孙家堡子西北掩伏于白垩纪之下，向南穿过大苇塘沟于F_{11}相邻，在南端将6号向斜切割	对苇塘一带的煤层有切割破坏作用
F_{11}	大苇塘	S—N	W	75	200	正断层	3	O_1、C_2、P_1、P_2、J_3、	位于大苇塘南部石炭系、二叠系，规模较小，向西南一直掩伏延伸至八宝	
F_{12}	道清	SW—NE	SE	30	200	逆断层	3.2	O_1、C_2、P_1、P_2	走滑式的逆断层，与1号倒转向斜伴生	在五道江一带对煤层有破坏作用
F_{13}	腰岭村—四道江	SW—NE	SE	50	300~400	逆断层	3	C_2、P_1、P_2	较高角度的逆断层，将上盘东一侧的石炭系二叠系岩层切割，北西一侧的下盘奥陶纪岩层抬起，上盘石炭系二叠系的岩层破坏剥蚀	对铁厂北部煤层具有一定破坏作用
F_{14}	万隆村—三岔子	SW—NE	SE	55	350	逆断层	10.7	Z_1、Z_2、$\in_1$、J_3、K		

续表 5-1-5

名称	地点范围	断裂要素 走向	断裂要素 倾向	断裂要素 倾角/(°)	断裂要素 落差/m	性质	延伸长度/km	涉及层位	构造特征	控煤意义
F_{15}	芦家堡子	NW—SE	SW			正断层	2.9	P_2、J_3、K_1		
F_{16}	复兴—新开	S—N	W	50~70	>1000	正断层	70	该地区所有出现的地层	该区最大的一个走滑正断层,将桦甸地区分割成东西两段,北段部分南北走向,南段东南西走向。断层两端落差较大,切割地壳较深。该断裂保存较完整,部分被小断层切割	
F_{17}	大阳岔	SW—NE	SE	65	>800	逆断层	11	$Ar、Qb、Z_1、\in_1、\in_2、\in_3、O_1、C_2$	叠瓦式断层,规模较大,倾向斜,由大撑荒向北东延伸,掩伏于第四系之下,切穿10号	
F_{18}	大顶子	E—W	S			逆断层	5.5	$Ar、Qb、Z_1、\in_1、\in_2、\in_3$	中型的逆断层,中部被古近纪的喷出岩所覆盖,上白垩纪地层全被剥蚀,有一定的走滑特征	
F_{19}	893高地—下马沟	E—W	S	45~60	300	逆断层	近40	该地区所有出现地层	仅次于F_{16}断裂,贯穿于浑江地区东部的大断裂,其中被分割成几段,与F_{20}、F_{21}构成叠瓦掩盖,东部被古近纪喷出岩掩盖,在湾沟北部被截一段演化成正断层	对东部地区煤层具有很强的分割作用
F_{20}	湾沟以东	SW—NE	SE	40~50	>800	逆断层	13	$\in_1、\in_2、\in_3、O_1、J_3$	与F_{19}构成叠瓦扇状,在湾沟西南被震旦系掩盖,湾沟以东部分被喷出岩掩盖	

续表 5-1-5

名称	地点范围	断裂要素 走向	断裂要素 倾向	断裂要素 倾角/(°)	断裂要素 落差/m	性质	延伸长度/km	涉及层位	构造特征	控煤意义
F_{21}	五间房—小家沟	SW—NE	SE	60	400	逆断层	16	$\in_1$、O_1	与 F_{19}、F_{20} 构成叠瓦扇状，在左端小北沟地区被断层阻隔，右端掩伏于燕山花岗岩之下	
F_{22}	二道阴岔	SW—NE	SE	45	300	逆断层	9.3	Ar、Z_1、$\in_1$、$\in_2$、$\in_3$、O_1、C_2、P_1、P_2、T_3	先期形成的逆断层，后期在重力影响下，出现滑覆构造，有走滑的特征，在西端将寒武纪地层走滑切割，在中部对13号斜也有一定的切割，东端交会于 F_{19}	对松树镇北部含煤地区有一定的破坏作用
F_{23}	太平沟	SW—NE				走滑断层	5.2	$\in_1$、$\in_2$、$\in_3$	与东侧两条断层共组成类似叠瓦扇状的走滑断层组，南端被 FH_6 阻挡掩伏与太古宇之下，北部被 F_{19} 阻挡，掩伏于奥陶系之下	
F_{24}	青沟子	SW—NE	SE			走滑断层	4.5	Ar、$\in_1$、$\in_2$、$\in_3$、O_1、C_2、P_1	西南端切割 FH_6，掩伏于太古宇之下，东端掩伏于石炭纪二叠纪地层。在中段将寒武纪奥陶纪地层切割，发育比较完整	对松树镇南部含煤地区有破坏作用
F_{25}	马鹿沟—小营子	NW—SE	NE			正断层	11.8	T_3、J_3	一个隐伏断层，北段止于 F_{19}，南端掩伏于喷出岩之下	

3. 褶皱构造

浑江区褶皱构造具有与逆冲断层共生的基本特征。一系列同向的逆冲（由东向西逆冲）使褶皱呈叠瓦扇状排列组合，其向斜经逆冲后呈现半圆形相互重叠，基本保持向斜构造的特征，但又在整体组合上具有逆冲叠瓦扇的构造形式。

在浑江煤田内苇塘—松树镇区内有3个以上的向斜呈叠瓦状组合，即湾沟向斜、松树镇向斜、小东岔向斜。叠瓦状逆冲使向斜不完整向东倾伏被逆冲推覆破坏，而西端保存较完整。向斜南翼由于由南向北的逆冲挤压作用，形成倾角较陡，甚至直立和倒转，而西北翼则倾角较缓，为不对称的向斜构造。向斜构造内断裂发育，先期为东西向逆冲推覆并使向斜不对称，而后被北东向逆冲推覆，使大的向斜分割为多个叠瓦扇状的不完整向斜，最后张性和张扭性断裂切割了向斜和先期断裂，且沿断裂有火山岩侵入。

本区叠瓦扇褶皱的形成，应是从印支运动开始到燕山运动早中期。由于区内受到南东向的水平挤压运动，形成了较大的褶皱构造，即浑江复向斜、老岭复背斜。在区域构造应力的持续作用下产生逆冲推覆，首先形成东西向断裂，由南向北逆冲推覆，并产生不对称向斜，其南翼陡北翼缓，而后主要产生北东向逆冲断层，形成叠瓦扇状逆冲推覆，使原来的褶皱分割成多个断块。由东向西推覆，长期剥蚀显示一系列向东倾伏的不完整向斜，呈叠瓦扇状排列。最后到晚侏罗世—早白垩世由挤压转变为拉张作用力，形成一系列张性和张扭性正断层垂直于上述构造，并有中基性火山岩侵入，破坏了煤层的完整性（表5-1-6）。

（二）万红煤田

1. 煤田构造基本特征

万红煤田位于白城地区洮南市—内蒙古突泉县和科尔沁右翼前旗的相邻地区。北起俄体—白辛，东起桂林—东升，南至黑顶山—东杜尔基，西至榆树沟—复兴屯。煤田地处大兴安岭东坡，地势西高东低，为山地及丘陵地形。

煤田褶皱和断裂构造均较发育。褶皱明显地可分为两组。第一组由侏罗系的1~3个向背斜组成，呈明显的反"S"形构造。褶皱轴向在北段周家窑附近为北北西向，其北端又微向北转，中段在万宝至六合一线呈中间向东凸的近南北向，南段在长春岭黑顶山区转为北西西向。岩层倾角一般30°~60°，最大达80°，局部倒转。第二组主要由侏罗系任家沟组组成，轴向北北东，由桂林-郭淑芬向斜、周家屯向斜和复兴屯向斜等构成。

断裂可分为4组。第一组走向与第一组褶皱轴向平行，属张性断裂。第二组、第三组走向分别相当于第一组褶皱扭裂的方位，多属正断层，具体走向随褶皱轴向的不同而变化。第四组走向与第二组褶皱平行，亦属张性断裂。

从上述构造特征可见，本区构造可明显地划分为两套。第一套由第一组褶皱和第一、第二、第三组断裂组成。以前者为主体形成一个反"S"形构造。它究竟是单一的"S"形构造，还是属"山"字形构造的一部分，尚不清楚。第二套由第二组褶皱和第四组断裂组成，皆是北北东向，应属新华夏系构造，闹牛山一带的构造特点从构造方位上看，应属第二套即新华夏系构造，而从其与弧形构造相对位置上看，又应属扭动构造反射弧的脊柱，即属于第一套。总之，本区构造属两个构造体系复合的产物，但各构造体系的确切情况，有待进一步工作研究。

表 5-1-6 浑江煤田主要控煤褶皱表

名称	地点范围	轴向	轴面产状	延伸长度/km	两翼产状	组成地层	褶曲长宽比	其他构造特征	演化历史	控煤意义
1号向斜	铁厂—长岗村	SW—NE	SE∠20°~80°	30	SE∠30° NW∠20°	主要是 C—P_1、P_2	15:2	该向斜被 F_1~F_7 切割，多呈不对称状。该向斜轴面整体走向呈北东向，但是由于破坏严重，部分切割的向斜已经脱离原位，有些已发生倒转	应形成于晚古生代，与含煤地层同沉积形成，赋存了石炭纪二叠纪的煤系，印支期以后断层和推覆体破坏	浑江西段主要煤系均赋存在该向斜之内
6号向斜	老房子—苇塘	SW—NE	SE∠80° 局部倒转 SE∠30°以下	25	SE∠30° NW∠30°	主要是 C—P_1、P_2、J_3	12:1	该向斜被 F_8 和 F_9 切割，在食人镇地区由于 FH_2 的推覆而导致了部分地区轴面发生倒转，东部被 F_{16} 所截	与含煤沉积地层同时形成，或者略晚。在印支期、燕山期出现再次褶曲，且后期被断层多次破坏且推覆层覆盖	与1号向斜一样构成了矿区西部地区含煤凹陷的另一条赋煤带
7号向斜	铁厂—横道河子	SW—NE	SE∠70°	20	SE∠30° NW∠30°	Ar、Qb、Z_1、Z_2、$\in_1$、$\in_2$、$\in_3$、O_1、C—P	15:1	出露较少，被 F_1、FH_3、FH_4、大部分被 FH_2 掩盖，只有少部分构造出露在头道沟附近，西南掩伏于 Z_2 之下	形成时间较早，后期多次被断层和推覆体切割覆盖	其下赋有含煤地层，是矿区的开采对象
8号向斜	珑珠宝沟	SW—NE	SE∠80°	13	SE∠15° NW∠20°	Pt_2、K_1	7:1	保存比较完整，东南翼受到 F_{16} 的切割东北延伸至 F_{16}	形成时间较晚，在早白垩世前后，保存较完整	—
2号向斜	小通沟西	SW—NE	SE∠70°	6	SE∠30° NW∠85°	C_2、P_2	10:1	东西段都止于 FH_2，中部由于 FH_2 的推覆而发生弯曲和部分倒伏	可能也是晚印支期形成，后期受到推覆体的改造	其最新地层是上石盒子组平行不整合在石炭二叠纪煤系地层之上

续表 5-1-6

名称	地点范围	轴向	轴面产状	延伸长度/km	两翼产状	组成地层	褶曲长宽比	其他构造特征	演化历史	控煤意义
3号向斜	小通沟东	SW—NE	SE∠80°	3	SE∠30° NW∠30°	$C-P_1$、P_2	6:1	轴向北东,北东端被 F_7 所截,中西部受到推覆体的影响而发生轴向偏折	与2号向斜同期形成	其最新地层是上石盒子组平行不整合在石炭二叠纪含煤地层之上
9号向斜	石人	E—W	S∠80°	3	S∠30° N∠40°	K_1	5:1	保存较完整,轴向成东西向,上覆最新地层是 K_1	形成时间大概在燕山中期,后期几乎没被改造	
14号向斜	东风林场	近S—N走向	E∠80°	8	E∠30° W∠40°	J_3	8:1	北端掩伏于花岗岩之下,南端受 F_{20} 所截,上覆岩层只要是 J_3	形成时间可能在印支期,后期受到很少的改造,部分被喷出岩破坏	
12号向斜	湾沟西	E—W	S∠75°	5	S∠30° N∠60°	C_2、P_1、P_2	5:1	保存较完整,由于 FH_5 的影响,向斜有向北倒伏的趋势,南翼较陡	形成时间大概与10号、11号、13号向斜时间相当或者晚些	上覆地层为石炭二叠纪纪含煤地层
10号、11号、13号向斜	大阳岔—松树	E—W	S∠85°	50	S∠40° N∠40°	$Ar-K_1$	20:1	一个东西走向的向斜组,3个向斜被断层断开,向斜之间均被 FH_5、FH_6 断开,F_{11} 中部还有新生代的喷出岩所覆盖,总体上3个向斜保存完整	形成时间大概在燕山早期后期受到 FH_5、FH_6 推覆体的破坏	13号向斜处在C—P含煤地层中,煤层在向斜内部有赋存

2. 断裂构造

因万红煤田研究程度较低,断裂资料不丰富,因此断裂构造部分主要以万宝煤田红旗二井为主。该井田内控制的有张性正断层4条,逆断层5条,走向方向在14°～138°之间,具有明显的方向性(表5-1-7),这些断层将井田切割成多个大小不等的、不同标高的自然块段,对井田煤层破坏严重,破坏了煤层的连续性,降低了煤层储量级别,给开采带来了很大的难度。

表5-1-7 万宝煤田红旗二井断层特征一览表

断层号	性质	走向/(°)	倾向/(°)	断距/m	延展/km	断层号	性质	走向/(°)	倾向/(°)	断距/m	延展/km
F_1	正	19	109	不清	3.14	F_{12}	逆	89	179	85	1.13
F_5	正	94	4	150	0.72	F_{13}	平移正	138	48	70～130	2.64
F_6	逆	14	288	390～520	3.75	F_{15}	逆	32	328	220	0.86
F_8	逆	30	300	150～250	3.50	F_X	逆	36	126	120～370	2.83
F_{11}	逆	64	334	400	1.10						

(三)双阳煤田

1. 煤田构造基本特征

双阳煤田位于吉黑褶皱带吉林复向斜的中部。煤田展布方向大致北西向,略呈"S"形坳陷盆地。上三叠统大酱缸组及下侏罗统板石顶子组的含煤地层由于印支晚期和燕山早期构造运动的影响、褶皱变形的作用而发生一定程度的改变,中侏罗统太阳岭组沉积之后又经燕山中期构造运动影响使之前的地层发生轻微的褶皱及断裂,部分地区的含煤地层和地层发生一定程度的倒转和推覆、滑覆,产生逆冲断层,老地层逆冲在新地层之上。到晚侏罗世晚期至早白垩世早期,经过燕山运动后期的构造运动,产生一系列的北东向及北北西向的断层并喷发出中性岩浆。早白垩世初期地壳下降沉积了很厚的白垩系。

2. 断裂构造

断裂主要以NNE向、NW向为主,伴有近SW向和近SN向的断裂。F_4以南走向NNE,为向东倾斜的单斜构造,地层产状变化不大,地层倾角小于25°;F_4以北地层为走向由NE向转至NW向的向斜构造,地层产状变化较大,西侧浅部的地层倾角达45°～60°(表5-1-8)。井田内煤层由于受断裂影响,其连续性受到破坏,形成了较多的块段,对井型设计及开采带来不利影响。

表5-1-8 双阳煤田断层特征一览表

编号	断裂要素			性质
	走向	倾向	落差/m	
F_1	NEE	N	>250	正
F_2	NEE	N	220	正
F_3	NEE	ES	150～200	正
F_4	NWW	N	50～120	正
F_5	NW	NE	110	正

续表 5-1-8

编号	断裂要素			性质
	走向	倾向	落差/m	
F_6	NW	WS	200	正
F_7	NW	NE	220	正
F_8	NNE	E	>280	正
F_9	NNE	E	60~140	正
F_{10}	NNE	ES	60~90	正
F_{11}	SN	E	30~50	正
F_{12}	NNE 转 NNW	E	60~90	正
F_{13}	NNE	ES	50~120	正
F_{14}	NS	W	90	正
F_{15}	NWW	S	100	正
F_{16}	NNW	NE	70~90	正
F_{17}	NW	NE	>300	正
F_{18}	NNW	NW	45	正

3. 双阳盆地形成、沉积及演化过程

受印支运动的影响,松辽盆地的东南缘缺失三叠系,燕山运动早期,本区受断裂控制开始下降,双阳盆地雏形基本形成,这时区内水动力较弱,基底起伏不平,高地无沉积,凹地沉积较大,使双阳盆地内所沉积的下侏罗统板石顶子组、中侏罗统太阳岭组(含煤)的面积很小且极不连续。

晚侏罗世早期受燕山运动第Ⅱ幕影响,强烈的构造运动使地壳下降速度加快,双阳盆地进一步发展。

1) 盆地形成前期(坡积、洪积等山麓相沉积)

据盆地西南部地质资料分析,上侏罗统底部砾岩沉积时,盆地经过了燕山期第Ⅰ幕的填平补齐之后,多数地区该砾岩不整合超覆于古生代地层之上,从岩性上看碎屑物多呈灰色,砾石成分以花岗岩、正长斑岩、凝灰岩、古生界变质岩为主,盆地边缘分选磨圆较差,盆地中心分选磨圆逐渐变好。表明此时水动力比前期增强。

2) 盆地形成中期(浅水相碎屑沉积)

随着沉降幅度加大,盆地覆水相对加深,河流、漫滩广泛发育,粗碎屑在盆地边缘呈条带状分布,斜层理及斜波状层理较发育。随着水面不断上侵,盆地出现了第一次浅湖环境,一套以泥岩、粉砂岩为主的水平层理发育,局部微波状层理发育。

从古地理环境分析,盆地四周的三角洲不断向盆地中心推进,水面变浅,冲积平原大面积沼泽化。由于盆地覆水深度不同,呈边缘向中心推进序列,泥炭沼泽环境发育不平衡,出现煤层在盆地中上部较厚、边缘和盆地中心较薄的分布特点。

成煤作用后,地壳沉降速度加快,整个盆地呈欠补偿沉积状态,进入深水环境沉积期,水平层理发育。

3) 盆地形成后期(酸性火山岩段沉积)

受燕山运动第Ⅱ幕影响,强烈的构造运动导致火山多次喷发,双阳盆地继续活动,原规模扩大,叠加

了以灰绿色沉凝灰岩、灰白色含砾凝灰岩为主的火山碎屑岩,同时在火山喷发的间歇期,局部短期地存在成煤环境,即在灰绿色沉凝灰岩和灰白色含砾凝灰岩中夹有黑色粉砂岩、泥岩及极不连续的薄煤层。煤层在整个盆地均不可采,无工业价值。此时古地理环境由温暖潮湿逐渐转化为干旱炎热气候,标志着盆地煤系地层沉积的结束。

(四)和龙煤田

1. 煤田构造基本特征

本区为北北西方向的狭长地带,四周为古老的变质岩系,沉积岩与老地层的接触关系除西部松下坪以南及南部局部地段为不整合接触外,大多为断层接触,因而呈半地堑盆地构造(图 5-1-7)。构造较为简单,有宽缓的褶皱和方向性明显的两组断裂(图 5-1-8)。

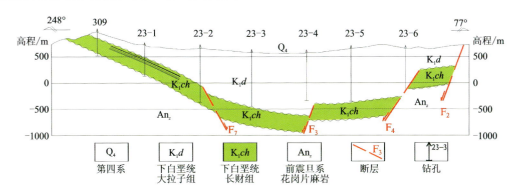

图 5-1-7　和龙煤田构造剖面简图

2. 褶皱

在泉水村以南靠东侧有一纵贯南北的不对称大向斜,长达 10km,其轴向北部为北北西,由北向南渐转为南南西,呈一弧形。西翼较宽缓,倾角为 5°～28°,东翼被 F_{10}、F_4、F_2 所切,由南北两端向中间倾伏,其核部地层为大拉子组含化石泥岩段,两翼出露泉水村组。本向斜东侧有一轴向为北北西的小背斜,其轴部和翼部均为泉水组,被 F_4、F_{10} 所夹。大向斜西翼有古地形隆起形成背斜的现象发生,背斜轴呈北西-南东方向,向南东倾伏,核部和翼部均由大拉子组含化石砂泥岩段组成。在本隆起的西部又出现一小向斜,向斜轴向由北端的北北东、向南渐转为南南东呈一弧形。在泉水村组以南有北西方向波状起伏。

在车场子有轴向近东西的宽缓不对称向斜,向东倾伏,向斜北翼倾角为 15°左右,南翼被 F_{11} 所截。核部地层为泉水村组,两翼为长财组。这些褶皱应在白垩纪末期受燕山运动的北东-南西挤压力,而形成近于南北和近东西向的两组褶皱和断裂。

3. 断裂

本区断裂多为正断层,就其方向性可分为两组:一组为近南北向;另一组为近东西向。据和龙煤矿资料分析,南北向断层应先形成,多被东西向断层所切。具体分述如下。

F_1 号断层:为近于南北向的正断层,向东倾斜,切断煤系地层的角砾岩部分,由北向南至松下坪附近进入基盘。倾向为北东,倾角 62°,在中部被 F_{11} 号断层分为两段。

F_2 号断层:为近于南北向的正断层,向西倾斜,落差较大,自北向南纵贯全区,在北部被 F_5 号、F_6 号、F_{12} 号断层所切。本断层倾向南西,倾角 55°。

F_3 号断层:为北北西向的正断层,延展长度达 7.5km,由松下坪开始延至太平村以西。倾向北东,倾角 71°,沿断层走向有一定的变化,落差 30～40m。

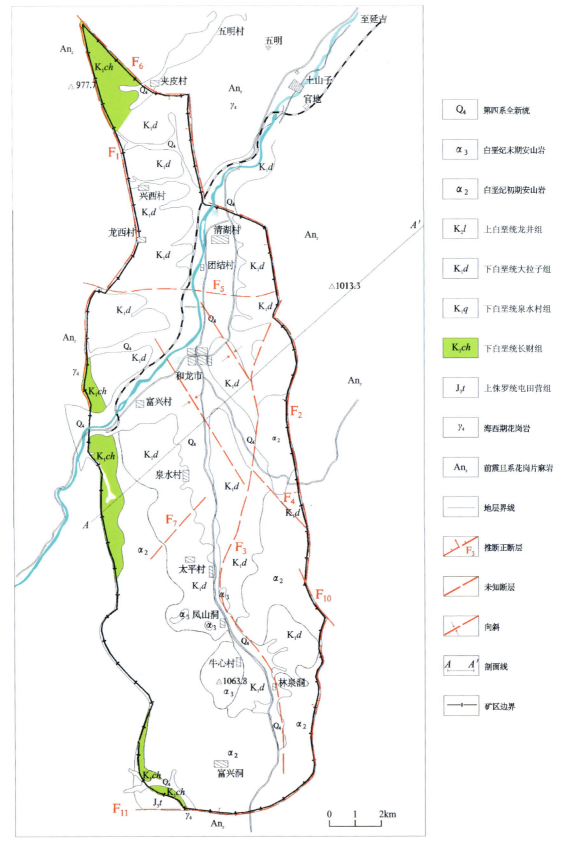

图 5-1-8 和龙煤田构造纲要图

F_4号断层:为一走向北北东、向西倾的正断层,北部和F_2斜交,向南延至凤山洞,延展长度为12km,倾角65°~70°。

F_5号断层:近东西向向南倾的正断层,横贯本区。

F_6号断层:位于本区北端,为北西向南西倾的正断层。

F_7号断层:位于凤山洞以西,断层走向北东东,倾向北西的逆断层。该断层只是根据地质图推断。

F_8号断层:位于和龙市区西南,为一组近南北向东倾的正断层,落差为2~5m,据井下采掘可见。

F_9号断层:位于松下坪井区的南部,断层走向为北西,倾向为南西的正断层,落差70m左右,被松下坪井采掘工程所揭露。

F_{10}号断层:为一近北西向,倾向为270°的正断层,倾角65°,落差为150m。

F_{11}号断层:位于车场子,走向北西,倾向北东,倾角65°。落差130m左右。

F_{12}号断层:位于本区南端,根据槽探资料验证为一正断层,断层产状为倾向45°,倾角64°,见有破碎带和断层迹象(表5-1-9)。

(五)舒兰煤田

1. 煤田构造基本特征

舒兰盆地位于吉林省北部舒兰市和永吉县境内,西南起乌拉街、北东至黑龙江省与吉林省界,呈北东—南西向延伸的线型盆地。长约80km,宽为3~7km,面积400km²,舒兰盆地位于佳依地堑中南部,为一倾斜的半地堑型断陷盆地。盆地内充填古近系含煤地层,为东北区重要的褐煤产地之一。盆地基底由石炭系—二叠系(C—P),下白垩统登楼库组(K_1d)、嫩江组(K_1n)构成。盆地内充填古近系含煤地层,由老至新分别为古新统缸窑组、始新统新安村组、舒兰组,渐新统水曲柳组及中新统岔路河组和玄武岩层。含煤地层为舒兰组、新安村组及水曲柳组。舒兰组是盆地中的主要含煤岩组,一般含煤20~30层、局部50层(东富)。煤层总厚10~30m,可采8~12层,可采总厚9.59~19.35m。该含煤段连续性好,富煤带集中于盆地北部,且较稳定。新安村组仅含薄煤,一般为2~5层,局部可采。水曲柳组仅含薄煤层和煤线,均不可采。

舒兰盆地为复式向斜,呈北东—北北东向展布,主要有暖泉子、杨树河子、杨木-碾子沟褶皱束,以及马虎头、八家子、梨树园等褶皱和压性断裂,主要有水曲柳、舒兰街、缸窑和红阳等煤产地。

舒兰盆地位于斜穿东北地区的依(兰)-伊(通)断裂带中段,是受控于依-伊带的一系列新生代线型盆地群中的一个半地堑式的断陷沉积煤盆地,盆内构造属地堑式断裂坳陷带,两侧被北东45°方向堑缘断裂所夹持,地堑内尚有与堑缘断裂平行的断裂存在,又构成次一级地堑并被北西向断裂切割。舒兰盆地为舒兰-胜利断陷的吉林省部分,其北东与尚志断隆相邻,南西与乌拉街断隆相连。

依-伊断裂带在中生代生长发育后,至古近纪古新世时期再度变动。由于印度板块向北西方向推挤欧亚大陆、欧亚大陆板块与太平洋板块产生相对右旋的张扭应力场。受这一应力场控制,沿原有的佳-依断裂产生了大规模张扭性断裂、裂陷带,形成了多个线状带状地堑-半地堑式盆地。依-伊断裂带内具有断隆与断陷相间排列的特点。每个断陷形成一个沉积体系域,构成一个汇水沉积盆地。

而该盆地的形成过程中受喜马拉雅Ⅰ幕、喜马拉雅Ⅱ幕运动的影响,在古近纪、新近纪间和中、上新世间有两次微褶皱及升降运动,形成了不整合及盆缘逆冲断裂。至盆地沉积之后,经历了4次较大的构造变动,均以断裂构造为主,反映出区域构造应力场变化。舒兰半地堑盆地受到了后期构造变动后,形成了一系列现今的地垒、地堑相间的断块构造格局,控盆同沉积断裂也被改造为压扭性逆掩断裂,但地堑型盆地基本保持原貌,并由于断裂改造,南东边缘抬升剥蚀,形成了现存的构造格局。

表 5-1-9 和龙煤田主要断层特征统计表

编号	地点范围	断裂要素				性质	其他构造特征	控煤意义
		走向	倾向	倾角/(°)	落差/m			
F_1		近 SN	NE	62		正	在中部被 F_{11} 号断层分为两段	切断含煤地层的角砾岩部分,对含煤地层的赋存有一定的破坏作用
F_2		近 SN	NW	55		正	在北部被 F_5、F_6、F_{12} 号断层所切	
F_3		NNW	NE	71	30～40	正	倾角沿断层走向有一定的变化	
F_4		NNE	W	65～70		正	北部和 F_2 斜交	
F_5		近 EW	S					
F_6		NW	S					
F_7	凤山洞以西	NEE	NW			正	该断层为推断得出	
F_8	和龙县城西南	近 SN	E		2～5			
F_9	松下坪井区的南部	NW	SW		70			
F_{10}		NW	W	65	150	正		
F_{11}	车场子	NW	NE	65	130			
F_{12}		NW	NE	64				

2. 断裂构造

该盆地两边界断裂不对称,西北缘边界断裂比较连续和平直,走向呈北东向,而东南缘边界断裂分段性明显,平面形态弯曲,走向总体呈北东向。盆地内部其余断裂主要分布于盆地东南侧,断裂展布方向主要为北东向和近东西向。在莫里青断陷,断裂主要分布在尖山构造带及大孤山断阶带,走向主要为北东向和近东西向,断层性质为张性或张扭性正断层,晚期被反转挤压改造,发育于莫里青断陷东南缘边界断裂的北东向马鞍山断层与发育于岔路河断陷东南缘边界断裂的2号、3号、4号断裂总体上呈雁列式展布,其中2号断裂规模最大,分割鹿乡断陷和岔路河断陷;在鹿乡断陷,断裂主要发育于五星构造带和2号断裂带附近,走向为北东向及近东西向,为张性正断层,2号断裂带附近的断层受晚期反转改造作用明显。在岔路河断陷,断裂发育众多,主要分布于梁家构造带、万昌构造带、搜登站及孤店斜坡,走向主要为北东向及近东西向,少量为北西向,多为张性或张扭性正断层。在盆地西北缘因晚期盆地反转而发育了一条北东向展布的挤压逆冲断裂,与西北缘边界断裂之间形成一个典型反转构造带,其内部地层破碎,压性断裂及褶皱极其发育。

该盆地西缘外侧表露断裂北起舒兰以北,向南西经锅盔顶子至凤凰山。岩石挤压破碎呈糜棱岩。在断裂北端靠山屯一带形成宽2km的破碎带,花岗岩明显压碎重结晶。向南西延至庙景山一带,花岗闪长岩明显压碎重结晶,个别基质部分,动力变质普遍。向南西至凤凰山一带,海西晚期花岗岩中宽20余米的构造岩带倾向北西,在凤凰山下的采石场断裂则倾向南东。由于断裂面倾角较大,故在剖面上有所摆动。至河湾子以南及以北地区,岩石中矿物定向排列,花岗岩中石英压扁拉长,在黑山咀子见比较发育的北东方向挤压片理。

盆地断裂按级别可分为3类:第一类为控盆断裂,即西北缘断裂和东南缘断裂;第二类为控制各断陷或构造带的二级断裂,包括马鞍山断裂,2号、3号、4号断裂和西北缘挤压逆冲断裂;第三类为盆地内部次级断裂,发育众多,分带明显,演化复杂,对盆地内部构造特征及油气成藏具有重要意义。

在舒兰市境内有已知断裂35条,形成时代分属于加里东期、印支期—海西晚期、燕山期和喜马拉雅期。除喜马拉雅期以外的其他断裂没有对煤的形成及开采造成较大影响,因此这里不做叙述。

舒兰-湾河子深断裂北起舒兰,向南西经吉舒、缸窑、大口钦至河湾子,呈45°~50°方向延伸,长度大于85km,斜贯全区。向北东延入向阳山公社幅,向南西延入吉林市幅。该断裂带由彼此平行的两条断裂组成,中间下陷,构成地堑,本身属于正断层。由于古近纪以来的火山活动,该区形成了一狭长的槽型盆地。

该盆地的构造经过多次的活动,在盆地内发育着次一级的褶皱和断层,在前团子山玄武质凝灰质砾岩中发育着多条平行排列的北东向的断层,其中构造透镜体和挤压片理都很发育。而根据资料分析,在盆地西缘存在一条规模较大的推覆断裂,对区内的古近系沉积、火山活动起控制作用。重力异常等值线束北西侧较南东侧密集,表明了断裂的存在和控制作用。

从断裂所控制的沉积建造看,该断裂应发生于白垩纪末、古近纪初期。受断裂控制的古近系盆地并非一开始就成为一个完整的槽型盆地,古新世河湖相、滨湖相为主的粗碎屑复成分砾岩只在河湾子、大口钦、缸窑一带发育,而北西侧则没有这套沉积;始新世棒槌沟组、舒兰组含矿沉积则贯通全区,连续沉积。这一事实说明受断裂控制的狭长槽型盆地在古新世还没有形成一个连续的槽地,而是在始新世时才形成一体。

该区煤层主要赋存在始新统舒兰组的一套湖相沉积地层中,因此受舒兰-河湾子深断裂的控制,采矿井主要有大口钦、缸窑、二道、丰广、东富、舒兰街等地。

(六)敦化煤田

1. 煤田构造基本特征

该区地处东北地区古生代陆缘带张广才岭中部,塔东一带从西伯利亚陆台南缘裂解而来的早古生代活动陆带,大石河一带早古生代中朝地块往北增生而成的活动陆缘带,还接壤兴凯地块西南边古生代活动陆缘带的延吉—西滨海带。本区以海西期、燕山期花岗岩和岛状产出的古生代变质岩组成中、新生代沉积基底。中新生代地层成为本地区的盖层,它沿敦密断裂带出现,褶曲不发育,多为宽缓的背斜。区内断裂构造十分发育,古生代以东西向断裂构造为主,中、新生代以北东向断裂构造为主,还有伴随着北西向断裂构造特征。贯穿全区的敦密断裂是3~4条规模大、多次活动、切割至上地幔的深大断裂,为岩石圈断裂。该断裂一边断裂一边接受沉积,控制了中、新生代沉积和燕山晚期花岗岩浆侵入,以及喜马拉雅期玄武岩浆喷溢。

总之,该区归结为两个大地构造发展阶段:一是古生代的地块陆缘增生带发展阶段;二是中、新生代的滨太平洋大陆边缘活动阶段。时间上,只经历了新地巨旋回,空间上该区经历了加里东期、海西期地块边缘增生发展阶段。二叠纪末到三叠纪之间褶皱回返,中、新生代进入大陆边缘活动阶段。

2. 褶皱构造

本区的褶皱构造划分为基底褶皱和盖层褶皱。

1) 基底褶皱构造

基底褶皱构造指的是古生代地层中产生的褶皱,即本区以下古生界的黄莺屯组和石缝组与上古生界的庙岭组、柯岛组、开山屯组所组成的基底褶皱构造,就是由加里东、海西、早印支构造旋回的褶皱组成的构造。

(1) 加里东构造旋回的褶皱,在本区大面积分布的花岗岩和玄武岩之中出露,在古生代地层呈孤零散布状态,其构造形迹保存不全,不易恢复。但就恢复褶皱构造,多为线型紧闭复式褶皱,反映了地块边缘往外增生的强活动构造现象,也就是反映了地槽褶皱构造特征。黑石-镜泊盆地以北塔东倒转背斜核部为黄莺屯组下部,翼部为黄莺屯组,产状东翼65°~90°∠62°~75°、西翼为倒转55°∠62°,轴向南北长约50km,宽为125km,紧闭线型,轴向在尔站、尔站河以南为南北向,尔站河以北渐转向北北东向,呈向北北东凸的弧形。官地背斜核部为黄莺屯组下部。翼部为黄莺屯中上部,其产状西翼270°∠40°、东翼140°∠75°,其轴向为南北向,长为4km,宽为8km,紧闭线型,被新生代大片玄武岩覆盖,次级褶曲发育。在敦化市南部大榆树川褶皱由黄莺屯组组成一个背斜、两个向斜,轴向320°,长为50km,宽15km,紧闭线型,为残破褶皱。本区西南端蛟河市内有二道甸子背斜,其核部为下古生界黄莺屯组,北翼为上奥陶统石缝组,北翼倾向北北西,其倾角近轴部达70°,远离轴部倾角变缓为40°~50°,轴向为北东东,长为50km,宽为15km,舒缓线型,南翼花岗岩侵入,北翼次级褶皱特别发育,背斜向西倾没。这些加里东构造旋回的褶皱,形态无论在平面上、还是在剖面上均表现为全型紧闭的长线状形态,反映了强活动的构造特征。

(2) 早印支构造旋回褶皱:青沟子扇形背斜位于额穆—青沟子一带,由上二叠统青沟子组构成。轴向大体呈南西—北东向,轴线位于青沟子西一带,西翼被花岗岩侵入破坏,保留较完整的部分长宽仅5km左右。这一带晚二叠世地层呈零星小块残留在花岗岩中,东南翼被北东走向F_4号断层切割破坏并被新近纪土门子组覆盖,黑石-镜泊盆地西侧钻孔中见到上二叠统开山屯组,北西翼为倒转翼,据地层上下层位和产状恢复是一个扇形背斜构造,并具次级褶曲构造,轴线与主褶皱轴线相一致。

2) 盖层褶皱构造

盖层褶皱构造即中、新生代的褶皱构造,包括晚印支亚构造旋回和燕山亚构造旋回及喜马拉雅亚构造旋回的褶皱构造,应属于大陆边缘活动构造阶段。

(1) 晚印支亚构造旋回褶皱:东北岔-朱蛮沟单斜构造,分布于大石头北朱蛮沟一带,由上三叠统大兴沟组组成,其核部为北西向,走向为北东-南西,底部与海西晚期花岗岩呈不整合接触,自上而下为凝灰岩段、砂板岩段、流纹岩段、安山岩段。下两段为中、酸性火山岩建造;砂板岩段为正常碎屑岩建造。上段为火山喷发沉积建造,具有间歇性火山喷发的特征,均受后期轻变质影响。

(2)燕山亚构造旋回褶皱：这类褶皱包括4个断裂系。①以中、下侏罗统明月沟组为主的大榆树褶皱，长为12km，宽为0.5km的背向斜构造。走向为北西西，南北边界以逆冲断层接触于黄莺屯组和燕山期花岗岩。②以上侏罗统西山坪组为主的榆树川向斜，向斜轴为北西西向，北翼较缓，大致20°，南翼陡为40°～60°，不对称向斜基底为屯田组，南缘以断层关系接触于燕山期花岗岩。③以下白垩统泉水村组为主的木箕河-大兴川-红石乡向斜，以一套中酸性火山岩、火山碎屑岩、底部沉积岩组成，据分析为北东断层控制的断陷盆地，走向为北东50°～60°。④上白垩统龙井组为主的大兴川北-明川断陷，被北东向敦密断裂带的断裂所控制，成为古近系沉积基底之一。

喜马拉雅构造旋回褶皱：本区有黑石-镜泊盆地和敦化-瑟河口古近系盆地。其中黑石-镜泊盆地由古近系珲春组、新近系土门子组、船底山玄武岩和第四系组成。总体轴向为北东，下部含煤的珲春组在断裂控制的断陷盆地中沉积，该盆地被东西向和北东向断裂构造所切割，在吉林省内大体呈东西向而在黑龙江省内转为北东向的不对称断陷盆地，盆地基底西缓东陡、南深北浅，盆地东南侧控盆断裂比西北侧控盆断裂活动性强，而盆地东翼沉降幅度比西翼大，西、北翼含煤岩系倾角5°～8°。

3. 断裂构造

本区处于敦密断裂带中段，晚燕山期和喜马拉雅期断裂构造较发育，在中、新生代断裂构造活动强烈，控制了中、新代断陷盆地沉积、建造形态、两期火山岩和侵入岩体。本区断裂不同时期受不同的地应力影响，呈现为不同性质的断裂构造，但总的看，在引张力的影响下呈现为张性、张扭性的正断层或平移断层。本区断裂发育规模、切割深度也不一致，主要是北东向深大岩石圈断裂，伴随平移的基底断裂，还有不同方向的北西向、东西向、北北东向、北东向等基底断裂，成盆后期改造断裂等互相交在一起，形成较复杂的断裂构造。

1）北东向断裂构造

本区以F_1、F_2、F_3、F_4、F_{22}、F_7、F_8断裂组成敦密断裂带的主干断裂。该断裂带是东北地区规模较大的岩石圈断裂，展布方向为北东60°，贯穿全区，以上述这些主干断裂及几条与此断裂平等的低断裂所构成的断裂带。根据磁场延拓剖面，均为高角度的主干断层，它切割了前期东西向断裂，在构造平面图上显示为左旋走滑性质。F_1断裂在黑石-镜泊断陷东缘是控制珲春组中下段沉积的主要控盆断裂，也是敦密断裂带的东缘断裂。还有贯穿全区的F_2断裂，它是控制古近系珲春组含煤岩系的断层之一。另外F_3、F_4、F_{22}、F_7、F_8北东向断层也为控制古近系含煤盆地的断层，断裂主要在该断裂带两侧断断续续发育，但发育程度不如东侧断裂。

通过对地质、物探、遥感的资料分析，均证实该断裂带为多条断裂组成的地垒式构造带。本区该构造带内有古近系珲春组含煤盆地，即是杨家店、明川、黑石-镜泊3个不对称断陷盆地。总之，该断裂带是一条规模大、长期活动、切割上岩石圈的断裂，该断裂力学性质因时期的不同而不同。

2）东西向基底断裂

F_{12}断裂为塔拉站北隆起带和黑石-镜泊断陷带的分界线。官地-大沟林场断裂（F_1）为黑石-镜泊断裂带和黄泥河-横道河子隆起带的分界线，F_{11}、F_{12}是控制古近系珲春组中、下段含煤碎屑沉积盆地的断裂。但F_{11}断裂活动强度大而F_{12}断裂活性相对弱，造成了盆地基底北浅南深的局势。F_{23}断裂为大兴川—牡丹岭一线的东西向隐伏断裂，是瑟河口-敦化古近纪盆地的南界，为杨家店古近系珲春组沉积盆地的南缘控盆断裂。这以南为二道甸子-西小牡丹上古生界二叠系近东西向褶皱构造带。

3）北西向褶皱

本区内北西向构造较发育，形成时代各不一样，根据物探资料的物理场特征，在新近系断陷盆地内推断解释新生代断裂构造。它们切割了北东向断裂和东西向断裂较新的断裂构造或老构造。从现有资料分析，发育时间为古生代、中生代，到新生代又得到了发展和加强。北西向断裂构造控制着侏罗纪—白垩纪的沉积。新生代又切割了敦密断裂带，并使其发生位移（表5-1-10）。

表 5-1-10 敦化煤田断裂特征一览表

编号	断裂要素		性质	延伸长度/km	其他构造特征	控煤意义
	走向	倾向				
F_1	60°	NW	正	160	切割 36～40km,属岩石圈断裂	
F_2	60°	NW	正	50	属次一级的壳断裂	
F_3	60°	NW	正	120		控制着断裂带内的古近系＋新近系含煤地层
F_4	60°	NW	正	70		控制着古近系＋新近系含煤地层
F_5	60°	NW	正	20	属 F_4 的分支断裂	
F_6	60°	NW	正	18	属岩石圈断裂	
F_7	30°	NW	正	22	属岩石圈断裂	控制着古近纪含煤地层的形成与发展
F_8	60°	NW	正	>28	属壳断裂	控制着古近纪含煤地层的形成与发展
F_9	60°	NW	正	25	属壳断裂	控制着古近纪含煤地层的形成与发展
F_{10}	EW	N	正	43	被北东向、北西向的断裂所切割	
F_{11}	EW	N	正	55	属壳断裂	控制着黑石-镜泊盆地的含煤地层的形成与发展
F_{12}	EW	S	正	60	被 F_4、F_{12}、F_{21} 断裂所切割	控制了黑石-镜泊盆地的含煤地层
F_{13}	60°	SE	正	50		对含煤地层影响不大
F_{14}	60°	NW	正	45		对含煤地层影响不大
F_{15}	NW	NE	正	34		控制了黑石-镜泊盆地的含煤地层,为该盆地的西南边界
F_{16}	NW	SW	正	17		控制了黑石-镜泊盆地的含煤地层,为该盆地的北部边界
F_{17}	NW	SW	正	25		使黑石-镜泊盆地北部的地层抬升,破坏了含煤地层的赋存
F_{18}	NW	SW	正	50		使黑石-镜泊盆地北部的地层抬升,破坏了含煤地层的赋存

续表 5-1-10

编号	断裂要素 走向	断裂要素 倾向	性质	延伸长度/km	其他构造特征	控煤意义
F_{19}	NW	NE	正	17		
F_{20}	NW	N	正	12		
F_{21}	NW	SW	正	23	该断裂控制着明川盆地的北缘断裂,该断裂由张性转变为扭性	控制着明川盆地的北部含煤地层的形成
F_{22}	NW	NE	正	23	该断裂控制着明川盆地的南缘断裂,该断裂由张性转变为扭性	控制着明川盆地的南部含煤地层的形成
F_{23}	NW		正	60	该断裂由张性转变为扭性	控制着榆树川盆地的含煤地层的形成
F_{24}	NW	SW	正	40	该断裂控制着杨家店盆地的北缘断裂的形成	控制杨家店盆地北部的含煤地层的形成
F_{25}	NW	SW	正	37		对含煤地层影响不大
F_{26}	NW	SW	正	30		对含煤地层影响不大
F_{27}	NW	NE	正	10		控制杨家店盆地南部的含煤地层的形成

4. 盆地形成演化过程

敦化盆地北东长 140km,北西宽 10~25km,为一窄条状盆地。但它还只是敦密地堑的一部分,南部的桦甸-梅河盆地在吉林省内长度就超过 200km。如此窄长的盆地可能与走滑作用相关,而用伸展裂陷作用难以解释。敦密地堑位于中国东部裂谷型盆地域,具有裂谷盆地的一些特征。

1) 早白垩世初始张裂阶段

在早白垩世东北亚南区,敦密断裂带左行平移并有一定规模的引张,早白垩世晚期仍为左行活动阶段,主要表现为拉张作用。早白垩世西太平洋伊泽纳崎板块突然以高速、低角度斜向俯冲,该时期仍以挤压造山作用和左行剪切为主,只是在挤压造山作用的间歇或松弛阶段,相对处于拉张构造环境的情况下,形成中生代的裂陷盆地和中酸性岩的火山喷发。白垩纪地层拉张的范围有局限性。

2) 晚白垩世挤压隆升剥蚀期

早白垩世末期,受东部地体的拼贴事件而挤压、隆升剥蚀,形成了中—新生界之间较大的角度不整合。其中,龙井组在敦化盆地以东的延吉盆地、安图盆地,以南的桦甸盆地,以北的宁安盆地发育,总体上为一套河流-河漫滩和湖相的"红色层"沉积岩系。西部蛟河盆地龙井组不发育,根据地震资料龙井组在敦化盆地内是不发育的,更加证实了在这一时期该盆地地层受到隆升剥蚀。

3) 古近纪断陷盆地阶段

区域构造环境由于太平洋伊泽纳崎板块转变为高角度正向俯冲,而使中国东部大陆出现岩石圈上拱,敦化地区已经转化为非造山环境下的拉张环境,古近纪时受北西-南东向拉张构造应力场控制。它继承了中生代的构造格局,官地一带为隆起,南北存在两个凹陷。控制早白垩世形成断陷湖盆的边界断裂(敦密断裂、镜泊湖南断裂)继续发展,形成敦化古近纪断陷盆地,其晚期具断坳性质。区内新生代的火山活动严格受敦密断裂带的活动控制,各期火山岩均为敦密断裂带不同时期重新活动的产物,它们总体上向酸度增高、碱度降低、陆壳逐渐减薄的方向深化。区内所喷发的三期玄武岩明显具有大陆裂谷型特征。

4)新近纪坳陷盆地阶段

古近纪晚期敦密断裂活动强度已明显减弱,区内呈现出断坳形广覆沉积。尤其是在中新统土门子组分布于盆地内,在坳陷中心部位沉积厚,边部沉积薄,这表明这一时期尽管断裂持续活动,但主要以地壳弯曲、盆底整体沉降为主。发育的地层有中新统土门子组河湖相地层和上新统船底山玄武岩。

综上所述,敦化盆地发育初期因太平洋板块的斜向俯冲,敦密断裂左行走滑,因而具有盆地走滑性质,并且在走滑过程中伴有拉分。因此,从成因机制及构造样式上,可以说敦化盆地是一个内陆裂谷盆地,经历了初期张裂、中期断陷、晚期坳陷3个完整的发展阶段。

(七)珲春煤田

1. 煤田构造基本特征

珲春煤田系新生代大型含煤盆地,大地构造单元按传统地质学观点属兴蒙海西褶皱带东宁-珲春褶皱系。

珲春含煤盆地总体构造方向为北东$45°$,盆地充填序列为古新世古、始新世粗碎屑岩含煤建造及渐新世较细碎屑含煤建造,地层倾角小于$15°$。新生代沉积盆地基底为中生代晚侏罗世火山岩系及石岩纪—二叠纪轻变质岩系,呈北北东向构造方向,对盆地低序次构造有控制作用。

盆地大致显示向西倾伏的向斜构造,低序次构造表现为一系列北北东和北东东向的断层,前者多表现为迁就基底构造方向,如珲春河北区F_3、F_8,河南区庙岭断裂,以及本区F_1等,在一定程度上有控矿意义。它与北东东向的断裂为盆地受南北对扭外力下的一组共轭扭性构造。盆地内若干短轴背向斜系大断裂近似羽毛状构造,属更低序次构造。

2. 褶皱构造

煤田内褶曲不发育仅在东北和西南端出现短轴褶曲;褶曲均为倾伏构造,轴向北北西,倾伏角$10°$;褶曲两翼倾角平缓,一般$6°$左右,表明褶曲的作用力很小;褶曲轴与北东东向断层以较大锐角斜交,褶曲属该组断层的派生构造(图5-1-9)。

在珲春煤田西南端,地层大体呈北东向展布,倾向北西,为一单斜构造。区内构造形迹的主要形式是断裂,平面上约每400m出现一条断层。主体构造为东南边界断层F_1,北部珲春河断裂束、南部盆缘断裂束等。断层具有一定方向性,其中一组为北北东向,另一组为北东东向,二者均系一对共轭剪切断裂,它所夹锐角平分线为北东向,代表压性结构面方向,与珲春煤田总体构造一致。珲春河与图们江的流向恰恰是上述两种构造方向的反映,勘探区作为一个较完整的地质体,系受限于两组剪切断裂内,呈北东—南西向拉伸了的菱形地块。

主要褶曲特征如下。

孟岭背斜:位于孟岭村东北部,背斜北北东向,宽约3km,长2km,核部为下褐色层段,翼部为中褐色层段及上含煤段,倾角为$7°$,两翼较对称,背斜向北东倾没,倾伏角$5°$。

柳亭向斜:位于柳亭村附近,向斜宽约2km,长1.5km。核部为上含煤段,两翼为中含煤段及中褐色层段,较对称,倾角$5°$,向北东倾没,倾伏角$8°$。

火龙沟背斜:位于火龙沟村附近,宽约1.5km,长约1km,核部为中煤段,两翼最新地层为中褐色层段,对称性较好,地层倾角$3°$,背斜向北西倾没,倾伏角$7°$。

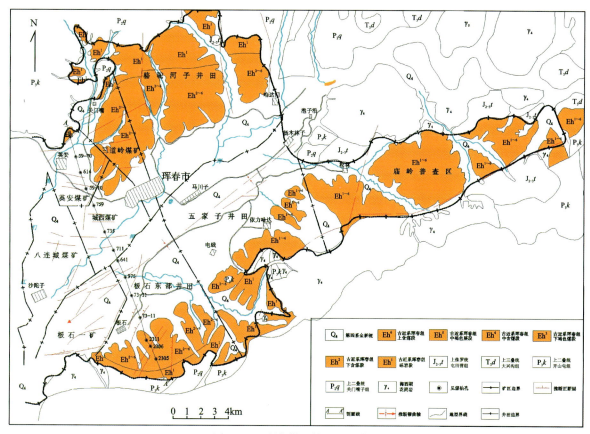

图 5-1-9　珲春煤田构造纲要简图

太阳河背斜：位于区东北角，宽约 1km，长 0.5km，核部为下含煤段，两翼最新地层为中含煤段，向东南倾没，倾伏角 5°。

3. 断裂构造

本区查明大小断层 26 条，根据断层走向可分为北东东向和北北东向两种。前者断层共有 13 条，后者共有 13 条。上述 26 条断层在部分落差大于 30m，其中大于 50m 的断层共有 13 条，即北东东向的 8 条，北北东向的 5 条。落差在 30～50m 之间的共计 7 条，其中北东向的有 3 条，东西向的有 4 条。以上 26 条断层延伸长度大于 4km 的共有 5 条，一般为 1～2km，详见图 5-1-10。

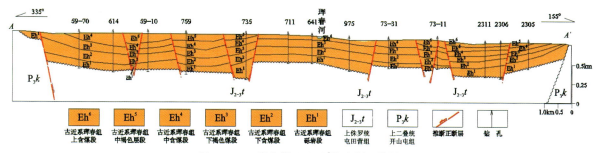

图 5-1-10　珲春煤田 A-A′构造剖面简图

4. 盆地演化过程

本区濒临太平洋板块边缘，新构造运动较强烈，古近纪末—第四纪初期地壳活动一度加强，沉深断裂带有大量基性玄武岩喷溢，珲春盆地未发现玄武岩体，仅在西部发现玄武岩脉侵入。

本区石炭纪—二叠纪为地槽主要发育时期，沉积总厚度达万米以上，到晚二叠世地槽基本封闭，大部分地域处于上升剥蚀状态。燕山期受太平洋活动带影响，地壳活动加剧，沿深大断裂发生强烈且频繁的火山喷发，上侏罗统屯田营组火山岩即为此阶段活动表现，喜马拉雅期随着地壳总体上升，形成一系列断扭式山间盆地，珲春盆地即在此地质历史背景下形成。新近纪末—第四纪早期，地壳运动再次加剧，将珲春盆地改造成现有构造景观。

第二节　煤盆地构造演化史

吉林省煤田的分布主要为南部地区的晚古生代滨海相及三角洲相沉积类型，以及北部中、新生代以河湖相为主的断陷、断坳盆地。随后受各期次的应力场影响，聚煤盆地发生改变，沉积中心偏移。

一、古应力场分析

（一）基本原理

地壳中的各种地质构造现象都是岩层或岩体经受构造应力作用的产物，其类型、规模、空间分布、组合型式等，均与构造应力场的性质、方向、大小以及岩石在变形环境中的力学性质有着极为密切的关系。在不同体制、不同方向和不同强度的构造应力场作用下，地壳中将产生不同的构造样式及组合形式（万天丰，2003）。因此，要深入认识研究区内各种地质构造的分布、排列、组合规律，认识研究区内构造运动的发生、发展规律及与邻区的构造关系，进行构造预测，都必须在恢复研究区的古构造应力场、确定不同地质时期构造应力场的性质及其时空演化规律的基础上进行。恢复研究区的古构造应力场是构造成因研究的重要内容之一。

按时期划分，构造应力场可划分为古构造应力场（古近纪以前）、新构造应力场（中新世至更新世）和现代构造应力场。煤田构造应力场主要是指前者，主要是印支—燕山运动产生的构造应力场，它们对我国大部分煤田构造格局和构造样式起着决定作用（钱光谟等，1994）。

构造应力场分析的内容包括应力的性质、大小、方位和期次。在野外的观测过程中，首先要选定能够较好地反映研究区构造应力的主体标志性构造，来恢复研究区的构造应力场和构造变形历史。在选定采用何种标志性构造来恢复构造应力场后，即可开始进行观测点的测量工作，不仅要观测所选用标志性构造的产状要素对其进行分析、判断，而且要尽可能测量其他小构造的产状要素，并进行综合分析和详细描述。

构造应力场分析主要采用数学统计与赤平极射投影作图相结合的方法进行。应用赤平投影的数学计算方法分析构造应力场，是在综合分析各观测点构造要素的基础上，分别求出各种构造形迹的最大主压应力轴、中间主压应力轴和最小主压应力轴的倾向及倾角，按主压应力轴方位的明显变化、各种构造形迹的分期关系，结合区域构造的特点，进行构造应力场分期。

确定区域构造应力场的主应力方向可以采用各种方法，如雁行的初始张节理系、共轭剪节理系、共轭的平移断层系、共轭的韧性剪切带、纵弯褶皱、一组面理与一组线理等。进行构造应力场分析时，选用于恢复古应力状态的适当形变标志物是其关键环节。

共轭剪节理是常见的小型构造形迹，数量多，分布广，野外观测容易，因此利用足够数量的观测点和节理数据进行共轭剪节理分析所得到的三向主应力轴方位，可以较好地反映主应力方位的空间变化规律。根据研究区内构造变形的复杂性，本次应力场分析以共轭剪节理统计为主，辅以小断层、小褶皱分析的方法进行。目前,关于共轭剪裂角是否可以大于45°,以及共轭剪裂角与主应力轴之间的配置关系虽仍然存在某些争议,但大多数学者认为在地壳浅部脆性或脆—韧性变形区域中共轭剪裂角小于45°,且两组初始共轭剪节理所夹之锐角指向最大主应力轴 σ_1,钝角指向最小主应力轴或最大拉张应力轴 σ_3,两组节理面的交线平行于中间主应力轴 σ_2(图5-2-1)。根据这种配置关系,就可利用赤平极射投影方法或计算机处理实测的共轭剪节理数据,求取三向主应力轴的方位。

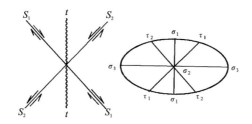

图5-2-1 节理与构造应力方位的关系

S_1,S_2.共轭剪节理;t.时间;σ_1.最大主压应力;σ_2.中间应力;
σ_3.最小主压应力;τ_1,τ_2.剪应力

万天丰(2003)经过研究发现,发育在中新生代各构造层内尚未被后期构造所置换的褶皱变形,是我国东部恢复各期构造应力场主应力方向的最可靠依据,也是最便捷的途径。纵弯褶皱的褶皱要素与主应力轴之间具有明确的对应关系,即最大主应力轴 σ_1 垂直于褶皱轴面 S,中间主应力轴 σ_2 平行于褶皱枢纽 AB,而最小主应力轴 σ_3 则位于轴面内,且垂直于枢纽(图5-2-2)。

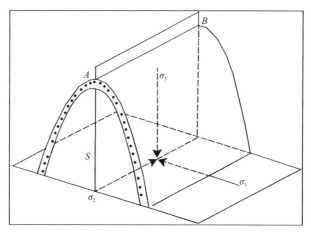

图5-2-2 褶皱与主应力轴关系图

S.褶皱轴面;σ_1.最大主压应力;σ_2.中间应力;σ_3.最小主压应力

(二)区域构造应力场分析

根据中国地质大学万天丰(2003)对大量节理点、褶皱点的统计资料,采用从老到新次序逐个恢复了印支期、燕山期、四川期、华北期、喜马拉雅期的主应力方向。从中可以看出中国西部中新生代构造应力场的主应力方向具有明显的突变性,以现代方位为准,它们的最大主压应力方向,印支期为近南北向,燕山期为北西西—南东东向,四川期为北东-南西向。应力场主应力方向变化的周期也是不相等的。

1.印支期应力场

该期发生的时间为230~205Ma,中国东北部大部分地区的构造应力方向:最大主压应力轴(σ_1)的优选产状为176°∠5°,中间主应力轴(σ_2)为87°∠4°,最小主压应力轴(σ_3)为356°∠85°,近于直立

($355°\angle87°$)。这说明(以现代的方位为准)该期区域构造挤压应力方向是以近南北方向为主的。

2. 燕山期应力场

该期构造运动发生的时间为175～135Ma,相当于研究区内的早燕山期,此时中国大部分地区的构造应力方向:最大主压应力轴(σ_1)的优选产状为$116°\angle7°$,中间主应力轴(σ_2)(即褶皱轴迹线)为$26°\angle3°$,最小主压应力轴(σ_3)为$297°\angle80°$,近于直立($297°\angle80°$)。这说明我国东北部燕山期构造应力场(以现代方位为准),是以北西西—南东东挤压和北北东—南南西向拉张为主要特征的。

3. 四川期应力场

中国东北部四川期构造场最大主应压力轴(σ_1)的优选产状为$29°\angle2°$,中间主应力轴(σ_2)为$301°\angle2°$,最小主压应力轴(σ_3)为$209°\angle88°$。这说明以现代方位为准,四川期在北东—南西方向挤压,而在北西—南东向拉张。该时期在中国东北部这种应力状态分布相当稳定。

4. 华北期应力场

中国东北部大部分地区华北期构造应力场的最大主压应力轴(σ_1)的优选产状为$102°\angle3°$,中间主应力轴(σ_2)为$6°\angle3°$,最小主压应力轴(σ_3)为$283°\angle86°$。在中国东北部,华北期应力状态分布稳定,以现代方位为准,在北西西—南东东方向上呈现挤压,而在北北东—南南西方向呈现拉张的特征。

5. 喜马拉雅期应力场

中国东北部大喜马拉雅期构造应力场的最大主压应力轴(σ_1)的优选产状为$178°\angle2°$,中间主应力轴(σ_2)为$91°\angle3°$,最小主压应力轴(σ_3)为$350°\angle87°$。这说明华北期在近南北方向上呈挤压状态,在近东西方向上为拉张状态。

(三)吉林省构造应力场分析

一个地区往往经历了多次、不同方式和方向的构造运动,产生不同构造或构造体系的联合或复合。一个地区不一定按照上述顺序依次经历各个构造运动,有的时期表现强烈,有的时期表现缓和。因此,古构造应力场分析构造演化史的恢复再造是矿井构造研究的重要内容之一。吉林构造背景复杂,自晚古生代后,吉林省大陆合成一体,在区域应力场的控制下,经历了多期次不同方向的挤压,不同方向的应力场交替作用形成了现今的构造组合。该区的构造形迹主要形成于印支期—燕山早期,在印支期,由于南北大陆连成一体,吉林省大陆主要受到南北向的挤压。在侏罗纪时期,由于太平洋库拉板块的北西向俯冲,吉林省处于北西的挤压而在北东—北北东向呈拉张作用,因而形成了众多北东—北北东向的褶皱带及火山岛弧。燕山晚期至新生代,吉林大陆仰冲在太平洋板块之上,以及菲律宾板块北移,使得吉林省在南东东或东西向处于拉张状态。

因此吉林省大地格局主要经历了3期的应力改造:印支期、燕山早期、燕山晚期至喜马拉雅期。

1. 印支期

印支运动以来,吉林省南北已连为一体,海水撤退,整体上升为陆,使吉林省构造架发生根本改变。吉林省处于两大板块会聚边界的中北地区,在构造环境方面,印支期吉林省正处于南北向的挤压作用中,在西部松辽盆地形成了小规模的山间盆地。在南部地区形成大规模的复式向斜及高角度的断裂及逆冲断裂。在中部地区形成近东西向的断裂及褶皱带(图5-2-3)。

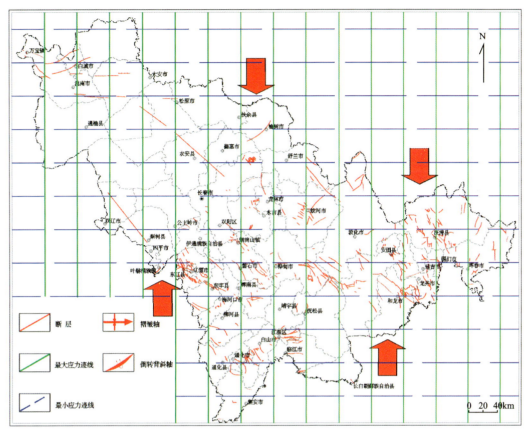

图 5-2-3 印支期构造应力场简图

2. 燕山早期

在侏罗纪时期,吉林省受到北西向的挤压应力,从而形成了本区北部北东及北北东方向的褶皱带及断裂带,且沿断裂带火山活动频繁,并控制侏罗纪地层和煤层的沉积。在南部地区,产生了大规模北东向低角度的推覆体,推覆至石炭纪—二叠纪煤层之上以及同方向的逆冲断层及褶皱带。这些断层及褶皱带对煤层主要起破坏作用,不过某些向斜也成为煤层的保存样式(图 5-2-4)。

3. 燕山晚期至喜马拉雅期

晚白垩世至今,本区主要处于北东向的拉张状态,吉林省进入了大陆边缘断裂活动逐渐活化的环境。由于第四纪时期菲律宾板块的北移,本区受到向北的应力,出现了一些走滑断裂以及对先前断裂的改造。在南区,发育了众多北西方向的正断层且具有走滑现象,切割先有的逆冲断层及推覆体以及对煤层破坏。在北部地区主要出现了两个规模较大的由拉张作用引起的北东向断裂带,即伊舒断裂带、敦密断裂带,两条断裂带控制新生代地层及煤层的沉积。由于后期的拉张作用,先前的中生代断坳盆地发生改造,沉积中心偏移,聚煤盆地发生改变(图 5-2-5)。

二、煤田构造形成机制及演化特征

吉林省主要成煤时期包括吉南地区的 C_2—P_1、北部地区的 J_1、J_3—K_1 以及古近纪,各成煤期成煤盆地的形成均有所不同。南部地区主要为华北陆块滨海相及三角洲相沉积,而北部地区主要为断陷、坳陷成煤盆地,且经历过后期的大地构造演化及古应力场的变化,煤盆地也随之发生改变。

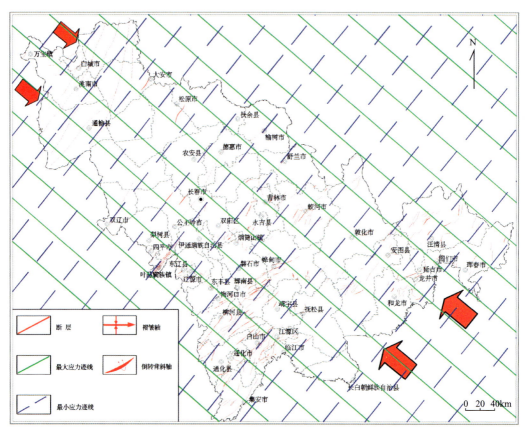

图 5-2-4　燕山早期构造应力场简图

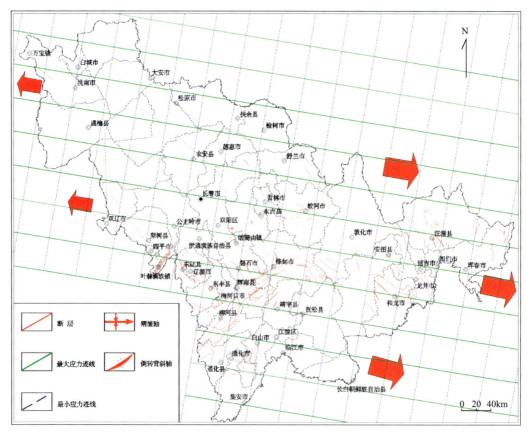

图 5-2-5　燕山晚期—喜马拉雅期构造应力场简图

(一)吉南地区晚古生代煤田形成及演化特征

进入寒武纪以后古地理、古构造格局均发生了重大变化,北部兴凯期地体拼贴构造带已完成了向陆台的拼贴增生活动,形成了沿华北古板块北缘的一隆起造山带,成为分割南北古地理格局的天然屏障。辽西海盆继震旦纪长期隆起后又再坳陷,接受了沉积,原泛河海湾和古盘山海峡相对隆起,成为分隔辽西海盆与太子河-浑江海盆的隆起屏障。

辽东吉南广大地区继续发生断块差异沉隆运动。铁岭-靖宇台拱、太子河-长白台陷、营口-宽甸子台拱、旅大-复州台陷共同组成了辽东吉南区的古地理构造景观。几条台陷带的∈—O盖层沉积基本上是继承了晚寒武世沉积盆地发生的特征。于3条台陷带接受了$\in_1$—O_2的浅海碎屑岩-碳酸盐岩的沉积。辽西海盆此期亦复在坳陷,接受$\in_1$—O_2的沉积,中奥陶世末期受加里东构造运动影响,地台区整体抬升(局部地区表现微弱的褶皱构造,如南票煤田)成陆。海水退出,地层遭受剥蚀,结束了土地发育期的第二沉积期,此后直到早石炭世才再接受沉积。造成此次陆台的抬升机制亦可以追溯到陆台北缘古亚州洋板块与华北陆块的相互作用结果。

包括石炭纪—二叠纪阶段,整个吉林南部处于成煤期和煤盆地形成期,其北为古陆,是北高南低的沉积区,沉积稳定。晚石炭世晚期明显上升为陆,早二叠世早期的山西组已为纯陆相河流沉积。本阶段主体为海西运动期。由于本区处于华北地台的北缘,加里东期北部西伯利亚板块和古亚洲洋壳板块向南运动,靠近华北陆块,并形成一次俯冲和碰撞。在中朝板块边缘震旦系—寒武系拼接带上又相继增生加里东期地块。同时挤压作用使北缘形成造山带,以致形成北高南低的斜坡状平原。以后经历了长期剥蚀和夷平-准平原化,一直延续到早石炭世和进入海西期构造运动,其运动形式主要由于两板块经历俯冲、碰撞后,洋壳的消减作用减弱,地表处于稳定状态及整体缓慢下降,约在早古生代的坳陷中演化为晚古生代广域的陆表海沉积环境(图5-2-6)。海水大致由南向北入侵,沉积物供给区主要在北部,早期北部大陆边缘为陆相河流、湖泊沉积,中间为过渡类型沉积,南部为碳酸盐岩台地相沉积。早中石炭世早期,即其底部沉积一般为铁铝层,代表了长期风化作用下形成的风化壳沉积及明显的平行不整合关系。晚石炭世由于地壳缓慢上升,开始逐渐海退,并逐渐形成全区域陆相沉积,开始了晚古生代的成煤期,形成了本区域最早的主要含煤地层太原组以及之后的二叠系山西组。二叠纪晚期直至三叠纪早中期由于古亚洲洋的关闭,气候变得炎热干燥,形成红色陆相沉积,包括上三叠统的北山组、下侏罗统冷家沟组以及上侏罗统的石人组。

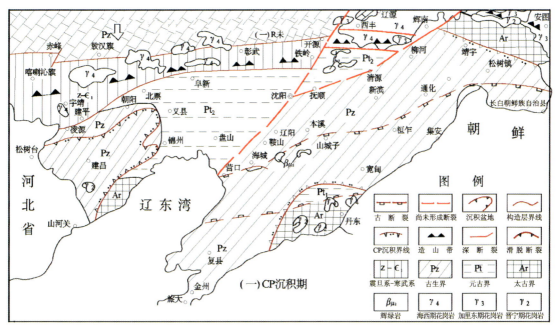

图5-2-6 东北地区南部晚古生代构造简图(C—P沉积期)

1. 晚三叠世—早侏罗世

印支中后期华北陆块与北方陆块全面对接，天山-兴蒙造山系形成，华北陆块北缘遭受较强烈的南北向挤压力，在浑江一带发育轴向近东西向的褶皱并伴生逆冲断层作用，形成浑江复向斜，使晚古生代煤系经受改造变形。构造变形破坏了煤系原有的连续性和完整性，南部老岭隆起和北部龙岗隆起上的煤系遭受剥蚀，煤系保存于浑江复向斜内并发生分化，局部被老地层覆盖（逆冲推覆）。

2. 侏罗纪

燕山活动的巅峰时期可分为早、晚两期。

（1）早期（以褶皱为主），即为燕山早期，从三叠纪开始至早中侏罗世的侧向挤压作用，形成一系列北东-南西向褶皱，在浑江较发育，并伴随一系列断裂，导致浑江煤田的含煤岩系进一步变形，地层倾角加大，部分发生倒转（图5-2-7）。

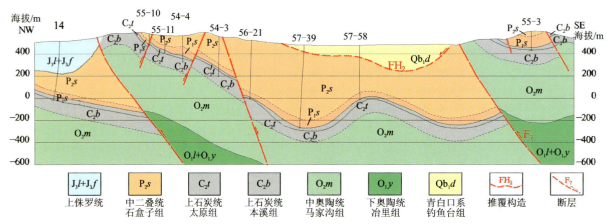

图 5-2-7　褶皱对煤盆地的破坏

（2）晚期（逆冲推覆构造为主）：太平洋板块对中朝板块的俯冲作用，使杉松岗地区从北西向南东推覆，进而对浑江煤田的影响也是通过老岭地区由北西向南东，而在老岭地区的推覆方向与之相反，从南东向北西推覆，所以在浑江西段出现了双重构造，而东段出现了叠瓦扇构造，这样对煤盆地的影响很大。这些推覆体带动且产生了部分断层，不仅对煤层有很大的破坏和改造，而且将老地层覆盖在煤层之上，并且对含煤向斜的推挤导致了含煤向斜的倒伏和倒转，加之燕山期火山岩发育较频繁，对煤质和煤盆地都有一定的改造作用（图5-2-8）。

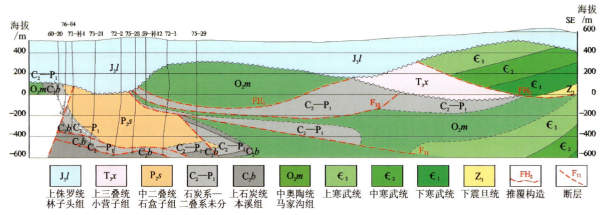

图 5-2-8　断裂对煤盆地的破坏示意图

3. 晚侏罗世—早白垩世

燕山中晚期,由于太平洋板块向大陆一侧挤压和俯冲,主动的大陆边缘向洋一侧仰冲和拉张,并伴有大量的火山岩喷发,且侵入岩体对煤层均有破坏及灼烧作用。一些推覆体和高角度的断层由于拉张作用和重力活动作用发生滑覆,在滑覆的过程中,一些被切割的小煤盆地可以被发现(图5-2-9)。

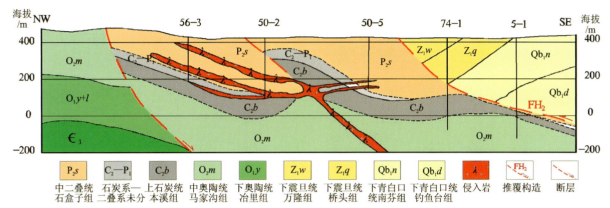

图 5-2-9 岩浆对煤层的破坏示意图

4. 晚白垩世—喜马拉雅期

由于继续的 SEE 或 EW 向的拉张作用,此期产生了更多的断陷盆地,火山岩和喷出岩更剧烈。但在浑江地区却很难看到新生代的沉积地层,主要原因是在燕山期老岭的隆起蔓延至整个浑江凹陷之上,新生代地层沉积之后,由于抬升作用而通通被剥蚀,只留部分构造窗或飞来峰的形式。此期对煤系的改造也很剧烈,形式与燕山期类似。

(二)北部地区中、新生代煤田的形成及演化

本区为西伯利亚板块南缘,早二叠世末,海侵运动已在本区结束,地槽升起。晚二叠世,南北板块逐渐统一,此时已为陆相沉积,基底构造趋向一致。中生代时期由于太平洋板块对欧亚板块的俯冲挤压,古亚洲大陆复而破裂,断裂活动极为强烈,主要表现为大规模差异性断块活动和平缓的褶皱,改造或继承先前断裂,形成一系列规模不等的断陷或坳陷盆地,并伴有大规模的中—酸性岩浆侵入和喷发,形成了特有的中生代火山-湖相成煤盆地。在中生代初期局部形成坳陷的基础上,接受 J_3—K_1 的巨厚沉积,由于太平洋板块的作用和影响,北东向断裂活动十分强烈,从而奠定了本区中生代地质构造的基本格局。因受断裂控制,中生代盆地的分异、转化及其分布方向有一定规律。由于断裂活动的加强,盆地中的岩层出现退覆、侧向迁移和重叠,说明沉积中心由西南向东北方向迁移。中生代成煤后,由于新生代近东西向或南东向的张应力,在区内出现北东、北北西向断层,对成煤地层及盆地有很大的破坏作用(图5-2-10)。

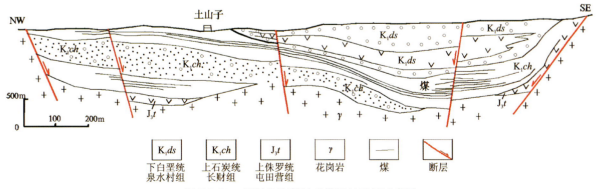

图 5-2-10 福洞盆地断层对煤田的破坏示意图

西部松辽盆地主要为燕山运动的产物。松辽盆地的基底是海西期褶皱基底发展演化的。本区总体构造呈北东向，与现代盆地展布方向一致，基底的北东向断裂与后期的北东向褶皱起到主导作用。基底保留下来的东西向、北西向隆起对各聚煤盆地构造格局成煤环境后期破坏也有较明显的控制作用。自印支运动以来，松辽盆地一直处于上升剥蚀阶段，到中晚侏罗世，形成一些北东、北北东向断裂，且沿断裂喷发出大量火山岩，在喷发期间也形成陆相碎屑岩并有薄煤层但不稳定，这是盆地初始的裂陷阶段。后期又经历过扩张断陷阶段，盆地大规模扩张，三角洲平原及湖滨相成煤阶段，沉积大规模煤层及巨厚泥岩。然后经历过坳陷阶段及收缩阶段，结束沉积盆地演化。由于后期的拉张作用，在松辽盆地，尤其是东缘地区出现了众多的北北东、北北西向正断层，对煤层均有破坏作用（图 5-2-11）。

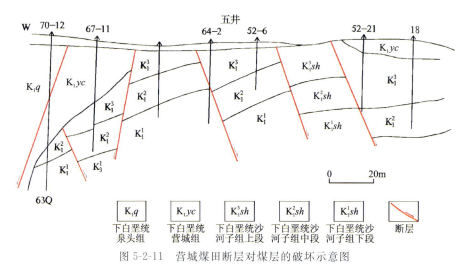

图 5-2-11 营城煤田断层对煤层的破坏示意图

晚白垩世开始，本区处于南东或东西的拉张作用，出现了众多断陷性拉张盆地，如伊舒、敦密、珲春等，构成新生代成煤盆地。在沉积特征方面，巨大的沉积厚度、粗细不同的碎屑岩系及较低的成熟度，反映了强烈下陷快速堆积的特点。古近纪与新近纪地层之间不存在连续沉积关系，在新生代中期，构造活动较强烈。区内聚煤期为始新世，成煤期断裂活动强烈，表现为一些含煤地层在断裂处出现。在盆地及断裂带内出现火山岩带以及众多的小断层，对煤层均有破坏及改造作用。

第三节 控煤构造样式

一、煤系和煤层保存的构造控制研究

（一）吉林南部赋煤带

南部地区在成煤初期阶段为广阔陆表海，南部为与海水相通的大型盆地，北部为山前北高南低的广阔盆地，盆地中局部有鼻状隆起，沉积盆地北侧为东西向的板块拼接带。在加里东期前就开始拼接，地壳增生造山，地势逐渐升高，既有深断裂控制又有褶皱造山，成为本区沉积物源供给区，地壳构造运动控制了海陆变迁和沉积岩相变化及聚煤作用。本区从早石炭世开始地壳下降，海水由南侵入，形成较大范围的堡岛复合体系和碳酸盐岩台地体系沉积。晚石炭世地壳上升，海水缓慢向南撤退形成堡岛体系，发育较好的聚煤环境。海水略早退出，发育了以三角洲为主的聚煤环境。早二叠世以后逐渐上升为陆，发育以三角洲体系和河湖体系为主的聚煤环境。二叠纪晚期由于地壳继续上升逐渐结束聚煤作用。在中

生代之前,吉林省大陆升降较平稳,未出现规模较大的破坏性断裂,煤系主要保存在煤盆地内,几乎未受到破坏。盖层主要由晚二叠世砂岩组成。

吉南浑江区域总体可以由达台山老岭断裂分成东西两段。西段从铁厂—苇塘,东段从湾沟—松树镇,两个地区有明显的构造分区特征,在含煤地层的控制上也有较大的区别。西段以断裂控煤为主;东段以褶皱控煤为主,断裂构造为辅,这就是东西两段在总体控煤构造上的差异性。浑江煤田由于受多期构造应力的作用,含煤地层受到的构造改动比较大。浑江煤田西段受到的断裂构造改动比较强烈,含煤地层分布总体呈北东向的"S"形展布,相对东段出露较好,是目前开采的主要地区。含煤地层由于屈服和破裂极限很低,易于发生流变,所以往往成为大型逆冲推覆构造的断裂面,因此含煤地层往往分布于低角度逆冲推覆体之下,并为其他的断裂构造所控制。浑江煤田东段受到的构造应力相对弱于西段,主要是前期的褶皱变形及后期的逆冲造成的系列叠瓦扇构造,煤系地层主要受向斜构造控制,在向斜的核部及北翼保存较好,南翼则受到挤压破坏而使煤层变陡,垂向上增厚,横向上挤压变薄,晚侏罗世的拉张作用力,形成一系列张性和张扭性正断层垂直于先期的褶皱和断裂,并有中基性岩侵入,破坏了煤田的完整性(图 5-3-1)。

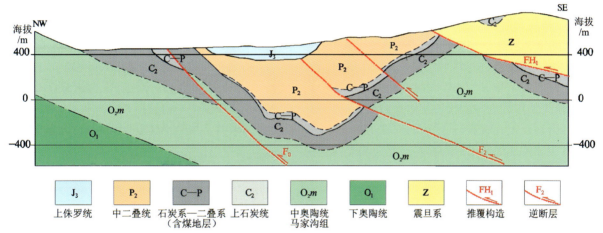

图 5-3-1 断裂控煤构造示意图

区域主要受南东往北西的构造作用,因此造成含煤地层的褶皱变形,起初形成一大型的连续性复式含煤向斜,南翼含煤地层受到挤压变形相对北翼强烈,地层直立甚至倒转,石炭系—二叠系含煤地层挤压变薄。推覆构造继续造成向斜变形,造成含煤地层与邻近地层的层间滑动,形成的软弱层面为后期的逆冲推覆构造发育提供了润滑层,伴随产生了北东向断裂。后期由于力的继续作用以及老岭的核部继续的热液活动引起侧向挤压,形成北西向的岩席式逆冲推覆构造,将老岭古老地层推覆于晚侏罗世早期地层及先期的叠瓦扇逆冲推覆构造,掩盖了石炭系—二叠系含煤地层,造成整体向斜南翼的含煤地层被破坏得比较严重,而北翼地层则相对保存较好(图 5-3-2)。

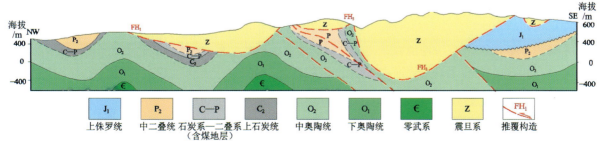

图 5-3-2 褶皱控煤构造示意图

此外，由于岩浆活动形成侵入和喷出，对已形成的煤田在其赋存和煤层、煤质方面均有不同程度的影响。对煤田方面主要表现为掩盖煤田及破坏煤田的完整性。对煤层、煤质方面主要表现为使煤层失去了完整性和连续性，而由于接触了岩浆的煤会发生变质，或变成天然焦和石墨。

（二）吉林省北部地区赋煤带

吉林省北部地区成煤盆地主要为断陷、断坳盆地，由于中生代本区活动极为强烈，产生众多的断裂及褶皱。而在新生代由于拉张作用出现断陷盆地，盆地两侧均由正断层组成。因此煤盆地及煤层的保存主要受断裂的影响。

区域中、新生代断陷和裂陷盆地群总体上是在区域伸展构造环境下形成和发展的，其中北东、北北东向正断层构成中生代盆缘和基底断裂系，形成以半地堑为主的盆地，沿盆地轴又被北西向横断层分隔，共同构成盆地的基本构造格架。

1. 大兴安岭赋煤带

本区处于天山-兴安褶皱区、内蒙-大兴安岭褶皱带、乌兰浩特-哲斯复向斜、葛根庙-大泡子褶皱束的中段、乌兰浩特-林东断褶带北部一个小型断陷盆地，其主要形成于早、中侏罗世，在隆起带西侧与第三沉降带的海拉尔盆地群及巴音和硕盆地群的东界接壤，由一系列北北东向展布的复式褶皱组成，大部分由中、晚侏罗世的中酸性和中基性火山岩、火山碎屑岩组成。大兴安岭主脊——林西深断裂带与嫩江-八里罕深断裂带构成大兴安岭聚煤带的东西边界，形成大兴安岭主峰的地垒构造，区内褶皱断裂较发育，盆地充填序列为中生代侏罗纪火山活动间歇期含煤建造。该赋煤带内褶皱断裂较发育，有吴家屯组组成的野马吐复式背斜，轴线由西向东由近东西向逐渐转为北东向。褶皱平缓开阔，轴线为北东向。断裂构造主要有北北东向、东西向、南北向和北西向4组断裂。其中以前者最为发育，一般多成带出现，由压性、压剪性斜冲断层组成。在古生代末期及中生代早期，盆地主体抬升，遭受剥蚀。在中生代侏罗纪时期，该区受到北西向的挤压应力，从而形成了本区北部北东向及北北东方向的褶皱带及断裂带，沿走向有多个较小的凹陷盆地，像串珠样排列。同时，在燕山期陆相火山喷发强烈，晚侏罗世的中酸性、酸性火山熔岩及火山碎屑岩建造，构成了该区断陷盆地的主要组成部分，与断裂褶皱共同控制侏罗纪地层和煤层的沉积。

含煤地层为下侏罗统红旗组和中侏罗统万宝组。该赋煤带中部基底有较大的起伏，即含煤地层在盆地中可能不相连续，至少可以分割为3个凹陷，其中最主要的为万宝-红旗凹陷。该区北部已经开发，西部正在进行预测工作。

2. 松辽盆地西部赋煤带

松辽盆地主体系发生于天山-大兴安岭褶皱带上的一个大型坳陷，属于克拉通内复合型盆地。东西两侧是大兴安岭和张广才岭的长期隆起。根据盆地内地层发育时的资料和构造关系的分析，松辽盆地是在三叠纪隆起，侏罗纪开始拉张，侏罗纪—白垩纪坳陷，晚白垩世结束的。松辽盆地西部在中、晚侏罗世—燕山运动的初期至早白垩世早期阶段，由北东向或北北东向的张裂作用，分割原有的褶皱基底，产生一系列大小不等的、相互分割的构造凹陷。形成的这些构造凹陷，经过后期的沉积作用，分割的凹陷逐渐填平，周围隆起的古老基底逐渐准平原化，基底地形分异很小，含煤沉积主要发生于此阶段。该区是含煤地层全掩盖的隐蔽地区，上覆盖层为白垩系、古近系、新近系、第四系，经过物探与钻探，发现平安镇、镇赉-洮安、道老杜、瞻榆、巨流河等赋煤盆地和坳陷。在白城以西与平安镇之间的北东-南西向的广大范围内可能存在侏罗系含煤断陷盆地。

该区为含煤地层全掩盖的地区，含煤地层多发育在古陆隆起上的构造凹陷，比如黄花山（扎鲁特旗以东）。该赋煤带控制成煤古构造的主要方向为北东或北北东向。

3. 松辽盆地东部赋煤带

松辽盆地东部赋煤带为伊舒断裂以西的广大地区,本区聚煤盆地应属于断坳型盆地。聚煤盆地受到走向为北东—北北东的构造控制,先断后坳,而在盆地接受沉积的同时有多期次的火山活动、构造运动进行错断。沉积之后盆地遭受抬升剥蚀,现保留为残留边界。

根据盆地内地层发育的构造关系分析,松辽盆地是在三叠纪隆起,侏罗纪开始拉张,侏罗纪—白垩纪开始凹陷,晚白垩世结束成型。在中、晚侏罗世—燕山运动的初期至早白垩世早期阶段,由北东或北北东向的张裂作用,分割原有的褶皱基底,产生一系列大小不等的相互分割的构造凹陷。晚侏罗世的构造凹陷主要发生于盆地的东缘和南缘,为含煤沉积,局部有火山喷发,早白垩世早期凹陷为火山喷发和湖相沉积。含煤沉积主要发育于此阶段。在早白垩世中期以后,之前形成的凹陷连成一体,成为一个统一的大型坳陷盆地。这个阶段属淡水-微咸水的深湖相-浅湖相沉积,蚀源附近局部堆积冲积相和湖滨相。此阶段构造比较稳定,火山活动停止,沼泽化消亡,分割的凹陷基本消失,只有局部的基底隆起。松辽盆地大幅度坳陷沉降后开始缓慢上升。湖盆开始收缩,为浅湖、滨湖及冲积相沉积,主要发育于盆地的中部。经过这一阶段,松辽盆地的地质进程结束。

本区聚煤盆地基本受北东—北北东走向构造控制,被横向断裂或隆起分隔,使盆地总体上呈现狭长带状分布。成煤作用既有湖侵前形成的沼泽成煤,然后水进超覆形成巨厚泥岩顶板的扩张型成煤,如九台-营城煤田、羊草沟煤田等,也有湖退后沼泽化成煤的收缩型成煤,如刘房子煤田。本区聚煤盆地总体上为松辽盆地边缘的一部分,各聚煤盆地形态总体呈条带状,沿东缘斜坡带展布。有的仅为盆地边部的一段,有的又为残留边界,沿倾向又多未控制到底。

4. 伊舒断陷赋煤带

伊舒断陷赋煤带为伊舒断裂带之间所夹的狭长地区。该赋煤带所形成的盆地为北东向的半地堑型断陷式构造格架。由北缘的同沉积断裂控制着古近系煤层的形成。盆地内充填有古近系的含煤岩系,沉积相为冲积扇相、扇三角洲相、河流相及湖泊相等。舒兰组下含煤段沉积聚煤环境为河流体系泛滥盆地环境,以煤层多、连续性差为特征。局部为扇间或扇前三角洲平原聚煤。该区在初始裂陷时期快速沉降,为冲积扇及浅水湖相沉积;之后盆地扩张填平补齐,河流发育分流形成辫状河,泛滥盆地相聚煤阶段为盆地的主要聚煤期;接着为盆地最大扩张期,以深湖相褐色泥岩沉积为主;第四阶段,盆地收缩,演化为泥质岩沉积;最后,盆地充填结束,局部有新近系冲积、洪积相砂砾岩沉积。盆地沉积之后,发生以断裂为主的较大构造变动。盆地被纵张断裂切割,形成盆地内次级的地垒、地堑构造形式。其次,盆地内横张断裂发育,有北西、北东向两组,将狭长的带状盆地切割成不同块断,上升块断煤系被抬升,局部遭受剥蚀(图5-3-3),下降块断煤系地层被埋藏较深,尤其是在纵张断裂形成的地堑内。这组断裂切割,造成盆地基底起伏及煤层赋存深度的差异。与此同时,北部的逆掩断层或推覆构造对煤系的赋存起着控制作用,形成了现存的构造格局。

5. 敦密断陷赋煤带

敦密断陷赋煤带为敦密断裂带所夹的狭长地带。本区的原始沉积主要为宽缓向斜,经后期压性为主的构造改造形成压性构造,组成较为复杂的压性构造复合体,含煤地层主要为中生代晚期地层及古近系。该赋煤带西南段梅河煤田,呈北东-南西向展布,为抚顺-梅河地堑的一部分,煤田南北两侧是走向为北东-南西向的逆断层,控制着整个煤田的形成与发展,而后期又被走向为近南北向断裂所切割,形成复杂的半地堑式构造格架。中段杉松岗煤田及桦甸煤田褶皱较明显,多为轴向北东东的宽缓向斜,且不对称。后经以压性为主的构造改造形成较为发育的断裂构造,大致可以分为两组:一组为走向北东—北东东,常与褶皱轴向相一致,由多条断层所组成,延伸较长,这组断裂对全区的构造发育起着重要的控制

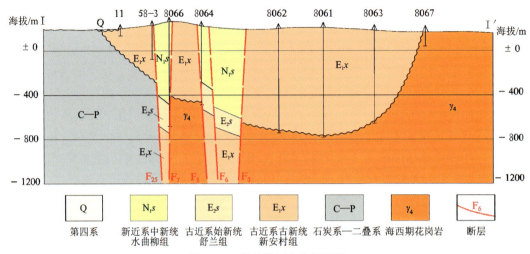

图 5-3-3　舒兰煤田构造剖面图

作用；第二组为走向北西-南东向，切割第一组断裂，不甚发育。另外，在桦甸煤田发育有走向北东—北东东向的逆掩断层，将鞍山群推覆于侏罗系之上，形成飞来峰构造。北东段敦化煤田，构造较为简单，局部有较小的波状褶曲，多为宽缓的背向斜。断裂构造较发育，古生代以东西向断裂为主；中、新生代以北东向断裂为主的，还有伴随着北西向断裂构造特征。这些断裂边断边接受沉积，控制了中、新生界沉积，对煤田的形成有重要的作用。

本区属线性断裂构造控制的地堑-裂谷型含煤盆地。盆地边缘断裂严格控制着盆地的形成、发展。盆地内含煤岩系主要以内陆河流-湖泊体系为主。

不同类型盆地形成机制有所不同，伊舒、敦密断陷赋煤带内构造格架显示（图 5-3-4），带内一般由两条对倾的张性断裂构成的地堑或半地堑盆地构成，充填沉积了侏罗纪、白垩纪、古近纪、新近纪地层。古新统分布面积大、厚度大、全区发育，但不同类型盆地有明显差异，其主要原因是断裂带与周边构造背景复合作用的结果。当断裂带穿越构造背景为区域总体沉降、拉张应力场作用时，断裂带宽、基底沉降幅度大，形成深大凹陷型盆地，即断陷与负向坳陷复合、叠加，盆地沉降幅度大。相反与正向隆起复合则断陷盆地沉降幅度小（或不形成沉积盆地），沉积地层薄，形成中小断坳型盆地，而断裂在长期发育的古隆起带时，则无断陷盆地形成，为相对隆起剥蚀区，因此在断裂带内出现规模不同、彼此分割而不连续的断凹型盆地。如伊舒盆地其构造背景在中朝板块北缘活动带与西伯利亚南缘活动带交接部位，在舒兰区南侧基底隆起，石炭纪—二叠纪地层与海西期花岗岩出露，北翼为断裂形成半地堑型盆地，盆地狭窄，沉降幅度小，沉积厚度 200～1300m。而在岔路河—伊通区间，裂陷作用与北西向双阳中生代盆地复合垂向叠加，沉降幅度大，古新统厚度为 3000～4000m，西南二龙山水库区为断陷区。裂陷内白垩纪地层出露，古新统超覆沉积在白垩纪地层之上，形成自舒兰—伊通—二龙山区间，古近纪地层东西薄、中间厚的深大断凹型盆地。由于裂陷作用与先存构造复合，形成断裂带内不同类型沉积盆地和侵蚀盆地，控制古近纪地层沉积厚度、岩性、岩相组成及煤-油气沉积环境赋存规律等。

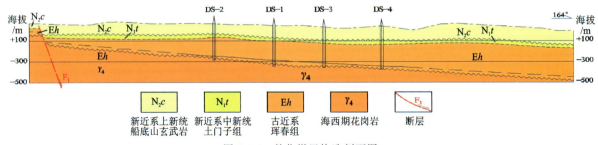

图 5-3-4　敦化煤田构造剖面图

敦密断陷赋煤带中两条断陷赋煤带控矿规律如下。

(1)中生代断陷型聚煤盆地群成煤期。该期断陷带内主干断裂为盆缘断裂,控制晚侏罗世煤系、煤层沉积的断陷型聚煤盆地。聚煤盆地构造型式为地堑型、半地堑型,盆缘主干断裂内侧发育巨厚的冲积扇,彼此孤立的断陷盆地具有相似的沉积充填序列和构造演化。初始裂陷盆地由火山岩和火山碎屑岩堆积,裂陷作用控制聚煤盆地规模、分布、沉积充填序列及聚煤作用等。敦密断裂带在下辽河断陷东缘、英额门、朝阳镇—桦甸—暖木条子均有晚侏罗世煤系赋存,并发育可采煤层,如英额门、苏密沟、红石等地均为中小型断陷盆地。区域背景为敦密断裂带与中朝板块北缘以前震旦纪变质岩系为基底,断裂活动相对西伯利亚板块要小。敦密断裂带北段为鸡西-穆棱大型聚煤盆地,东缘同沉积断裂为向盆地内倾斜的正断层,并与区域东西向、北西向构造复合控制煤系沉积。

(2)新生代裂谷盆地煤聚积期。伊舒、敦密断陷赋煤带内受控盆地主要沉积于古近纪含煤地层及局部渐新统内。不同类型盆地古新统沉积的面积、厚度、岩性、岩相组成与相的空间配置不同,对煤的聚积起着控制作用。总的趋势为裂谷深大断凹盆地为煤盆地;裂谷中小型断凹盆地为煤-油页岩盆地;裂谷断陷型盆地为聚煤盆地。

6. 吉林省中部赋煤带

吉林省中部赋煤带为伊舒断裂带与敦密断裂带之间所夹的广大区域。本区以北北东向压性、压扭性褶皱及断裂为特征,其断裂活动有自南西向北东增强的特点。在南西辽源盆地,主要由数个向斜构造盆地构成,向斜皆为北西西向转为北北西向的向斜构造,呈一"入"字形构造。盆地内断裂较发育,主要为两组,北西向断裂常为煤盆地的边缘,以正断层为主,而北东向断裂则多切割北西向断裂和向斜轴。这些次级断褶带为火山喷发通道。火山喷发后,岩体堆积受到东西向及南北向构造的控制,形成了规模不同的闭塞槽地,这样为晚侏罗世煤系和煤层的沉积提供了场所。位于该赋煤带中部的双阳煤田,展布方向大致为北西向,为略呈"S"形坳陷盆地。受燕山早中期构造运动的影响,地层发生轻微的褶皱和断裂。到晚侏罗世晚期至早白垩世早期,经过燕山运动后期构造运动的影响,产生了一系列的北东向及北西向断裂。该期形成的断裂大致可分为两组:一组为压性断裂,其走向有规律地变化,大致呈正弦曲线状;第二组为张性断裂,走向大致与第一组直交,并切割第一组断裂,对含煤地层的破坏极大。经历过上述两期改造后,地壳逐渐下降,在早白垩世中期又受到燕山期构造运动的改造,形成了一系列的断裂构造,属张性断裂。经过复杂的构造作用,双阳盆地形成一个对称盆地的构造形态。东段蛟河煤田原为一北北东向宽缓的向斜构造,但是经过多次的地壳运动,使本区断裂甚为发育,大小断裂遍及全区。蛟河盆地的构造格架以东西向构造形式为主体,其次是北西向构造及局部南北向构造,对盆地形成与赋存起着局部控制作用。构造形式的主要特征以压性、压扭性断裂为主体。构造线大致可以分为两组:一组为北东向—北北东向,且为主要构造线方向;另一组为北西向,较前一组不发育。

各期含煤岩系的破坏因素也以断裂形成的隆起剥蚀为主,区内燕山期强烈的断块运动形成的一系列断陷带和断坳带对该赋煤带内含煤盆地的形成起着重要的控制作用。因此,该赋煤带的煤田多为坳陷型盆地,盆地内断裂构造极为发育,褶皱构造一般为宽缓的向斜,后经破坏呈单斜构造,因此含煤地层多数处于断裂下降盘。

7. 吉林省东部赋煤带

吉林省东部赋煤带范围包括吉林省境内辉发河-古洞河断裂(海龙—桦甸—和龙一线)以东及敦密断裂以南的广大区域,为吉林省中生代及古近纪含煤建造主要分布区,本区构造变形以北东、北东东向压扭性褶皱及断裂为特征。该区构造形态以褶曲为主,为一系列连续的不对称宽缓复向斜构造,且其轴向以凉水煤田为中心呈辐射状展布。西缘和龙煤田为一轴向近南北不对称的开阔向斜;延吉煤田则为延边复向斜的一个中生代小型断坳盆地,轴向北西-南东向斜构造形态;中部凉水煤田呈一轴向北东且北陡南缓的不对称宽缓向斜产出;东部珲春煤田为一轴向北东-南西向的复向斜。本区断裂构造较不发育,大致可分为3组,一组为走向北北东,它控制着珲春及凉水煤田的形成与发展,并对延吉盆地煤层有极大的破坏作用;第二组为走向北西—南东,控制着延吉盆地的形成与发展;第三组为走向近南北向的断裂,多是对之前形成的断裂进行切割,对煤田有一定的破坏作用。

该赋煤带内的含煤盆地以其形成时间可分为两部分:晚侏罗世零星含煤盆地沉积了西山坪组和长财组含煤地层,如和龙、土山子-长财、安图、延吉、屯田营及汪清地区的盆地群,这些盆地受近南北向或近东西向构造控制,多分布在含煤区的西北部;新生代的含煤盆地以古近纪的含煤盆地为主,盆地内沉积了古近系珲春组及新近系土门子组的含煤地层,受北东向构造控制多分布在聚煤区的东部,如延吉北、珲春、三合、开山屯、石头、凉水、敬信、杜荒子、春化等地。在燕山期,吉林省表现为剧烈的断块作用和平缓的褶皱,其中以堆积非海相沉积的含煤建造为主。

二、控煤构造样式划分及构造控煤作用

构造作用是控制煤矿矿床形成、演化和现今赋存状况的首要地质因素。煤田构造以研究煤盆地和煤层构造的几何形态、组合形式、分布规律、成因机制和发展演化进程为主要内容,以此指导煤炭资源勘查和开发。一般意义上的构造控煤作用是指构造形迹或构造变动对煤层形成和赋存状况的控制作用,控煤构造样式的划分对深入认识煤田构造发育规律、指导煤炭资源评价和煤炭资源勘查实践具有重要意义。在地质勘探资料不足的情况下,可以通过构造样式的研究去认识可能存在的构造格局和进行构造预测。

吉林省煤田总体上在南部以挤压控煤构造样式为主,而在北部以伸展控煤构造为主。在南部主要是滨海相及三角洲相成煤盆地,成煤时盆地较平缓,后期受到断裂及褶皱的影响。而北部主要是河湖相的成煤盆地,由中、新生代的挤压及伸展作用形成的断陷、坳陷盆地,构造活动极强,出现众多的断裂及褶皱,对煤层均有保存或破坏作用。根据吉林省煤田断裂和褶皱构造的样式划分,以煤田地质勘探资料分析为基础,划分以下六类控煤构造样式(图5-3-5)。

(一)褶皱断裂组合型

根据地球动力学成因分类,该构造样式应属于挤压构造样式范畴。在区域构造压应力场作用下,夹持于两区域逆冲断层之间的岩席地层,应力相对较低,发生褶皱变形,形成纵弯褶皱,以向斜、背斜、复向斜、复背斜的形态产出。随着构造应力场作用的加剧,形成逆断层,先前形成的褶皱被不同程度切割、破坏,形成褶皱-断裂组合形态。褶皱与断裂的相关关系表明,两者之间存在一定的主次关系,以褶皱形态为主,以断层形态为辅。在这种构造背景之下,煤层赋存较为稳定,可大面积分布,局部地区受断层的切割破坏,对矿区整体开采影响不大,多构成矿区的自然边界。

就研究区而言,这种构造控煤样式多发生于构造应力值较低的区域,一般为两区域逆冲断层之间的地区,地层变形程度较弱,如浑江煤田东段、辽源煤田、和龙煤田。由于逆冲断层推覆作用,造成逆冲断层之间的岩体发生褶皱变形。

1. 隔挡型

隔挡型在吉林省内较为常见,如辽源-平岗煤田、和龙煤田等。此控煤构造样式形成的煤田地质构造变形相对简单,如和龙煤田,由一系列轴向为北西-南东的向背斜组成。区内发育少量断裂,与褶皱轴向平行的走向断层落差较大,对煤盆地起控制作用;走向为北西西与北东东的断裂为横向断层,对褶皱进行切割,对煤系起到了破坏作用。煤系一般在背斜处遭受剥蚀及断裂破坏,在向斜中保存较为完整。

大类	类型	类型特征	实例	模式图
褶皱断裂组合	隔挡型	构造变形简单，向斜宽缓，背斜较紧闭，发育少量断层，煤系地层保存较为完整	浑江煤田东段、辽源、和龙、那尔轰	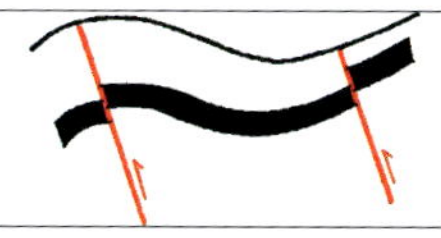
	复向斜型	由多个波状起伏的次级背斜、向斜组成，并发育一定数量的断层，煤系局部被切割破坏	浑江煤田	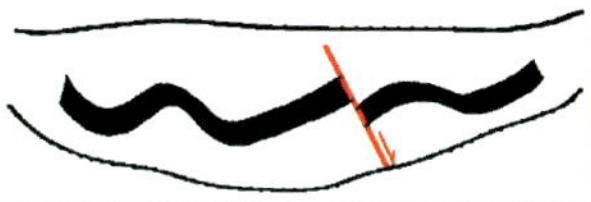
逆冲断裂组合	逆冲褶皱型	煤系夹持于逆冲断层之间，褶皱变形，褶皱轴向与边界逆冲断层走向平行	铁厂	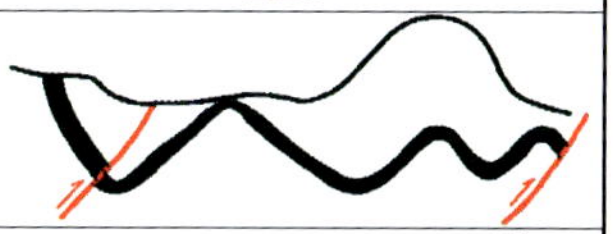
	对冲型	倾向相背的两组逆断层共有下降盘，煤层赋存于对冲逆断层的断层三角带内	铁厂、伊舒、敦密断裂带	
	背冲型	由倾向相对的两组逆断层共有上升盘所形成的构造组合形式，煤系赋存与背冲下盘	桦甸	
	推覆构造型	在挤压作用条件下，老地层推覆于煤系地层之上，推覆距离一般较远	湾沟南	
	双重构造型	由顶板逆冲断层与底板逆冲断层及夹于其中的一套叠瓦式逆冲断层和断夹块组合而成。这种形式的堆叠构造造成地层垂向上的重复，若发育在煤系中，可以增加单位面积内的煤炭资源量	头道沟、辽源	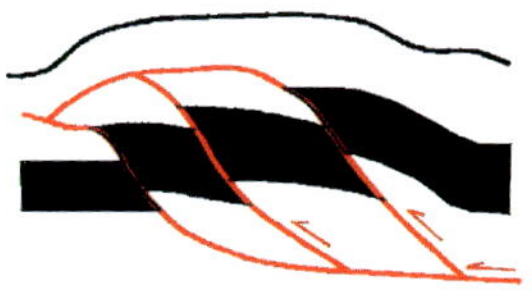
	叠瓦扇断夹块型	煤系地层为夹持于逆断层之间的断夹块，变形程度较低，基本保持单斜形态，褶皱不发育。断裂对煤系赋存影响较大，多构成矿区的自然边界	湾沟南、在通沟、四道江	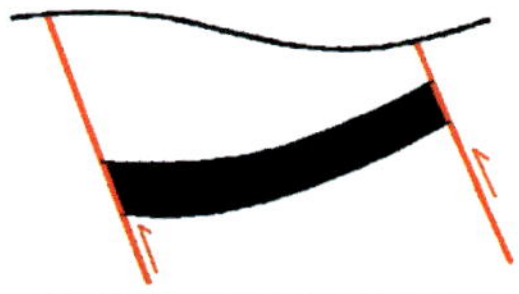
伸展构造组合	地堑-半地堑型	在一侧主干断裂控制下形成，煤系的埋深总体较浅，靠近断裂则变深	松树镇北东伊舒、敦密断裂带、双阳	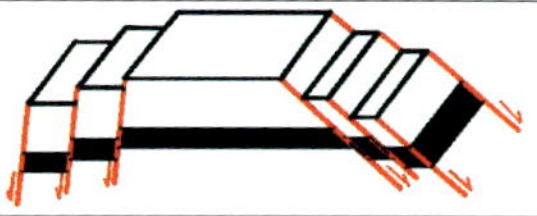
	单斜断块型	煤系主体倾角较缓，被阶梯状的正断层所切割	石人镇、复兴-朝阳、松江三道沟、蛟河煤田	
反转构造组合	逆反转型	先挤压、后伸展的叠加或复合构造。即先存的挤压构造系统中的褶皱和逆冲断层，受伸展再活动，形成正断层或地堑、半地堑	松辽盆地	
剪切构造组合	花状构造型	在剪切构造应力场中形成的断裂组合形态，一条陡立走滑断层向上分叉撒开，以逆断层组成的背冲构造，断层下陡上缓凸面向上，被切断地层多呈背形，将煤系地层切割为若干不连续的块段	咋子镇	

图 5-3-5 吉林煤田控煤构造样式特征示意图

2. 复向斜

复向斜在吉林省东部及中南部较为发育,在东部地区构造形态以褶曲为主,为一系列连续的不对称宽缓复向斜构造,且其轴向以凉水煤田为中心呈辐射状展布。中部杉松岗地区较为明显,是由两个向斜和一个背斜组成的复向斜。浑江煤田古生代含煤地层即位于浑江复向斜内,前震旦系为复向斜的基底,震旦系、寒武系、奥陶系为复向斜的两翼,其走向分为两段:西段由铁厂至新开,为北东向;东段由新开至松树镇以东,为东西向。

(二)逆冲断裂组合型

1. 逆冲前锋型

煤系地层位于逆冲断层下盘前锋带,在区域压应力场作用下,断层前锋带应力集中,局部应力值较高,地层(尤其是位于逆冲断层下盘靠近主断面的地层)受高应力挤压作用,产状急剧变化,倾角增大,直立甚至倒转,但煤系赋存较为局限,呈与逆冲断层走向平行的狭窄条带状产出,煤层因流变可形成局部厚煤带,断层对煤系赋存影响较大。这类控煤构造样式多发生于构造应力值较高的逆冲断裂带前锋地区,煤系被断层挤压抬升,有时出露至地表,有利于开采,但分布较局限。如浑江煤田大横道河子东南段,从剖面中可知属于此类控煤构造样式范畴(图 5-3-6)。

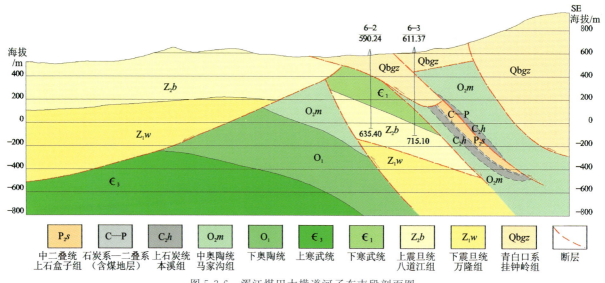

图 5-3-6　浑江煤田大横道河子东南段剖面图

2. 逆冲褶皱型

在区域压应力场作用下,夹持于逆冲断层之间的断夹块,由于边界逆断层的挤压或逆冲牵引作用,发生褶皱变形,褶皱轴向与边界逆冲断层走向平行。两者间存在主次关系,以断裂形态为主,褶皱形态为辅,断裂控制着其间褶皱的形成与发育。两者也可能同时形成,即形成断裂的同时形成褶皱。这类控煤构造样式多发生于应力值较高、变形较为强烈的地区。构造作用对煤系赋存控制明显,断裂和褶皱对煤系赋存均有较大影响,导致煤系赋存极不稳定,不利于煤田开采。如铁厂矿位于浑江复向斜的西段,受挤压力的作用而使煤层发生褶曲,后又形成逆冲推覆断裂,使煤层的赋存有较大的变化(图 5-3-7),致使该矿的开采规模较小。

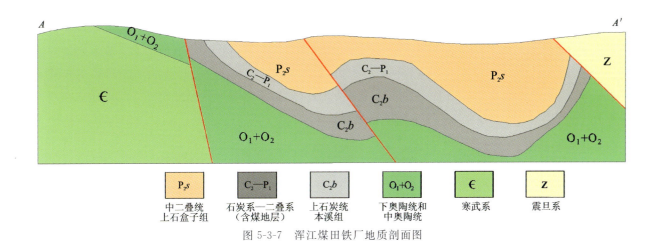

图 5-3-7 浑江煤田铁厂地质剖面图

3. 对冲型

根据地球动力学成因分类，该构造样式应属于挤压构造样式范畴。在区域构造应力场强烈挤压作用下，形成对冲逆断层。煤系赋存两逆冲断层的共同下盘，即逆冲断层三角带内。受对冲断层控制，煤系地层构造形态通常为轴向平行于断裂带走向的狭窄向斜，变形较为强烈。通常发育于构造活动较为强烈的地区，煤层受断裂控制较为明显，构成矿区的自然边界。如伊舒、敦密断裂带。

对冲型构造样式主要分布于铁厂、伊舒、敦密断裂带，铁厂矿两翼断层上盘是下寒武统和上震旦统钓鱼台组、南芬组、桥头组所构成的推覆体，其下盘为中奥陶统马家沟组和石炭系—二叠系形成的构造窗。是由攀爬断坡的抗阻引起的八宝、苇塘区两翼石炭系—二叠系的底部岩层对冲在晚二叠世地层之上，东部出现平卧褶曲。这种形式的构造是由运动方向相反的逆冲断层促成，使煤系基底抬起，破坏了含煤系的连续性。煤层赋存于对冲逆断层的三角带内，周围被断裂切割、控制，分布范围狭小，在成煤较好的情况下，可形成巨厚煤层。

八宝地区总体逆冲断层为由南东往北西推覆，造成煤系地层的强烈褶皱变形，在该逆冲断层系统的北西部出现反方向的逆冲断层，与该主方向上的逆冲断层组成对冲型断层组合，是构造活动较为强烈的地区，煤层受断裂控制较为明显，共同控制煤系地层的分布规律及空间组合状态（图 5-3-8）。

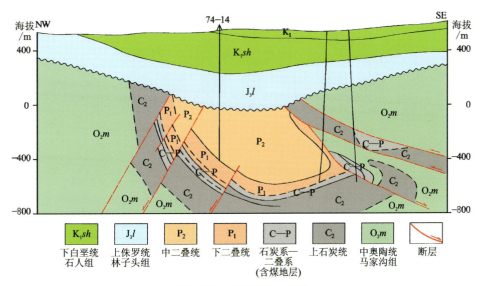

图 5-3-8 八宝地质剖面图

4. 背冲型

背冲型由倾向相对的两组逆断层共有上升盘所形成的构造组合形式，这类构造多发育于构造复杂部位，在两侧对冲挤压作用下，形成倾斜相背离的两组逆冲断层，其共同由上升盘抬升而变浅，并形成相关的褶皱。上盘由于抬升剥蚀往往不含煤或含煤性较差，煤系与断裂下盘保存较好。此种样式在浑江煤田有一定的发育。同时，该区还有一定的逆冲叠瓦型样式的特点。

5. 推覆构造型

推覆构造型主要产出于造山带及其前陆，其次在原稳定地块中的一些高活动性构造单元中，也有发育（板内造山）。它是挤压或压缩作用的结果，即压缩体制下的产物。在挤压作用条件下，老地层推覆于煤系地层之上，推覆距离一般较远。推覆构造型主要发育于吉林省南部浑江地区。如浑江煤田西部的小西岔推覆构造（图 5-3-9、图 5-3-10），为印支期时期受南北向挤压作用下形成，上盘寒武系—中奥陶统馒头组推覆于下盘 C_2、P_1s 和 P_2s 含煤地层之上，断裂由地表向深部倾角逐渐变缓，推移距离较大。

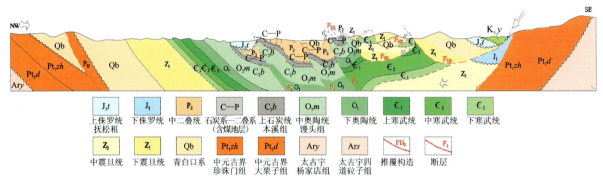

图 5-3-9 浑江煤田逆冲推覆重力滑动构造模式图

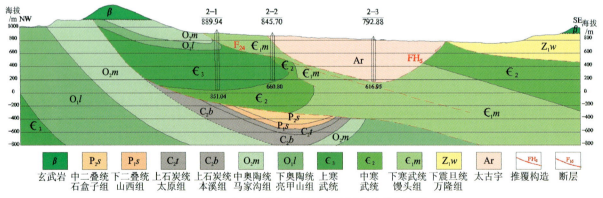

图 5-3-10 吉林省浑江煤田湾南小西岔地质剖面图

6. 双重构造型

根据地球动力学成因分类，该构造样式应属于挤压构造样式范畴，是逆冲推覆构造中具有普遍性的重要结构型式。双重逆冲构造是由顶板逆冲断层与底板逆冲断层及夹于其中的一套叠瓦式逆冲断层和断夹块组合而成。双重逆冲构造中的次级叠瓦式逆冲断层向上相互趋近并且相互连结，共同构成顶板逆冲断层；各次级逆冲断层向下相互连结，构成底板逆冲断层。各次级逆冲断层围限的断块叫断夹块。双重逆冲构造中的顶板逆冲断层和底板逆冲断层在前锋和后缘会合，构成一个封闭块体。例如在头道沟地区，晚古生代的含煤地层出现了 3 次叠褶、4 次重复，中间是两条彼此近于平行的逆断层及其夹持的含煤断夹块,向上、向下相互趋近,上覆震旦系挂钟岭构成的外来逆冲席体(图 5-3-11)。

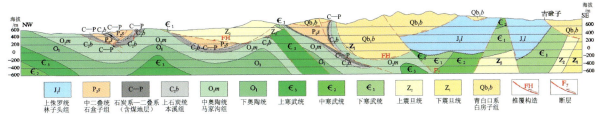

图 5-3-11 吉林省浑江煤田头道沟地质剖面图

7. 叠瓦扇断夹块型

根据地球动力学成因分类,该构造样式应属于挤压构造样式范畴。与逆冲褶皱型构造样式成因类似,煤系地层为夹持于逆断层之间的断夹块,不同之处在于,断夹块的变形程度相对较低,基本保持单斜形态,褶皱不发育,断裂对煤系赋存影响不大,多构成矿区或井田的自然边界。该构造样式在浑江煤田分布十分广泛,尤其是浑江煤田西段,属于浑江煤田主要控煤构造样式之一,也反映了区域逆冲断层十分发育。如研究区的湾沟南地区、大通沟地区。湾沟南地区的 F_{19}、F_{20} 两条逆冲断层在湾沟镇南与 FH_5 逆冲断层交会后,继续向西南延伸又与 FH_6 逆冲断层相交,在平面剖面图上呈现叠瓦状扇形体,上覆逆冲推覆构造 FH_5 的推覆体太古宙地层,煤系地层为夹持于两逆断层之间的断夹块,断夹块的变形程度较低,基本保持单斜形态,褶皱不发育,断裂对煤系起主要控制作用(图 5-3-12)。

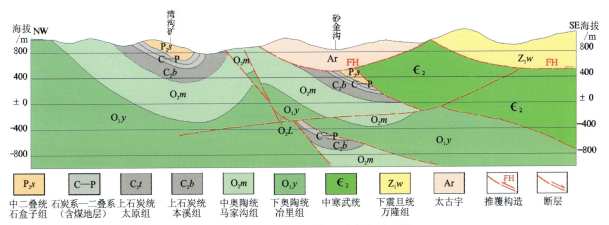

图 5-3-12 吉林省浑江煤田湾沟南剖面图

(三)伸展构造组合

1. 地堑-半地堑型

根据地球动力学成因分类,该构造样式应属于伸展构造样式范畴。由平行排列或近于平行排列、相向倾斜或相背倾斜正断层及其所夹持的地层组而成。相向正断层之间的含煤块段为共同下降盘,构成地堑,相背倾斜正断层之间的含煤块段为共同上升盘,构成地垒(图 5-3-13)。

如苇塘,在地堑中保存石炭系—二叠系,后被上侏罗统林子头组和石人组超覆。在苇塘采掘中,见到一些断距较小的正断层,由两侧向中部呈现地堑、地垒或台阶状。在伊舒、敦密断裂带内有众多的拉张断裂出现,其中古近系的含煤地层被后期多次拉张作用而成垒堑式的赋存。

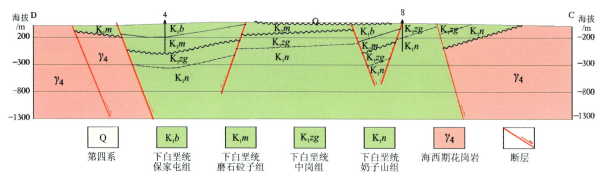

图 5-3-13　吉林省蛟河煤田第 15 线地质剖面图

2. 单斜断块型

根据地球动力学成因分类,该构造样式应属于伸展构造样式范畴,多发育于低应力区,如区域逆冲断裂之间的岩席地层或逆冲断层前陆滑脱带,应力值相对较低,构造变形不甚强烈。主体构造形态为缓倾向至中等角度的单斜构造,可以是大型褶皱的一翼或大型逆冲岩席的一部分,通常被断层切割,但断层对单斜构造形态不具主导控制作用(图 5-3-14)。因此,煤层变形不强烈,在成煤环境较好的条件下,可形成厚煤层,有利于煤炭资源勘探开发。

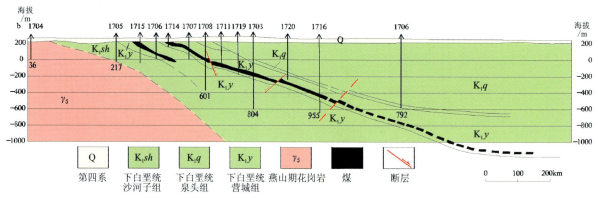

图 5-3-14　羊草沟地质剖面图

如石人镇地区,逆冲推覆构造将寒武系推覆于石炭系—二叠系之上,总体构造属于逆冲推覆的一部分,两条逆断层切割下伏地层,构造变形较弱,属于赋煤有利地带。在复兴—朝阳、松江等中部地区煤盆地,煤田边界主要以单斜断块为主,含煤地层多赋于其下。

(四)反转构造组合

反转构造组合以松辽盆地为代表,松辽盆地主体系发育于天山-兴安岭褶皱带上的一个大型盆地,属于克拉通内复合型盆地,东西两侧是大兴安岭和张广才岭的长期隆起。整体构造样式是一个晚中生代的裂谷-坳陷盆地。松辽盆地是在海西褶皱基底上发育形成的,具有深部断陷和上部坳陷的双重结构,坳陷层系之下发育的断陷,多受边界断裂控制。松辽盆地上部坳陷包括早白垩世晚期至晚白垩世的坳陷盆地相和构造反转盆地相。上部坳陷的构造分区与下部断陷分区具有明显成因联系,具体表现为早期深断陷区也为晚期的深坳陷,早期东部北东向或北东东向的裂陷盆地带受晚期构造反转作用控制转变为背形隆起和向形坳陷的构造格局。研究表明,松辽盆地在成煤时期由于太平洋板块对欧亚板块的区域性挤压应力的松弛下降,地幔底劈作用增强,由先前的挤压构造应力作用转为拉张构造应力作用,形成一系列规模不等的断陷盆地,形成了独特的火山-湖相沉积盆地。

(五)剪切构造组合

此种控煤构造样式在吉林省以花状构造较为常见。花状构造的形成与直立断层的走向滑移有关,可作为走滑断层的鉴定标志,是一个被一系列向上或向外撒开的断层组错断的背形或半背形构造。断层多具逆断层性质,上部倾角较缓,向下逐渐变陡,在深部会合成1~2条直立的中央主干断层,有时断层组只朝一侧撒开,结果形成半花状构造。在砟子竖井深部,主干构造为翻卷褶曲,向斜轴部呈现乳头状伏卧向斜,并伴有倾角主干断层一条,向左上方撒开成5条正断层和逆断层相间的形式,组合成花状构造。这种构造形式可使断层成多斜褶皱,局部煤层增厚,煤炭储量富集(图5-3-15)。

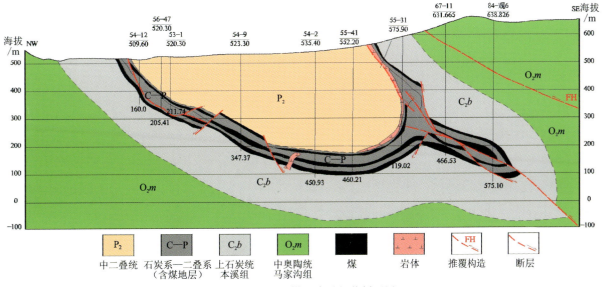

图 5-3-15 浑江煤田砟子竖井剖面图

以上划分的几类构造控煤样式,是以现有的煤田勘探资料分析为基础,基本涵盖了吉林省煤田主要控煤构造样式,但鉴于地质构造的复杂性及勘探程度等的影响,区域构造控煤样式不仅限于此。同时,吉林省煤田受到多期构造运动的影响,褶皱和断裂构造极其发育,控煤构造样式基本不存在单一构造运动下形成的简单构造形式,都是综合影响的结果,构造控煤样式往往是多种样式的组合,或者以某一种构造样式为主,内部又可以划分出一种甚至多种次一级样式,比如吉南八宝地区,总体来看属于对冲断夹块型,但是其断夹块并不是以单一的形态呈现,而是又被次一级的断裂构造和褶皱构造所控制,属于单斜断块构造类型。

第六章 煤质特征与煤变质作用

第一节 煤岩学特征

一、晚古生代石炭纪—二叠纪煤层

吉林省晚古生代石炭纪—二叠纪煤层主要分布在吉林南部赋煤带的浑江煤田、长白煤田,含煤地层为上石炭统太原组和下二叠统山西组。

浑江煤田内有砟子、八道江、湾沟、松树镇、道清、五道江、铁厂和苇塘煤矿区,虽然在分布、成因和后期改造上有所不同,但在煤的物理性质上存在相似之处。据肉眼鉴定,本区的煤为黑色—灰色,金属光泽,易碎,粉状或粒状。以光亮煤为主,半亮煤及半暗煤次之,暗淡煤较少,相对密度在 $1.4 \sim 1.5 t/m^3$ 之间。

二、早中生代晚三叠世—早中侏罗世煤层

(一)大兴安岭赋煤带

大兴安岭赋煤带早中侏罗世煤层主要分布于白城-万红煤田,含煤地层主要为中侏罗统万宝组。该组煤的主要物理性质及宏观煤岩特征为:灰黑色—黑色,黑色条痕,金属光泽,节理发育,硬度较大,以亮煤和半亮煤为主,中到细条带状结构,块状构造,常见阶梯状断口,全区平均视密度较大,为低硫、高磷、中—高发热量、高瓦斯贫瘦煤。

(二)吉林中部赋煤带

吉林中部赋煤带晚三叠世—中侏罗世煤层主要分布于双阳煤田,含煤地层为上三叠统大酱缸组和中侏罗统太阳岭组。

1. 上三叠统大酱缸组

煤的物理性质及宏观煤岩特征:呈铅灰色、灰黑色—黑色,主要为金刚光泽,相对密度较大,多为块状,由亮煤和镜煤组成,半亮—光亮型,具滑腻感,污手,呈不平整状或贝壳状断口,性脆,裂隙发育,易碎,少量为粉状,由粒状的镜煤、亮煤和暗煤组成,呈半暗—半亮型,滑腻感和污手程度均较块状者强。

2. 中侏罗统太阳岭组

以八面石区煤层为例,黑色金属光泽,多数为较松散粉末状,局部块状,坚硬。化学性质:从化验指标看,挥发分为4%～7%,煤类为无烟煤。

(三)吉林南部赋煤带

吉林南部赋煤带晚三叠世—早侏罗世煤层主要分布于浑江煤田和三棵榆树-杉松岗煤田,含煤地层为上三叠统北山组(小营子组)和下侏罗统杉松岗组(冷家沟组)。

1. 上三叠统北山组(小营子组)

上三叠统含煤地层为北山组和小营子组,北山组分布在白山市石人镇北山一带,本组煤层薄,无可采煤层,小营子组分布在松树镇小营子一带,是主要可采含煤地层。

煤的物理性质和煤岩学特征:呈黑色,以粉状为主,光泽由油脂光泽到土状光泽,褐黑色条痕,相对密度$1.43\sim1.74t/m^3$,宏观煤岩类型以暗淡型为主,光亮—半光亮煤次之。

2. 下侏罗统杉松岗组(冷家沟组)

下侏罗统含煤地层为杉松岗组(冷家沟组),分布在浑江煤田的冷家沟,三棵榆树-杉松岗煤田的仙人沟—杉松岗一带。

煤的物理性质和宏观煤岩特征:颜色为黑色—灰黑色,以粉状为主,似金属光泽,条痕为黑色及黑褐色,硬度为1～3级,较脆,易破碎成粒状或粉状。内生裂隙发育,常见阶梯状断口与棱角状断口。本区以光亮煤为主,半亮煤及半暗煤次之,暗淡煤较少。

三、晚中生代—早白垩世煤层

吉林省晚中生代早白垩世含煤地层在松辽盆地西部赋煤带、松辽盆地东部赋煤带称为下白垩统沙河子组、营城子组;在吉林中部赋煤带的辽源煤田称为安民组、长安组,在双阳煤田称为二道梁子组,在蛟河煤田称为奶子山组;在吉林东部赋煤带统称为长财组;在吉林南部赋煤带的浑江煤田称为石人组,梅河-桦甸煤田称为五道沟组、苏密沟组,三棵榆树-杉松岗煤田称为三源浦组。早白垩世煤的显微组分及R_{max}^o参数见表6-1-1。

(一)松辽盆地西部赋煤带

本带含煤地层初步确定为与下白垩统沙河子组相当,目前还没有见到可采煤层,其物理性质与煤岩特征尚不明确。

(二)松辽盆地东部赋煤带

本带主要含煤地层为下白垩统沙河子组,以营城-龙家堡煤田为例。

1. 下白垩统沙河子组

1)煤层物理性质及宏观煤岩特征。褐黑色、黑色,条痕深棕色,以棕黑色为主;沥青—玻璃光泽,内生裂隙发育,以亮煤半暗型煤为主;少量暗煤及丝炭,以条带形结构为主,局部均一结构;常见平整及参差、阶梯状断口,为低硫、低磷、中—高发热量,以高瓦斯长焰煤为主,部分煤产地为褐煤。

表 6-1-1 吉林省早白垩世煤的显微组分及 R^o_{max} 参数统计表

煤田	矿区	含煤地层	显微组分/%					R^o_{max} 小~大/平均	矿物/%				
			镜质组 小~大/平均	(半镜质组) 小~大/平均	惰质组 小~大/平均	壳质组 小~大/平均	显微组分合计 小~大/平均		黏土类 小~大/平均	硫化物 小~大/平均	碳酸盐 小~大/平均	氧化物 小~大/平均	矿物合计 小~大/平均
羊草沟-营城煤田	羊草沟矿区	沙河子组	94~97.3 / 95.46		1.0~4.2 / 2.26	1.0~5.0 / 2.28	94.0~99.3 / 100		4.0~20.6 / 11.58	0.2~1.1 / 0.70	0.8~4.0 / 2.275	1.4~4.3 / 2.14	6.4~20.6 / 16.7
辽源煤田	辽源矿区	长安组	75~86.6 / 81.35		15.3~22.6 / 17.15	0.9~2.1 / 1.5	91.2~111.3 / 100	0.5~0.85 / 0.65	8.5~21.1 / 16.2	0.3~0.48 / 0.36	0.5~1.2 / 0.75	0.3~1.2 / 0.8	9.6~24 / 18.1
	双阳矿区	二道梁子组	18.8~84.8 / 84.12	0.4~28.0 / 16.65	0.4~15.5 / 4.45	0.19~6.6 / 1.98	20.3~129.9 / 100	0.44~0.91 / 0.71	0.2~39.9 / 11.55	0~1.0 / 0.5	0~0.8 / 0.37	0~5.6 / 1.53	0.2~42.8 / 13.95
双阳煤田	长岭矿区	二道梁子组	26.5~85.3 / 84.05	0.5~23.2 / 9.2	0.7~15.5 / 4.5	0.21~7.5 / 2.25	37.7~126.3 / 100	0.51~0.85 / 0.72	0.5~32.5 / 12.4	0~1.5 / 1.03	0~0.9 / 0.33	0~5.8 / 1.6	0.2~40.5 / 15.36
蛟河煤田	蛟河矿区	奶子山组	65.5~90.6 / 80.7	15.6~25.2 / 15.2	2.5~4.8 / 3.15	0.8~1.9 / 0.95	84.4~122.5 / 100	0.50~0.85 / 0.63	0.1~28.9 / 12.5	0~0.8 / 0.2	0.1~0.5 / 0.15	0.5~1.6 / 0.85	0.7~31.8 / 13.7
和龙煤田	和龙矿区	长财组	92.3~97.2 / 94.8		1.6~6.1 / 3.8	1.2~1.6 / 1.4	95.1~97.2 / 100	0.71~0.72 / 0.72	2.2~15.7 / 9.0	0.7 / 0.7	11.4~13.3 / 12.4		14.4~29 / 21.4
	土山子-长财	长财组	80.1~98.2 / 87.5		0.6~17.1 / 10.0	1.2~3.6 / 2.5	81.9~98.2 / 100	0.55~0.77 / 0.62	7.2~23.4 / 15.1	0.2~1.3 / 0.8	0.5~7.2 / 2.9	0.7~3.60 / 2.1	9.6~23.4 / 20.9

2)煤的显微组分。有机组合以镜质组为主,占95%,镜质组中以均质体为主,基质镜质体次之,含少量结构镜质体及碎屑镜质体;壳质组次之,占2.7%,壳质组中以小孢子为主,角质体次之;惰质组占2.3%,以丝质体为主,半丝质体次之,含少量碎屑丝质体。

无机组分以黏土类最多,占11.58%,以层状为主,块状次之,含少量分散状细胞充填状黏土;硫化物次之,占0.7%,呈微柱状,零星分布;碳酸盐类占2.3%,以裂隙充填状方解石为主,块状及细胞填充状次之;氧化硅类少量,占2.1%,呈微柱状零星分布。

镜质体最大反射率为0.55～0.69,煤的变质程度属低变质阶段的Ⅰ段,与其相应的煤类为长焰煤。

(三)吉林中部赋煤带

1. 下白垩统二道梁子组

双阳煤田内含煤地层为下白垩统二道梁子组。

1)煤的物理性质及宏观煤岩特征

黑色块状,玻璃光泽,煤质较硬,参差状断口,原生节理面往往有粉状白沫附着。煤岩组分以亮煤为主,其次为暗煤,半亮型煤。

2)煤的显微组分

有机组合以镜质组为主,占70.4%;半镜质组次之,占9.33%;惰质组占4.48%;壳质组占2.12%。

无机组分以黏土类最多,占11.98%;氧化物次之,占1.57%;硫化物占0.77%;碳酸盐类占0.35%。

镜质体最大反射率为0.44～0.91,平均0.72。

2. 下白垩统奶子山组

蛟河煤田内含煤地层为下白垩统奶子山组。

1)煤的物理性质及宏观煤岩特征

黑色块状,玻璃光泽,常见贝壳状端口,质脆、易破碎。在煤层的节理面中或节理面上,常含有$CaCO_3$、$CaSO_4$的物质。煤中暗煤成分较多,亮煤较少,多呈凸透镜体状存在于暗煤之中,暗煤呈土状光泽,质硬不易破碎。

2)煤的显微组分

有机组合以镜质组为主,占80.7%;半镜质组次之,占15.2%;惰质组占3.15%;壳质组占0.95%。无机组分以黏土类最多,占12.5%;氧化物次之,占0.85%;硫化物占0.2%;碳酸盐类占0.15%。

镜质体最大反射率为0.50～0.85,平均0.63。

3. 下白垩统安民组、长安组

辽源煤田内含煤地层为下白垩统安民组、长安组。

1)煤层物理性质及宏观煤岩特征

煤层结构大多呈线理状及细条带状,硬度大。煤岩类型均属于暗淡及半暗淡型煤,煤岩组分以暗煤为主。

安民组:深褐色,条痕灰黑色,染手,金刚及半金属光泽,硬度大,脆度小,相对密度$1.4\sim1.7t/m^3$,煤层裂隙发育,透镜状及线状结构。

长安组:黑色或深褐色,条痕深褐色,沥青光泽,硬度较大。外生裂隙及水平层理发育,细条带状结构,相对密度$1.4\sim1.6t/m^3$。

2)煤的显微组分

有机组合以镜质组为主,占81.35%;惰质组次之,占17.15%;壳质组占1.5%。

无机组分以黏土类最多,占16.2%;氧化物次之,占0.80%;碳酸盐类占0.75%;硫化物占0.36%。

镜质体最大反射率为0.50～0.85,平均0.65。

(四)吉林东部(延边)赋煤带

吉林东部(延边)赋煤带内含煤地层均为下白垩统长财组,以和龙煤田为例。

下白垩统长财组赋煤特征如下。

1)煤的物理性质及宏观煤岩特征

黑色,条痕深棕色、棕黑色,以沥青光泽为主,阶梯状和平坦状断口。以层状构造为主,块状构造次之;以条带状结构为主,均一状结构次之;各煤层真密度在1.43～1.90t/m³之间,平均1.65t/m³,视密度在1.30～1.75t/m³之间变化,平均1.52t/m³。煤岩类型以半亮型煤为主,光亮型煤次之,见有少量暗淡型煤;宏观煤岩组分以亮煤为主,镜煤次之,暗煤多以线理状和细条带状夹于亮煤和镜煤之中。

2)煤的显微组分(和龙煤田)

(1)土山子—长财矿区。有机组合以镜质组为主,占87.5%,镜质组以基质镜质体为主,均质镜质体次之,含少量团块镜质体;惰质组次之,占10.0%,惰质组以碎屑惰质体为主,丝质体次之,含少量粗粒体、微粒体和菌类体;壳质组占2.5%,壳质组以小孢子为主,角质体次之,含少量树脂体。

无机组分以黏土类最多,占15.1%;碳酸盐次之,占2.9%;氧化物占2.1%;硫化物占0.8%。

镜质体最大反射率为0.55～0.77,平均0.62。

(2)和龙矿区。有机组合以镜质组为主,占94.8%,镜质组以基质镜质体为主,均质镜质体、团块镜质体少见;惰质组次之,占3.8%,惰质组多为丝质体、半丝质体及粗粒体,含少量碎屑惰质体;壳质组占1.4%,壳质组为小孢子体、树脂体、角质体。

无机组分以碳酸盐最多,占12.4%,以方解石为主,多呈脉状,偶见球状结核或放射状菱铁矿;黏土类次之,占9.0%,呈团块状、细分散状;硫化物占0.7%,硫化铁呈团块状、微粒状及脉状。

镜质体最大反射率为0.71～0.72,平均0.72。

(五)吉林南部赋煤带

早白垩世煤层分布于浑江煤田、边沿-后沈家煤田、新开岭-三道沟煤田、烟筒沟-漫江煤田、梅河-桦甸煤田。含煤地层为石人组(烟筒沟组)苏密沟组、五道沟组、亨通山组。该聚煤期煤的物理性质和宏观煤岩特征:颜色为黑色—灰黑色,似金属光泽,条痕为黑色及黑褐色,硬度为1～3级,较脆,易破碎成粒状或粉状。内生裂隙发育,常见阶梯状断口与棱角状断口。本区宏观煤岩类型:以光亮煤为主,半亮煤及半暗煤次之,暗淡煤较少。

下白垩统石人组、苏密沟组、五道沟组:黑色,以粉状为主,局部可见块状,光泽强弱不一,从油脂光泽到土状光泽均可见,条痕为黑褐色,块状煤层中断裂发育,常有节理,具有平坦状断口。宏观煤岩类型:以暗淡煤为主,光亮煤、半亮煤次之。

四、古近纪煤层

(一)伊舒断陷赋煤带

伊舒断陷赋煤带中含煤地层以古近系舒兰组为主,具体特征如下。

(1)煤的物理性质及宏观煤岩特征。灰黑色—黑色、黑色—褐色条痕,沥青光泽,节理发育,硬度较小,以亮煤和半亮煤为主,均一状结构,块状构造,常见贝壳状断口。

(2)煤的显微组分(以舒兰煤田为例)。有机组合以镜质组为主,占97.5%,惰性组占1.7%,壳质组占0.8%。

无机组分以黏土类最多,占14.1%;氧化物次之,占0.9%;碳酸盐类占0.67%;硫化物占0.3%。

镜质体最大反射率为0.38~0.57,平均0.47。

舒兰煤田古近纪煤的显微组分及R_{max}^0参数见表6-1-2。

(二)敦密断陷赋煤带

1. 古近系梅河组

梅河-桦甸煤田内古近纪含煤地层为梅河组,分布在梅河口市的红梅镇、新合堡镇和桦甸市的公郎头等地。

煤的物理性质及宏观煤岩类型:煤呈黑色块状,条痕褐色,平坦或贝壳状断口,光泽为暗淡或光亮,相对密度1.51~1.73t/m³,宏观煤岩类型以半亮或光亮型为主,半暗型次之。

2. 古近系珲春组

敦化煤田内含煤地层为古近纪珲春组,分布于黑石—大山一带。

煤的物理性质及宏观煤岩类型:煤的颜色为黑色、灰黑色,条痕为棕色或深褐色,光泽暗淡,硬度小,质疏松,易风化。煤岩类型为半暗型或暗淡型。线理状、条带状结构,层状构造,含丝状透镜体及泥质透镜体较多,夹少量镜煤条带,有内生裂隙,但不发育。

(三)吉林东部赋煤带

吉林东部赋煤带古近纪煤层分布在珲春煤田、凉水煤田、春化煤田、三合煤产地等,含煤地层均称珲春组。各煤田(或煤产地)煤的物理性质、煤岩类型及显微组分有所不同,以珲春煤田、凉水煤田具有代表性。

1. 古近系珲春组(珲春煤田)

1)煤的物理性质及宏观煤岩特征

煤的颜色为黑色,条痕为褐色—棕色,沥青光泽。珲春组上部煤层的宏观煤岩类型为半亮—光亮型,结构为中—细条带状,块状—层状构造。贝壳、阶梯、棱角状断口;下部煤层的宏观煤岩类型以半亮型为主,半暗型次之,结构为线理状、细条带状,构造以水平波状层理为主。断口为平坦状、参差状、阶梯状,也见贝壳状。煤的平均密度为1.47t/m³。

2)煤的显微组分

有机组合以镜质组为主,占79.91%;半镜质组次之,占6.83%;壳质组占1.95%;惰质组占1.52%。

无机组分以黏土类最多,占8.43%;氧化物次之,占1.00%;碳酸盐类占0.23%;硫化物占0.08%。

镜质体最大反射率为0.52~0.66,平均0.57。

珲春煤田古近纪煤的显微组分及R_{max}^0参数见表6-1-2。

表 6-1-2 吉林省古近纪煤的显微组分及 R^o_{max} 参数统计表

煤田	矿区	含煤地层	显微组分/%				显微组分合计 小~大 / 平均	R^o_{max} 小~大 / 平均	矿物/%				矿物合计 小~大 / 平均
			镜质组 小~大/平均	(半镜质组) 小~大/平均	惰质组 小~大/平均	壳质组 小~大/平均			黏土类 小~大/平均	硫化物 小~大/平均	碳酸盐 小~大/平均	氧化物 小~大/平均	
舒兰煤田	舒兰矿区	舒兰组	96.0~98.2 / 97.5		1.4~2.6 / 1.7	0.6~1.6 / 0.8	99.2~101.6 / 100	0.38~0.57 / 0.47	6.6~20.1 / 14.1	0.2~0.5 / 0.3	0.4~1.1 / 0.67	0.4~1.2 / 0.9	7.6~22.8 / 15.9
凉水煤田	凉水北矿区	珲春组	65.4~88.3 / 78.7		0~0.9 / 0.4	0.4~2.4 / 1.6	66.0~90.8 / 80.7	0.30~0.35 / 0.35	8.4~32.1 / 17.4	0.2~0.8 / 0.4	0~0.9 / 0.1	0.2~5.8 / 1.4	9.2~33.4 / 19.3
珲春煤田	珲春矿区	珲春组	62.6~87.5 / 79.9	2.3~29.0 / 6.8	0~12.07 / 1.5	0~3.3 / 2.0	64.9~97.4 / 90.2	0.52~0.66 / 0.57	3.63~14.2 / 8.5	0~0.2 / 0.1	0~0.6 / 0.2	0.7~2.0 / 1.0	4.5~16.0 / 9.8

2. 古近系珲春组（凉水煤田）

1）煤的物理性质及宏观煤岩特征

煤的颜色为黑色，条痕棕色、深棕色、棕黑色；光泽以暗淡和弱沥青光泽为主，还有土状光泽；参差状、平坦状断口；以层状构造为主，块状构造次之；条带状结构为主，均一状结构次之；真密度 1.50～1.92t/m³，平均 1.73t/m³，视密度 1.34～1.66t/m³，平均 1.48t/m³。煤岩类型以半亮型为主，暗淡型次之，光亮型少见；宏观煤岩组分以亮煤为主，暗煤次之，镜煤多以线理状和细条带状夹在亮煤和暗煤之中。

2）煤的显微组分

有机组合以镜质组为主，占 78.7%，镜质组中以基质镜质体为主，均质镜质体次之，并含少量结构团块镜质体；壳质组次之，占 1.6%，壳质组中以小孢质为主，树脂体次之，并含角质体及藻类体；惰质组占 0.4%，惰质组中以微粒体为主，含少量菌类体。

无机组分以黏土类最多，占 17.4%，黏土类以分散状黏土矿物为主，含少量块状黏土矿物；氧化物次之，占 1.4%，氧化硅类以石英为主，硫化物占 0.4%，硫化铁类以微粒黄铁矿状零星分布；碳酸盐类占0.1%，碳酸岩类以方解石充填方式分布。

镜质体最大反射率为 0.30～0.37，平均为 0.33。

凉水煤田古近系煤的显微组分及 R^0_{max} 参数见表 6-1-2。

第二节 煤化学特征、工艺性能及其综合利用途径

一、晚古生代石炭纪—二叠纪煤层

吉林省晚古生代石炭纪—二叠纪煤层主要分布在吉林南部赋煤带的浑江煤田、长白煤田，含煤地层为上石炭统太原组和下二叠统山西组。石炭二叠系煤的主要煤质指标详见表 6-2-1。

（一）浑江煤田

1. 煤的化学特征

水分：煤是多孔性的固体，含有或多或少的水分，其含量随煤化程度的增加而降低，到高变质煤时又略有回升，水分的存在一方面对煤的加工利用带来不利的影响，另一方面又反映煤的空隙结构的变化。根据目前收集的资料，本聚煤期煤的水分在 1% 左右。

灰分：灰分是煤炭中的主要有害成分，在本聚煤期的松树煤矿平均灰分 20.3%，湾沟矿平均灰分20.5%，砟子矿平均灰分 17.98%，八道江矿区平均灰分 22.28%，铁厂矿平均灰分 30.58%。从上述数字可以看出，本聚煤期的煤田只有砟子矿区小于 20%，属于低中灰分；铁厂矿区的灰分大于 30%，属于中高灰分；其他矿区均属于中灰分煤。煤的化学性质及综合利用途径详见表 6-2-2。

煤灰几乎全部来源于煤中的矿物质，但在煤燃烧时，矿物质大部分被氧化、分解，并失去结晶水，因此，煤灰的组成和含量与煤中的矿物质的组成和含量差别很大，我们一般说的煤的灰分实际上是煤灰产率。煤中矿物质和灰分的来源一般有 3 种：原生矿物质、次生矿物质和外来矿物质。浑江煤田八道江矿区钻孔 2-3 号测试了煤灰的灰成分（表 6-2-3）。从表中可以看出，硅含量较高，由此说明原煤中黏土矿物含量较高。

表 6-2-1 吉林省石炭纪—二叠纪煤的主要煤质指标统计表

煤田	矿区	含煤地层	$M_{ad}/\%$ 小~大/平均	$A_d/\%$ 小~大/平均	$S_{t,d}/\%$ 小~大/平均	$Q_{gr,ad}/(MJ·kg^{-1})$ 小~大/平均	$V_{daf}/\%$ 小~大/平均	Y/mm 小~大/平均	GRI 小~大/平均
浑江煤田	浑江矿区	山西组	0.96~1.83 / 1.38	22.31~35.27 / 28.96	0.53~0.87 / 0.73	20.14~26.81 / 23.02	14.28~18.63 / 16.82	6.28~15.41 / 10.90	26.43~76.23 / 53.62
		太原组	0.86~2.52 / 1.83	13.69~23.57 / 17.7	0.32~0.53 / 0.40	22.49~31.82 / 26.81	22.18~29.18 / 25.55	10.98~17.26 / 14.12	18.30~75.38 / 53.82
	松湾矿区	山西组	0.89~1.76 / 1.32	15.63~29.71 / 23.25	0.68~2.17 / 1.48	16.27~26.83 / 22.26	21.82~29.82 / 25.56	8.49~15.82 / 12.78	19.23~79.52 / 54.24
		太原组	0.64~2.38 / 1.30	15.11~24.91 / 20.89	0.51~1.63 / 0.96	23.23~29.46 / 26.15	25.19~35.18 / 32.00	9.54~18.92 / 13.54	17.07~79.10 / 52.74
长白煤田	长白矿区	山西组	1.24~5.63 / 2.75	10.17~29.83 / 19.82	0.35~0.53 / 0.47	22.66~28.79 / 25.81	6.01~7.88 / 7.23	13.28~20.19 / 17.29	20.57~51.59 / 39.27
		太原组	1.09~5.18 / 2.13	11.24~34.9 / 23.60	0.39~0.51 / 0.46	21.71~24.85 / 23.42	6.07~7.46 / 6.75	12.59~20.94 / 17.54	20.85~53.94 / 43.74

表 6-2-2 吉林省浑江煤田煤的主要煤质指标统计表

矿区	含煤地层	煤层号	$M_{ad}/\%$ 小~大/平均	$A_d/\%$ 小~大/平均	$S_{t,d}/\%$ 小~大/平均	$Q_{gr,ad}/(MJ \cdot kg^{-1})$ 小~大/平均	$V_{daf}/\%$ 小~大/平均	Y/mm 小~大/平均	GRI 小~大/平均
浑江矿区	石人组	1	1.05~2.28 / 1.82	16.89~43.45 / 31.23	0.89~1.30 / 1.03	14.29~20.13 / 17.92	26.96~42.34 / 36.45	7.14~10.52 / 8.53	36.94~75.29 / 54.34
		2	1.38~1.52 / 1.44	20.19~25.94 / 23.31	0.96~1.23 / 1.11	16.38~22.46 / 18.44	29.67~33.48 / 31.99	8.14~13.59 / 11.08	36.37~78.62 / 56.25
	山西组	1	1.26~1.83 / 1.61	29.61~35.27 / 33.03	0.69~0.87 / 0.81	21.39~26.81 / 23.53	14.92~18.27 / 17.27	11.54~15.41 / 14.19	43.62~67.52 / 51.83
		2	0.96~1.51 / 1.22	26.37~30.59 / 29.14	0.53~0.82 / 0.67	20.69~23.67 / 22.56	14.28~18.63 / 17.17	6.28~11.94 / 8.33	26.43~74.25 / 54.64
		3	1.11~1.63 / 1.30	22.31~25.69 / 24.70	0.59~0.80 / 0.70	20.14~25.73 / 22.97	15.29~18.24 / 16.01	8.27~15.31 / 10.19	44.52~76.23 / 57.83
	太原组	4	1.21~1.84 / 1.66	13.69~18.41 / 16.39	0.37~0.48 / 0.39	22.49~31.82 / 28.12	24.61~28.97 / 25.37	10.98~13.84 / 12.06	42.39~74.46 / 63.24
		5	0.86~2.17 / 1.52	17.49~23.57 / 18.52	0.32~0.51 / 0.39	22.59~28.49 / 25.37	25.43~29.18 / 26.34	11.37~17.26 / 15.43	29.73~75.39 / 58.92
		6	1.86~2.52 / 2.31	16.82~22.43 / 18.19	0.40~0.53 / 0.43	23.91~27.76 / 26.93	22.18~27.06 / 24.95	13.49~16.15 / 14.88	18.30~70.54 / 57.62
矿区平均			0.86~2.52 / 1.69	13.69~43.45 / 30.85	0.32~1.30 / 0.71	14.29~31.82 / 23.80	14.28~42.34 / 28.19	6.28~17.26 / 12.53	18.30~78.62 / 51.38

续表 6-2-2

矿区	含煤地层	煤层号	$M_{ad}/\%$ 小~大/平均	$A_d/\%$ 小~大/平均	$S_{t,d}/\%$ 小~大/平均	$Q_{gr,ad}/(MJ \cdot kg^{-1})$ 小~大/平均	$V_{daf}/\%$ 小~大/平均	Y/mm 小~大/平均	GRI 小~大/平均
松湾矿区	北山组	1	1.34~2.29/1.95	32.96~36.87/35.64	2.97~3.64/3.02	17.62~21.37/20.08	20.37~24.29/23.16	9.65~12.74/11.02	28.19~76.83/59.01
		2	1.37~1.85/1.53	16.91~19.74/18.23	1.83~2.19/2.11	14.32~19.58/18.14	20.43~23.27/21.06	10.83~13.27/12.30	30.37~77.53/56.54
	山西组	1	1.31~1.76/1.44	15.63~28.53/19.64	0.68~1.29/0.98	21.39~26.83/24.90	21.82~29.34/27.04	12.51~15.82/13.57	38.61~76.42/55.32
		2	1.08~1.51/1.36	22.42~29.71/26.30	1.12~2.17/1.77	16.27~23.36/21.38	21.92~27.41/23.66	8.49~13.30/11.15	19.23~69.72/52.83
		3	0.89~1.33/1.15	19.11~27.49/23.81	1.13~1.80/1.69	18.84~23.91/20.51	23.40~29.82/25.97	9.31~15.46/13.61	42.39~79.52/50.42
	太原组	4	0.64~1.52/0.97	15.38~24.16/20.19	0.71~1.07/0.99	29.83~30.16/28.76	30.49~35.10/31.96	15.49~18.92/16.38	28.41~76.80/51.56
		5	0.81~1.24/1.16	15.11~24.31/18.74	0.51~0.72/0.56	26.49~29.86/28.53	25.19~33.47/30.89	11.39~15.30/12.94	17.07~79.10/60.52
		6	1.29~2.38/1.76	20.36~24.91/23.74	1.19~1.63/1.33	28.51~30.25/29.52	32.21~35.18/33.14	9.54~12.83/11.29	37.45~72.34/53.82
矿区平均			0.64~2.38/1.52	15.11~29.71/22.90	0.51~3.64/1.60	14.32~30.25/24.64	20.37~35.18/25.62	8.49~18.92/13.21	17.07~79.52/53.82
煤田平均			0.64~2.52/1.67	13.69~43.45/27.11	0.32~3.64/1.41	14.32~30.25/24.23	14.28~42.34/27.85	6.28~18.92/13.10	17.07~79.52/52.64

表 6-2-3　八道江矿区钻孔 2-3 号煤灰中的灰成分

采样深度/m	采样厚度/m	SiO_2/%	Al_2O_3/%	Fe_2O_3/%	CaO/%	MgO/%	TiO_2/%	SO_3/%	K_2O/%	NaO/%
342.25	1.25	49.50	33.27	7.75	1.47	1.29	1.32	1.44	0.77	0.38
344.50	2.25	54.06	31.59	4.64	1.50	1.03	1.18	1.02	1.53	0.76
344.50	3.50	52.61	32.14	5.63	1.49	1.11	1.22	1.15	1.29	0.64
360.30	1.00	47.26	33.20	8.31	2.30	1.53	2.25	1.38	1.28	0.37
362.30	2.50	48.54	35.25	5.05	2.94	1.01	2.06	1.02	1.14	0.66

挥发分：煤的挥发分可反映煤的变质程度，干燥无灰基挥发分是确定煤分类的主要指标。本聚煤期多为中挥发分煤。松树矿煤、湾沟煤矿的挥发分均在 31% 左右，砟子矿区煤的挥发分在 26.25% 左右，八道江煤矿煤的挥发分在 20.1% 左右。

全硫：全硫是煤中的主要有害元素，特别是在工业上。本聚煤期全硫一般属于特低硫分煤—低硫分煤—低中硫分煤。八道江矿区硫分 0.21%～0.43%，属于特低硫煤，砟子矿区平均硫分小于 0.5%，属于特低硫煤，铁厂矿区硫分为 0.24%～0.80%，属于特低硫、低硫分煤，松树矿硫分稍高，属于低中硫煤。

磷是煤中的有害成分，当煤燃烧后主要以磷酸钙的形式残留于灰渣中。煤炼焦时，磷将进入焦炭，还将转入所冶炼的生铁中，可以使钢铁发生冷脆。因此我国对炼焦用的精煤要求磷含量 P_d 小于 0.01%。煤田内除极个别值 P_d 大于 0.01% 外，大部分 P_d 小于 0.01%。

2. 煤的元素分析

煤的组成以有机质为主体，煤的工艺用途主要是由煤中有机质的性质决定的。煤中的有机质主要由 C、H、O 及少量的 N、S、P 等元素构成。有机质的元素组成与煤的成因类型、煤岩组成及煤化程度有关。煤的元素分析主要是分析煤中的 C、H、O、N、S 共 5 种元素。

以八道江矿为例，煤种是瘦煤，属于高变质煤，碳含量高的达到了 90% 左右。H 是煤中第二重要元素，随着煤化程度的增高，氢含量逐渐减少，本矿区的氢含量平均在 4.5% 左右（表 6-2-4）。煤中的氮主要是成煤植物中的蛋白质转化而来的，煤中的氮含量通常在 0.8%～1.8% 之间，它随着煤化程度的升高而略有下降，本矿区煤中的氮含量平均在 1.3% 左右。

表 6-2-4　浑江煤田八道江矿元素分析表

钻孔编号	C_{daf}/%	H_{daf}/%	N_{daf}/%	O_{daf}/%	$S_{t,d}$/%
2-3	88.65	4.80	1.46	4.67	0.42
2-3	88.48	4.93	1.46	4.69	0.44
2-3 加权	88.53	4.89	1.46	4.69	0.43
2-3	88.41	4.62	1.35	5.08	0.54
2-3	84.43	5.08	1.35	8.63	0.51
2-3	87.28	4.84	1.49	5.89	0.50
2-3 加权	87.40	4.78	1.42	5.89	0.51
3-2	80.28	1.20	0.72	17.35	0.45

续表 6-2-4

钻孔编号	$C_{daf}/\%$	$H_{daf}/\%$	$N_{daf}/\%$	$O_{daf}/\%$	$S_{t,d}/\%$
3-2	79.95	3.95	1.13	14.95	0.44
3-2 加权	80.02	3.53	1.05	15.44	0.43
3-2	77.66	3.06	1.27	16.68	0.44
3-2 加权	77.66	3.95	1.27	16.72	0.40
3-2	74.86	3.90	1.05	19.77	0.42
3-2	73.27	4.14	1.27	20.90	0.42
3-2 加权	73.93	4.04	1.18	20.42	0.43
3-3	90.47	4.77	1.49	2.4	0.87
3-3 加权	90.47	4.77	1.49	2.76	0.51

3. 煤的综合利用途径

综合上述浑江含煤条带的煤类主要是焦煤、气煤和瘦煤,其综合利用途径主要是炼焦用煤和炼焦配煤。

(二)长白煤田

1. 煤的化学特征

原煤水分(M_{ad}):1.09%～5.63%,平均值2.33%。

原煤灰分(A_d):10.17%～34.90%,平均值22.77%,属中灰煤。

精煤挥发分(V_{adf}):6.01%～7.88%,平均值为6.96%,属低挥发分煤。煤类为无烟煤2号—无烟煤3号,以无烟煤3号为主。

原煤发热量($Q_{gr,ad}$):21.71～28.79MJ/kg,属中高发热量煤(表6-2-5)。

2. 煤的有害成分

硫($S_{t,d}$):0.35%～0.53%,平均值为0.48%,属特低硫煤。

磷(P_d):0.003%～0.007%,平均值为0.005%,属特低磷煤。

瓦斯:依据十八道沟煤矿,2006年吉林省煤炭工业局,矿井瓦斯等级鉴定资料,瓦斯相对涌出量为4.4m³/t,绝对涌出量为0.61m³/t,省局审批等级为低级。

CO_2相对涌出量为5.9m³/t,绝对涌出量为0.82m³/t,省煤炭工业局审批等级为低级。

3. 煤的综合选用途径

根据该区煤类为低级—中级无烟煤,发热量($Q_{gr,ad}$):21.71～28.79MJ/kg,平均值为24.38MJ/kg,硫分含量平均值为0.48%,属于特低硫煤,灰分平均值为22.77%,属于中灰煤,灰熔点分级属于高熔灰分。

综上所述,该区煤属于特低硫、中灰、中高发热量的无烟煤,综合利用途径,为良好的工业用煤和民用煤。

表 6-2-5 吉林省长白煤田煤的主要煤质指标统计表

矿区	含煤地层	煤层号	$M_{ad}/\%$ 小～大/平均	$A_d/\%$ 小～大/平均	$S_{t,d}/\%$ 小～大/平均	$Q_{gr,ad}/(MJ \cdot kg^{-1})$ 小～大/平均	$V_{daf}/\%$ 小～大/平均	Y/mm 小～大/平均	GRI 小～大/平均
长白矿区	山西组	3	1.24～5.63 / 2.75	10.17～29.83 / 19.82	0.35～0.53 / 0.47	22.66～28.79 / 26.16	6.01～7.88 / 7.23	13.28～20.19 / 17.29	20.57～51.59 / 39.27
	太原组	4	1.09～4.91 / 1.98	11.94～34.9 / 24.11	0.41～0.51 / 0.45	21.71～24.85 / 23.10	6.23～6.92 / 6.58	12.59～19.82 / 16.83	21.39～53.94 / 44.29
		6	1.27～5.18 / 2.28	11.24～31.47 / 23.08	0.39～0.47 / 0.46	22.53～24.76 / 23.80	6.07～7.46 / 6.91	12.94～20.94 / 18.24	20.85～53.18 / 43.18
	矿区平均		1.09～5.63 / 2.33	10.17～34.9 / 22.77	0.35～0.53 / 0.48	21.71～28.79 / 24.38	6.01～7.88 / 6.96	12.59～20.94 / 17.64	20.57～53.94 / 42.75
煤田平均			1.09～5.63 / 2.33	10.17～34.9 / 22.77	0.35～0.53 / 0.48	21.71～28.79 / 24.38	6.01～7.88 / 6.96	12.59～20.94 / 17.64	20.57～53.94 / 42.75

二、早中生代晚三叠世—早中侏罗世煤层

(一)大兴安岭赋煤带

大兴安岭赋煤带早中侏罗世煤层主要分布于白城-万红煤田,含煤地层主要为中侏罗统万宝组。万宝组煤的主要煤质指标详见表 6-2-6。

表 6-2-6 吉林省白城-万红煤田主要煤质指标统计表

矿区	含煤地层	煤层号	$M_{ad}/\%$ 小~大 平均	$A_d/\%$ 小~大 平均	$S_{t,d}/\%$ 小~大 平均	$Q_{gr,ad}/(MJ \cdot kg^{-1})$ 小~大 平均	$V_{daf}/\%$ 小~大 平均	Y/mm 小~大 平均	GRI 小~大 平均
万红矿区	万宝组	2^1	$\dfrac{0.9\sim1.4}{1.04}$	$\dfrac{29.91\sim46.9}{38.79}$		23.85	14.8		
		2^2	1.19	43.32		19.39			
		3^1	$\dfrac{0.64\sim1.74}{1.11}$	$\dfrac{15.44\sim43.17}{23.81}$	$\dfrac{0.41\sim0.69}{0.57}$	$\dfrac{17.14\sim30.89}{25.24}$	$\dfrac{11.7\sim17.8}{15.8}$	0	
		3^2	$\dfrac{0.95\sim2.09}{1.27}$	$\dfrac{17.45\sim40.67}{27.77}$		$\dfrac{22.53\sim29.76}{25.57}$	$\dfrac{15.8\sim21.4}{15.8}$		
		3^3	$\dfrac{0.47\sim1.19}{0.87}$	$\dfrac{15.81\sim32.81}{26.15}$	$\dfrac{0.32\sim0.62}{0.50}$	$\dfrac{23.25\sim30.7}{25.77}$	0.4		
		3^4	$\dfrac{0.56\sim0.92}{0.82}$	$\dfrac{14.93\sim45.35}{26.95}$	$\dfrac{0.33\sim0.43}{0.38}$	$\dfrac{17.72\sim34.6}{26.69}$	$\dfrac{12.6\sim15.9}{15.1}$	0	
		4^1	$\dfrac{1.02\sim1.19}{1.13}$	$\dfrac{19.64\sim26.18}{21.95}$	$\dfrac{0.25\sim0.36}{0.29}$	$\dfrac{26.52\sim28.05}{27.51}$	$\dfrac{12.8\sim16.9}{15.1}$		
		4^2	0.91	10.97		22.16	14.1		
		4^3	$\dfrac{0.68\sim1.34}{1.15}$	$\dfrac{35.97\sim43.99}{41.68}$	0.39	22.16	$\dfrac{12.7\sim14.7}{14.1}$		
		5^1	$\dfrac{0.47\sim2.9}{1.23}$	$\dfrac{15.99\sim32.02}{25.71}$	$\dfrac{0.14\sim1.28}{0.46}$	$\dfrac{20.18\sim29.8}{26.21}$	$\dfrac{6.26\sim15.2}{10.9}$	0	
		5^2	$\dfrac{0.56\sim2.5}{1.23}$	$\dfrac{13.36\sim72.89}{32.6}$	0.38	31.02	$\dfrac{9.97\sim13.6}{12.0}$		
		5^3	$\dfrac{0.75\sim2.04}{1.01}$	$\dfrac{25.25\sim42.58}{27.1}$	$\dfrac{0.25\sim0.38}{0.29}$	$\dfrac{19.67\sim32.85}{29.51}$	$\dfrac{11.6\sim16.0}{15.1}$	0	
		5^4	$\dfrac{0.69\sim1.44}{1.09}$	$\dfrac{20.12\sim48.32}{26.87}$	$\dfrac{0.22\sim0.36}{0.32}$	$\dfrac{21.73\sim33.39}{28.98}$	$\dfrac{2.69\sim16.0}{10.8}$	0	
		6^1	0.85	29.05	0.8	23.95	18.6	11	
		6^2	1.33	$\dfrac{15.63\sim46.9}{15.63}$	0.40	32.47	8.12	0	

续表 6-2-6

矿区	含煤地层	煤层号	M_{ad}/% 小～大 平均	A_d/% 小～大 平均	$S_{t,d}$/% 小～大 平均	$Q_{gr,ad}$/(MJ·kg^{-1}) 小～大 平均	V_{daf}/% 小～大 平均	Y/mm 小～大 平均	GRI 小～大 平均
矿区平均			$\frac{0.47～2.9}{1.08}$	$\frac{13.36～72.89}{28.55}$	$\frac{0.14～0.80}{0.46}$	$\frac{17.14～34.6}{25.97}$	$\frac{6.26～21.4}{14.03}$	$\frac{0～11}{1.1}$	
煤田平均			$\frac{0.47～2.9}{1.08}$	$\frac{13.36～72.89}{28.55}$	$\frac{0.14～0.80}{0.46}$	$\frac{17.14～34.6}{25.97}$	$\frac{6.26～21.4}{14.03}$	$\frac{0～11}{1.1}$	

1. 煤的化学特征

原煤水分：0.47%～2.9%，平均1.08%。

原煤灰分产率：13.36%～72.89%，平均28.55%，为富灰煤。

挥发分：6.26%～21.4%，平均14.03%，小于20%，属低挥发分煤。

硫：原煤0.14%～0.8%，平均0.46%，浮煤0.3%～0.6%，平均0.43%，属特低硫煤。

磷：原煤中磷含量在0.0015%～0.51%之间，平均0.1175%，为高磷煤。

2. 工艺性能及其他

发热量：原煤空气干燥基高位发热量（$Q_{gr,ad}$）最小值为17.14MJ/kg，最大值34.6MJ/kg，平均值25.97MJ/kg；干基高位发热量（$Q_{gr,ad}$）浮煤最小值31.78MJ/kg，最大值33.83MJ/kg，平均值33.23MJ/kg。

瓦斯：各井田相对瓦斯含量平均值15.3m³/t，为高瓦斯井田。

胶质层Y平均值为1.1mm。

3. 主要煤质指标空间变化规律

本聚煤带沉积煤层层数较多，从剖面上看盆地下部煤层灰分一般较高，向上沉积的煤层灰分降低，再向上沉积顶部煤层灰分又逐渐增高，从平面上看，各个煤层灰分含量呈带状分布，低灰分带随着煤层的向上沉积由盆地的边缘向中心迁移。发热量的变化与煤层的灰分产率有着密切的关系，通常为反相关关系。

4. 煤的工业用途

该煤带的煤为低硫、高磷、中一高发热量、高瓦斯贫瘦煤，主要工业用途为民用和动力用煤。

（二）吉林中部赋煤带

吉林中部赋煤带晚三叠世—中侏罗世煤层主要分布于双阳煤田，含煤地层为上三叠统大酱缸组和中侏罗统太阳岭组，煤的主要煤质指标详见表6-2-7。

上三叠统大酱缸组：从化验指标的挥发分值看大部分小于10%，应为无烟煤，只有少数几层煤为烟煤，挥发分值平均15%；灰分都大于30%，属特低硫的高灰无烟煤。

中侏罗统太阳岭组：从化验指标看，挥发分在4%～7%左右，煤类为无烟煤。

表 6-2-7　双阳煤田晚三叠世—中侏罗世煤的主要煤质指标统计表

矿区	含煤地层	煤层号	$M_{ad}/\%$ 小～大 平均	$A_d/\%$ 小～大 平均	$S_{t,d}/\%$ 小～大 平均	$Q_{gr,ad}/(MJ\cdot kg^{-1})$ 小～大 平均	$V_{daf}/\%$ 小～大 平均	Y/mm 小～大 平均	GRI 小～大 平均
双阳矿区	太阳岭组	4	1.09	27.19	0.41	25.06	8.35		1
		5	1.37	20.99	0.41	27.52	7.61		1
	大酱缸组	5-3	3.37	31.31		21.53	6		
		6	3.37	33.11		20.52	6		
	合　计		1.09～3.37 / 2.3	20.99～33.11 / 28.15	0.3～2.82 / 0.67	18.7～30.2 / 23.71	6～48.9 / 18.11		1

(三) 吉林南部赋煤带

吉林南部赋煤带晚三叠世—早侏罗世煤层主要分布于浑江煤田和三棵榆树-杉松岗煤田,含煤地层为上三叠统北山组(小营子组)和下侏罗统杉松岗组(冷家沟组)。

1. 上三叠统北山组(小营子组)

1) 煤的化学特征

(1) 水分(M_{ad}):两极值 1.34%～2.29%,平均值为 1.22%。

(2) 灰分(A_d):两极值 16.91%～31.87%,平均值为 30.49%,属于中高灰煤。

(3) 挥发分(V_{daf}):两极值 20.37%～24.29%,平均值为 23.32%,属于中等挥发分煤。

(4) 发热量($Q_{gr,ad}$):两极值 14.32～21.37MJ/kg,平均值为 18.82MJ/kg。属中等发热量煤。

(5) 胶质层(Y):两极值为 9～13.27mm,一般值为 11～13mm。

(6) 黏结指数(GRI):两级值 28.19～77.53,一般值为 45～59。

由此可见,本区主要为强黏结性煤。

2) 煤灰分及灰熔点

在煤灰成分中,以硅铝的氧化物为主,占 59.88%,铁、钙、镁的氧化物次之,占 25.44%;SO_3 的含量较高,为 6.57%,这和煤中的含硫量高是一致的,煤灰中各组分含量详见表 6-2-8。

表 6-2-8　煤灰成分统计表　　　　　　　　单位:%

SiO_2	Al_2O_3	Fe_2O_3	CaO	MgO	SO_3	TiO_2	共计
41.69	18.19	11.75	9.42	4.27	6.57	0.88	92.77
59.88			25.44		6.57	0.88	92.77

煤灰的变形温度 T_1 为 1110～1200℃,平均为 1145℃;软化温度 T_2 为 1170～1240℃,平均为 1201℃;熔化温度 T_3 为 1200～1291℃,平均为 1242℃。由 T_3 可见,此组煤属于低熔灰分煤。

3) 煤的其他有害组分

(1) 磷。本区煤中磷两级值为 0.017%～0.247%,平均为 0.053%,区内共测 23 个点,其中高磷煤(>0.15%)有 2 点,占 8.7%;中磷煤(0.005%～0.15%)有 3 点,占 13%;低磷煤(0.01%～0.05%)有 18 点,占 78.3%,可见本区以低磷为主。

(2）氯、砷：由于此项以前无要求，所以测点不多，仅有6个点，就现有资料来看Cl的两级值为0～0.012%，平均为0.004%，含量不高，都小于0.3%，所以危害不大。As的两级值为2.5×10^{-6}～18.6×10^{-6}，平均为6.102×10^{-6}，小于8×10^{-6}，总体来说，其含量没有超出食品工业用煤的规定。

(3）硫：根据临近生产矿井资料，硫平均含量为1.82%，结合钻孔资料硫的平均含量为4.37%，全区加权后硫的含量不超过3%，可以满足工业指标的要求。

4）煤类及综合利用途径

根据矿井生产资料和勘查化验结果，区内所见煤类有弱黏煤、气煤、肥煤和肥焦煤，其中以肥煤为主。

本区煤种主要属于肥煤类，结焦性较好，属于配焦煤种，但从显微煤岩组分形态特征分析可知，煤中黄铁矿组成高达4%，而且多呈0.02～0.04mm之球状、点状分散于基质中；同时泥质组分也呈分散状态分布于基质中到充填于丝炭胞腔中。从煤质化验成果来看，煤的硫分中有机硫的含量较高，所以精煤硫分的降值不大。这些都说明了该煤降灰除硫是比较困难的，因此不能用作炼焦用煤。

该煤属于中高硫煤，可作为工业动力用煤和一般民用煤。

2. 下侏罗统杉松岗组（冷家沟组）

下侏罗统含煤地层为杉松岗组（冷家沟组），分布在浑江煤田的冷家沟，三棵榆树-杉松岗煤田的仙人沟—杉松岗一带。

1）煤的化学特征

根据杉松岗、半截及和仙人沟煤矿资料和以往勘探资料，综合整理如下（表6-2-9）。

(1）水分（M_{ad}）：两极值0.60%～3.12%，平均值为0.68%。

(2）灰分（A_d）：两极值24.39%～47.55%，平均值35.33%。

(3）挥发分（V_{daf}）：两极值6.95%～34.43%，平均为27.24%。

(4）发热量（$Q_{gr,ad}$）：两极值为17～26MJ/kg，平均值22.12MJ/kg。

(5）胶质层（Y）：两极值为13.37～29.5mm，平均值20.66m。

表6-2-9　吉林省三棵榆树-杉松岗煤田煤的主要煤质指标统计表

矿区	含煤地层	煤层号	M_{ad}/% 小～大 平均	A_d/% 小～大 平均	$S_{t,d}$/% 小～大 平均	$Q_{gr,ad}$/(MJ·kg^{-1}) 小～大 平均	V_{daf}/% 小～大 平均	Y/mm 小～大 平均	GRI 小～大 平均
三棵榆树矿区	杉松岗组	1	0.79～2.58 1.33	24.39～43.59 34.89	0.23～0.51 0.42	18.53～36.13 22.40	8.64～32.19 25.97	13.37～26.17 18.46	39.28～81.43 62.97
		2	0.86～3.12 1.42	28.75～46.81 36.74	0.18～0.44 0.35	17.12～24.82 20.53	6.95～27.95 22.81	15.72～28.49 22.37	24.65～67.39 51.24
矿区平均			0.79～3.12 1.39	24.39～46.81 36.13	0.18～0.51 0.37	17.12～26.13 21.32	6.95～32.19 24.36	13.37～28.49 21.20	24.65～81.43 59.87
杉松岗矿区	杉松岗组	1	0.60～2.67 1.59	29.3～43.92 33.92	0.21～0.47 0.41	18.62～25.92 22.20	7.53～34.43 29.65	14～29.5 21.89	27.56～72.39 57.81
		2	0.71～2.56 1.43	25.01～47.55 36.54	0.16～0.39 0.38	18.10～25.14 20.78	7.15～32.86 28.42	16.92～26.93 17.64	29.49～78.96 66.35
矿区平均			0.60～3.12 1.48	25.01～47.55 35.33	0.16～0.47 0.39	18.10～25.92 21.30	7.15～34.43 27.27	14.00～29.5 20.66	27.56～78.96 63.52
煤田平均			0.60～3.12 1.44	24.39～47.55 35.75	0.16～0.51 0.38	17.12～26.13 21.31	6.95～34.43 27.96	13.37～28.49 20.89	24.65～82.43 61.84

2)煤的有害成分

(1)硫:两极值为 0.16%～0.51%,平均值为 0.39%;

(2)磷:两极值为 0.013 5%～0.014%,平均值为 0.013%。

3)煤的工艺性能及综合利用途径

根据上述煤的化学特征和各矿井煤质资料分析,该区煤质变化很大,不同的煤层,煤质不同,同一煤层,煤质亦有变化。

综合杉松岗矿各煤层(1、2、3、4)的煤质资料和以往勘查煤质资料,杉松岗矿区煤类有焦煤、肥焦煤、弱黏煤;半截河矿区煤类为贫煤—无烟煤;仙人沟煤矿煤类为无烟煤。

上述各煤类综合利用途径主要是动力用煤和民用煤。

三、晚中生代早白垩世煤层

吉林省晚中生代早白垩世煤层几乎全省分布,含煤地层在松辽盆地西部赋煤带、松辽盆地东部赋煤带称为下白垩统沙河子组、营城子组;在吉林中部赋煤带的辽源煤田称为安民组、长安组,在双阳煤田称为二道梁子组,在蛟河煤田称为奶子山组;在吉林东部赋煤带统称为长财组;在吉林南部赋煤带的浑江煤田称为石人组,桦甸煤田称为五道沟组、苏密沟组,三棵榆树-杉松岗煤田称为三源浦组。煤的主要煤质指标详见表 6-2-10。

(一)松辽盆地西部赋煤带

本带含煤地层初步确定为与下白垩统沙河子组相当,目前还没有见到可采煤层,其化学性质与利用途径尚不明确。

(二)松辽盆地东部赋煤带

本带主要含煤地层为下白垩统沙河子组,主要分布在松辽盆地东南缘的双城堡-刘房子煤田、营城-羊草沟煤田。

1. 煤的化学性质

水分:原煤 1.18%～5.97%,加权平均值 3.02%;浮煤 1.25%～7.71%,加权平均值 3.02%。灰分:原煤 16.86%～44.15%,加权平均值 29.20%;浮煤 5.50%～16.75%,加权平均值 9.06%。挥发分:原煤 17.37%～61.39%,加权平均值 44.85%;浮煤 36.22%～48.40%,加权平均值 42.21%。碳:原煤 71.01%～83.11%,加权平均值 79.74%;浮煤 50.12%～83.07%,加权平均值 80.41%。氢:原煤 2.72%～7.14%,加权平均值 5.60%;浮煤 5.50%～16.75%,加权平均值 9.06%。氮:原煤 0.19%～2.09%,加权平均值 1.40%;浮煤 0.74%～2.35%,加权平均值 1.45%。氧:原煤 9.00%～15.50%,加权平均值 12.49%;浮煤 7.89%～29.05%,加权平均值 13.22%。硫:原煤 0.22%～3.35%,加权平均值 0.70%;浮煤 0.22%～1.32%,加权平均值 0.61%。磷:原煤 0.001%～0.249%,加权平均值 0.022 6%;浮煤 0～0.016%,加权平均值 0.004 84%。氯:原煤 0.011%～0.023%,加权平均值 0.016%;浮煤 0.017%,加权平均值 0.017%。砷:原煤 1×10^{-6}～158×10^{-6},加权平均值 24.9×10^{-6};浮煤 2×10^{-6}～31×10^{-6},加权平均值 6.18×10^{-6}。

2. 工艺性能及其他

(1)燃烧性能。发热量:原煤 15.10～31.93MJ/kg,加权平均值 24.12MJ/kg,浮煤 21.37～31.57MJ/kg,加权平均值 29.58MJ/kg。

表 6-2-10 吉林省早白垩世煤的主要煤质指标统计表

煤田	矿区	含煤地层	$M_{ad}/\%$ 小~大/平均	$A_d/\%$ 小~大/平均	$S_{t,d}/\%$ 小~大/平均	$Q_{gr,ad}/(MJ \cdot kg^{-1})$ 小~大/平均	$V_{daf}/\%$ 小~大/平均	Y/mm 小~大/平均	GRI 小~大/平均
双城堡-刘房子煤田	刘房子矿区		1.85~4.65 / 3.19	23.34~37.45 / 32.21	0.24~3.35 / 0.73	13.73~24.10 / 20.14	44.72~50.97 / 48.19	7.9~12.30 / 9.40	12.00~88.00 / 61.30
营城-羊草沟煤田	营城矿区	沙河子组	2.59~10.96 / 5.02	8.34~47.14 / 27.31	0.51~4.01 / 1.35	17.10~28.18 / 23.18	36.68~52.57 / 43.97	0~11 / 5.61	12.3~94 / 67
	羊草沟矿区		1.18~4.73 / 2.85	16.86~63.61 / 34.12	0.12~3.35 / 0.70	10.7~30.48 / 21.32	40.43~51.39 / 45.89	7.1~10.6 / 9.8	12.0~97 / 65.12
辽源煤田	辽源矿区	长安组	2.2~4.9 / 3.3	25.6~43.2 / 37.2	0.63~2.5 / 0.85	16.87~21.6 / 19.2	33.9~41.5 / 37.4		
		安民组	1.2~3.5 / 2.8	15.0~55.6 / 36.9	0.66~1.90 / 1.20	12.7~26.7 / 18.1	40.2~49.7 / 45.0		
	平岗矿区	长安组	2.8~8.0 / 5.4	34.0~35.0 / 34.5	0.5~0.5 / 0.5	16.0~21.8 / 18.9	15.0~38.0 / 26.5		
	辽河源矿区	安民组	3.3	25.0	0.39	23.4	40.95		
双阳煤田	双阳矿区	二道梁子组	1.0~7.3 / 2.73	13.7~40.0 / 27.65	0.3~4.0 / 0.93	18.7~30.2 / 23.8	33.8~48.9 / 40.35		
	长岭矿区		1.0~7.3 / 2.73	13.7~40.0 / 27.7	0.3~4.0 / 0.93	18.7~26.7 / 23.8	33.8~48.9 / 40.35		
蛟河煤田	蛟河矿区	奶子山组	3.67~4.49 / 4.15	28.67~40.85 / 36.53	0.26~0.33 / 0.30	17.16~25.42 / 22.48	39.45~45.76 / 41.50		
和龙煤田	和龙矿区		0.58~11.68 / 4.67	9.78~43.91 / 25.33	0.45~1.00 / 0.66	23.60~25.44 / 24.95	34.09~54.99 / 42.70	0	
	土山子-长财矿区	长财组	4.3~7.7 / 5.7	25.45~33.22 / 28.67	0.25~0.62 / 0.40	19.97~22.76 / 21.66	41.63~43.14 / 42.23		1

续表 6-2-10

煤田	矿区	含煤地层	$M_{ad}/\%$ 小~大/平均	$A_d/\%$ 小~大/平均	$S_{t,d}/\%$ 小~大/平均	$Q_{gr,ad}/(MJ \cdot kg^{-1})$ 小~大/平均	$V_{daf}/\%$ 小~大/平均	Y/mm 小~大/平均	GRI 小~大/平均
边沿-后沈家煤田	边沿-安口镇矿区	亭通山组	2.02~2.96 / 2.41	27.03~37.98 / 32.97	1.08~2.02 / 1.39	17.09~28.45 / 23.06	28.45~33.54 / 30.13	3.82~10.93 / 7.73	8~51.2 / 28.63
	亭通山矿区		2.17~2.86 / 2.52	27.25~37.82 / 32.54	1.06~1.97 / 1.32	17.93~28.02 / 22.65	28.56~32.13 / 29.81	3.12~10.25 / 7.5	7~50.4 / 29.25
新开岭-三道沟煤田	新开岭矿区		1.71~2.07 / 1.93	17.32~48.84 / 36.93	1.15~2.01 / 1.62	23.94~28.69 / 25.26	32.67~41.84 / 38.27	5.34~11.21 / 9.46	11.38~52.24 / 35.78
	喇咕夹矿区	石人组	1.12~1.58 / 1.36	37.12~46.25 / 40.95	0.4~0.61 / 0.48	14.58~29.21 / 25.62	36.68~43.12 / 39.59	5.13~8.94 / 7.31	11.15~47.62 / 28.89
	那尔轰矿区		2.15~2.54 / 2.33	13.18~15.89 / 14.75	0.57~0.94 / 0.73	16.21~26.45 / 21.13	34.56~39.82 / 37.73	7.21~12.09 / 8.19	12.42~54.73 / 33.46
	靖宁矿区		1.73~2.39 / 2.06	27.23~47.51 / 37.37	0.34~1.87 / 1.1	16.96~24.67 / 21.74	31.07~40.96 / 36.02	6.29~10.27 / 8.19	11.6~49.82 / 30.28
浑江煤田	浑江矿区		1.05~2.28 / 1.63	16.89~43.45 / 27.27	0.89~1.30 / 1.07	14.29~22.46 / 18.18	26.67~42.34 / 34.22	7.14~13.59 / 9.81	36.94~102.32 / 75.80
	大湖矿区		1.21~5.21 / 2.58	10.12~55.47 / 31.51	0.56~2.13 / 1.26	14.15~25.29 / 22.32	31.07~48.05 / 40.77	6.18~14.56 / 10.97	11.23~49.2 / 27.20
烟筒沟-漫江煤田	闹枝矿区	烟筒沟组	1.72~3.66 / 2.69	28.65~33.23 / 30.94	0.48~1.96 / 1.18	18.13~23.61 / 20.37	32.43~32.77 / 32.6	21.27~25.91 / 23.42	31.21~37.72 / 34.84
	漫江矿区		1.45~4.48 / 2.62	25.66~33.99 / 29.83	0.52~2.09 / 1.22	15.86~19.69 / 17.78	39.31~40.09 / 39.7	4.31~6.54 / 5.12	10.21~26.41 / 12.23

(2)气化性能。抗碎强度:62.41%～67.52%,平均值 66.26%;热稳定性(TS3-6):0.72%～27.99%。

(3)煤对 CO_2 反应性:900℃ 为 0.50%～15.3%,平均 7.12%;950℃ 为 5.80%～24.20%,平均 16%。

(4)液化性能。焦油产率为 5.76%～14.25%,平均 10.31%。腐殖酸为 3%～8.75%,平均 10.40%,属于低腐殖酸。

(5)黏结指数:12～93,平均值 61.36。

(6)胶质层:0～10mm,平均值 8.40mm。

(7)可磨性系数:49～65(HGl),平均值 56(HGl)。

(8)透光率:72%～95%,平均值 86%。

(9)可选性:本区为可选—易选煤。

(10)瓦斯、煤尘、自燃倾向:本区各含煤盆地多为高瓦斯矿井,煤尘有爆炸危险,自燃趋势为Ⅱ级易自燃～Ⅰ级易自燃煤。

(11)煤类:本区煤类以长焰煤为主,局部为褐煤。

3. 主要煤质指标空间变化规律

本聚煤带沉积煤层层数较少,一般含主要可采煤层 3 层,从剖面上看下部煤层灰分一般较高,向上沉积的煤层灰分降低,再向上沉积顶部煤层灰分又逐渐增高;从平面上看,各个煤层灰分含量呈带状分布,低灰分带随着煤层的向上沉积由盆地的边缘向中心迁移。发热量的变化与煤层的灰分产率有着密切的关系,通常为负相关关系。

4. 煤的工业用途

本区可采煤层的煤质较好,属特低硫、低磷、富灰、高挥发分、中等发热量、可选性好的长焰煤。灰熔性为高熔灰分,焦油产率为高油煤。因此本区煤分作民用、动力、发电、炼油用煤,但在食品加工业时应慎重使用。

(三)吉林中部赋煤带

本带含煤地层为久大组、安民组、长安组(辽源煤田),二道梁子组(双阳煤田),奶子山组(蛟河煤田)。

1. 下白垩统久大组、安民组、长安组(辽源煤田)

1)久大组

久大组上部多为变质程度高的无烟煤及贫煤,中部多为变质程度低的长焰煤,底部则为变质程度中等的气煤。煤层灰分较长安组及安民组含量低,挥发分各煤层间相差也比较大,低水分、低硫磷含量。水分 0.87%～4.18%,平均值 2.4%;灰分 14.9%～38.55%,平均值为 25.95%;挥发分 8.81%～35.04%,平均值 19.81%;硫分 0.31%;发热量 34.31～35.53MJ/kg,平均值为 35.40MJ/kg。

2)安民组

安民组大部分属于高变质的无烟煤,少数地区为贫煤,水分 1.3%～5.9%,平均 3.5%;灰分 15.03%～55.64%,平均 36.92%;挥发分 40.19%～49.66%,平均 45.00%;硫分 0.66%～1.9%,平均 1.20%;磷 0.014 5%～0.035 4%,平均 0.022 3%;发热量 12.67～26.73MJ/kg,平均值为 18.12MJ/kg。灰分高,且由浅部向深部有增加的趋势,但比长安组灰分含量略低。

3)长安组

长安组属于变质程度较低的长焰煤和气煤,水分 2.20%～4.89%,平均 3.26%;灰分 25.57%～43.16%,平均 37.20%;挥发分 33.94%～41.47%,平均 37.42%,全硫 0.63%～2.5%;磷 0.026%～0.064%。发热量 16.87～21.6MJ/kg,平均值 19.24MJ/kg。

综上所述,辽源煤田的煤层,属高灰、低硫、中高发热量的长焰煤、气煤,详见表 6-2-11。

表 6-2-11 辽源煤田煤的主要煤质指标统计表

矿井名称	$A_d/\%$	$V_{daf}/\%$	$S_{t,d}/\%$	$M_{ad}/\%$	$Q_{gb,ad}/(MJ\cdot kg^{-1})$	煤类
辽源市西安区德隆煤矿	25	37	0.8	10.20	19.93	气煤
辽源市西安区胜利煤矿	26	47	0.8	11.40	20.17	气煤
东辽县平岗镇大营村金海煤矿	34	15	0.5	8.0	21.8	无烟煤
东辽县平岗镇兴达煤矿	35	38	0.5	2.8	16	长焰煤
东辽县渭津镇保安煤矿	25	37	0.8	10.2	19.93	气煤
东辽县悦安煤矿	25	40.95	0.39	2.86	23.4	贫煤

2. 下白垩统二道梁子组(双阳煤田)

灰分为 25%～28%,挥发分为 38%～41%,发热量 22～23MJ/kg,全硫 0.72%～0.99%。属于低—中硫分、中灰分、低—中热值长焰煤。

3. 下白垩统奶子山组(蛟河煤田)

蛟河煤田内相邻的 3 个矿井为乌林、大兴、奶子山,乌林井和大兴井处在煤田的边缘浅部地带,奶子山处于煤田的深部,煤层由深到浅煤阶降低,灰分增高,逐渐变为不黏结或弱黏结煤。详见表 6-2-12。

表 6-2-12 蛟河煤田主要煤层化验成果统计表

矿井	煤层号	工业分析/%				坩埚黏结性	$Q_{gr,ad}/(MJ\cdot kg^{-1})$
		M_{ad}	A_d	V_{daf}	$S_{t,d}$		
乌林	Ⅰ	9.36	32.95	39.11	0.24	粉状	17.27
	Ⅲ	9.13	25.68	38.85	0.67	粉状	26.38
大兴	Ⅰ	8.77	29.46	40.87	0.23	粉状	18.55
	Ⅲ	8.18	29.19	41.17	0.23	粉状	20.40
奶子山	Ⅰ	5.91	36.65	40.27	0.32	粉状	16.53
	Ⅲ	5.20	26.63	39.98	0.34	粉状	25.91

煤的工业用途:可作为民用燃料或动力用煤。

(四)吉林东部(延边)赋煤带

本带内含煤地层为下白垩统长财组。

1. 煤的化学特征

水分(M_{ad}):原煤水分平均 4.12%;灰分(A_d):原煤灰分平均 28.04%;挥发分(V_{daf}):原煤挥发分平均 43.68%。

2. 煤的元素分析

碳(C_{daf}):原煤炭含量平均80.00%;氢(H_{daf}):原煤氢含量平均5.92%。
氮(N_{daf}):原煤氮含量平均1.05%;氧(O_{daf}),原煤氧含量平均12.07%。

3. 有害元素

硫($S_{t,d}$):原煤硫含量平均0.47%;磷(P_{daf}):原煤磷含量平均0.018%。
砷(As_{ad}):原煤砷含量平均6×10^{-6};氯(Cl_{ad}):原煤氯含量平均0.006%;氟(F_{ad}),原煤氟含量平均259×10^{-6}。

4. 工艺性能

发热量($Q_{gr,ad}$):原煤空气干燥基高位发热量22.17MJ/kg;透光率(P_M):平均77%。

5. 煤的综合利用

长财组煤层为中灰分、高挥发分长焰煤,焦油产率为富油煤,可做民用、动力、发电、炼油用煤。

(五)吉林南部赋煤带

早白垩世煤层分布于浑江煤田、边沿-后沈家煤田、新开岭-三道沟煤田、烟筒沟-漫江煤田、梅河-桦甸煤田。含煤地层为石人组(烟筒沟组)、苏密沟组、五道沟组、亨通山组。

本带煤层多属低变质的煤层,煤层厚度变化大,煤质也不好。虽然分布的含煤条带不同,但煤类基本一致。

1. 石人组、烟筒沟组(浑江煤田)

1)煤的化学特征

水分(M_{ad}):1.05%~5.21%,平均值为2.58%;灰分(A_d):10.12%~55.47%,平均值为31.51%,属高灰煤;挥发分(V_{daf}):26.67%~48.05%,平均值为40.77%,属高挥发分煤;低位发热量($Q_{net,ad}$):17.39~29.17MJ/kg,平均值为22.28MJ/kg;高位发热量($Q_{gr,ad}$):14.15~29.21MJ/kg,平均值为23.02MJ/kg,属中高发热量;胶质层(Y):一般为6~14mm;GRI值一般为11.60~49.8。

2)煤的工艺性能及其综合利用途径

该组煤类为气煤,其利用途径主要是以动力用煤和民用煤为主。

2. 亨通山组(边沿-后沈家煤田)

该组煤层薄,不稳定,58-1号孔煤质化验结果如下。

1)煤的化学特征

水分(M_{ad}):2.52%;灰分(A_d):32.54%;净煤挥发分(V_{daf}):29.81%;胶质层(Y):7mm。

2)煤的综合利用途径

该组煤类为气煤,其综合利用途径为动力用煤和民用煤。

3. 苏密沟组、五道沟组(梅河-桦甸煤田)

1)煤的化学特征

水分(M_{ad}):2.26%~6.06%,平均值为4.66%;灰分(A_d):35.08%~34.42%;净煤挥发分(V_{daf}):

35.05%～42.24%,平均值为 36.35%;发热量($Q_{gr,ad}$):11.7～23.96MJ/kg,平均为17.66MJ/kg;胶质层(Y):30mm。

2)煤的综合利用途径

该组煤类为气肥煤,五道沟和榆木桥子等矿井为气煤和长焰煤,综合利用途径主要是动力用煤和民用煤。

四、古近纪煤层

古近纪煤层分布于伊舒断陷赋煤带、敦密断陷赋煤带及吉林东部赋煤带的东部一带,煤的主要煤质指标详见表 6-2-13。

表 6-2-13 吉林省古近系煤的主要煤质指标统计表

煤田	矿区	含煤地层	M_{ad}/% 小～大 平均	A_d/% 小～大 平均	$S_{t,d}$/% 小～大 平均	$Q_{gr,ad}$ /(MJ·kg^{-1}) 小～大 平均	V_{daf}/% 小～大 平均	Y/mm 小～大 平均	GRI 小～大 平均
舒兰	舒兰	舒兰组	6.2～13.1 9.96	8.8～40.3 27.91	0.24～0.65 0.37	14.5～25.5 21.36	37.8～56.7 50.29		
梅河-桦甸	梅河	梅河组	7.17～14.73 10.75	16.32～28.01 20.77	0.92～1.29 1.16	15.72～25.94 19.13	46.6～51.13 49.14	11.29～16.9 14.66	
凉水	凉水北	珲春组	7.53～23.19 14.56	24.19～48.07 36.17	0.21～1.45 0.41	12.97～20.65 16.75	47.08～57.75 52.32		
珲春	珲春		1.32～22.52 8.75	12.99～53.57 31.98	0.22～0.91 0.34	6.69～26.22 20.40	26.61～75.59 48.65		

(一)伊舒断陷赋煤带

该带煤的视密度较小,全区平均视密度 1.42,为特低硫、低磷、中高灰、高发热量的褐煤及低发热量的长焰煤。该煤可以作为动力、燃料、化工用煤。舒兰组主要煤质特征见表 6-2-14,新安村组主要煤质特征见表 6-2-15。

表 6-2-14 舒兰组含煤地层主要煤层煤质特征表

煤层	煤种	A_d/%	V_{daf}/%	$S_{t,d}$/%	$Q_{net,ad}$/(MJ·kg^{-1})	P_M/%	$Q_{gr,ad}$/(MJ·kg^{-1})	备注
1	褐煤	19.84	51.05	0.36	22.81	43	23.99	
2	褐煤	15.52	51.39	0.38	24.10	45	23.94	
3	褐煤	27.07	50.02	0.33	20.66	51	22.03	
4	褐煤	28.57	48.85	0.36	19.75	48	23.18	水曲柳区为长焰煤
5	褐煤	28.90	51.30	0.45	19.47	44	23.98	
6	褐煤	28.02	51.19	0.39	20.13	47	23.71	
7上	褐煤	27.91	50.08	0.34	19.41	46	22.24	水曲柳区为长焰煤

表 6-2-15 新安村组含煤地层主要煤层煤质特征表

煤层	煤种	$A_d/\%$	$V_{daf}/\%$	$S_{t,d}/\%$	$Q_{net,ad}/(MJ \cdot kg^{-1})$	$P_M/\%$	$Q_{gr,ad}/(MJ \cdot kg^{-1})$	备注
46	褐煤	29.31	53.05	0.27	18.30			
47	褐煤	27.20	39.21	0.33	17.60			
48	褐煤	35.35	51.02	0.42	17.83			
49	褐煤	41.78	39.63	0.47	14.92			

（二）敦密断陷赋煤带

1. 梅河煤田

煤田内煤层稳定，煤层厚，煤层层数多，煤层薄，大部分不可采，其化学特征、工艺性能及用途如下。

原煤水分（M_{ad}）:6.38%～15.36%，平均值 11.5%；原煤灰分（A_d）:10.00%～39.58%，平均值为 27.73%；精煤挥发分（V_{daf}）:40.85%～48.88%，平均值为 45.69%；原煤发热量（$Q_{gr,ad}$）:15.70～25.94MJ/kg，平均值为 19.13MJ/kg；焦油产率（T_q）:7.17%～16.10%，平均值大于 7%；透光率（P_M）:48.00%～66.57%，平均值为 58.04%；灰熔点（T）:1370～1550℃，一般大于 1390℃；硫（$S_{t,d}$）:0.31%～1.39%，平均值为 0.94%。全区以特低硫为主，中低-中硫次之。

根据《中国煤炭分类标准》（CTB/T 5751—2009）该区煤类为长焰煤，属中灰、低硫、富油、中低发热量煤，其综合利用途径为动力用煤、炼油用煤和民用煤。

2. 敦化煤田

1）黑石区煤的化学特征

原煤灰分：36.02%～55.23%；原煤挥发分：56.02%～64.53%；原煤空气干燥基高位发热量（$Q_{gr,ad}$）:10.57～18.60MJ/kg；焦渣特征为 1 级，黏结性为 1～2 级。

黑石区煤类为中高灰分—高灰分、低热值—中热值之褐煤。

2）大山区煤的化学特征

原煤灰分：17.96%～28.51%；原煤挥发分：51.69%～55.98%；原煤空气干燥基高位发热量（$Q_{gr,ad}$）:20.57～23.66MJ/kg；全硫：0.11%～0.86%；磷：0.004%～0.015%；透光率：31%～43%。

大山区煤类为低中灰分—中灰分、中热值—中高热值、低硫、低磷之褐煤。

（三）吉林东部赋煤带

吉林东部赋煤带古近纪煤层分布在珲春煤田、凉水煤田、春化煤田、三合煤产地等，以珲春煤田、凉水煤田具有代表性。

1. 珲春煤田

珲春煤田化学特征、工艺性能及用途如下。

水分（M_{ad}）:原煤水分平均 14.56%；灰分（A_d）:原煤灰分平均 36.17%；挥发分（V_{daf}）:原煤挥发分平均 52.32%。

碳（C_{daf}）:平均 72.58%；氢（H_{daf}）:平均 5.24%；氮（N_{daf}）:平均 1.41%；氧（O_{daf}）:平均 19.62%。

硫分（$S_{t,d}$）:平均 0.43%；磷（P_{daf}）:平均 0.21%；砷（As_{ad}）:8.14×10^{-6}；氯（Cl_{ad}）:0.019%～0.027%；氟（F_{ad}）:125～176mg/g。

原煤空气干燥基高位发热量($Q_{gr,ad}$):16.82MJ/kg。

透光率:浅部煤层透光率均在30%～50%之间;深部煤层透光率均大于50%。

此煤田内有两个煤类:煤田东部属特低硫—低硫煤、特低磷—中磷煤、低中灰—中高灰分煤,属中低热—中高热值褐煤,是良好的民用和动力用煤,适用于火力发电(煤粉锅炉用煤)和各种工业锅炉用煤;煤田西部属特低硫—低硫煤、特低磷—中磷煤、一级含砷煤、低中灰—中灰分煤,属中高热—高热值、高油的长焰煤,是良好的民用和动力用煤,适用于火力发电(煤粉锅炉用煤)和各种工业锅炉用煤及炼油用煤(低温干馏法)。

2. 凉水煤田

1)化学特征

煤田内可采煤层水分在水平方向上自东向西有变小的趋势,在垂向上自上而下增大;灰分自煤盆地中心向周围逐渐增高,自上而下灰分增高;挥发分、全硫无明显变化,见表6-2-16。

可采煤层的有益参数、有害元素在水平方向和在垂向上无明显变化,见表6-2-17和表6-2-18。

表6-2-16 凉水煤田煤的化学性质一览表

煤层编号	$M_{ad}/\%$ 小～大 平均(点数)	$A_d/\%$ 小～大 平均(点数)	$V_{daf}/\%$ 小～大 平均(点数)	$S_{t,d}/\%$ 小～大 平均(点数)	$Q_{net,ad}/$ $(MJ \cdot kg^{-1})$ 小～大 平均(点数)	变化系数 A_d /%	变化系数 $S_{t,d}$ /%	备注
14	10.36～18.43 13.75(10)	20.95～42.95 30.52(10)	49.30～55.76 52.23(10)	0.25～0.70 0.42(10)	14.88～22.71 19.54(10)	22	37	
13	9.29～19.06 12.97(14)	11.87～53.63 30.38(14)	45.70～60.00 52.26(14)	0.16～0.96 0.36(14)	12.13～22.26 19.72(14)	36	50	
12	8.42～20.93 11.53(17)	19.96～64.43 42.62(16)	48.19～62.05 53.60(16)	0.15～0.42 0.26(15)	8.76～22.85 16.47(15)	46	36	
10	9.14～20.98 12.54(14)	20.09～53.03 36.54(14)	46.19～58.06 51.94(14)	0.24～0.72 0.35(14)	12.82～22.56 16.27(14)	34	31	
9	8.83～16.16 12.65(16)	21.46～62.28 38.66(17)	48.96～63.41 54.07(17)	0.31～0.56 0.45(17)	9.36～22.26 16.63(17)	35	26	
3	12.31～18.92 12.87(12)	25.63～52.84 41.59(12)	46.20～53.42 50.36(12)	0.18～0.65 0.37(12)	14.52～23.00 1787(10)	35	47	

表6-2-17 凉水煤田煤层有益参数含量一览表

煤层编号	$C_{daf}/\%$ 小～大 平均(点数)	$H_{daf}/\%$ 小～大 平均(点数)	$O_{daf}/\%$ 小～大 平均(点数)	$N_{daf}/\%$ 小～大 平均(点数)	$T_{ar,d}/\%$ 小～大 平均(点数)	$HA_{ad}/\%$ 小～大 平均(点数)	$EB_d/\%$ 小～大 平均(点数)	$P_M/\%$ 小～大 平均(点数)	精煤回收率/% 小～大 平均(点数)
14	63.10～72.04 68.24(3)	5.34～6.38 5.76(10)	20.67～23.18 21.93(2)	1.26～1.40 1.33(2)	8.72 8.72(1)	3.95～12.71 7.41(6)	0.75～1.30 1.05(4)		

续表 6-2-17

煤层编号	$C_{daf}/\%$ 小~大/平均(点数)	$H_{daf}/\%$ 小~大/平均(点数)	$O_{daf}/\%$ 小~大/平均(点数)	$N_{daf}/\%$ 小~大/平均(点数)	$T_{ar,d}/\%$ 小~大/平均(点数)	$HA_{ad}/\%$ 小~大/平均(点数)	$EB_d/\%$ 小~大/平均(点数)	$P_M/\%$ 小~大/平均(点数)	精煤回收率% 小~大/平均(点数)
13	69.89~74.34 / 72.76(5)	3.26~6.21 / 5.52(14)	18.91~22.15 / 20.12(5)	0.95~1.62 / 1.24(5)	8.10~8.72 / 8.14(2)	4.26~8.87 / 6.29(6)	0.58~1.60 / 0.93(7)	32~37 / 34.50(2)	147.30~27.10 / 17.54(5)
12	66.39~73.55 / 70.55(6)	4.34~6.61 / 5.38(14)	19.50~26.05 / 21.77(6)	1.12~2.23 / 1.92(6)	7.20~7.55 / 7.38(2)	3.19~12.59 / 6.67(10)	0.61~10.58 / 0.95(10)	32~56 / 41.00(3)	11.00~35.00 / 21.82(11)
10	67.30~73.01 / 71.13(5)	3.42~6.17 / 5.43(14)	19.32~25.71 / 20.90(5)	1.14~1.76 / 1.36(5)	7.15~7.15 / 7.15(5)	2.13~8.00 / 5.51(8)	0.69~1.08 / 0.91(7)	35~41 / 38.00(3)	11.00~38.30 / 20.77(6)
9	69.27~73.63 / 71.13(8)	4.59~6.78 / 5.77(16)	19.80~22.79 / 21.02(7)	1.15~2.36 / 1.60(8)	5.03~9.55 / 7.92(2)	3.19~8.00 / 5.58(10)	0.65~1.21 / 0.90(9)	32~42 / 40.00(3)	11.00~27.70 / 17.86(7)

表 6-2-18 凉水煤田煤层有害元素含量一览表

煤层编号	$P_d/\%$ 小~大/平均(点数)	$As_d/(\times 10^{-6})$ 小~大/平均(点数)	$Cl_d/\%$ 小~大/平均(点数)	备注
14	0.036~0.062 / 0.048(3)	2~6 / 3.5(4)	0.015~0.026 / 0.020(3)	
13	0.006~0.026 / 0.019(4)	2~6 / 3.2(4)	0.012~0.026 / 0.020(4)	
12	0.004~0.024 / 0.016(6)	2~3 / 2.6(5)	0.014~0.021 / 0.018(5)	
10	0.008~0.020 / 0.012(5)	0~5 / 2.4(5)	0.016~0.018 / 0.017(5)	
9	0.006~0.023 / 0.015(5)	0~8 / 3.8(6)	0.015~0.018 / 0.016(6)	

2)工艺性能

(1)发热量。

14号、13号、12号、10号、9号煤层的发热量($Q_{net,ad}$)分别为14.88~22.71MJ/kg、12.13~22.26MJ/kg、8.76~22.85MJ/kg、12.82~22.56MJ/kg、9.36~22.26MJ/kg;14号、13号、12号、10号、9号煤层的平均发热量($Q_{net,ad}$)分别为19.54MJ/kg、19.72MJ/kg、16.47MJ/kg、16.27MJ/kg、16.63MJ/kg,14号、13号煤层为中热值煤,12号、10号、9号煤层为中低热值煤。

(2)煤灰成分、灰熔融性、焦油产率。

煤灰成分:区内灰成分以SiO_2及Al_2O_3为主,SiO_2含量为53.38%~57.64%,平均含量55.97%;Al_2O_3含量为25.84%~32.54%,平均含量为29.68%。

灰熔融性:14号煤层温度在1500℃时灰黏度1.50;12号煤层温度在1500℃时灰黏度70.00;9号煤层温度在1500℃时灰黏度108.00,应属较高软化温度灰。

焦油产率：各可采煤层的焦油产率均大于7%，为富油煤。

3）煤质综合评价及用途

本区煤的挥发分在45.70%～63.41%之间，透光率(P_M)为32%～42%之间，个别为56%。根据中国煤炭现行分类方案：挥发分(V_{daf})大于37%，透光率(P_M)大于30%，发热量($Q_{gr,maf}$)最多为24MJ/kg，可定为褐煤二号(HM_2)，主要用于发电燃料，作为动力用煤。另因各层煤挥发分(V_{daf})在45.70%～63.41%之间，各层煤的焦油产率均大于7%（为富油煤），亦可作低温干馏用煤。

第三节 煤类分布及变质规律

一、煤类分布概况

吉林省煤类分布多样，从褐煤、各级烟煤至无烟煤均存在，而且少数地区还有石墨分布，同一煤田内可存在多个煤类，但煤类分布具有一定规律，一般呈带状分布。

（一）地理位置与煤类分布特征

吉林省煤类平面上大致呈北东向带状展布，自西向东可划分为8个条带（图6-3-1），分别如下。

（1）松辽盆地西部肥煤—无烟煤带：其分布为白城-万红煤田的万宝组从肥焦煤到无烟煤均有分布，红旗组的煤以贫瘦煤为主，也有少量无烟煤。

（2）松辽盆地东部长焰煤、褐煤带：松辽盆地是晚中生代聚煤区，其中东部以长焰煤为主，如营城-羊草沟煤田的沙河子组煤层以长焰煤为主；营城组（羊草沟和刘房子一带）煤层，以高级褐煤（褐煤二号）为主。

（3）伊通-舒兰褐煤带：位于伊舒断陷带内的古近纪煤层均为褐煤，且变质程度较低，灰分较高。

（4）吉林中部长焰煤、无烟煤带：由辽源至蛟河一线，以晚中生代煤田为主，为气煤和长焰煤，如蛟河为长焰煤、气煤；辽源有气煤—长焰煤，局部为焦煤、贫煤和无烟煤；而双阳煤田的早中生代的煤层不仅有高变质烟煤、无烟煤，而且还有丰富的石墨。

（5）敦化-梅河褐煤带：主要分布梅河-桦甸煤田、敦化煤田，为古近纪煤田，以褐煤为主，在梅河还有长焰煤；桦甸矿区早白垩世含煤地层中煤层的煤类为长焰煤，个别还见有肥煤，如黑石、苏密沟、五道沟等地。

（6）延边西部长焰煤带：均系早白垩世煤田，如屯田营-春阳煤田、延吉煤田、和龙煤田、安图煤田均为长焰煤。

（7）延边东部褐煤带：主要为古近纪煤田或煤产地，珲春煤田、凉水煤田、敬信煤田、三合煤产地等地以褐煤为主，仅在珲春煤田的西部和东区深部为长焰煤。

（8）吉林南部烟煤、无烟煤带：本区煤类复杂，其分布主要为浑江煤田和长白煤田，有石炭纪—二叠纪、早晚中生代多期的含煤层，一般为烟煤和无烟煤。其中烟筒沟、三道沟、石人、新开岭等地的早白垩世煤层的煤类为气煤，晚三叠世北山组，石炭纪—二叠纪的太原组和山西组为气肥煤、焦煤、贫瘦煤至无烟煤，三棵榆树-杉松岗煤田早侏罗世以焦煤为主。

（二）成煤时代与煤类分布规律

根据上述8个条带煤类分布的特点，各地质时代煤类的分布规律如下。

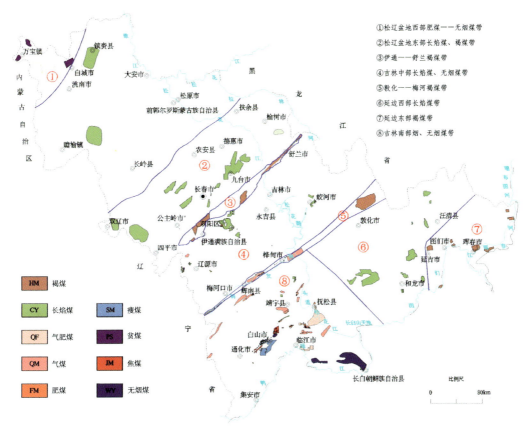

图 6-3-1　吉林省煤类分布示意图

(1) 石炭纪—二叠纪煤田的煤变质程度较高，一般以气肥煤、焦煤至贫瘦煤为主。
(2) 晚三叠世煤田的煤类为气煤、无烟煤及石墨。
(3) 早、中侏罗世煤类为气肥煤和焦煤，部分为贫瘦煤和无烟煤。
(4) 早白垩世的煤类以长焰煤为主，局部为褐煤及气煤。
(5) 古近纪煤田的煤类以褐煤为主，局部为长焰煤。

二、煤的变质因素

(1) 根据上述煤类分布特征及区域地质情况综合分析，煤以区域变质作用（深成变质作用）为主。而由于煤炭形成以后继续沉积作用，煤层处于地下深处，受到上覆岩系静压力和地热（地温梯度影响）作用，导致煤的变质作用，即随深度加深，煤的变质作用就越高，如浑江区石炭二叠系的煤变质较高就是与上覆二叠系及以后侏罗系覆盖层巨大的厚度有关，可能原始厚度达数千米以上。中生代尤其是晚中生代早白垩世的煤层变质程度较低，是由于上覆地层较薄的原因。一般古近系煤类为褐煤，但深部常有长焰煤赋存，早白垩世的煤类在深部常有气煤赋存，也是符合希尔特定律的。

(2) 岩浆侵入活动一般对煤变质也有一定影响，但一般只是局部的，靠近岩浆侵入体变质较深，远离侵入体则一般无影响。

第七章 煤炭资源现状分析

第一节 煤炭资源概况

吉林省位于全国煤炭资源经济区划东部调入区带的东北规划区内,由于煤炭资源总量和产能的不足,每年需从黑、辽、内蒙古等省区(自治区)调入煤炭,来满足经济发展和社会发展的对煤炭的需求。

一、煤炭资源分布

吉林省煤炭资源全省均有分布,具体划分为 8 个赋煤带、28 处煤田(或煤产地)、57 个矿区,赋煤带范围、带内煤田(或煤产地)如下。

(1)大兴安岭赋煤带:大部分位于内蒙古自治区东部的乌兰浩特市,小部分位于吉林省白城市以西,主要煤田有白城-万红煤田。

(2)松辽盆地西部赋煤带:位于松辽盆地西部,西邻大兴安岭赋煤带。初步认为在镇赉-洮南、瞻榆-通榆、双辽存在赋煤盆地和坳陷,带内暂确定 1 个煤田,即瞻榆煤田。

(3)松辽盆地东部赋煤带:位于松辽盆地东部,东邻伊舒断陷带。自北向南有榆树煤田、营城-羊草沟煤田、双城堡-刘房子煤田、四平-双辽煤田。

(4)伊舒断陷赋煤带:位于吉林省中部的伊通、舒兰一线,呈狭长条带状,主要有伊通煤田、舒兰煤田。

(5)吉林中部赋煤带:位于伊舒断陷带与敦密断陷带之间,主要有辽源煤田、双阳煤田及蛟河煤田。

(6)敦密断陷赋煤带:位于吉林省中部的梅河、辉南、桦甸及敦化一线,呈狭长条带状,主要有梅河-桦甸煤田及敦化煤田。

(7)吉林东部(延边)赋煤带:位于东北赋煤区东南部,西起敦密断陷带,东至国界,南临华北赋煤区,北到黑龙江省。该煤带主要有安图煤田、延吉煤田、和龙煤田、屯田营-春阳煤田、凉水煤田、珲春煤田、春化煤田、敬信煤田、三合煤产地等。

(8)吉林南部赋煤带:位于吉林省的东南部,西北、北分别与东北赋煤区的敦密断陷赋煤带、吉林东部(延边)赋煤带相邻,西南接辽宁省,东南、南与朝鲜隔江相望。该区分布有多个时代的煤系地层,主要有边沿-后沈家煤田、三棵榆树-杉松岗煤田、新开岭-三道沟煤田、浑江煤田、烟筒沟-漫江煤田、长白煤田。

二、煤炭资源储量

截至 2007 年 12 月,吉林省探获煤炭资源储量 29×10^8 t,探获保有资源储量 22×10^8 t。

在探获的煤炭资源储量中,生产矿井占用资源储量 24×10^8 t,探获保有资源储量中,生产矿井保有(已利用)资源储量 17×10^8 t,勘查区保有(未利用)资源储量 5×10^8 t。

三、存在问题

(1) 吉林省煤炭勘查开发时间较长,早期资料已无从考证,给部分矿井(或勘查区)资源储量统计带来一定的困难。

(2) 截至 2007 年 12 月,部分勘查区勘查工作尚未结束,因此没有资源储量数据。另外,浑江煤田地质构造复杂,推覆构造发育,含煤地层被分割为较小的断块并被老地层覆盖,勘查开发工作极为困难。

(3) 吉林省多数地区属中型以上的煤矿资源接近枯竭,属危机矿山,急需寻找接替资源,延续矿山服务年限。

(4) 全省尚未利用资源储量不足、勘查程度较低,可提供建井的资源储量较少,必须加大勘查力度。一是提高可供建井的资源储量级别和数量;二是提高勘查区的勘查程度及资源量级别,为煤炭生产(建井)提供更多的、可靠的资源储量。

第二节 煤炭资源勘查现状

全省 8 个赋煤带内完成勘查工作,且编制地质报告的勘查区 26 个(含以往勘查区 7 个),获资源储量 5×10^8 t。

一、全省探矿权设置与勘查工作完成情况

截至 2007 年末,全省现有煤炭资源(已设置探矿权)勘查区 112 个,勘查面积 $2\,885.91\,\text{km}^2$,其中预查区 9 个,预查区面积 $799.64\,\text{km}^2$;普查区 66 个,普查区面积 $1\,836.18\,\text{km}^2$;详查区 37 个,详查区面积 $275.75\,\text{km}^2$。

以往(已无探矿权且尚未利用)勘查区 7 个,勘查区面积 $17.9\,\text{km}^2$。其中勘探区 4 个,勘探区面积 $12.06\,\text{km}^2$;详查区 2 个,详查区面积 $0.97\,\text{km}^2$;普查区 1 个,普查区面积 $4.87\,\text{km}^2$。

已完成勘查(或部分勘查)编制地质报告的煤炭勘查区 26 个(含以往勘查区 7 个),勘查面积 $439.11\,\text{km}^2$,其中预查区 3 个,预查区面积 $115.87\,\text{km}^2$;普查区 10 个,普查区面积 $250.64\,\text{km}^2$;详查区 9 个,详查区面积 $60.54\,\text{km}^2$;勘探区 4 个,勘探区面积 $12.06\,\text{km}^2$。

未完成勘查的煤炭勘查区 93 个,大部分列入本次潜力评价预测区,估算预测的资源量,其范围是根据最新资料圈定的,与原探矿权位置形状有所不同。

二、各赋煤带探矿权设置与完成情况

(1)大兴安岭赋煤带:万红煤田内现有勘查区2个,勘查面积84.09km^2,均未完成勘查。其中预查区1个,预查区面积72.85km^2;普查区1个,普查区面积11.24km^2。

(2)松辽盆地西部赋煤带:松辽盆地西部赋煤带内现有勘查区2个,均为预查区,位于白城—洮南一带,勘查面积564.67km^2,未完成勘查。

(3)松辽盆地东部赋煤带:松辽盆地东部赋煤带内现有勘查区19个,勘查面积782.13km^2,其中预查区4个,预查区面积156.12km^2;普查区14个,普查区面积588.5km^2;详查区1个,详查区面积37.51km^2。完成勘查的勘查区3个,获资源量0.6×10^8t。

(4)伊舒断陷赋煤带:伊舒断陷赋煤带内有预查区2个,面积72.76km^2,获资源量1.2×10^8t。以往勘查区7个,勘探区面积17.9km^2,获资源储量1.4×10^8t。

(5)吉林中部赋煤带:吉林中部赋煤带内现有勘查区11个,勘查面积95.48km^2,其中普查区9个,普查区面积88.75km^2;详查区2个,详查区面积6.73km^2。完成勘查的勘查区6个,获资源储量0.4×10^8t。

(6)敦密断陷赋煤带:敦密断陷赋煤带内现有勘查区5个,勘查面积61.31km^2。其中普查区2个,普查区面积36.95km^2;详查区3个,详查区面积24.36km^2,均未完成勘查。

(7)吉林东部(延边)赋煤带:吉林东部(延边)赋煤带内现有勘查区16个,勘查面积301.31km^2。其中普查区10个,普查面积233.57km^2;详查区6个,详查区面积67.74km^2。完成勘查的勘查区4个,获资源储量1.1×10^8t。

(8)吉林南部赋煤带:吉林南部赋煤带内现有勘查区55个,勘查面积961.24km^2。其中预查区1个,预查区面积13.72km^2;普查区29个,普查区面积798.90km^2;详查区25个,详查区面积148.62km^2。完成勘查的详查区4个,获资源储量0.3×10^8t。

第三节 煤炭资源开发现状

吉林省现有省属煤炭企业以5个矿业集团为主,即辽源、通化、舒兰、珲春(前4集团均为原中直企业)及杉松岗矿业集团。但是随着经济的快速发展,吉林省煤炭需求量也随之增加。

一、全省生产矿井及利用资源储量

截至2007年末,吉林省现有生产矿井360个,利用资源储量为24×10^8t。保有资源储量17×10^8t。2007年全省矿井核定生产能力0.34×10^8t,2007年全省煤炭产量0.3×10^8t,煤炭产量在全国(26个省区)排行榜中列第18位;2009年全省煤炭产量达0.4×10^8t。

二、各赋煤带生产矿井分布情况

(1)大兴安岭赋煤带:现有生产矿井3处,停产矿井3处,均位于白城-万红煤田万红矿区,核定生产

能力 $65×10^4$ t/a。

（2）松辽盆地东部赋煤带：现有生产矿井 32 处，核定生产能力 $693×10^4$ t/a。

（3）伊舒断陷赋煤带：现有生产矿井 48 处，核定生产能力 $320×10^4$ t/a。

（4）吉林中部赋煤带：现有生产矿井 96 处，核定生产能力 $600×10^4$ t/a。

（5）敦密断陷赋煤带：现有生产矿井 22 处，主要分布在梅河-桦甸煤田内，核定生产能力 $297×10^4$ t/a。

（6）吉林东部（延边）赋煤带：现有生产矿井 53 处，核定生产能力 $680×10^4$ t/a。

（7）吉林南部赋煤带：现有生产矿井 103 处，核定生产能力 $717×10^4$ t/a。

第八章 煤炭资源潜力预测

第一节 总 述

本次煤炭资源潜力预测工作,综合航磁、重力、遥感、地震及地质研究成果,开展多元地学信息研究,在煤炭资源赋存规律研究的基础上,预测新的含煤区。

根据近10多年来新的地质资料和地质成果,充分利用区域地质、物探、遥感、矿产勘查等信息,对第三次全国煤炭资源预测和原地矿部全国煤炭资源远景预测工作提出的预测区及其资源量进行筛选、再认识,确定本次工作的预测区,采用科学的方法估算资源量,基本摸清吉林省煤炭资源潜力及其空间分布特征。

一、确定预测区的基本原则和程序

预测区是煤炭资源潜力预测的基本单元,资源量估算和资源潜力勘查开发前景评价均以预测区为单位进行。预测区范围一般与井田相当,在研究程度较低的工作区,预测区则与矿区或煤田相当。

1. 基本原则

(1) 预测区圈定:原则上在1:5万以上比例尺的煤田地质图或其他地质图件上进行,工作程度低的地区尽量采用较大比例尺地质图件确定预测区。

(2) 预测区的确定:充分利用物探、遥感资料和煤炭资源赋存规律研究成果,结合生产矿井、勘探资料,通过多元地质信息综合分析确定。

(3) 预测区煤层的赋存形态:编制垂直主要构造方向的剖面图,如有可能则勾画主要煤层底板等高线图。

(4) 确定煤层厚度及其稳定性,尽量编制主要煤层累计厚度等值线图。

(5) 反映主要可采煤层煤质特征和变质规律,编制煤类分布图,必要时编制硫分、灰分等煤质参数的等值线图。

2. 工作程序

(1) 充分利用区域地质调查取得的各类地质成果,了解不同时代含煤地层的分布范围,初步确定预测靶区。

(2) 在充分收集各种物探成果基础上,提取各种物探异常,综合研究、分析各种物探异常的复合规律,初步确定预测靶区。

(3)采用已有的卫星影像数据(图像)开展遥感技术研究,获取预测区含煤岩系分布、含煤区块、含煤盆地等煤田地质宏观整体信息,以及煤田地质构造、煤系分布、煤炭资源有潜力地区及其自然、环境条件等煤田地质细节信息,初步确定预测靶区。

(4)充分研究煤炭地质部门及其他地质部门,特别是煤矿勘查钻孔资料,根据钻孔揭露地层情况,分析含煤地层的埋藏深度,初步确定预测靶区。

(5)充分利用区域地质调查、物探、遥感、钻探的研究成果,编制的各种分析性图件,根据已发现煤炭资源的地质特征,系统分析含煤沉积体系、煤层发育等原生成煤条件,建立典型聚煤模式;结合区域地质背景和地质演化史分析,研究不同大地构造背景下的控煤构造样式,确定预测区。

二、预测要素的确定

1. 预测深度

本次煤炭资源潜力预测评价吉林省埋深 2000m 以浅的煤炭资源,起算深度统一定为当地侵蚀基准面。为便于利用和统计,进一步划分为 0～600m,600～1000m,1000～1500m,1500～2000m 共 4 个深度级。

2. 评价层系

本次资源潜力预测评价的重点层系为晚古生代晚石炭世—早二叠世含煤地层、中生代早白垩世含煤地层和新生代古近纪含煤地层。

3. 预测单元划分

预测区是本次煤炭资源潜力预测评价的基本单元,划分原则如下:

(1)预测区边界以地质、地理要素来确定。①地质要素:重要构造线、煤层(露头、尖灭、2000m 埋深)线和井田(勘查区)边界等。②地理要素:铁路、大的河流等。

(2)如果含煤地层赋存状态、煤类等具有较大差异时,分别划分预测基本单元。

(3)预测区面积不做具体规定。

三、潜在资源量估算

1. 比例尺

资源量估算在煤炭资源分布图上进行,比例尺为 1∶5 万。

2. 估算方法

1)基本方法

地质块段:根据预测区和邻区资料能够确定估算参数的地区,均采取地质块段法进行估算。

计算公式为

$$Q_k = S \cdot M \cdot d$$

式中,Q_k 为资源量($\times 10^4$ t);S 为块段面积($\times 10^4$ m^2);M 为块段煤层平均厚度(m);d 为煤视密度(t/m^3)。

2) 资源量原始估算值的校正

根据预测区地质构造复杂程度和煤层稳定程度,采用校正系数 β 对原始估算量进行校正。预测资源量校正公式为

$$Q = \beta \cdot Q_k$$

校正系数 β 取值见表 8-1-1,预测区地质构造复杂程度和煤层稳定程度的确定以《煤、泥炭地质勘查规范》(DZ/T 0215—2002 附录 D)为依据,当地质构造复杂程度和煤层稳定程度等级不一致时,取二者中 β 值较小者。

表 8-1-1　校正系数 β 取值表

地质条件	β 取值
简单构造、稳定煤层	0.8~1.00
中等构造、较稳定煤层	0.6~0.8
复杂和极复杂构造、不稳定和极不稳定煤层	0.4~0.6

3. 估算指标要求

原则上采用《煤、泥炭地质勘查规范》(DZ/T 0215—2002)确定的资源储量估算指标要求。鉴于我国煤炭资源的赋存特点、煤质特征、实际开发利用状况,在预测资源量估算时,硫分和发热量不作为限制条件。

四、潜在的资源量分级

预测可信度反映预测依据的充分程度,根据预测可信度将潜在的煤炭资源量分为预测可靠的(334-1)、预测可能的(334-2)和预测推断的(334-3)三级,界定如下。

1. 预测可靠的(334-1)资源量

预测可靠的(334-1)资源量位于控煤构造的有利区块,浅部有一定密度的山地工程或矿点揭露,以及少量钻孔控制;或有有效的地面物探工程控制;或位于生产矿区、已发现资源勘查区的周边;或进行了 1∶2.5 万及以上大比例尺煤炭地质填图的地区,结合地质规律分析,确定有含煤地层和煤层赋存。资源量主要估算参数可直接取得,煤类、煤质可以基本确定。

2. 预测可能的(334-2)资源量

预测可能的(334-2)资源量位于控煤构造的比较有利区块,进行过小于 1∶2.5 万煤田地质填图;或少量山地工程、矿点揭露和个别钻孔控制;或有较有效的地面物探工作了解;或可靠级预测区的有限外推地段,结合地质规律分析,确有含煤地层存在,及可能有煤层赋存,地质构造格架基本清楚,估算参数与煤类、煤质是推定的。

3. 预测推断的(334-3)资源量

预测推断的(334-3)资源量按照区域地质调查或物探、遥感资料或可能级预测区的有限外推地段,结合聚煤规律推断有含煤地层、可采煤层赋存,估算参数和煤类、煤质等均为推测的。

五、预测远景区的分类

根据资源的地质条件、开采技术条件、外部条件和生态环境容量,将预测远景区分为三类。

(1)有利的预测远景区(Ⅰ类):地质条件和开采技术条件好,外部条件和生态环境优越,煤层埋藏在1500m以浅,煤质优良。

(2)次有利的预测远景区(Ⅱ类):地质条件和开采技术条件较好,外部条件和生态环境较优越,煤层埋藏在1500m以浅,煤质较优良。

(3)不利的预测远景区(Ⅲ类):资源量小,地质及开采技术条件复杂,外部开发条件差,或生态环境脆弱;或煤质差;或煤层埋藏在1500m以深。

六、煤炭资源勘查开发潜力评价

从潜在的经济意义、煤质和生态环境等方面,进行预测资源量的分级分类研究,对煤炭资源勘查、开发利用前景做出初步评估,提出煤炭资源勘查开发利用建议。根据预测依据的充分程度,将潜在的煤炭资源量的可信度分为预测可靠的(334-1)、预测可能的(334-2)和预测推断的(334-3)3级。根据资源的地质条件、开采技术条件、外部条件和生态环境容量,将预测远景区分为三类:有利的(Ⅰ类)、次有利的(Ⅱ类)和不利的(Ⅲ类)。综合预测资源的可信度和预测区的有利类别,对煤炭资源的开发利用前景做出初步评估,将预测资源的开发利用前景划分为优(A)等、良(B)等、差(C)等共3个等级。通过预测区综合优度的排序,开展煤炭需求分析和资源保障程度分析,分析保有资源储量,评价预测的煤炭资源内外部条件及勘查开发潜力,提出吉林省煤炭资源勘查开发部署意见。

七、煤炭资源潜力预测成果

本次煤炭资源潜力预测工作,在全省8个赋煤带中,划分煤田(或煤产地)28个,在其中的26个煤田中圈定预测区62个,预测区总面积6 292.49km^2,预测潜在资源量69.5×10^{8}t。

第二节 分 述

按赋煤带地理位置,自西向东叙述煤田概况、预测区分布及预测的资源量。

一、大兴安岭赋煤带

大兴安岭赋煤带大部分位于内蒙古自治区东部的乌兰浩特市,小部分位于吉林省白城市西部。本带内有白城-万红煤田,圈定预测区3个,预测区面积219.19km^2,预测潜在资源量3×10^{8}t。

(一)白城-万红煤田

白城-万红煤田位于吉林省最西北部,东起白城市,西至吉林省与内蒙古自治区的交接处。区内有洮南市新兴矿井、团结二井、红旗二井、小新井、新德井。勘查区有万宝煤矿外围普查区,白城市万宝煤田外围煤炭资源预查区。地表水系有洮儿河和那金河由西向东汇入松花江。

区内北高南低,海拔154~340m,最大高差186m,交通较为便利,平齐、长白铁路自北部通过,302国道、111国道贯穿东西、南北,区内乡级公路纵横交错。

1. 煤田地质概况

1) 含煤地层

本区主要含煤地层为中侏罗统万宝组,为一套与酸性火山岩密切相关的含煤岩系,平均厚度500m,共分3段。本组平行不整合于红旗组之上或不整合于二叠系之上。

(1) 下段:主要岩性为黄褐色—灰白色砾岩夹砂岩-含砾粗砂岩,砾岩的砾石成分由变质岩、石英岩、花岗岩、千枚岩组成。

(2) 中段:为灰色—深灰色砂岩、黑色泥岩-粉砂岩夹薄层含砾粗砂岩-砾岩;含煤18~24层,产化石:*Raphaelia diamensis*,*Frucfificafion*,*Coniopteris* cf.,*minfwensis Brick*,*Pityophylium*。

(3) 上段:灰色、灰绿色砾岩为主,夹浅红色砾岩,砾石成分以火山角砾、花岗岩砾、黑色变质岩砾为主。

2) 构造

煤田位于天山-兴蒙造山系(Ⅰ₂)、大兴安岭弧盆系(Ⅱ₂)、锡林浩特岩浆弧(Ⅲ₃)、白城晚古生代残余海盆(Ⅳ₅)内,褶曲与断裂构造均发育,主要背斜(闹牛山背斜)轴向自北向南由北北西、近南北转向南东东方向,背斜两翼的两个向斜盆地(北翼为红旗盆地、南翼为万宝盆地)构成。该区仅占红旗、万宝盆地的一部分,即为其与闹牛山背斜轴部断陷形成了白城-万红煤田的一部分——万红矿区。断层发育3组,第一组走向平行于背斜轴,第二组、第三组走向分别为北西向、北东方向,第二组、第三组断层切割第一组断层。

3) 岩浆岩

本区西北部松辽盆地西缘有海西期及燕山期花岗岩、玄武岩、安山岩等,煤系地层的上部及下部为火山碎屑岩系。煤系地层中火山岩侵入较少,对煤层后期破坏不大。

4) 煤层与煤质

本区含煤地层为中侏罗统万宝组,煤系地层厚度200~800m,含煤18~24层,其中3层可采,一般厚0.7~1.5m,最厚可达4.52m。煤层发育与煤系地层沉积有着密切的关系,本区的西北部,闹牛山背斜的两翼煤系地层厚度相对较大,煤层沉积较稳定,煤层层数多,在背斜的轴部出现煤层露头,向东部发展万宝组煤系地层逐渐变薄。并且背斜轴部的地层倾角较大,向盆地纵深发展倾角逐渐变缓。

区内中侏罗统含煤地层的煤类以贫瘦煤为主,局部为肥煤。变质程度较高,硬度较大,灰分较高。

2. 预测区

白城-万红煤田内圈定3个预测区,即胡里吐-桂林屯、白城西部、万宝煤矿外围预测区。

1) 胡里吐-桂林屯预测区

本预测区位于吉林省白城市万宝煤矿东北4km处,北至胡里吐乡2km,南至桂林屯2km,东北与内蒙古自治区相邻,111国道在本区西部通过,区内有乡村公路相通,交通较为便利。预测区东西长约为9km,南北宽约为6.5km,面积56.24km²。

(1) 预测区圈定的依据。预测区位于大兴安岭东缘,是闹牛山背斜的北翼的一部分。吉林省航空磁

力 ΔT 等值线平面图显示，ΔT 值 $-50\sim0\text{nT}$。吉林省布格重力异常平面图上呈负异常，异常值 $-25\times 10^{-5}\sim30\times10^{-5}\text{m/s}^2$，预测区处于白城—吉林—延吉复杂异常区（Ⅰ），大兴安岭东麓异常区（Ⅱ），乌兰浩特—哲斯异常分区（Ⅲ），瓦房镇—东屏镇正负异常小区（Ⅳ）。分析认为预测区属于大兴安岭赋煤带边缘局部凹陷，侏罗系沉积赋存的可能性较大，同时也预示着地层倾角相对较大。据以往地质填图，区内含煤地层为中侏罗统万宝组。

(2)预测资源量。本预测区以隐伏煤层露头圈定边界，预测区面积约为 56.24km^2；预测资源量估算时采用万红矿区各个矿井勘查时的平均煤层厚度，万红煤田一井精查区煤层平均厚度 2.43m，二井精查区煤层平均厚度 3.02m，本次采用 2.70m。视密度本次采用万红煤田各个矿区勘查时的平均值，一井精查区平均视密度 1.43t/m^3，二井精查区平均视密度 1.38t/m^3，本次采用 1.40t/m^3。本区地质构造复杂，煤层不稳定，因此校正系数 β 采用 0.4，预测深度为 $0\sim1500\text{m}$。

本区预测资源量规模为中型，远景区分类为不利的（Ⅲ），预测资源的开发利用前景为差（C）等。

2）白城西部预测区

该预测区位于吉林省白城市西北部，东南距白城市 1km，横跨白城-齐齐哈尔铁路线和302国道两侧，最大宽度约为 6km，最大长度约为 20km，面积 117.33km^2。区内有省级公路、乡镇公路相通，交通较为便利。

(1)预测区圈定的依据。

①预测区位于松辽盆地西部斜坡带上，是受北东向断裂带及东西向隐伏褶皱构造控制的呈北东向展布的地堑型断块。航空磁力显示 ΔT 为 $-150\sim0\text{nT}$，重力布格异常值为 $-5\times10^{-5}\sim0\text{m/s}^2$，预测区处于白城-吉林-延吉复杂异常区（Ⅰ），大兴安岭东麓异常区（Ⅱ），乌兰浩特-哲斯异常分区（Ⅲ），瓦房镇-东屏镇正负异常小区（Ⅳ）内。预测区为松辽盆地西缘边坡沉积，对比分析认为区内有侏罗纪含煤地层存在，且埋藏较深，在航磁、重力0值处可能存在较大断裂。

②1982年提交的《吉林省白城—坦途地区电法普查勘探阶段总结》认为，区内有曲线类型区。〈$K_1H_1K_2H_2A$〉型曲线类型区："H_2"层视电阻率一般为 $11\sim17\Omega\cdot\text{m}$，可能相当于侏罗系中部地层的反应；"A"层视电阻率为 $21\sim25\Omega\cdot\text{m}$，对比为侏罗系下部地层反映。〈$K_1H_1K_2H_3$〉曲线类型区："$H_3$"层视电阻率在 $15\sim25\Omega\cdot\text{m}$ 之间变化，据白城北部BM17、BM12号孔资料及孔旁测深曲线分析认为是侏罗系反映。从镇赉附近的2号孔看是白垩系和侏罗系的综合反映。从镇赉南1号孔看本层是白垩系和石炭二叠系的反映。另外，以往地质工作确定的高平山地堑延伸入测区东南部，为此测区南部的 H_3 层也可能是侏罗系上统高平山组的反映。BM13号孔的 H_3 层是前震旦系的反映。

③20世纪60年代，吉林省煤田地质203勘探队，在该区施工了多个钻孔，总工程量为 $6\,492.99\text{m}$，其中BM6号钻孔钻遇3层煤，其中可采煤层一层，煤层厚度（结构）1.00m(0.15m)0.45m，煤层底板深度为 788.20m；BM19、BM10、BM11、BM14（穿过万宝组，未见可采煤层）钻孔终孔层位为二叠系变质岩；BM24号钻孔终孔层位为万宝组。据以往地质工作分析，该区应有可采煤层赋存。

(2)预测资源量。本预测区东部以断层为界，西部至省界，南、北以隐伏煤层露头为界，面积 117.33km^2；根据区内BM6号钻孔见煤厚度1.00m(0.15m)0.45m，及下部0.45m的煤层灰分较高，因此预测资源量估算时煤层厚度采用 1.20m。视密度采用该钻孔上部1.00m的化验视密度 1.40t/m^3；该区地质构造较简单，煤层较稳定，预测校正系数 β 采用 0.6。预测深度为 $600\sim1500\text{m}$。

预测资源量规模为大型，远景区分类为次有利的（Ⅱ），预测资源的开发利用前景为良（B）等。

3）万宝煤矿外围预测区

该预测区位于吉林省洮南市西北部万宝镇内，东北距万宝镇 3km，西与万宝煤矿矿区相邻，宽约为 5.5km，长约为 8.0km，面积 45.62km^2。区内乡镇公路相通，交通较为便利。

(1)预测区圈定的依据。本区位于大兴安岭赋煤带的东部，受北东向断裂带控制，呈北东向展布的小型向斜盆地的一部分。并且在航空磁力 ΔT、重力异常图上呈负异常。预测区处于白城-吉林-延吉复杂异常区（Ⅰ），大兴安岭东麓异常区（Ⅱ），乌兰浩特-哲斯异常分区（Ⅲ），瓦房镇-东屏镇正负异常小区（Ⅳ）内。

该区西部与万宝煤矿相邻，区内2004年施工一个钻孔，钻遇中侏罗系万宝组含煤地层及可采煤层。

（2）预测资源量。本预测区西部至万宝煤矿，其他以煤层隐伏露头为边界，面积45.62km²，预测资源量估算参数采用区内见煤钻孔，确定煤层厚度2.30m，视密度1.40t/m³，该区煤层埋藏较浅，煤层相对稳定，预测校正系数β采用0.6，预测深度为0～600m，预测资源量规模为中型，远景区分类为次有利的（Ⅱ），预测资源的开发利用前景为良（B）等。

二、松辽盆地西部赋煤带

松辽盆地西部赋煤带暂划分出一个煤田，圈定1个预测区，预测区面积624.23km²，预测可能的资源量5×10^8t。

（一）瞻榆煤田

瞻榆煤田位于吉林省通榆县西南部，东北距通榆县50km，东距长岭县太平川镇45km，位于四平-齐齐哈尔铁路西侧，203国道在煤田北部瞻榆镇通过。煤田最大宽约20km，最大长度约35km，面积624.23km²。

区内北高南低，海拔110～170m，交通较为便利，区内乡级公路纵横交错。

1. 煤田地质概况

1）含煤地层

本区主要含煤地层为下白垩统沙河子组。该含煤地层在松辽盆地内由东向西由厚变薄至尖灭，本区厚度200～400m，共分3段。

下段：主要岩性为灰白色、灰黑色砂岩，泥岩，凝灰岩，凝灰角砾岩，火山角砾岩，夹薄层碳质泥岩及薄煤层；中段：黑色泥岩夹薄层砂岩、凝灰质泥岩，含1～3层可采煤层，层理发育；上段：灰白色与灰黑色砂岩，以灰绿色砾岩为主，夹薄层凝灰岩、玄武岩、含炭泥岩、凝灰质砂岩。

2）构造

瞻榆煤田位于天山-兴蒙造山系（I₂）、大兴安岭弧盆系（Ⅱ₂）、锡林浩特岩浆弧（Ⅲ₃）内，古沉积环境位于长岭古背斜的西翼；区域地层区划为天山—兴安地层区，松辽地层分区，松嫩地层小区。整个盆地为第四系掩盖区，没有其他地层出露。

3）岩浆岩

区内为第四系掩盖区，并且以往地质工作较少，岩浆岩分布不详。

4）煤层与煤质

本区含煤地层为下白垩统沙河子组，该含煤地层可与南部内蒙古自治区的协尔苏盆地、吉尔格朗盆地、辽宁古榆树勘查区的含煤地层相对比。含煤1～5层，可采或局部可采3层。根据松辽盆地东南缘及协尔苏盆地等煤质资料，预测该区的煤类应为长焰煤。

2. 预测区

瞻榆煤田本次资源潜力预测仅划分1个预测区，即瞻榆预测区。

该预测区位于吉林省通榆县瞻榆镇境内，四平—白城铁路线的西侧，宽约为20.0km，长约为30.0km，面积624.23km²。区内有省级公路、乡镇公路相通，交通较为便利。

(1)预测区圈定的依据。

①预测区位于松辽盆地西部斜坡带上,是受北东向断裂带及东西向隐伏褶皱构造控制的呈北东向展布的地堑型断块。航空磁力显示处于正负异常交界处,ΔT 为 $-50\mathrm{nT} \sim +100\mathrm{nT}$;重力布格异常值为 $-20\times10^{-5} \sim -15\times10^{-5}\mathrm{m/s^2}$,预测区处于白城-吉林-延吉复杂异常区(Ⅰ),松辽平原低缓异常区(Ⅱ),兴龙山-边昭正负异常分区(Ⅲ),瞻榆重力低小区(Ⅳ)内。

预测区为松辽盆地西南缘边坡深部沉积,对比分析认为区内应有晚侏罗世含煤地层存在。航磁显示区内存在火成岩侵入体的可能性较大,并有较大断裂通过预测区北部。

②1993年东北煤田地质局第二物探队提交的《吉林省通榆县瞻榆—内蒙古科左中旗腰力毛都电法普查勘探报告》认为:该区构造以褶皱为主,基底总的趋势为西南高,东北低,深度变化平缓,断层反映不明显。故仅圈定出凹陷3个,隆起2个。其中哈根庙和瞻榆-边昭凹陷与后玛尼吐凹陷的电性反映和构造形态相似,推断认为该凹陷内应有早白垩世煤系地层存在。通过对已知资料和实测曲线研究,认为在哈根庙和瞻榆-边昭两个凹陷内均有早白垩世煤系地层的赋存,并在部分区域可能存在早、中侏罗世煤系地层赋存的可能。其中哈根庙区本次控制范围为 $10\mathrm{km^2}$,基底深度大于800m,瞻榆-边昭区控制面积为 $650\mathrm{km^2}$,基底深度大于800m。

③在预测区的北部(于本区同处于一个断块)石油地质系统中施工了1个钻孔(保12)钻遇下白垩统沙河子组含煤地层,并见到了煤线和煤块。在预测区南部为内蒙古自治区的宝龙山矿区和花吐古拉盆地。因此,预测本区有可采煤层赋存。

(2)预测资源量。本预测区西北以断层为边界,东南至省界,东北、西南以隐伏煤层露头为界,面积 $624.23\mathrm{km^2}$,预测资源量估算参数采用邻近的宝龙山矿区的一层煤层的平均厚度1.10m,采用该煤层的平均视密度 $1.29\mathrm{t/m^3}$,该区地质构造简单,煤层较稳定,因此校正系数 β 取值0.6,预测深度为 $600 \sim 1500\mathrm{m}$。

预测资源量规模为中型,远景区分类为次有利的(Ⅱ),预测资源的开发利用前景为良(B)等。

三、松辽盆地东部赋煤带

松辽盆地东部赋煤带共划分4个煤田,圈定7个预测区,预测区面积 $1\,343.76\mathrm{km^2}$,预测潜在资源量 $10\times10^8\mathrm{t}$。

(一)四平-双辽煤田

四平-双辽煤田位于吉林省中西部四平市内,北起梨树县的桑树台镇,南至梨树县,西起双辽市,东至榆树台镇,区内无开采矿井及勘查区。东、西辽河在区内由北向南流过。

区内北高南低,海拔 $112 \sim 161\mathrm{m}$,北高南低高差很小,区内交通便利,平齐铁路、长白铁路可以通往全国各地,主要公路有203国道、303国道,交通较为便利。

1. 煤田地质概况

1)含煤地层

本区主要含煤地层为下白垩统沙河子组。该含煤地层在松辽盆地内由东向西由厚变薄至尖灭,本区厚 $200 \sim 300\mathrm{m}$,共分3段。

下段:主要岩性为灰白色、灰黑色砂岩,泥岩,凝灰岩,凝灰角砾岩,火山角砾岩,夹薄层碳质泥岩及薄煤层;中段:黑色泥岩夹薄层砂岩,凝灰质泥岩,沉积 $1 \sim 3$ 层可采煤层,层理发育;上段:灰白色、灰黑色砂岩,以灰绿色砾岩为主,夹薄层凝灰岩、玄武岩、含炭泥岩、凝灰质砂岩。

2) 构造

煤田位于天山—兴蒙造山系（I_2）、大兴安岭弧盆系（II_2）、锡林浩特岩浆弧（III_3）内，即松辽盆地南缘大黑山条垒北侧的松辽盆地东部赋煤带，与辽宁的铁岭盆地、古榆树勘查区，内蒙古自治区的吉尔格朗盆地，协尔苏盆地统属于一个隐伏背斜的两翼。区内断层以北东向为主，少量为近南北向，断层以张性正断层为主，断距不详。

3) 岩浆岩

本区西北部松辽盆地南缘有海西期及燕山期花岗岩、玄武岩、安山岩等火山岩体，煤系地层中火山岩体侵入较少。对煤层后期破坏不大。

4) 煤层与煤质

本区含煤地层为下白垩统沙河子组，该含煤地层可与南部内蒙古自治区的协尔苏盆地、吉尔格朗盆地、辽宁古榆树勘查区的含煤地层相对比。含煤1~5层，可采或局部可采3层。根据松辽盆地东南缘及协尔苏盆地等煤质资料，预测该区的煤类应为长焰煤。

2. 预测区

煤田内圈定2个预测区，即双辽东部、榆树台西部预测区。

1) 双辽东部预测区

该预测区位于吉林省双辽市东部，西距双辽市5km，东南距四平市63km，位于四平-白城铁路线的东侧，203国道、303国道在区内通过，宽约为9.5km，长约为18.5km，面积180.85km²。区内有国道、省道及乡镇公路相通，交通较为便利。

(1) 预测区圈定的依据。预测区位于松辽盆地南部斜坡带上，受北东向断裂带及东西向隐伏褶皱构造的控制，呈北东向展布的半地堑型断块。航空磁力显示ΔT为$+120\sim+200$nT；重力布格异常值为$-10\times10^{-5}\sim-5\times10^{-5}$m/s²，预测区处于白城-吉林-延吉复杂异常区（I），松辽平原低缓异常区（II），双辽-梨树异常分区（III），瓦房镇-东屏镇正负异常小区（IV）。重力异常显示有侏罗纪—白垩纪地层存在的可能。航磁显示区内存在火成岩侵入体的可能性较大，也存在着老地层凸起的可能性或有磁性金属矿床分布。

预测区西部以往施工的钻孔揭示在白垩系泉头组之下有沙河子组含煤地层沉积，局部见薄煤及碳质泥岩。同时预测区与内蒙古自治区的吉尔格朗勘查区、协尔苏盆地、辽宁的古榆树勘查区、铁岭盆地同处于隐伏背斜的两翼。而以上区域均沉积了下白垩统含煤地层，且含1~5个可采煤层。本次预测区所处的古沉积构造、古沉积模式与内蒙古自治区的吉尔格朗勘查区、协尔苏盆地、辽宁的古榆树勘查区、铁岭盆地基本相同。

区内以往地质工作较少，在南部1986年施工2条地震线，根据地震解释剖面确定该盆地沉积有白垩系含煤地层，因此推断沉积可采煤层可能性较大。

(2) 预测资源量。本预测区西部以断层为界，其他以煤层隐伏露头为界，面积180.85km²，煤层厚度采用本区南部（内蒙古自治区内）以往施工的79141钻孔的煤层厚度1.10m，视密度采用该钻孔的煤质化验资料1.29t/m³。本区地质构造较简单，煤层较稳定，因此预测校正系数β采用0.6，预测深度为1000~1500m，预测资源量规模为中型，远景区分类为次有利的（II），预测资源的开发利用前景为良（B）等。

2) 榆树台西部预测区

该预测区位于吉林省双辽市东部、四平市西部，西距双辽市38km，东南距四平市18km，位于四平-白城铁路线的东侧，303国道在区内通过，宽约为18.5km，长约为30.0km，面积562.05km²。区内有国道、省道及乡镇公路相通，交通较为便利。

(1) 预测区圈定的依据。预测区是松辽盆地西南隆起区诸多（小型隐伏）盆地中的一个，即八面城盆地,其南部为一个北西向隐伏背斜。

松辽盆地西南隆起区由一条隐伏背斜和背斜两翼的诸多小型隐伏盆地构成,南翼由西向东排列的聚煤盆地有内蒙古自治区的甘旗卡盆地、常胜盆地、吉尔格朗盆地、协尔苏盆地(金宝屯矿区)、辽宁省的古榆树盆地。上述盆地及勘查区均沉积有可采煤层,并且协尔苏盆地、古榆树及其南部资源储量超过亿吨,现已建井开采,同时古榆树南部的亮中地区现正在勘探施工,已见到可采煤层,推测储量很可观,吉尔格朗勘查区已提交普查报告,古榆树地区现正在勘查,煤层厚度1~3m。

背斜北翼由西向东排列内蒙古自治区的钱家店、大林、门达和吉林省的双辽均有煤层沉积,而八面城盆地位于诸多盆地的东部,呈东西向排列。

本区南部辽宁境内,曾做过物探工作,绘制了电测深等值线图。从等值线的形态可以看出,在辽宁省内八面城盆地的南部为半个向斜盆地,向吉林省内延伸(推断的虚线部分)与本预测区构成一个完整的北东-南西向盆地形态,因此推断预测区为隐伏向斜盆地的北东端。

(2)预测资源量。本预测区南至省界,西、北、东至隐伏煤层露头,面积562.06km², 煤层厚度采用本区南部(内蒙古境内)以往施工的79141钻孔的煤层厚度1.10m,视密度采用该钻孔的煤质化验资料1.29t/m³,本区地质构造较简单,煤层较稳定,因此预测校正系数β取值0.6,预测深度为600~1500m。

预测资源量规模为小型,远景区分类为次有利的(Ⅱ),预测资源的开发利用前景为良(B)等。

(二)双城堡-刘房子煤田

双城堡-刘房子煤田位于吉林省中北部,长春-公主岭内,北起公主岭市双城堡镇,南至二十家子,西起公主岭市小城子,东至长春净月水库,区内开采矿井有二十家子煤矿、刘房子煤矿、新立城煤矿、三道煤矿,暂无勘查区。区内地表水系主要有东辽河、伊通河、太平池水库、新立城水库。

区内南高北低,海拔178~432m,北高南低,高差较大小。京哈铁路、303国道、长四高速公路在区内通过,交通极为便利。

1. 煤田地质概况

1)含煤地层

本区主要含煤地层为下白垩统沙河子组。该含煤地层可与南部内蒙古自治区的协尔苏盆地、吉尔格朗盆地、辽宁的古榆树勘查区的含煤地层相对比。

该含煤地层在松辽盆地边缘向纵深发展由薄变厚,本区厚度200~500m,共分三段。

下段:主要岩性为灰白色、灰黑色砂岩,泥岩,凝灰岩,凝灰角砾岩,火山角砾岩,夹薄层碳质泥岩及薄煤层;中段:黑色泥岩夹薄层砂岩,凝灰质泥岩,沉积1~3层可采煤层,层理发育;上段:以灰白色、灰黑色砂岩,以灰绿色砾岩为主,夹薄层凝灰岩-玄武岩-含炭泥岩-凝灰质砂岩。

2)构造

煤田位于天山-兴蒙造山系(Ⅰ₂)、大兴安岭弧盆系(Ⅱ₂)、锡林浩特岩浆弧(Ⅲ₃)内,即位于松辽盆地南缘大黑山条垒北侧的松辽盆地东部赋煤带内,松辽盆地南缘断阶带至杨大城子—青山口隆起带之间。区内断层以北东向为主,少量为近南北向,断层以张性正断层为主,断距不详。

3)岩浆岩

本区西北部松辽盆地南缘有海西期及燕山期花岗岩、玄武岩、安山岩等火山岩体,煤系地层中火山岩体侵入较少,对煤层后期破坏不大。

4)煤层与煤质

本区含煤地层为下白垩统沙河子组,沉积1~5层,可采或局部可采3层。根据区内矿井资料,该区的煤类应为长焰煤。

2. 预测区

煤田内圈定 3 个预测区,即杨大城子、怀德烧锅店、范家屯北部预测区。

1)杨大城子预测区

该预测区位于公主岭市怀德镇与双城堡镇之间,南距长春 13km,宽约为 6.5km,长约为 20.0km,面积 124.68km²。区内有公路相通,交通较为便利。

(1)预测区圈定的依据。航空磁力等值线平面图上显示 ΔT 为 $-250\sim-50$nT;重力布格异常值为 $-13\times10^{-5}\sim-6\times10^{-5}$m/s²,预测区处于白城-吉林-延吉复杂异常区(Ⅰ),松辽平原低缓异常区(Ⅱ),双辽-梨树异常分区(Ⅲ),瓦房镇-东屏镇正负异常小区(Ⅳ)。对比分析认为区内有下白垩统赋存,其埋藏深度较大、盖层较厚,局部可能存在火成岩侵入体,并有较大断裂通过本区。

本区位于杨大城子-青山口隆起带上,该区边缘杨 103 号钻孔钻遇下白垩统登娄库组,青山口附近的青 8 号钻孔,在 735m 处钻遇侏罗系,表明在该隆起带的低洼处保留有侏罗系,通过地面电法确定该区希望很大,推断该盆地应该沉积有含煤地层。

(2)预测区资源量。本预测区西部以断层为界,其他以隐伏煤层露头为界,面积 124.68km²,预测资源量估算参数采用邻近矿区(石碑岭 1.50m、三道矿区 1.11m)的平均厚度 1.30m,视密度采用邻近矿区(石碑岭 1.29t/m³、三道矿区 1.40t/m³)的平均视密度 1.34t/m³,本区地质构造较复杂,煤层不稳定,因此预测校正系数 β 取值 0.4,预测深度为 0~1500m。

预测资源量规模为小型,远景区分类为不利的(Ⅲ),预测资源的开发利用前景为差(C)等。

2)怀德烧锅店预测区

该预测区位于公主岭市怀德镇至烧锅镇之间,宽约为 5.5km,长约为 18.5km,面积 114.25km²。公路相通,交通较为便利。

(1)预测区圈定的依据。

①航空磁力显示 ΔT 为 $-150\sim0$nT;重力布格异常值为 $-15\times10^{-5}\sim0$m/s²,预测区处于白城-吉林-延吉复杂异常区(Ⅰ)、松辽平原低缓异常区(Ⅱ)、双辽-梨树异常分区(Ⅲ)、瓦房镇-东屏镇正负异常小区(Ⅳ)内。对比分析认为区内有下白垩统存在,并有较大断裂通过本区或其东南部边缘。

②1975 年吉林省煤田地质勘探公司物探测量队提交的《小合隆—大榆树地区电法普查勘探报告》认为:本区基底起伏较为平缓,其深度为 1300~1800m,一般 1500~1600m 左右,由南向北逐渐加深,略呈波浪式起伏。基底岩性为前中生界变质岩及火成岩。本区大面积沉积下白垩统,赋存于诸家洼子、烧锅店、丁家窝棚、曲家窝棚一带,呈北东向条带状分布,受 F_1 和 F_2 走向断层控制,长约 55km,宽为 6~12km,并被倾向断层切割而成断块状。煤系厚度 300~800m,控制煤系赋存区约 700km²。区内钻孔未钻穿煤系,杨 103 号、杨 74-3 号、杨 74-4 号孔虽钻遇下白垩统,但均未见到可采煤层,仅见到了薄煤线。尽管如此,本区找煤还有希望,煤系覆盖层白垩系一般较厚,可达 700~1100m。F_1、F_2 为走向断层,控制了煤系地层的沉积,并具有断裂的多期性。F_3、F_4、F_5 为倾向断层,切割了 F_1、F_2 走向断层,以水平错动为主,F_3、F_5 水平断距较大。

③1974—1975 年,203 勘探队施工 2 个钻孔(74-3 号、74-4 号)其中 74-3 号钻孔在 740m 处钻遇沙河子组含煤地层,989.47m 停孔于沙河组煤系地层中。1978 年地矿部松辽石油普查大队作了地震勘探,给出了该区基底等深线及煤层等深线(T_{4-1} 地震反射波)。1991 年 203 勘探队在该区施工 91-3 号钻孔,在相应的 T_{4-1} 地震反射波层位钻遇 0.40m 厚煤层,终孔于火石岭组火山碎屑岩中。根据钻孔资料区内含煤岩系基底为古生界地层,向上沉积了晚侏罗系火石岭子组,早白垩系沙河子组、泉头组等。本区呈北东 45°长条形展布,含煤地层下部为砾岩、粗砂岩等粗碎屑沉积,中部为黑色粉砂岩、粉砂质泥岩、泥岩,层理发育,上部为砾岩、粗砂岩夹深灰色细砂岩、粉砂岩等。

(2)预测区资源量。本预测区西部以断层为界,其他以煤层隐伏露头为界,面积114.25km²,预测资源量估算参数采用邻近矿区(石碑岭1.50m、三道矿区1.11m)的平均厚度1.30m,视密度采用邻近矿区(石碑岭1.29t/m³、三道矿区1.40t/m³)的平均视密度1.34t/m³,本区地质构造较复杂,煤层不稳定,因此预测校正系数 β 取值0.4,预测深度为600~1500m。

预测资源量规模为小型,远景区分类为不利的(Ⅲ),预测资源的开发利用前景为差(C)等。

3)范家屯北部预测区

预测区位于四平市范家屯镇东北部,东北距长春11km,京哈铁路北侧,宽约为7.0km,长约为20.0km,面积137.24km²。区内有铁路、公路相通,交通较为便利。

(1)预测区圈定的依据。本预测区位于松辽盆地南缘斜坡带的小型单地堑型断块上,是松辽盆地东南缘深部找煤的主要区域,同时在航空磁力等值线平面图上显示 ΔT 为 -100 ~ $+50$ nT;重力布格异常值为 -15×10^{-5} ~ -10×10^{-5} m/s²,预测区处于白城-吉林-延吉复杂异常区(Ⅰ),松辽平原低缓异常区(Ⅱ),双辽-梨树异常分区(Ⅲ),瓦房镇-东屏镇正负异常小区(Ⅳ)内。对比分析认为区内大部分赋存下白垩系的可能性较大,局部可能存在火成岩侵入体,地层相对平缓、稳定。

该区早白垩世沉积时期具备聚煤环境,所处的构造位置位于松辽盆地东南缘的斜坡带上,与刘房子煤矿、新立城煤矿相邻,区内以往勘查工作极少,仅施工一个钻孔,终孔于白垩系泉头组砾岩;推断预测区有含煤地层沉积。

(2)预测区资源量。本预测区北、西部以断层为界,南、东以隐伏煤层露头为界,面积137.24km²,预测资源量估算参数采用邻近矿区(石碑岭1.50m、三道矿区1.11m)的平均厚度1.30m,视密度采用邻近矿区(石碑岭1.29t/m³、三道矿区1.40t/m³)的平均视密度1.34t/m³,本区地质构造较复杂,煤层不稳定,因此预测校正系数 β 取值0.4,预测深度为1000~1500m。

预测资源量规模为小型,远景区分类为不利的(Ⅲ),预测资源的开发利用前景为差(C)等。

(三)营城-羊草沟煤田

营城-羊草沟煤田位于吉林省中东部,九台市内,北起扶余县,南至九台市放牛沟乡,西起长春市兴隆山镇,东至九台市其塔木镇。区内开采矿区有羊草沟矿区、营城矿区。勘查区有九台饮马河普查区、九台北部煤炭资源普查区、张家大院煤炭资源普查区、官地普查区、卢家-回回营普查区。

本区南高北低,海拔128~235m,区内地表水系主要有饮马河、沐石河。区内有京哈铁路、长图铁路、102国道、长哈高速公路、长吉高速公路通过,交通便利。

1.煤田地质概况

1)含煤地层

本区主要含煤地层为下白垩统沙河子组,该含煤地层在松辽盆地边缘向深部由薄变厚,本区厚度400~1200m,共分3段。

下段:主要岩性为灰白色、灰黑色砂岩,泥岩,凝灰岩,凝灰角砾岩,火山角砾岩,夹薄层碳质泥岩及薄煤层;中段:黑色泥岩夹薄层砂岩、凝灰质泥岩,发育有1~3层可采煤层,层理发育;上段:灰白色、灰黑色砂岩,以灰绿色砾岩为主,夹薄层凝灰岩、玄武岩、含炭泥岩、凝灰质砂岩。

2)构造

煤田位于天山-兴蒙造山系(I_2),小兴安岭弧盆系(II_5)、放牛沟早古生代岛弧(IV_{10})内,即松辽盆地东南隆起区,九台-长春凸起的东南边缘。松辽盆地东缘大黑山条垒的北侧,区内断层以北东向为主,少量为近南北向,断层以张性正断层为主,断距不详。

3)岩浆岩

本区东南部松辽盆地东南缘有海西期及燕山期花岗岩、玄武岩、安山岩等火山岩体,煤系地层中火山岩体侵入较少。对煤层后期破坏不大。

4）煤层与煤质

本区含煤地层为下白垩统沙河子组，含煤1~5层，可采或局部可采煤层3层。根据区内矿井资料，该区的煤类应为长焰煤。

2. 预测区

煤田内圈定1个预测区，即卢家-回回营预测区。该预测区位于吉林省九台市东北部，西南距九台市20km，东距九台市其塔木镇10km，九台-榆树公路西侧，宽约为8.5km，长约为15.0km，面积134.71km^2。区内有省级公路、乡镇公路相通，交通较为便利。

(1) 预测区圈定的依据。本预测区位于松辽盆地东缘斜坡带的小型地堑型断块，南部为九台市官地矿区，西部为张家大院普查区，根据区域地层推断该区应沉积有沙河子组含煤地层，是松辽盆地东南缘深部找煤的主要区域，同时在航空磁力ΔT等值线平面图上呈相对的低异常、重力异常图上呈低异常。从古沉积环境上存在聚煤环境。类比羊草沟盆地、营城盆地聚煤环境及综合分析邻近盆地地质资料，推断该区沉积可采煤层可能性很大。

(2) 预测资源量。本预测区以隐伏煤层露头为界，面积134.71km^2，煤层厚度采用邻近官地矿区的煤层平均厚度1.30m，视密度也采用该矿区的平均视密度1.33t/m^3。该区地质构造较复杂，煤层较稳定，因此预测校正系数β取值0.4，预测深度为600~1000m。

预测资源量规模为小型，远景区分类为不利的（Ⅲ），预测资源的开发利用前景为差（C）等。

（四）榆树煤田

榆树煤田位于吉林省北东部，吉林省榆树市内，北起榆树市土桥镇，南至谢家乡，西起黑林子镇，东至吉林省边界。区内无开采矿区及勘查区。

区内东高西低、南高北低，海拔161~332m，区内有省道和乡道相通，交通便利。

1. 煤田地质概况

1）含煤地层

本区主要含煤地层为下白垩统沙河子组，该含煤地层在松辽盆地边缘向纵深发展由薄变厚，本区厚度200~800m，共分3段。

下段：主要岩性为灰白色、灰黑色砂岩，泥岩，凝灰岩，凝灰角砾岩，火山角砾岩，夹薄层碳质泥岩及薄煤层；中段：黑色泥岩夹薄层砂岩、凝灰质泥岩，沉积1~3层可采煤层，层理发育；上段：灰白色、灰黑色砂岩，以灰绿色砾岩为主，夹薄层凝灰岩、玄武岩、含炭泥岩、凝灰质砂岩。

2）构造

煤田位于天山-兴蒙造山系（Ⅰ$_2$）、小兴安岭弧盆系（Ⅱ$_5$）、放牛沟早古生代岛弧（Ⅳ$_{10}$）内，即松辽盆地东南隆起区，榆树-梨树凹陷东部。区内断层以北东向为主，少量为近南北向，断层以张性正断层为主，断距不详。

3）岩浆岩

本区东南部松辽盆地东南缘有海西期及燕山期花岗岩、玄武岩、安山岩等火山岩体，煤系地层中火山岩体侵入较少。对煤层后期破坏不大。

4）煤层与煤质

本区含煤地层为上侏罗统沙河子组，含煤1~5层，可采或局部可采煤层3层。根据邻区矿井资料，该区的煤类应为长焰煤。

2. 预测区

煤田内圈定1个预测区,即新立-土桥预测区。该预测区位于吉林省榆树市东南部,西北距榆树市18km,202国道的东侧,东距舒兰-五常市铁路15km,宽约为6.0km,长约为15.0km,面积89.97km²。区内有国道、省道及乡镇公路相通,交通较为便利。

(1) 预测依据。本区位于松辽盆地东缘斜坡带的榆树地堑型断块的中部,是松辽盆地东缘深部找煤的主要区域,吉林省航空磁力ΔT异常等值线平面图上呈相对低异常($+100\sim+200$nT)、吉林省布格重力异常平面图上为负异常($-5\times10^{-5}\sim0$m/s²)。从古沉积环境上存在聚煤环境。从构造上看该区所处的构造位置位于松辽盆地东缘的斜坡带上,预测区的东部为五常矿区,由于构造作用该区应为五常矿区的深部。区内以往地质工作量很少,1984年东北煤田地质局第二物测队施工3条地震线,同时施工了3个验证钻孔,其中1个钻孔(8406)停孔于沙河子组含煤地层的黑色泥岩、粉砂岩中,其余2个钻孔由于钻机能力限制,终孔于白垩系泉头组砾岩中,同时在该区东部的五常矿区现已开发利用。综合分析推断该区沉积可采煤层可能性很大。

(2) 预测资源量。本预测区北、东、南以断层为界,西部以隐伏煤层露头为界,面积89.97km²,煤层厚度采用邻近官地矿区的煤层平均厚度1.30m,视密度也采用该矿区的平均视密度1.33t/m³,该区地质构造较复杂,煤层较稳定,因此预测校正系数β取值0.4,预测深度为1500~2000m。

预测资源量规模为小型,远景区分类为不利的(Ⅲ),预测资源的开发利用前景为差(C)等。

四、伊舒断陷赋煤带

伊舒断陷赋煤带内有2个煤田,圈定5个预测区,预测区面积435.75km²,预测潜在资源量6.3×10^8t。

(一) 舒兰煤田

舒兰煤田位于吉林省中部,吉林市区及舒兰市内。煤田南西起于乌拉街,北东至平安镇,长为82km,平均宽为2.8km,面积229.6km²。煤田内有舒兰矿业(集团)三矿、四矿、五矿、七矿,以及呈祥煤矿、舒兰市广源煤业有限公司、水曲柳一井等45个矿井,有水曲柳-平安找矿区、朝阳普查区、平安普查区、水曲柳二井普查区、舒兰街深部精查区等8个勘查区。该区属山间平原及丘陵地貌,地面标高为135.0~388.6m,比差253.6m。松花江干流从本区西南流过,其支流遍布,水系发育。地理坐标:东经126°26′33″—127°15′30″,北纬44°05′50″—44°37′11″。区内有省道、乡镇公路及舒兰市至黑龙江五常铁路相通,交通较为便利。

1. 煤田地质概况

1) 含煤地层

舒兰煤田主要煤系地层为古近系下新统新安村组及始新统舒兰组,舒兰组含煤性较好,为主要含煤地层,岩性特征如下。

① 新安村组(E_1x),本组厚约300m,最厚达650m。

在舒兰煤田的新安村-四间房及平安地段煤系地层较发育,在水曲柳、红阳-缸窑局部发育,主要是湖泊和冲积扇沉积岩系,在横向上由冲积扇、扇三角洲向盆地中心变薄尖灭,相变为湖泊相泥岩、黏土岩沉积。该组为一套灰绿色沉积岩系,以往称下部绿色岩系,以灰绿色粉砂质泥岩、粉砂岩、灰白色泥质粉砂岩、粉砂质泥岩为主,局部夹薄层钙质砂岩及菱铁质泥岩,含植物化石碎片,夹碳质泥岩和多层薄煤,局部可采。

②舒兰组（E_2s），本组最大厚度大于1000m。

本组地层划分两个段，即含煤段和褐色泥岩段。

含煤段：主要岩性为灰色、灰白色砂岩，粉砂质泥岩，泥岩，褐色泥岩，含较多的炭化植物化石。含煤20~30层，其中局部可采及大部可采的煤层8~13层，可采煤层总厚度9.59~19.35m；本段厚度123~490m。

褐色泥岩段：以含有小石英砾的厚层状褐色泥岩为主，该泥岩为块状构造、致密、均一，结构细腻，为标志层。本段含两层煤，局部可采。本段厚95~300m。

2）构造

舒兰煤田位于滨太平洋陆缘活动带（I_3）、松辽弧内断坳盆地（II_8）、伊舒裂陷带（IV_{24}）之东北段，整个煤田在倾向上为不对称向斜，在走向上为狭长的向斜盆地，盆地被数条北东向的走向正断层及倾向断层断开，形成地垒式断块构造。北西侧边界断层落差较大，一般为800~1000m，南东侧边界断层落差稍小，一般为400~600m。在该断裂带南东侧多处见煤层露头，呈现出完整的盆地形态。区内地层南东侧较缓，一般为15°~30°，北西侧较陡，一般为30°~45°，局部超过60°。

3）岩浆岩

区内未发现岩浆岩侵入体，断裂带外围出露大面积海西期花岗岩，为沉积古基底，对煤系地层无影响。

4）煤层与煤质

本区舒兰组含煤段平均厚度为117.64m，共含煤8~25层，煤层总厚度为5.10~59.10m，而其中层位较稳定，可对比的全区可采，即大部分可采煤层有7层。新安村组含煤层数多，煤层薄，多为不可采煤层，含煤性差，仅在区内局部见可采煤层。

煤田内除水曲柳镇附近为长焰煤外，其他矿井及勘查区均为褐煤。

2. 预测区

舒兰煤田内圈定2个预测区，即吉舒-乌拉街深部预测区、缸窑北预测区。

1）吉舒-乌拉街深部预测区

预测区位于吉林省舒兰市内，舒兰市以西，吉林至五常铁路线的北侧，南西起于乌拉街，北东至朝阳镇，长约为39.75km，平均宽为1.69km，面积67.18km²。该区属山间平原及低山地貌，松花江干流从本区西侧流过，水系发育。地理坐标：东经126°26′33″—126°49′22″，北纬44°05′50″—44°20′25″。区内有省道、乡镇公路相通，交通较为便利。

本区含煤地层为古近系始新统舒兰组，该组地层两段特征明显，其上部为褐色泥岩段，下部为含煤段，含可采煤层，为地垒型断陷盆地成煤。该区构造上位于伊舒断裂带东部段，即舒兰煤田中，以北西、南东两侧发育的两条对倾走向正断层为边界，构成地垒控煤构造。根据本区以往钻孔见含煤段上部标志层，即褐色泥岩，因此推测本区下部有可采煤层赋存。

（1）预测区圈定依据。

①吉林省航空磁力ΔT等值线平面图显示，ΔT值+80~+250nT；吉林省重力布格异常平面图上呈负异常，异常值$-25 \times 10^{-5} \sim 20 \times 10^{-5}$m/s²，预测区处于白城-吉林-延吉复杂异常区（I），吉林中部复杂正负异常区（II），伊舒带状负异常分区（III）。受伊舒断陷影响，预测区内航磁和重力布格异常等值线突然变陡、变密，该特征预示着有较大断裂在预测区内或边缘通过，对比分析认为区内应有古近系地层赋存，且其埋藏相对较深。

②预测区南北两侧正断层的上升盘均有煤层赋存，如北侧的四间房精查区，南侧的缸窑煤矿、丰广煤矿、吉舒煤矿、东富煤矿，由此推断预测区（断层的下降盘）应有可采煤层赋存。

③在吉舒-乌拉街深部找矿总结中,本区边部有4个钻孔见褐色泥岩段,尔后过断层进入古近系古新统或白垩系地层中,说明区内未受断层影响部位,存在含煤段地层。推测本区下部有可采煤层赋存,其赋存深度为600~1500m。煤质情况根据邻区预测为褐煤。

(2)预测资源量。预测区周边以断层为边界,预测面积67.18km^2(其中埋深600~1000m面积25.89km^2;埋深1000~1500m面积41.29km^2)。煤层平均厚度3.85m(按北侧四间房8022钻孔见煤厚度4.55m,南侧吉舒七井平均煤厚3.15m,取平均值为3.85m)。煤炭平均视密度1.40t/m^3(按邻区吉舒矿区煤层视密度值)。预测区构造复杂,煤层较稳定,校正系数取β为0.5。

本预测区预测资源量规模为中型,远景区分类为较有利的(Ⅱ),预测煤炭资源的开发利用前景为良(B)等。

2)缸窑北预测区

该预测区位于吉林省舒兰市内,缸窑镇以北,南西起于吉龙煤矿,北东至舒兰矿业(集团)七矿,长约为11.55km,平均宽为0.726km,面积8.39km^2。该区属山间平原及低山地貌。地理坐标为东经126°36′12″—126°43′13″,北纬44°11′11″—44°15′42″。区内有省级道、乡镇公路相通,吉林至五常铁路线从该区南侧通过,交通较为便利。

本预测区含煤地层为古近系古新统新安村组,该组上部为绿色、灰绿色粉砂质泥岩,粉砂岩含煤段,而以灰绿色碎屑岩沉积为主,含煤性差,层数多(煤层编号为8~50),煤层薄,多为不可采煤层,局部见可采煤层,如舒兰街—东富煤矿之间的朝阳区见46层、47层、48层、49层。预测区为单侧断陷盆地成煤,该区南东侧发育一条倾向北西的正断层,该断层的下盘(上升盘)为控煤构造。区内煤层赋存情况根据邻区以往钻孔见煤情况推测,本区下部有可采煤层赋存,其赋存深度为0~600m。煤质情况根据邻区预测为褐煤。

(1)预测区圈定依据。

①吉林省航空磁力ΔT等值线平面图显示,ΔT值-150nT左右;吉林省重力布格异常平面图上呈负异常,异常值-25×10^{-5}m/s^{2}左右,预测区处于白城-吉林-延吉复杂异常区(Ⅰ),吉林中部复杂正负异常区(Ⅱ),伊舒带状负异常分区(Ⅲ)。预测区内航磁和重力布格异常等值线比较平稳,对比分析认为区内应有古近系地层赋存,其埋藏深度相对较浅。

②预测区东西两侧均有生产煤矿,西侧的吉龙煤矿、东侧的舒兰矿业(集团)七矿,两矿煤层赋存情况较好。

③本区有零星钻孔,见煤情况:59-5孔煤层厚度1.61m;59-15孔煤层厚度0.93m;59-10孔煤层厚度0.76m。三孔均未穿透含煤段,其下部仍有煤层存在。《红阳煤矿三井详终报告》中3个可采煤层累计厚度为3.69m。

(2)预测资源量

预测区北以F$_7$断层为界,南至煤层露头,西起吉龙煤矿,东至舒兰矿业(集团)七矿。预测面积8.39km^2;煤层平均厚度1.60m(采用吉龙煤矿、舒兰矿业集团七矿及区内见煤钻孔厚度平均值),煤炭平均视密度1.45t/m^3,该预测区为预测可靠区,中等构造,煤层较稳定,资源量校正系数β为0.7,预测煤层赋存深度为0~600m。

本区预测资源量规模为大型,远景区分类为较有利的(Ⅰ),预测煤炭资源的开发利用前景为优(A)等。

(二)伊通煤田

伊通煤田位于吉林省中部,吉林市永吉县及四平市伊通县内,煤田西起四平市二龙山水库,东至永吉县桦皮厂,南西起于伊通县城、岔路河镇及一拉溪一带,北东至靠山镇、大南镇、奢岭镇河湾子镇一带,长为150km,平均宽为15km,面积2250km²。煤田内含大孤山一井、二井两个矿井,有伊通-大孤山找矿1个勘查区。本区属丘陵-低山地貌,地面标高为131～583.3m,比差452.3m。北大河、双阳河、伊通河、饮马河、鳌龙河自区内流过。另外在该煤田北侧有二龙山水库、新立城水库、石头口门水库等水体分布,水系发育。地理坐标:东经124°48′38″—126°22′21″,北纬43°11′57″—44°05′26″。区内无等级公路,只有乡间土路及砂石路相通,交通较为不便。

1. 煤田地质概况

本区工作程度较低,仅在1978年8月由吉林省煤田地质勘探公司203队提交了《伊通—大孤山找矿地质勘探总结》,工作面积600km²,共施工5条勘探线,线距8～10km,施工了22个钻孔,总工程量为16 121.36m,大致查明了区域地层分布情况,仅在大孤山小井区附近对煤系地层进行了划分和对比,其他区域只是依据零星的油田钻孔资料及物探资料初步划分地层,推测构造,有待于后期地质工作进一步验证。

1)含煤地层

区内含煤地层为古近系始新统舒兰组(原名:伊通组),其岩性特征如下。

舒兰组(E_2s),本组一般厚度为200～600m。

本组地层划分两个段,即褐色泥岩段和含煤段。

褐色泥岩段:以含有小石英砾的厚层状褐色泥岩为主,该泥岩为块状构造、致密、均一,结构细腻,为标志层。本段厚度95～300m。

含煤段:主要岩性为灰色、灰白色砂岩,粉砂质泥岩,泥岩,褐色泥岩,含较多的炭化植物化石,含薄煤多层,其中局部可采煤层1～2层,可采煤层总厚度1～2m;本段厚度123～490m。

2)构造

伊通煤田位于滨太平洋陆缘活动带(I_3)、松辽弧内断坳盆地(II_8)、伊舒裂陷带(IV_{24})之西南段,由走向北东的2条对倾的正断层构成地堑式构造。在大孤山小井附近见煤系地层露头,在倾向剖面上地层形态为不对称向斜。

3)岩浆岩

区内仅局部有玄武岩出露,根据现有的钻孔揭露的剖面上未见岩浆岩侵入体。断裂带外侧出露大面积海西期花岗岩,为沉积古基底,对煤系地层无影响。

4)煤层与煤质

根据伊通-大孤山找矿总结及油田钻孔资料,本区含煤地层平均厚度500m,含煤2层,为1#、2#层,煤层厚度较薄,一般1～3m,局部可采。煤质情况根据大孤山小井区资料,为中高灰分的褐煤。

2. 预测区

伊通煤田内圈定3个预测区,即大孤山小井外围预测区、乐山镇-奢岭预测区、一拉溪预测区。

1)大孤山小井外围预测区

预测区位于吉林省伊通县内,与大孤山小井区相邻,该区北东、南西、西北三侧均以断层为边界,仅东侧以煤系地层露头为边界。北东起于马鞍山,南西至后莫里清,西北起于野家屯,东侧至关家屯,平均长9.98km,北东向宽6.843km,预测区面积68.29km²。地理坐标:东经125°05′56″—125°12′19″,北纬43°18′14″—43°28′04″。区内无等级公路,只有乡间土路及砂石路相通,交通不便。

(1)预测区圈定依据。

①吉林省航空磁力 ΔT 等值线平面图显示,ΔT 值-150～+100nT;吉林省重力布格异常平面图上呈负异常,异常值-35×10^{-5}～25×10^{-5}m/s²,预测区处于白城-吉林-延吉复杂异常区(Ⅰ)、吉林中部复杂正负异常区(Ⅱ)、伊舒带状负异常分区(Ⅲ)内。对比分析认为区内应有古近系地层赋存,局部有老

地层出露或火成岩侵入,北部和西部有较大断裂通过。

②重磁曲线显示,预测区与小井区为同一盆地,煤系地层具有连续性。

③预测区有煤系地层出露,邻区(小井区)煤系地层中有可采煤层赋存。

本区含煤地层为古近系始新统舒兰组(原名:伊通组),该组地层上部为泥岩段,下部为含煤段,含可采煤层2层,为断陷盆地成煤。该区仅东侧为煤系地层露头边界,其余三面均为断层。区内煤层赋存情况根据本区含煤地层及临近大孤山小井推测,本区下部有可采煤层赋存,其赋存深度为0~1000m,煤质情况根据大孤山小井区预测为褐煤。

(2)预测资源量。预测区东侧以煤系地层露头为边界,其余三面均以断层为界。预测区面积68.29km²(其中煤层0~600m埋深面积为22.08km²,600~1000m埋深面积为46.21km²);煤层平均厚度0.98m(煤层利用厚度采用大孤山煤矿煤层平均厚度),煤炭平均视密度1.49t/m³(采用大孤山矿煤的视密度),预测区构造复杂程度为中等,煤层稳定类型为不稳定,校正系数取β为0.5。

本区预测资源量规模为小型,远景区分类为较有利的(Ⅱ),预测煤炭资源的开发利用前景为良(B)等。

2)乐山镇-奢岭预测区

预测区位于吉林省伊通县内,南西起于乐山镇的马鞍山,北东至张家烧锅屯,西北起于周家屯、三合屯一带,南东至莲花泡。平均长为23.6km,宽为6.56km,面积154.81km²。该区属山间平原及低山地貌,伊通河从本区西侧由南向北流过,区内水系较发育。地理坐标:东经125°10′10″—125°26′03″,北纬43°26′18″—43°37′30″。区内无等级公路,只有乡间土路及砂石路相通,交通较为不便。

(1)预测区圈定依据。

①吉林省航空磁力ΔT等值线平面图显示,ΔT值-50~+100nT;吉林省重力布格异常平面图上呈负异常,异常值-35×10^{-5}~20×10^{-5}m/s²,预测区处于白城-吉林-延吉复杂异常区(Ⅰ),吉林中部复杂正负异常区(Ⅱ),伊舒带状负异常分区(Ⅲ)。对比分析认为区内应有古近系地层赋存,局部有老地层出露或火成岩侵入,重力布格异常等值线在本区北部明显变陡、变密,预示着有较大断裂通过。

②区域重磁曲线反应,该区基底为一向斜盆地,具备成煤构造条件。依据上述两点推断区内存在可采煤层。

③本区含煤地层为古近系始新统舒兰组(原名:伊通组),该组地层上部为泥岩段,下部为含煤段,含可采煤层2层,为断陷盆地成煤,该区北西侧以区域走向断层为界,西南、南东和正东均以倾向断层为边界。

④区内乐山镇三合屯人工挖水井时在深度9.20m处见到厚度1.35m煤层。根据区内乐山镇三合屯小井见煤点及重磁线形态推测,本区下部有可采煤层赋存,其赋存深度为0~600m。煤质情况根据大孤山小井区预测为褐煤。

(2)预测资源量。预测区北侧以断层及煤系地层界线为边界,东、西、南侧均以断层为边界,预测面积154.81km²;煤层平均厚度1.35m(采用乐山镇三合屯挖井实见煤层厚度),煤炭平均视密度1.40t/m³(根据见煤点实际化验成果),该预测区为预测可能区,构造复杂程度为中等,煤层稳定类型为不稳定,校正系数取β为0.5。

本区预测资源量规模为小型,远景区分类为较有利的(Ⅱ),预测煤炭资源的开发利用前景为良(B)等。

3)一拉溪预测区

预测区位于吉林省吉林市内,属一拉溪镇所辖,南西起于二道岭子,北东至大干沟,西北起于红旗屯北窝棚,东南至一拉溪镇,长为15.87km,平均宽为8.70km,面积138.07km²。该区属山前平原及丘陵地貌,岔路河从本区西侧流过。地理坐标:东经126°00′56″—126°09′40″,北纬43°42′32″—43°54′03″。区内有302国道由西至东通过。另有乡镇公路相通,交通较为便利。

(1)预测依据。

①吉林省航空磁力 ΔT 等值线平面图显示,ΔT 值$-100\sim+200$nT;吉林省重力布格异常平面图上呈负异常,异常值$-38\times10^{-5}\sim-20\times10^{-5}$m/s²,预测区处于白城-吉林-延吉复杂异常区(Ⅰ),吉林中部复杂正负异常区(Ⅱ),伊舒带状负异常分区(Ⅲ)。东北煤田地质局第二物测队编制的《吉林省永吉——拉溪地区地震路线找矿小结》中提出 $T_3\sim T_6$ 反射波,其底界面深度(1600～2600m),综合对比分析认为该组反射波相当于古近系舒兰组含煤地层,埋藏较深,局部有火成岩侵入,东部或有少量磁性金属矿床存在,有较大断裂通过。

②本区含煤地层为古近系始新统舒兰组,该组地层下部为含煤段,含可采煤层,为断陷盆地成煤,该区北西侧发育一条区域走向正断层,构成控煤构造。区内煤层赋存情况根据油田见煤钻孔及地震资料分析,推测本区下部有可采煤层赋存,其赋存深度为 1500～2000m。煤质情况根据邻区预测为褐煤。

③油田地震基底等深线反应,预测区内基底埋深在 2000m 之内。吉林油田施工的昌7、昌9、昌22钻孔均见煤系或可采煤层。

(2)预测资源量。预测区东、西、北侧三侧以埋深 2000m 等深线为界,南侧以盆地边缘断层为界,预测面积 138.07km²;煤层平均厚度 2.5m(利用上述油田施工的 3 个见煤钻孔平均厚度),煤炭平均视密度 1.40t/m³,该预测区为预测可能区,构造复杂程度为中等,煤层稳定类型为不稳定,校正系数取 β 为 0.5,预测煤层赋存深度为 1500～2000m。

本区预测资源量规模为中型,远景区分类为较有利的(Ⅱ),预测煤炭资源的开发利用前景为良(B)等。

五、吉林中部赋煤带

吉林省中部赋煤带内有 3 个煤田,圈定 7 个预测区,预测区面积 335.14km²,预测潜在资源量 3.9×10^8t。

(一)辽源煤田

辽源煤田位于吉林省中南部,辽源市东辽县、东丰县、龙山区、西安区范围内。北与四平市相依,东南与吉林市和通化市毗邻,西南与辽宁省西丰县接壤。其地理坐标:东经 124°51′22″—125°49′52″,北纬 42°17′40″—43°13′40″。南北长 62.50km,东西宽 37.50km,总面积 2 343.75km²。内含辽源矿业(集团)西安煤业公司、西安生利煤矿、大水缸煤矿等 61 个矿井;有大水缸煤矿外围煤炭资源普查、亮甲村煤炭资源普查等 4 个普查区。区内有平梅铁路、集锡公路、辽营、辽西公路纵贯全区,交通便利。

1. 煤田地质概况

1)含煤地层

辽源煤田主要含煤地层为中生代上侏罗统的久大组、安民组及长安组。岩性均为火山碎屑岩及煤层,含煤地层顶、底界限清楚,由老到新分述如下。

(1)久大组(J_3j),厚 600～1500m:主要为中—酸性喷出岩,火山碎屑岩及火山间歇期沉积的凝灰角砾岩,黑色泥岩夹煤层。下部主要为灰紫色斑状安山岩,此层位在辽源、平岗、辽河源一带大面积出露,上部为具水平层理的粉砂岩(厚 0～20m),局部夹煤层 1～2 层,厚度小于 0.5m。

(2)安民组(J_3a),厚 30～180m:岩性由一套中—基性火山岩、火山碎屑岩夹煤层组成。下部为安山岩段,灰色—灰褐色安山岩、安山集块岩厚 70～250m。上部含煤段,以泥岩-粉砂岩为主,含煤为一小型坳陷聚煤,坳陷边缘见冲积相砂砾岩,煤层厚度 0～12.94m。

(3)长安组(J_3c),厚 100~300m:本组分两个段,即下部安山岩段:由灰紫、灰绿色安山岩,安山集块岩,凝灰岩组成。上部含煤段:由砾岩、粉砂岩、砂岩、黑色泥岩及煤层组成,煤层结构复杂。煤层厚度为 1 煤:0~20m,2 煤:0~22m,3 煤:0.1~2.5m,4 煤:0~0.8m。煤层稳定性差,局部可采。下部含煤段,以灰绿色凝灰岩、粉砂岩、砂砾岩为主,局部为泥岩,含煤一层,厚 0~50m,一般为 3~20m,煤层分布范围大,较稳定。直接底板为凝灰岩、泥岩、粉砂岩。

2)构造特征

辽源煤田的大地构造处于天山-兴蒙造山系(I_2)、包尔汉图-温都尔庙弧盆系(II_4)、西保安早古生代被动陆缘(IV_7)。断裂构造发育,北东向断裂早于北西向断裂,故北西向断裂均切割北东向断裂。次级东西向断褶带与南北向横张断裂为火山喷发通道。由于坳陷盆地所处的地理环境的不同,靠近火山喷发较近,盆地中堆积了大量的火山岩系。期间沉积了煤系地层,如久大组和安民组两个成煤阶段,发展到长安含煤段,是由于地壳运动相对稳定,火山喷发结束,沉积幅度由中间向边缘厚度逐渐减小,变薄以致尖灭,致使坳陷沉积不对称。

区内由北东-南北排列着 3 个构造级别,其中东西构造是最古老的一级构造,北西、北东两组断裂构造属同沉积构造。北西方向的断裂构造控制含煤盆地的展布方向,属于 II 级构造;北东方向的断裂属于 III 级构造。盆地现存平面形态为等腰三角形,东西向构造(南部)与盆地演化中形成的后期构造—北东向、北西向线性构造联合控煤。

辽源盆地地层总体呈南北和东西向展布,沉积中心厚,向两翼及边缘变薄。剖面形态为向斜构造。

3)岩浆岩

辽源盆地岩浆活动相对较少,有晚古生代海西期花岗岩和中生代、新生代中、基性侵入岩和喷发岩。新生代岩浆活动表现为超浅层基性侵入岩体。

(1)花岗岩(γ_4):海西期,肉红色,由石英、长石和黑云母组成。粗粒等粒结构,局部受轻微变质作用可见似片麻状构造。主要构成煤系地层的基底,对煤系地层无影响。

(2)安山岩:中生代晚侏罗世早期喷出岩,为灰色、灰绿色、暗绿色、紫灰色,斑晶为长石或黑云母。

(3)玄武岩和辉绿岩:深绿色、灰绿色,基性岩体,产状有喷发的也有侵入的,生成时代为中生代、新生代两期。其中辉绿岩侵入体对煤层有破坏作用。

4)煤层与煤质

(1)长安组煤层。主要分布在平岗、辽源(长安、大营、新生、金州岗、大水缸)两个聚煤坳陷内。平岗坳陷共发育可采或局部可采煤层 5 层,其中第 4 层煤发育最好。辽源坳陷,发育巨厚煤层沉积(5~50m)。煤层多呈单一结构。

(2)安民组煤层。煤层沿走向比较稳定,但沿倾向方向变化很大,且不稳定,煤层结构复杂,为多个煤层组合而成的复煤层。

(3)久大组煤层。该煤层分布范围较广,在平岗的久大、悦安、潘家窑、东方红,辽源的仙人沟、安怒、小城子、渭津、辽河源等地均有出露。该组煤层沉积厚薄不一,有尖灭现象。共有煤层 2~8 层,有 1~3 层可采,煤层不稳定、厚度变化大。煤层结构复杂。

辽源煤田的煤类多为气煤及长焰煤,局部为无烟煤、贫煤。

2. 预测区

辽源煤田内圈定 1 个预测区,即甲山屯预测区。

预测区位于辽源甲山屯,面积 19.60km²,地理坐标:东经 124°57′10″—125°02′13″,北纬 43°02′18″—43°04′42″。

本区临近二龙山水库,由冲积平原和低山地貌构成,地面海拔 210~570m。区内有乡村公路经过,交通较为便利。

(1)预测区圈定依据。吉林省航空磁力 ΔT 等值线平面图显示,ΔT 值＋50nT 左右;吉林省重力布格异常平面图上呈负异常,异常值在-15×10^{-5}m/s^2 左右,预测区处于白城-吉林-延吉复杂异常区(Ⅰ),吉林中部复杂正负异常区(Ⅱ),石岭负异常分区(Ⅲ)内。对比分析认为预测区内存在白垩系地层,局部有火成岩侵入体。

依据1980年吉林省煤田地质勘探公司203勘探队提交的《辽源煤田北柳勘探区精查地质报告》中见煤钻孔78-58见煤深度1 075.37m,煤层厚度6.06m。煤层顶板为黑色泥岩。1983年辽源矿务局提交的《辽源煤田西柳勘探区精查地质报告》中见煤钻孔83-C34号孔见煤深168.28m,煤层厚度9.94m。1980年吉林煤田地质勘探公司203队提交的《辽源煤田金岗勘探区找矿总结》。

(2)预测资源量。预测区周边以断层为界圈定,其面积19.60km^2(其中埋深0～600m的面积为9.63km^2;埋深600～1000m的面积为9.97km^2),煤层平均厚度3.0m,煤炭平均视密度1.50t/m^3,预测区构造复杂,煤层较稳定,校正系数取 β 为0.5。

本区预测资源量规模为小型,远景区分类为较有利的(Ⅱ),预测煤炭资源的开发利用前景为良(B)等。

(二)双阳煤田

双阳煤田位于吉林省长春市双阳区和吉林市的磐石市及永吉县内,其范围南起磐石市的明城镇,北至双阳区长岭子镇的三姓店和永吉县金家镇的红旗堡一带,东到石溪乡,西至小梨河乡附近。长为55km,平均宽为47km,面积约2000km^2。区内有长春市和双阳区的大小煤矿达18家,都是地方小煤矿。含有4个普查区和3个详查区。

双阳盆地处于吉林省中东部松辽平原东缘与东部山区接壤地带,区内属低山丘陵区,地势南高北低。由西向东逐渐变低。地面标高201～666m,比差465m,西部边缘分布鸡爪状的沟汊,长岭乡以东为一较开阔的平原地带,水田较多。

盆地河流属松花江水系,饮马河从盆地东缘附近流过,双阳河发源于盆地南缘高地,经盆地中部流过,在永兴农场北汇入饮马河。在德惠市靠山镇注入伊通河而后流入松花江。其他为季节性小河。

区内交通方便,公路成网,村村通公路,双阳至长春、吉林、磐石、辽源、伊通均有公路相通,公路又与铁路连接,北有哈大线,南有沈吉线与全国相连通。

1.煤田地质概况

1)含煤地层

本区发育的煤系地层为上三叠统大酱缸组(T_3d)、中侏罗统太阳岭组(J_2t)、上侏罗统二道梁子组(K_3e)。现分述如下。

(1)上三叠统大酱缸组(T_3d)。本组控制厚为235～465m。分布于双阳盆地西北部姜家沟一带,零星出露。为一套河流-湖泊相沉积的轻变质岩系,上部为灰黑色粉砂岩、泥岩、中粗粒砂岩、砾岩;中部以灰黑色、灰绿色粉砂岩、泥岩为主,夹砾岩、砂岩、煤层;底部为砾岩。

(2)侏罗系中统太阳岭组(J_2t)。本组厚203～1183m。分布于双阳盆地太阳岭、八面石、五家子、石棚子一带,以河流相沉积为主的含煤岩系,只含薄煤,含煤性差。本组由上部含煤段和底部砾岩段组成。砾岩段为灰色砾岩、浅灰色厚层状凝灰质粗砂岩;含煤段下部以灰色砂岩为主,夹粉砂岩、泥岩,含薄煤数十层,其上部为砂岩、砾岩、粉砂岩互层。在太阳岭夹薄煤层3层,均不可采;在八面石含煤8层,其中可采4层,分层厚0.50～5.00m;在五家子矿含煤1～8层,分层厚0～24.58m。

(3)上白垩统二道梁子组(K_3e),该组厚144～641m。出露于双阳盆地边缘、长岭一带,在二道梁子、大新开河、双顶子和长岭发育,贾家、拉腰子和太阳岭发育次之,该组可划分3个段:

下部砾岩段(K_3e^1):厚64～114m,岩性为灰白色凝灰质砾岩、角砾岩夹数层白色凝灰岩。

中部含煤段（K_3e^2）：底部以粗粒级砂岩为主，夹泥岩及细砂岩，斜层理及斜波状层理较发育，个别钻孔可见冲刷接触及具细砂支撑的砾岩沉积。向上以泥岩为主夹粉砂岩及少量薄层粗砂岩、砾岩，水平层理发育，具较丰富的植物化石，含煤2～3层，大部可采，该层在双阳盆地普遍发育，西、南部有出露并已经开采。煤层总厚度0～5.0m。

上部酸性火山岩段（K_3e^3）：厚46～300m，顶部为灰白色流纹岩夹3～4层松脂岩，局部为紫色砾岩。中部为流纹岩或粗面质凝灰岩，有时在倾向、走向方向相变成为酸性火山碎屑岩或凝灰岩。下部为灰绿色凝灰质砂砾岩或凝灰岩，并有时夹薄层粉砂岩及泥岩，局部夹薄煤层。在二道梁子含煤五层，局部可采，煤层总厚0.20～12.85m。

2）构造

双阳煤田的大地构造处于天山-兴蒙造山系（I_2）内，横跨二个Ⅱ级构造单元，即包尔汉图-温都尔庙弧盆系（II_4）、双-磐裂陷核（IV_9）和小兴安岭弧盆系（II_5）、张家屯早古生代末边缘海（IV_{13}）内。

侏罗世早期，印支运动之后，吉林省进入燕山运动的陆相盆地兴衰期，东部地区上升剥蚀，西部受断裂控制（主要有佳伊断裂、西拉木伦河断裂、敦密断裂），地壳开始下降，形成了西带的红旗盆地、南带的义和盆地、北带的杉松岗盆地及双阳盆地等零星山间盆地。

侏罗世中期双阳盆地受燕山运动第Ⅰ幕的影响，沿断裂带发生火山喷发，盆地边下降边沉积，轮廓向外扩展。侏罗世晚期受燕山运动第Ⅱ幕的影响，强烈的构造运动导致火山多次喷发，双阳盆地扩大了原有规模，叠加了新的盖层。

双阳盆地为一不对称的复向斜断陷盆地，盆地长轴方向北西-南东，为一斜长形盆地，石炭二叠系变质岩和海西期花岗岩构成聚煤盆地的古老沉积基底，盆地边缘均有中生代中侏罗世及早白垩世含煤地层存在，而晚三叠世含煤地层则零星分布在边缘地带。

3）岩浆岩

盆地内岩浆活动比较频繁，种类繁多，喷出岩有安山岩、玄武岩，侵入岩有花岗岩、正长斑岩、玢岩。大体分两个时期，现分述如下。

(1)海西期。

①花岗岩：为黑云母花岗岩，花岗质结构，斑晶为肉红色长石、石英、黑云母、角闪石及少量磁铁矿，为在二叠纪晚期侵入到石炭系、二叠系。

②正长斑岩：粉黄色斑状，斑晶为钾长石和酸性斜长石，基质由粒状及短柱状长石组成，含少量石英，侵入到二叠系。

③蚀变安山岩：暗紫色隐晶质结构，块状构造，坚硬，基质中具明显的碳酸盐化现象，为二叠纪早期。

④安山角砾岩：暗绿色、紫灰色，角砾以安山岩砾为主，棱角状，熔岩胶结。时代为二叠纪。

(2)燕山期。燕山期的岩浆岩在本区更为活跃，玄武岩侵入体，在很多地方都可见到，多可单体呈岩株式侵入，大多顺断层或断层交会点侵入上来。

盆地及其周边曾遭受多期岩浆岩侵入与喷发。晚三叠世沉积大酱缸组时就有多次火山喷发，沉积了数层凝灰岩，凝灰角砾岩。

①安山岩：紫灰色，斑状构造，斑晶为长柱状中长石、黑云母角闪石、辉石，基质为安山质，时代为晚侏罗纪。

②玢岩：浅灰紫色，斑状构造，斑晶以长石为主，隐晶质结构，侵入到二道梁子组煤系地层。

③辉绿岩：暗绿色—灰绿色，致密块状，隐晶质结构，局部斑状构造。时代是白垩纪早期。多侵入到太阳岭煤系地层。

④花岗岩：黑云母花岗岩，花岗结构，多侵入到太阳岭煤系地层。侵入到仙人洞大酱缸组中，使煤变质成石墨，而形成了现今的石墨矿。

4)煤层与煤质

本区共有3套含煤地层,共发育22层煤,其中二道梁子组(K_3e)含8层煤,大多数可采;太阳岭(J_2t)含8层煤,大多数可采或局部可采;大酱缸组(T_3d)含6层煤,煤层较薄,多数局部可采。

煤质情况:本区二道梁子组多为中灰分的长焰煤;太阳岭组在八面石区为无烟煤;大酱缸组为特低硫的高灰无烟煤。

2. 预测区

按沉积环境分析规律,结合煤田内以往勘查开发资料,本次在双阳煤田内圈定3个预测区,即新立屯预测区、长岭-金家预测区、双阳深部预测区。

1)新立屯预测区

该区位于长春市双阳区长岭乡新立屯,属双阳区管辖。距双阳区20km,距长春80km,有通往长春市、吉林市及伊通县的柏油路。区内有双阳-岔路河的公路通过。地形属丘陵,西高东低,区内没有河流,只有季节性小溪,属大陆性气候。预测区以伊通地堑南部断层为界,南以长岭盆地南部之间断层为界,西以双顶普查区的东部为界,东以二道梁子组底界为界。预测区长11.99km,平均宽3.34km,面积为40.05km²,地理坐标:东经125°46′12″—125°52′30″,北纬43°33′30″—43°39′03″。

1972年吉林省地质局在拉腰子五间房3个浅钻孔,发现了可采煤层。1974—1975年203队在五间房施工了3个钻孔,其中503号孔见可采煤层,控制深度为800m。1983—1989年203勘探队在长岭盆地进行了大面积找煤工作,并提交了长岭找煤地质报告,获得C+D级储量$2078×10^4$t。1983—1989年203勘探队双顶子区进行了精查地质勘探,预获储量$6000×10^4$t。

(1)预测区圈定依据。吉林省航空磁力ΔT等值线平面图显示,ΔT值$-50\sim0$nT;吉林省重力布格异常平面图上呈负异常,异常值$-30×10^{-5}\sim-10×10^{-5}$m/s²,预测区处于白城-吉林-延吉复杂异常区(Ⅰ),吉林中部复杂正负异常区(Ⅱ),吉林弧形复杂负异常分区(Ⅲ),双阳-官马弧形负异常小区(Ⅳ)内。航磁和重力异常特征与一拉溪预测区相似,对比分析认为预测区内应有白垩系赋存,其上部也应有部分古近系存在,局部有火成岩侵入体或老地层出露。

本区含煤地层为下白垩统二道梁子组。据双顶子普查区资料可划分为3个岩段。砾岩段:厚度42~70m,主要以砾岩组成,砾石成分以安山岩-凝灰岩砾为主。该段不发育,沉积不连续。含煤段:厚度30~185m,主要岩性为黑色泥岩、灰色泥岩、粉砂岩为主,细砂岩、粗砂岩较少。含1~4层可采煤层。砂岩段:厚度13~64m,以浅灰色砂岩、粗砂岩、含砾粗砂岩为主,该段由于剥蚀冲刷,故零星残留。双顶子普查区内含煤4层,煤层结构及厚度变化较大,无标志层。2号煤层厚度0.8~1.6m,3号煤层厚度0.8~1.66m,4-1号煤层厚度0.8~6.00m,4-2号煤层厚度0.8~3.15m。本区2、3号煤层局部可采,4号煤层普遍发育(尤其是4-1号煤),1号煤层零星沉积且不可采。

根据本区及其外围的钻孔资料和出露地层确认,本区为北东向的向斜构造。西部有双顶子精查区;其东部的16-3号在深度240m处,见到二道梁子组煤层,煤层厚度1.01m。

依据上述资料,推测本区有可采煤层赋存,煤层埋藏深度0~1500m。

(2)预测资源量。预测区西以双鑫煤矿外围煤炭资源详查区、马家沟区煤炭资源详查、双阳煤矿、春谊煤矿边界为界,东以煤系地层底界为界,北以断层为界,南以长岭矿区边界为界,预测区面积40.05km²;煤层平均厚度1.01m,煤炭平均视密度1.46t/m³,预测区内中等构造,煤层不稳定,校正系数β为0.5。

本区预测资源量规模为小型,远景区分类为较有利的(Ⅱ),预测煤炭资源的开发利用前景为良(B)等。

2)长岭-金家预测区

本预测区位于双阳区长岭乡,距长春20km,距双阳25km,有通往双阳区、永吉县、长春市、吉林市的乡镇公路及省级公路,区周边有诸多砂石乡路,交通方便。预测区属低山丘陵区,由西向东逐渐变低,饮马河在勘探区边界经过。预测区长 8.04km,平均宽 1.87km,面积为 15.03km²。区内属低山丘陵区,由西向东逐渐变低,该区属大陆性气候,地理坐标:东经 125°52′30″—125°56′10″,北纬 43°35′10″—43°39′30″。

1978 年吉林省煤田地质队在永吉县金家乡施工 78-1、78-2 两个孔,1985 年又在金家乡施工了 5 个孔,其中 85-1、85-2 两个孔见到了白垩系放马岭组的煤层。煤质劣,不稳定。1983 年长春市煤田地质队在苗圃施工了 3 个钻孔。203 勘探队于 1984 年施工 8 个钻孔,其中 3 个钻孔见了可采煤层,2002 年编制了朱家街详查,获得资源/储量 814.22×10⁴t。

(1)预测区圈定依据。吉林省航空磁力 ΔT 等值线平面图显示,ΔT 值-45~-20nT;吉林省重力布格异常平面图上呈负异常,异常值-20×10⁻⁵~-13×10⁻⁵m/s²,预测区处于白城-吉林-延吉复杂异常区(Ⅰ),吉林中部复杂正负异常区(Ⅱ),吉林弧形复杂负异常分区(Ⅲ),双阳-官马弧形负异常小区(Ⅳ)内。对比分析认为预测区内应有部分白垩系地层赋存、部分火成岩侵入体或老地层。

该区含煤地层为下白垩统二道梁子组(K_1e)。其含煤段厚度 30~185m,平均厚度 93m,主要岩性为黑色泥岩、灰色凝灰质泥岩、粉砂岩、细砂岩、灰白色粗砂岩。厚度变化较大,含煤 3 层可采煤层。Ⅰ煤层全区发育,其他两层局部发育,煤层累计厚度 0.1~32.02m,平均 18.32m,煤层赋存深度为 0~1000m。

该区为北东向的向斜构造,在向斜西翼有长岭区见有较厚的煤层,推断区内也应有煤系地层及煤层。另外,85-2 孔在深度 285.40m 处见到厚度 1.05m 的二道梁子组煤层。

(2)预测资源量。预测区西以二道梁子组煤系地层底界及朱家街详查区边界为界,东以 1000m 埋深线为界,北以断层为界,南以长岭矿区边界为界。预测面积 15.03km²;煤层平均厚度 1.05m,煤炭平均密度 1.40t/m³,预测区内中等构造,煤层不稳定,校正系数 β 为 0.5,煤层埋深 0~1000m,煤类为长焰煤。

本区预测资源量规模为小型,远景区分类为较有利的(Ⅱ),预测煤炭资源的开发利用前景为良(B)等。

3)双阳深部预测区

预测区位于长春市和吉林市境内,隶属长春市双阳区及吉林市磐石市管辖。北自双阳、南至烟筒山,西起石灰窑、张家屯一带,东止永盛兴、五花顶子一带。预测区南北长 25.1km,东西平均宽 6.24km,面积 156.62km²。地理坐标:东经 125°36′30″—125°54′00″,北纬 43°22′00″—43°32′20″。

区内交通方便,有双阳至长春、吉林、磐石、辽源、伊通的省级公路,公路又与铁路连接,北有哈大线,南有沈吉线与全国相连通。

1955—1958 年间,先后由东北煤田第一地质勘探局普查大队九分队和 107 勘探队普查队进行预查与踏勘,同时作了轻型山地工程,施工两个钻孔 56-1、56-2,并提交报告。1957—1959 年东北煤田第一地质勘探局 102 勘探队施工 22 个钻孔(工程量 6 818.46m),提交《吉林省双阳、磐石煤田概查报告》和《烟筒勘探区报告》。

1974 年吉林省煤田地质勘探公司 203 勘探队对双阳煤田西部区进行了普查找煤勘探,南起太平镇,北止北石桥。面积 100km²,从 1959 以来前后共施工 74 个钻孔,投入的钻探工程 28 651.07m。提出 C1+C2 储量 1 986.8×10⁴t。

1976 年,吉林省地质局区调六分队开展长春市幅 1:20 万地质矿产资源调查,在大酱缸村发现上三叠系大酱缸组。因此对双阳盆地地层做了新的划分,确定各岩组地层及年代,为今后在本区开展地质普查工作打下了基础,为在盆地开展找煤提供了新的线索。

1974—1979 年,吉林省煤田地质勘探公司 203 勘探队对双阳煤田新开河、朝阳屯一带的二道梁组(长安组煤做了小井勘探,施工 16 个钻孔、工程量 2 517.27m,获得储量 17.5×10⁴t)。

1989—1997年,长春市煤田地质勘探队对八面石煤矿北井进行详查最终勘探,施工了47个钻孔,获得储量$535.4×10^4$t。

1999年,长春市煤田地质勘探队对石溪乡东姜家沟二井勘查,施工了11个钻孔、工程量1818.82m,获得储量$273.4×10^4$t。

(1)预测区圈定依据。

煤盆地有3套含煤地层,即上三叠统大酱缸组、中侏罗统太阳岭组、下白垩统二道梁子组。现今查明的含有可采煤层发育较好,分布范围较大的有大酱缸组和二道梁子组。八面石和烟筒山所见多为太阳岭组煤层。

①1971年吉林省煤田地质勘探公司物探测量队提交的《双阳煤田电法普查总结报告》认为:在伊双公路附近,火石庙及郭家子一带,在F_3断层以北仅4-7号至10-3号点连线以南,即二道梁子北东一线均是找煤的希望区域。

②预测区内含八面石煤矿、姜家沟二井等生产矿井,区内有勘查钻孔见可采煤层。

(2)预测资源量。

预测区西以石灰村—金家屯一带普查、贾家营井田边界为界,东至断层,北以断层为界,南至山河镇柳树河子地区煤矿普查区、二道梁子小井区边界及煤系地层底界为界。预测区面积207.48km²(其中埋深0～600m面积为87.48km²,埋深600～1000m面积为55.26km²,埋深1000～1500m面积为64.74km²)煤层平均厚度1.38m,煤炭平均视密度1.65t/m³,预测区内构造复杂,煤层不稳定,校正系数β为0.5,预测煤层赋存深度为0～1500m。

本区预测资源量规模为中型,远景区分类为较有利的(Ⅱ),预测煤炭资源的开发利用前景为良(B)等。

(三)蛟河煤田

蛟河煤田位于吉林省中部,蛟河市内,以蛟河市为中心。蛟河煤田北自东安乐,南至黑瞎子沟,西起四合屯,东止乌林沟。地理坐标:东经127°8′53″—127°29′38″,北纬43°26′39″—43°48′13″。南北长约44km,东西宽约14km,面积616km²。煤田内含蛟河矿业(集团)三井、乌林立井、四井、五井、七井、奶子山立井、新下盘、老下盘等38个矿井。煤田的西部最高,西大山形成连峰峻岭,标高为1244m。东部相对较低,其中奶子山标高379.77m;北部较高,标高为570m;南部相对较低,标高为292m。本区属山间平原及低山地貌,煤田四周为花岗岩组成的高山所环绕,煤田内为明显的丘陵起伏呈带状地形。煤田内主要河流——拉法河贯穿南北注入松花江。

煤田内铁路、公路、乡镇公路四通八达,交通极为便利。

1. 煤田地质概况

1)含煤地层

蛟河盆地主要的煤含煤地层为奶子山组(K_1n),相当于辽源盆地的长安组(K_1c)地层,分布于蛟河盆地周边,厚度0～700m。

岩性底部为基底角砾岩、砾岩段,由坡积和残积生成,砾径1～5cm,大者达1.0m左右。上部含煤段以灰白色中、粗砂岩为主,夹薄层砂质泥岩、灰黑色泥岩、粉砂岩与煤层组成。在乌林、奶子山矿区煤层比较发育,含有6个煤组。向苇塘、法河沟方向煤层逐渐变薄,直至不可采。

2)构造

蛟河煤田的大地构造处于天山-兴蒙造山系(I_2)、小兴安岭弧盆系(II_5)、漂河川早古生代陆缘活动带(IV_{12})。本区为同沉积断陷盆地,构造方向以北东向为主,形成地层多次重复出现;北西向断层次之,形成时间晚于北东向。断层倾角一般为60°～80°,全部为正断层,呈阶梯状出现,形成地堑或地垒,多切割含煤地层。断距一般都在 30～350m，平均落差 100m 左右。

区内地层整体上为向斜盆地，褶皱平缓，地层倾角 10°～20°，褶皱轴走向近东西。东部地层倾向北西；拉法区地层倾向南西，且被数条断层破坏，局部地层仍有次级褶皱。松江-乌林断层西侧为次级褶皱，轴向呈东西和北东向。

3) 岩浆岩

本区仅在乌林中岗 1 个钻孔见到侵入岩（灰绿色—深绿色玢岩，含大量斜长石成斑晶，致密坚硬），侵入奶子山组煤系底砾岩以下，属古生代末期岩浆活动，对煤层无影响。另外，本区外围大面积出露海西期花岗岩，为本区沉积基地，对煤系地层无影响。

4) 煤层及煤质

下含煤段含 4 个煤组，其中 5 煤组多为薄煤，仅在奶子山、乌林区较发育，为可采煤层；4 煤组含 2～4 层煤，局部可采 2 层，煤厚变化较大；3 煤组为主要开采煤层，在奶子山、中岗、大兴区、乌林等地发育，煤层厚度为 2～4m；2 煤组发育于拉法区、奶子山、苇塘、杉松、王家屯、李法河等地，主要煤层共 3 层，煤层不稳定，局部可采。

上含煤段煤层厚度变化较大，多为高灰分的劣煤，其碳质页岩增多是本层的特色，本层的上部仅在奶子山附近开采过。本层在奶子山至乌林区发育。为局部可采煤层。

本区煤类为长焰煤。

2. 预测区

蛟河煤田内圈定 3 个预测区，即黄沟屯预测区、小荒地预测区、井沿预测区。

1) 黄沟屯预测区

预测区位于吉林省蛟河市内，兴隆以北，南至永安，西起北大屯，东至柳树林子，长约为 7.5km，宽约为 3.0km，面积约 22.47km²，属山间平原及低山地貌。地理坐标：东经 127°19′03″—127°25′03″，北纬 43°45′16″—43°48′36″。区内有铁路、省级公路、乡镇公路相通，蛟河至五常铁路线从该区南侧通过，交通较为便利。

1979 年蛟河煤矿勘探队历时两年在复兴、朝阳两个区域施工 16 个钻孔。完成工程量 8 631.3m。勘探面积 15km²，并于 1981 年提交《拉法复兴—朝阳区普查勘探总结》，在复兴区获 C 级储量 75.38×10^4 t，但由于灰分高，开采价值不大。

在拉法区共有 3 个区块，即旧站区、复兴区和朝阳区，1971 年在旧站区施工 25 个钻孔，3 个孔见可采煤层但未计算储量，原有小窑开采，因有长图线铁路大桥，并受到涌水量大之影响而停采。1992 年 102 队在深部施工两钻孔但均未见可采煤层。

(1) 预测区圈定依据。

① 吉林省航空磁力 ΔT 等值线平面图显示，ΔT 值 +60nT 左右；吉林省重力布格异常平面图上呈负异常，异常值 $-40 \times 10^{-5} \sim -25 \times 10^{-5}$ m/s²，预测区处于白城-吉林-延吉复杂异常区（Ⅰ），吉林中部复杂正负异常区（Ⅱ），吉林弧形复杂负异常分区（Ⅲ），蛟河负异常小区（Ⅳ）。参考周围矿井认为预测区内存在白垩系，其埋藏深度较周边矿井变深，并有火成岩侵入的可能。

② 在已勘探开发的小井外围区尚有近 20km² 面积未进行找矿勘查，通过对区内伪满时期施工钻孔及 1979—1980 年施工钻孔等资料的复查，发现有可采煤层赋存。

预测区有生产煤矿，如丰兴煤矿、第二煤矿一井，煤层赋存情况较好，由此证明预测区有可采煤层赋存；本区 79-3 钻孔在 987m 处见 0.73m 的可采煤层。

(2) 预测资源量。预测区四周以断层为界圈定，其面积 22.48km²（其中埋深 600～1000m 面积为 6.94km²；埋深 1000～1500m 面积为 13.17km²；埋深 1500～2000m 面积为 2.37km²），煤层平均厚度 0.73m，采用视密度 1.42t/m³（采用蛟河煤矿煤炭视密度平均值），预测区内构造复杂，煤层较稳定，资源

量校正系数取 β 为 0.5，预测煤层赋存深度为 600～2000m，煤类为长焰煤。

本区预测资源量规模为小型，远景区分类为较有利的（Ⅲ），预测煤炭资源的开发利用前景为差（C）等。

2）小荒地预测区

预测区位于吉林省蛟河市内，蛟河市以东，西起西荒地，东至奶子山镇，南起偏脸子，北至乌林，宽长约为 9.8km，约为 2.5km，面积 22.71km^2。地理坐标：东经 127°20′45″—127°25′40″，北纬 43°39′53″—43°45′00″。该区属山间平原及低山地貌。拉法河干流从本区西侧流过，水系较发育。区内有国铁通过，并与乡镇公路连通，交通较为便利。

以往地质工作：1981 年蛟河煤矿勘探队在三井西部施工钻孔 9 个，取得资源储量 153×10^{4}t，控制面积约 5km^2（该区煤层灰分为 33%～45%，应用基低位发热量为 11.3～17MJ/kg）。

(1) 预测区圈定依据。吉林省航空磁力 ΔT 等值线平面图显示，ΔT 值+50～+100nT；吉林省重力布格异常平面图上呈负异常，异常值－35×10^{-5}m/s^2 左右，预测区处于白城-吉林-延吉复杂异常区（Ⅰ），吉林中部复杂正负异常区（Ⅱ），吉林弧形复杂负异常分区（Ⅲ），蛟河负异常小区（Ⅳ）内。参考周围矿井认为预测区内存在白垩系，其埋藏深度较周边矿井变深，并有火成岩侵入的可能。

预测区东西两侧都为正断层，东侧上升盘均有煤层赋存且有生产矿井，如乌林立井、平安煤矿、腾达煤矿、蛟河三井、老下盘煤矿等，由此推断预测区（断层的下降盘）有可采煤层赋存。另外，区内由蛟河煤矿勘探队施工的 81-292 钻孔在 957.10m 见厚度 1.62m 的煤层，在 1006.10m 见厚度 2.81m 的煤层。

(2) 预测资源量。预测区四周以断层为界圈定，其面积 22.70km^2（其中埋深 600～1000m 面积为 11.59km^2；埋深 1000～1500m 面积为 11.11km^2），采用（参照矿井及钻孔）煤层厚度 4.63m，煤炭平均视密度 1.42t/m^3（采用蛟河煤矿煤炭视密度平均值），预测区内构造复杂，煤层较稳定，资源量校正系数取 β 为 0.5，预测煤层赋存深度为 600～1500m，煤类为长焰煤。

本区预测资源量规模为中型，远景区分类为较有利的（Ⅱ），预测煤炭资源的开发利用前景为良（B）等。

3）井沿预测区

预测区位于吉林省蛟河市内，蛟河市以南，西起赵家屯，东至苇塘，南起偏脸子，北至赵家屯，长约为 3.50km，宽约为 2.30km，面积 8.0km^2。地理坐标：东经 127°20′55″—127°24′09″，北纬 43°37′58″—43°39′57″。该区属山间平原及低山地貌，拉法河干流从本区西侧流过，水系较发育。区内东侧距离铁路 3.0km 左右，乡镇公路相通，交通较为便利。

(1) 预测区圈定依据。吉林省航空磁力 ΔT 等值线平面图显示，ΔT 值+50nT 左右；吉林省重力布格异常平面图上呈负异常，异常值－35×10^{-5}m/s^2 左右，预测区处于白城-吉林-延吉复杂异常区（Ⅰ），吉林中部复杂正负异常区（Ⅱ），吉林弧形复杂负异常分区（Ⅲ），蛟河负异常小区（Ⅳ）内。参考周围矿井认为预测区内存在白垩系地层，其埋藏深度较周边矿井变深，并有火成岩侵入的可能。

预测区南侧正断层的上升盘为奶子山组，下降盘为本区，地表出露为中岗组和保家屯组，下部沉积有奶子山组含煤地层。另外，本区 301 孔和 304 孔两个钻孔均见可采煤层（301 孔见煤厚度 0.95m、304 孔见煤厚度 1.44m），推测整个断块有含煤地层，且发育有可采煤层。赋存深度为 0～600m。煤质情况根据邻区可预测为长焰煤。

(2) 预测资源量。预测区四周以断层为界圈定，其面积 7.80km^2；煤层平均厚度 1.20m，煤炭平均视密度 1.42t/m^3（采用蛟河煤矿煤炭视密度平均值），预测区内构造复杂，煤层较稳定，资源量校正系数取 β 为 0.5，预测煤层赋存深度为 0～600m。

本区预测资源量规模为小型，远景区分类为较有利的（Ⅱ），预测煤炭资源的开发利用前景为良（B）等。

六、敦密断陷赋煤带

敦密断陷赋煤带内有 2 个煤田,圈定 4 个预测区,预测区面积 775.14km²,预测潜在资源量 6.7×10^8 t。

(一)梅河-桦甸煤田

梅河-桦甸煤田位于敦密断陷赋煤带南部的梅河口市、辉南县,吉林地区的磐石市、桦甸市内。西起梅河口市干井沟,经新河镇、辉南县李家沟、驮佛鳌、磐石县黑石,东至桦甸市之启新,东西 175km,宽 7km,面积 325km²。

1. 地质概况

1)含煤地层

梅河-桦甸煤田内发育两个时代的含煤地层,即古近纪古新世—始新世含煤地层:梅河组和桦甸组;早白垩世含煤地层:五道沟组和苏密沟组。

(1)古近系。古近系含煤地层按地域分为梅河组和桦甸组,二者沉积时代相同。

①梅河组:分布于本区之中—西部,可划分为 5 个岩段。即绿色岩段,上含煤段、泥岩段、下含煤段、泥岩砂砾岩段。其中上含煤厚度 250~290m,由泥岩、粉沙岩组成,含煤 9 层,局部可采 4 层,煤层厚度 1.06~1.53m,煤层结构简单,下含煤段厚度 40~90m,由粉沙泥岩组成,含煤 5 层,可采 3 层,煤厚 0.93~11.12m,结构较复杂,煤种为褐煤。

②桦甸组:分布于本区之东段。上部由灰白色泥岩、粉砂岩及煤层组成。厚 990~1235m,含煤 23 层,可采 3 层,煤层厚度 0.52~0.89m,煤种为褐煤。中部由灰色泥岩、粉砂岩、薄煤层、炭页岩、油页岩组成,厚 245m,含油页岩 26 层,可采 13 层,油页岩含油率 7%~12%,分布于桦甸市城一带。下部由黄铁矿、石膏、泥岩等组成。

(2)下白垩统。

①五道沟组:分布于五道沟、黑石、下永庆一带,由灰黑色泥岩、粉砂岩、煤层组成,厚度大于 900m,含煤 14 层,局部可采 11 层,煤层厚度 0.17~5.60m,结构复杂,煤种为肥煤。

②苏密沟组:分布于福安屯—苏密沟一带,主要由火山碎屑岩夹砂页岩及煤层组成,厚度大于 1300m,含煤 1~8 个分层,煤层最大厚度 6.98m,局部可采,煤层极不稳定,煤种为长焰煤。

2)构造

煤田位于滨太平洋陆缘活动带(I_3)、长白山外缘弧(II_9)、辉南-敦化裂陷带(IV_{26})南部,沿裂陷带从南到北依次发育的盆地有梅河盆地、朝阳镇-桦甸-暖木条子盆地、敦化-瑟河口盆地、官地-额穆盆地。

区内断层较发育,其中最主要的是北东向的南北边界断层,是控制整个中生界和新生界地层分布的深断裂。

3)岩浆岩

区内岩浆岩较发育,主要分布于测区南北两侧及东部色洛河一带,岩性为海西期黑云母花岗岩。燕山期肉红色花岗岩、喜马拉雅期玄武岩。此外,局部见长石斑岩及闪长石玢岩之脉岩。

4)煤层煤质

预测区为一老勘探区,含煤地层分布甚广,出露面积大。大部分正在开采利用。现将煤层煤质特征分述如下(由东至西)。

(1)大砖子区(高兴煤矿):位于测区东部,属桦甸市红石镇管辖。含煤地层为中生界下白垩统苏密沟组,第3层煤平均厚1.55m,为局部可采。

煤层发育不稳定,呈透镜状分布。煤质:灰分15.24%～80.32%,发热量6.83～22.08MJ/kg,挥发分4.39%～10.28%,视密度1.80t/m³。煤种为无烟煤。

(2)桦甸区:位于测区中部,属桦甸市所管辖,含煤地层为新生界古近系桦甸组,含煤23层,其中可采3层。

(3)苏密沟区(苏密沟煤矿):位于测区中部,属桦甸市苏密沟乡所管辖。含煤地层为中生界下白垩统苏密沟组。

共含煤3层,煤层厚0.39～1.60m,可采1层,其他局部可采。

煤质:灰分在35.03%～64.40%。发热量在11.74～24.05MJ/kg,挥发分在35.05%～42.24%,视密度1.5t/m³。煤种:气肥煤2号。

(4)五道沟区(天合兴):位于测区中部,辉发河北岸,属桦甸市郊乡所管辖。含煤地层为中生界下白垩统五道沟组。共含煤14层,不可采3层,其他均为局部可采。煤层发育不稳定,煤质:水分0.95%～2.89%,灰分33.55%～40.81%,挥发分37.19%～38.12%。发热量34.18～35.05MJ/kg,视密度1.6t/m³,煤种为肥煤3号的高灰分煤。

(5)黑石区:位于测区中部,属磐石市黑石镇管辖。含煤地层为中生界下白垩统五道沟组,共含煤7层,煤层厚0.3～0.91m,为局部可采,层间距为9.0～30.00m,煤层极不稳定。煤质:灰分42.71%～52.53%,发热量13.38～16.60MJ/kg,视密度1.50～1.70t/m³。煤种属烟煤。

(6)兴隆区(驮佛鳌):位于测区西部北段,属辉南县、磐石两县交界处,含煤地层为新生界古近系,含煤3层,可采1层。煤层厚2～2.56m,煤层发育较好,较稳定。煤种为褐煤。

(7)李家沟区(李家沟煤矿):位于测区西部,属辉南县辉发城乡所管,含煤地层为中生界下白垩统苏密沟组,含煤8层,6个可采煤层,煤层厚0.20～6.35m。

煤质:灰分为20.26%～43.75%,挥发分为41.69%～54.99%。固定炭10.05%～36.48%,水分0.54%～11.13%,发热量15.23～25.38MJ/kg。全硫为0.2%～0.67%。胶质层厚为0～7mm,黏结指数为0～15.36。煤种属长焰煤。

(8)长碳沟区:位于测区西部,属辉南县庆阳乡所管辖。含煤地层为中生界下白垩统苏密沟组。含煤10层。煤层厚一般为0.2～0.35m,最厚0.90m。煤质:灰分11.78%,挥发分36.16%,发热量27.26MJ/kg,视密度1.18t/m³。煤种长焰煤。

(9)河洼区(河洼煤矿):位于测区西部,属于梅河口市新合堡镇管辖。含煤地层为新生界古近系梅河组,含煤共10层。其中3层可采。透光率一般在54.75%～60.75%之间,灰分在40%以下。发热量均在29.27MJ/kg。煤种为长焰煤。

(10)梅河矿:位于梅河口市红梅镇—山城镇之间,属于煤层发育最佳地带,含煤地层为新生界古近系梅河组。上含煤段含煤3层,下含煤段含煤2层,井田范围内可采煤层的煤种牌号为低变质程度的长焰煤,本井田所生产的煤具有低硫、低至中等灰分、高热值等特点。综上所述,测区内大部分煤层均赋存于中生界下白垩统苏密沟组、五道沟组及新生界古近系桦甸组、梅河组。

白垩系为陆相沉积含煤建造,煤层普遍发育不好,具不稳定特点。

古近系主要为湖沼相沉积,形成时代较晚,煤层发育较好,也比较稳定。

2. 预测区

梅河-桦甸坳陷内圈定2个预测区,即马家岭-复兴预测区、杨树屯-启新预测区。

1)马家岭-复兴预测区

该区位于朝阳镇东9km。区内有朝阳镇—柳河县、朝阳镇—靖宇县的县级公路通过,村与村之间均有水泥路和砂石路相通,交通比较方便,区内主要河流为三统河,由南西流向北东,在小城子一带注入辉发河。

在预测区附近最高的山峰为四方顶子,标高为555.3m,一般地面标高为350~450m,地貌单元为冲积平原和低山区。

(1)预测区圈定依据。地层与沉积环境:该预测区是双纪含煤地层。中生界下白垩统苏密沟组,聚煤环境为河流体系;新生界古近系梅河组、桦甸组,聚煤环境为淡水湖相-河流体系。

构造控煤作用:该区两个含煤地层的控煤构造是北北东向的断陷盆地。

煤层赋存情况:①苏密沟组:1960年105队在南台子施工H-1号孔,见煤厚2.38m,施工水E3号槽探见煤0.70m,构造形态为背、向斜构造,煤层埋藏比较深,煤层平均厚度为4.61m;②梅河组:该区于1957—1980年,先后由112队、长春地质学院(现为吉林大学)、102队进行过普查、找矿工作,先后施工11个钻孔,其中见煤孔4个,共见煤5层,2层可采或局部可采。70-2号孔见煤厚度1.04m,71-4号孔见煤厚度0.90m。构造形态为一残留的向斜构造,埋藏较深。

(2)预测资源量。

①苏密沟组。预测区范围:北西以F_1号断层为界,南东以煤层露头为界,南西距胡迷山2.2km,北东距复兴1.6km,走向长(平均)27.57km,倾向宽(平均)3.9km,面积107.53km^2。煤层厚度4.61m,煤种为气煤,视密度1.3t/m^3,区内构造复杂程度为较复杂,煤层稳定类型为较稳定,校正系数β取值为0.5,埋深0~1500m。

预测资源量规模为中型,远景区分类为次有利的(Ⅱ),预测资源的开发利用前景良(B)等。

②梅河组。预测区范围:北西、南东均以煤层露头为界,南西至王家街,北东到姚家,走向长(平均)7.09km,倾向宽(平均)0.9km,面积为6.38km^2。煤层厚度1.04m,煤类为褐煤,视密度1.3t/m^3。区内构造复杂程度为较复杂,煤层稳定类型为较稳定,校正系数β取值为0.5,埋深0~600m。预测资源量规模为小型,远景区分类为次有利的(Ⅱ),预测资源的开发利用前景良(B)等。

2)杨树屯-启新预测区

该区位于桦甸市东13km。区内有桦甸—敦化市、靖宇县、辉南县、蛟河市的县级公路在区内通过,村与村之间均有水泥路和砂石路相通,交通方便。主要河流为辉发河和松花江,各支流呈网状分布,由南东流向北西,分别注入松花江。预测区附近最高点为双芽山,标高919.6m,最低点是大肚川,地面标高为472.0m。一般地面标高500~700m,地貌单元为低山区。

预测区范围:北西以断层为界,南东以煤层隐覆露头为界,南西以杨树屯,北东至七喜屯,走向长(平均)26.46km,倾向宽(平均)6.4km,面积169.33km^2。

(1)预测区圈定依据。地层与沉积环境:含煤地层为中生界下白垩统苏密沟组,聚煤环境为河流体系。

构造控煤作用:该区控煤构造是北北东向的断陷盆地。

煤层赋存情况:该区1967年长春普查队进行了1:5万地质测量,1990年东煤地质局一物在此区进行了电法勘探,并把启新—杨树屯一带划为煤田预测有希望的地区。1990年102队在此区又进行了1:5万检查性填图,并在启新施工一个钻孔(3-2),分别见到五道沟组和苏密沟组,在五道沟组中见到薄煤层。

在预测区西部毗邻苏密沟煤矿,其含煤地层为苏密沟组,煤层最大厚度达10m。南部有红石镇大砬子煤矿开采,含煤3层,有1层可采,厚度0.35~4.59m。本区大部含煤地层被第四系、白垩系掩盖,埋藏较深,具有一定找矿远景。

(2)预测资源量。预测区面积169.33km^2,煤层厚度采用1.06m,煤种为气煤,视密度1.3t/m^3,区内构造复杂程度为较复杂,煤层稳定类型为不稳定,校正系数β取值为0.4,埋深0~2000m。

预测资源量规模为小型,远景区分类为不利的(Ⅲ),预测资源的开发利用前景为差(C)等。

（二）敦化煤田

敦化煤田位于吉林省敦化市内，展布于张广才岭东坡，老爷岭西南缘，海拔多为 500～700m，属低山区。

区内交通方便，长图铁路、302 国道、长珲高速公路均经敦化通往全国各地，盆地内公路以敦化市为中心可通 5 乡 11 镇。

1. 煤田地质概况

1）含煤地层

煤田内主要含煤地层为古近系珲春组（Eh），次要含煤地层为新近系中新统土门子组（N_1t）。

（1）古近系始—渐新统珲春组（$E_{2-3}h$）。岩性为一套含煤陆源碎屑沉积，主要为含砂砾岩、砂岩、粉砂岩、泥岩、碳质泥岩夹褐煤数层，局部可采，顶部有劣质硅藻土岩。胶结松散，为半胶结状态，岩石中含有丰富的植物碎屑和孢粉化石。最大厚度超过千米，与上覆地层呈平行不整合接触。

（2）新近系中新统土门子组（N_1t）。岩性主要为砾岩、砂砾岩、砂岩、泥岩夹薄煤层、玄武岩、硅藻土等，厚度 300m。与上覆地层呈不整合接触。

2）构造

煤田位于滨太平洋陆缘活动带（I_3）、长白山外缘弧（II_9）、辉南-敦化裂陷带（IV_{26}）北部，沿裂陷带从南到北依次发育的盆地有梅河盆地、朝阳镇-桦甸-暖木条子盆地、敦化-瑟河口盆地、官地-额穆盆地。

裂陷带内，不同时期不同方向不同地应力作用而形成的断裂相互交错、切割，构成了较复杂不同规模的断裂构造，以北东向深大断裂为主，伴随的北西向、东西向断裂较多。

敦化煤田位于辉南-敦化裂陷带内，对以往资料分析认为，盆地为一北东向稍有起伏的向斜构造，向斜由南西向北东倾伏，盆地内低序次褶曲构造不发育；盆地内珲春组大致呈北东向展布，地层倾角较缓，一般为 5°～10°；断裂构造以北东向为主，平行于敦密断裂带边缘的深大断裂，北西向断裂次之，前者被后者切割。

3）岩浆岩

本区岩浆活动较为频繁，除早期有海西期花岗岩侵入外，新生界玄武岩广泛出露，主要有新近系上新统船底山玄武岩、第四系下更新统白金玄武岩、第四系上更新统马莲河玄武岩，大面积出露于本区的东南部。

4）煤层与煤质

据已有地质资料，黑石-大山盆地主要含煤地层为古近系珲春组，共含煤 0～16 层，局部可采 0～5 层。煤层总体走向为北东东—北东，倾向为南南东—南东，倾角 5°～10°，单层最大厚度 4.2m，最小为 0.1m（大山区 DS-1 号孔纯煤厚度 4.05m、DS-10 号孔纯煤厚度 3.15m）。

2. 预测区

敦化煤田内圈定 1 个预测区，即敦化市黑石-大山煤炭资源预测区。

预测区位于敦化煤田中部，面积 491.8km²。

（1）预测区圈定依据。

①盆地基底形态与煤层赋存的关系。重力反演等深线图显示，黑石-大山盆地基底形态为一长舌状，仅南西端近东西向分布，大部呈北东向的分布。盆地基底深度自南西向北东逐渐加深（最深可达 3500m），形成轴向南西-北东并向北东倾伏大致对称的向斜构造盆地。在盆地北西翼（单斜上）斜坡中部大山区施工的钻孔中有 7 个钻孔见到可采煤层；在向斜的转折端北西部位的黑石区施工的钻孔中亦有 7 个钻孔见到可采煤层，由此推断本区以及向斜构造盆地的南东翼（单斜）斜坡中部应有可采煤层

赋存。

②煤层分布特征与赋存规律。在本区的西部领区(黑石区)已有7个钻孔见到可采煤层,东部邻区(大山区)也有7个钻孔见到可采煤层。

据钻孔资料黑石区各煤层厚度变化较大,在垂向上自上而下聚煤中心向北东东方向迁移,煤层层数减少,煤层厚度变大而稳定;在平面上每一个主要可采煤层厚度向北西、南西方向尖灭,向南东方向分叉尖灭,向北东、北东东方向延伸。

据大山区钻孔资料初步研究认为,该区各煤层厚度变化较大,在平面上可采煤层厚度向南东、北东东方向尖灭,向北东方向分叉尖灭,向南西西、北西方向延伸。

黑石区厚煤带向北东、北东东方向延伸;大山区厚煤带向北西、南西西方向延伸。二区厚煤带遥相呼应,从两侧向本区(黑石东-塔拉站区)延伸,因此推断本区赋煤可靠程度较高。

黑石东-塔拉站区与黑石区、大山区同处于黑石-大山盆地内,具有相似的沉积环境系统,沉积大面积可采煤层的可能性较大,有望找到具有工业价值的煤炭资源。

(2)预测资源量。预测区北以F_1断层为界;南以官地河为界;西以牡丹江为界;东以燕山期花岗岩和牡丹江为界。面积491.8km^2。据本区西部黑石区、东部大山区已有的钻孔资料,煤层厚度随埋藏深度变化规律:埋深0~600m和1000~1500m,煤层一般厚度1m左右;埋深600~1000m,煤层厚度较大,平均2.9m,煤平均视密度1.35t/m^3。本区构造简单,煤层厚度不稳定,预测区面积特大,预测深度0~1500m,资源量校正系数β取0.25。

本预测区深度0~1500m,预测资源量规模为小型,远景区分类为次有利的(Ⅱ),预测资源的开发利用前景为良(C)等。

七、吉林东部(延边)赋煤带

吉林东部赋煤带内有9个煤田(煤产地),圈定13预测区,预测区面积1 041.75km^2;预测潜在资源量9.3×10^{8}t。

(一)安图煤田

安图煤田位于吉林省安图县内,北起高城屯,南止水田村、兴隆村,东起下腰团、羊草沟,西止延边头道白河疗养院,面积800余平方千米。

长图铁路经安图与全国各地相通;公路有302国道,长珲高速公路、201国道都经过安图县。201国道由南向北经过本区松江、小沙河、永庆、东清至敦化、佳木斯。区内均有公路通往各乡镇,交通极为便利。

该区属长白山系,四周高山环绕,中间是两个北东-南西向丘陵条带。南部长白山脉奶头山标高1170m,西南马鞍山1250m,东部老爷岭标高超过千米,西部由标高超千米的张广才岭所围,北部地势相对较低,即为700~800m,全区属中低山区,山峦重叠,高峰入云,沟壑深邃,河流纵横,真乃是层层青山抱绿水,弯弯绿水绕青山,自然景观秀美壮丽。

1. 煤田地质概况

1)含煤地层

安图盆地主要含煤地层为下白垩统长财组(K$_1$ch),厚度50~500m。岩性下部为灰色砂岩、砂砾岩、灰绿色角砾岩,夹砂质泥岩、凝灰质砂岩,含煤7层,局部可采;上部为灰色砂岩、砂质泥岩、粉砂岩夹砾岩,含煤8层,局部可采;中部夹有安山岩、凝灰岩,平均厚度350m。

2)构造

本区大地构造位置隶属华北陆块区(I_1)、胶东古陆块(II_1)、陈台沟-沂水陆核(III_1)、和龙原陆核(IV_3)之松江断凹西北缘的断裂带内,是该构造体系内的一个向斜盆地。预测区及其外围有一组北东向和一组北西向共轭生成的断裂,控制区内的岩层沉积。

3)岩浆岩

除构成盆地基底的海西期花岗岩外,下白垩统长财组沉积前后均有中性岩浆喷发,新近系有基性岩浆喷发——玄武岩。

4)煤层与煤质

长财组分布于四岔子、马架子、朝阳屯、胜利屯、两江等地区。空间含煤位置在四岔子有出露。据1978年吉林省地质局延边地区综合地质大队编制的《四岔子及两江矿区煤矿普查地质报告》,本区煤层总数有11层,总厚度7.6m。可采煤层6层,可采总厚5.77m,各可采煤层厚度如下。

M_1:0.34~1.29m,M_2:0.77m,M_3:0.29~3.93m,M_4:0.22~1.05m,M_5:0.66m,M_6:0.55~2.50m。

煤层发育不稳定,厚度变化大,在倾向和走向上分叉、变薄、尖灭现象十分普遍。

四岔子煤的工业分析平均值:水分5.10%,灰分37.32%,挥发分37.28%,20个点的发热量29.11MJ/kg,黏结性1~2,硫0.50%,煤类为长焰煤。

2. 预测区

安图盆地内圈定2个预测区,即安图县松江煤炭资源预测区和安图县两江煤炭资源预测区。

1)安图县松江煤炭资源预测区

(1)预测区圈定依据。吉林省航空磁力ΔT等值线平面图显示,ΔT值+50~+300nT;吉林省重力布格异常平面图上呈负异常,异常值-50×10^{-5}~-35×10^{-5}m/s^2,预测区处于白城-吉林-延吉复杂异常区(I),延边复杂负异常区(II),延边弧状正负异常区(III)内。对比分析认为预测区面积较大,区内新、老地层交替分布,存在火成岩盖层或侵入体,基底凸凹不平,起伏较大。白垩系地层在凹陷处赋存,厚度变化较大,埋藏深浅不一,并有较大断裂通过本区。

本区周边有煤层露头和数个小型煤矿开采,因此推断本区深部有含煤地层赋存、可采煤层发育的可能性较大。

(2)预测资源量。预测区北以F_6、F_{12}、F_{15}断层为界,南以F_1断层为界,西以F_3和前震旦花岗片麻岩为界,东以花岗岩(γ_3、γ_4)和屯田营组(J_{3t})为界,面积474.6km^2,埋藏深度0~600m,参照四岔子煤矿资料,煤层平均厚度2.00m,煤平均视密度1.40t/m^3,预测区构造复杂,煤层不稳定,预测面积特大,全区圈定一块预测的资源量。资源量校正系数β取值0.25。

松江煤炭资源预测区预测资源量规模为中型,远景区分类为次有利的(III),预测资源的开发利用前景为差(C)等。

2)安图县两江煤炭资源预测区

(1)预测区圈定依据。预测区周边有煤层露头,东北部有四岔子煤矿,因此推断本区深部有可采煤层赋存的可能性较大。

(2)预测资源量。预测区北至前震旦系和F_{11}断层,东南至F_{10}断层,西、南至煤层尖灭线,预测区面积64.10km^2,煤层埋藏深度0~600m,参照四岔子煤矿资料,煤层平均厚度2.00m,煤炭平均视密度1.40t/m^3,预测区构造简单,煤层不稳定,资源量校正系数β取值0.4。

预测区预测资源量规模为小型,远景区分类为次有利的(III),预测资源的开发利用前景为差(C)等。

（二）延吉煤田

延吉盆地位于吉林省东部边缘山区，地处和龙市、龙井市、延吉市内，盆地长 40km，宽 40km，面积约 1600km²。

盆地以生产村-龙井市-大拉子断层为界划为东西两半部，西部 720km²，西部边缘分布着早白垩世串珠式的小型煤产地，由南东而北西有勇新（东良）煤产地、小箕煤产地、老头沟煤产地、煤炭村煤产地、生产村煤产地等，这些煤产地煤层发育极不稳定，煤类均为长焰煤。盆地东部 880km²，其东北部边缘分布着古近纪煤产地——清茶馆煤产地，煤层发育不稳定，煤类为褐煤。本区多为丘陵低山，海拔一般在 250～550m 之间，最高山在本区的北部，标高达 601.30m。最低位置在本区的西南部太阳屯标高仅 240m。

1. 煤田地质概况

1）含煤地层

盆地内主要含煤地层为下白垩统长财组（K_1ch）和古近系珲春组（Eh）。

(1) 下白垩统长财组（K_1ch）：厚度 50～500m。下部为灰色砂岩、砂砾岩、灰绿色角砾岩，夹砂质泥岩、凝灰质砂岩，含煤 7 层，局部可采；中部夹有安山岩、凝灰岩，平均厚度 350m。上部为灰色砂岩、砂质泥岩、粉砂岩夹砾岩，含煤 8 层，局部可采；长财组产植物化石。

(2) 古近系珲春组（Eh）：厚度大于 500m。其岩性为一套浅灰色、绿灰色、暗灰色泥岩，粉砂岩，细砂岩，中砂岩，含砾粗砂岩夹凝灰岩陆相含煤建造，含煤层 10 余层，含大量植物化石和部分动物化石。

2）构造

本区大地构造位置隶属天山-兴蒙造山系（I_2）、佳木斯-兴凯地块（II_6）、庙岭-开山屯裂陷槽（IV_{20}）内，其构造多呈北东向展布，本区属延边复向斜中的一个盆地。

3）岩浆岩

天山-兴蒙造山系、佳木斯-兴凯地块内的岩浆活动，以前震旦纪晚期及古生代晚期为最强烈。前震旦纪的岩浆活动很复杂，古生代晚期（海西期）以大面积侵入活动为主；中生代燕山期的火山活动及小型侵入体多沿断裂带而活动；新生代喜马拉雅期以火山喷发为特点。

本区有喜马拉雅期新近系上新统船底山玄武岩喷发。

4）煤层与煤质

本区含煤地层为下白垩统长财组和古近系珲春组。

(1) 下白垩统长财组：含煤 5 层，总厚 3.22m，其中可采煤层 1 层，煤层厚度 1.20～2.70m，埋藏深度在 900～1000m。主要煤质指标水分 2.64%～4.03%，灰分 32.93%～33.78%，挥发分 37.97%～42.59%，发热量 21.46～26.82MJ/kg。煤类为长焰煤。

(2) 古近系珲春组：为陆相含煤建造，含煤层 10 余层。

2. 预测区

延吉盆地内圈定 3 个预测区，即老头沟煤矿-西城预测区、龙井市勇新预测区和延吉市清茶馆预测区。

1）老头沟煤矿-西城预测区

预测区位于延吉煤田西部龙井市、和龙市内，西起煤系基底地层，东止铜佛寺，北至生产村，南至西城，面积 135km²。

(1) 预测区圈定依据。

①吉林省航空磁力 ΔT 等值线平面图显示，ΔT 值 +150～+250nT；吉林省重力布格异常平面图上

呈负异常,异常值-40×10^{-5}m/s^{2}左右,预测区处于白城-吉林-延吉复杂异常区(Ⅰ),延边复杂负异常区(Ⅱ),延边弧状正负异常区(Ⅲ)内。对比分析认为预测区内存在白垩系地层,区内部分地方和周边有老地层出露或火成岩侵入体,并有较大断裂通过本区。

②本区位于老头沟煤矿南部及深部,下白垩统长财组呈南北向分布于延吉盆地西部,老头沟煤矿长财组厚度250～490m,含煤4～7层,煤层厚度分别为1号层0.70～1.50m,2号层1.00～1.40m,3号层1.00～1.50m,4号层0.60～1.00m,5号层1.30～1.50m,6号层0.60～1.10m,7号层0.60～3.80m。本区赋煤前景较好。

(2)预测资源量。预测区北以断层和屯田营组为界,南以布尔哈通河为界,西以屯田营组和花岗岩为界,东以铜佛寺河为界。预测面积135km^2。煤平均视密度1.40t/m^3,煤层预测深度0～1500m,构造中等,煤层较稳定,预测面积较大,资源量校正系数β取0.4。

老头沟煤矿-西城预测区预测资源量规模为小型,远景区分类为次有利的(Ⅲ),预测资源的开发利用前景为差(C)等。

2)龙井市勇新预测区

预测区位于延吉煤田南部,面积38.9km^2,资源量埋藏深度600m以上,最低侵蚀基准面标高470m。

(1)预测区圈定依据。

①吉林省航空磁力ΔT等值线平面图显示,ΔT值+50～+150nT;吉林省重力布格异常平面图上呈负异常,异常值-30×10^{-5}～-20×10^{-5}m/s^2,预测区处于白城-吉林-延吉复杂异常区(Ⅰ),延边复杂负异常区(Ⅱ),延边弧状正负异常区(Ⅲ)内。对比分析认为预测区内存在白垩系地层,区内和周边有明显的老地层出露或火成岩侵入特征,并有较大断裂通过本区。

②本区位于延吉煤田南部、勇新煤矿深部,长财组呈南北向分布,勇新煤矿长财组厚度330m,含局部可采煤层3层,煤层厚度分别为1.43m、0.75m、2.77m,其中主采煤层平均厚度2.48m。区内赋煤前景较好。

(2)预测资源量。预测区周边以二叠系变质岩和海西期花岗岩为界,预测区面积38.9km^2,区内勇新煤矿煤层平均厚度为2.48m,煤平均视密度1.40t/m^3,预测区构造简单,煤层不稳定,面积偏大,校正系数β取0.5。预测煤层埋藏深度0～600m,全区圈定一块预测的资源量。

本区预测深度0～600m,预测资源量规模为小型,远景区分类为次有利的(Ⅱ),预测资源的开发利用前景为良(B)等。

3)延吉市清茶馆预测区

本区位于延吉煤田东北部,面积47.8km^2。区内为丘陵地形,海拔一般为250～390m,勘查区中部清茶馆北山最高579.10m。向四周切割成鸡爪状丘陵地形。最低侵蚀基准面在本区东南部磨盘四队处布尔哈通河河床,标高149m。

(1)预测区圈定依据。

①吉林省航空磁力ΔT等值线平面图显示,ΔT值0～+50nT;吉林省重力布格异常平面图上呈负异常,异常值-35×10^{-5}～-25×10^{-5}m/s^2,预测区处于白城-吉林-延吉复杂异常区(Ⅰ),延边复杂负异常区(Ⅱ),延边弧状正负异常区(Ⅲ)内。对比分析认为区内存在古近系地层,预测区东部和周边有老地层出露或火成岩侵入体,并有较大断裂通过本区东部。

②20世纪50—60年代区内曾有小煤窑开采,后由于无动力电源而停产。据小煤窑资料古近系珲春组含煤1～2层,煤层厚度0.80～1.00m。本区位于小煤窑的周围及深部,有一定的赋煤前景。

(2)预测资源量。预测区东、南、西、北均至珲春组地层底界,面积47.8km^2。据调查资料,煤层平均厚度采用1.00m,煤平均视密度1.35t/m^3,区内构造简单,煤层不稳定,预测面积偏大,校正系数β取0.5。全区圈定一块预测的资源量。

本区预测深度0～600m,预测资源量规模为小型,远景区分类为不有利的(Ⅲ),资源开发利用前景为差(C)等。

(三)和龙煤田

和龙煤田位于吉林省延边朝鲜族自治州和龙市内,含煤面积252km²,含煤地层分布于北北西向与北西向两个不规则盆地中。煤田内地貌属低山区,一般标高为600～800m;煤田四周由古老的变质岩系组成的壮年期山地围绕,海拔920～1440m。南部由于中性岩浆的喷发与侵入及经后期构造侵蚀作用,多形成单面山地形和穹隆状隆起地形。该区内部之沉积岩地形为近东西的垄状丘陵地形与河床阶地冲积平原。

通过盆地中央的三道沟,系海兰江上游的支流,发育于西南之英额山甄峰沟的老里克,沿途有许多小溪汇入,至龙水坪与二道沟、四道沟汇合注入海兰江,全长64km。

区内交通较为便利,有铁路、公路自和龙市到延吉与长图铁路及302国道相连,通往全国各地;东边道铁路贯穿盆地中部至通化、丹东。村镇之间有公路相通。

1. 煤田地质概况

1) 含煤地层

和龙煤田主要含煤地层为下白垩统长财组,根据岩性及旋回分为上、下两个含煤段。

(1)长财组下含煤段(原西山坪组),厚度90～450m。分布在和龙土山子、西山坪、松下坪一带。上部为黄色砂岩夹粉砂质泥岩和煤层,厚度200m;中部为灰黑色、灰绿色泥岩砂质泥岩夹薄层砂岩,厚度100m左右;下部为灰白色砂岩,夹灰黑色泥岩凝灰质泥岩,夹薄煤1～5层,厚度20～30m,底部为一层黄褐色、灰绿色角砾岩。

(2)长财组上含煤段(原长财组),厚度50～500m。下部为灰色砂岩、砂砾岩、灰绿色角砾岩,夹砂质泥岩、凝灰质砂岩,含煤7层,局部可采;上部为灰色砂岩、砂质泥岩、粉砂岩夹砾岩,含煤8层,局部可采;中部夹有安山岩、凝灰岩。安山岩呈流纹状覆于9号煤层之上,形成流纹状安山岩。

2) 构造

和龙煤田大地构造位置隶属华北陆块区(Ⅰ₁)、胶东古陆块(Ⅱ₁)、陈台沟-沂水陆核(Ⅲ₁)、和龙原陆核(Ⅳ₃)的和龙上叠盆地。由下白垩统长财组、泉水村组、大拉子组组成,褶曲轴向近南北和北西2个向斜,延展长30km,两翼地层出露全,岩层内倾,倾角14°～48°,为不对称的开阔向斜。区内有3组正断层,一组为平行褶皱轴的走向断层,落差大,对煤盆地起控制作用。另外两组为北西西与北北东向横切断层,切割褶皱轴与走向断层,对煤系起破坏作用。

3) 岩浆岩

火成岩除海西期花岗岩外,在煤系沉积前后尚有中性火山岩喷发。

4) 煤层与煤质

煤田内含煤地层为长财组。

(1)长财组下含煤段。在洪积相基底角砾岩—中粗砂岩之上,沉积了湖相泥岩和泥炭沼泽相煤层,煤层形成于扇前沼泽环境。

下含煤段分布于和龙盆地西部不连续的小凹陷中,自北向南:清道沟、南山、五七沟及车场子等凹陷,其间距分别为5km、4km、8km,均有矿井开采。

下含煤段含煤1～5层,可采或局部可采2层,煤层呈扁豆状分布,极不稳定,沿走向、倾向煤层厚度、结构及煤质变化较大。据和龙煤矿青道沟井、五七沟井资料,较厚煤层在短距离内即变薄、尖灭,走向延展长度600～700m。煤种为高灰分长焰煤。

(2)长财组上含煤段。长财组上含煤段含煤20余层,主要可采层分布在含煤段中部,小范围内稳定性好、变薄、分叉现象普遍,仅在松下坪附近发育可采煤层,自上而下划分为 7 个煤组,发育较好的有 6 层,即 2a、2b、3a、3b、4a、4b 煤层。

和龙煤田的煤类为中高灰分、中高热值、低硫、特低磷之长焰煤。

2. 预测区

和龙煤田内圈定 2 个预测区,即凤山洞预测区、土山子预测区。

1)凤山洞预测区

预测区位于吉林省和龙市龙城镇内,和龙市以南 9km 处,西起煤系地层基底,东止凤山洞;北自五七井,南至庆兴煤矿,南北长 5km,东西平均宽 3.16km,面积 15.8km²。预测煤层埋藏深度 0～1500m,预测区最低侵蚀基准面标高 545m。

(1)预测区圈定依据。

①吉林省航空磁力 ΔT 等值线平面图显示,ΔT 值+200～+300nT;吉林省重力布格异常平面图上呈负异常,异常值-50×10^{-5}m/s² 左右,预测区处于龙岗-长白半环状低值异常区(Ⅰ)、龙岗复杂负异常区(Ⅱ)、靖宇异常分区(Ⅲ)、和龙环状负异常小区(Ⅳ)内。对比分析认为预测区内白垩系地层赋存,预测区内和周边有老地层出露或火成岩侵入体。

②据以往地质勘查及生产矿井资料分析,和龙盆地自北向南依次分布着清道沟井、大金场井、松下坪井、南山井、五七井和庆兴煤矿。

③预测区位于和龙盆地中南部之西翼,其南、北两端分别与庆兴煤矿和五七井相连,三者同处向斜西翼、沉积环境相同,沉积含煤地层和煤层的可能性极大,具有良好的聚煤条件。

④预测区北侧的五七井,有可采煤层 2 层。3 号煤层,厚度 0.70～5.00m,平均厚度 2.50m,沿走向变化明显,结构复杂,4 号煤层为局部可采煤层,煤层厚度 1.80m。

⑤预测区南侧的庆兴煤矿,有一层可采,即为 3 号煤层,煤层厚度 3.72～10.95m,结构简单至复杂,局部可采;4 号煤层不可采。

(2)预测资源量。预测区北至五七沟井,南至庆兴煤矿,西至震旦纪地层,东至 F_3 断层。面积 15.8km²,含煤地层为下白垩统长财组,煤类为长焰煤,依据五七井和庆兴煤矿资料,视密度 1.37t/m³,预测区构造简单,煤层不稳定,预测面积适中,校正系数 β 取 0.4。

本区预测深度 0～1500m,预测资源量规模为小型,远景区分类为次有利的(Ⅱ);预测资源的开发利用前景为良(B)等。

2)土山子预测区

预测区位于吉林省延边朝鲜族自治州和龙市土山子乡内,区内为低山丘陵地形,海拔 370～719m。地形高差 350m 左右。海兰江自南西向北东方向流过本区,汇入布尔哈通河。

预测区距和龙市北 2km,有公路通往和龙市、龙井市,交通比较方便。

预测区北西至夹皮沟,南东至官地镇,北东、南西均至煤系地层基底,面积 23.6km²。

(1)预测区圈定依据。吉林省航空磁力 ΔT 等值线平面图显示,ΔT 值+50～+200nT;吉林省重力布格异常平面图上呈负异常,异常值-50×10^{-5}～-43×10^{-5}m/s²,预测区处于龙岗-长白半环状低值异常区(Ⅰ)、龙岗复杂负异常区(Ⅱ)、靖宇异常分区(Ⅲ)、和龙环状负异常小区(Ⅳ)内。对比分析认为预测区内存在白垩系地层,并有火成岩盖层和侵入体,预测区周边有火成岩侵入体突出或老地层出露,并有较大断裂通过本区。

(2)预测资源量。预测区北以断层和海西期花岗岩(γ_4)为界,南以断层为界,西以前震旦系为界,东以奥陶系青龙村组和加里东期(γ_3)为界。面积 23.6km²,参照五明煤矿和钻孔资料,预测区煤层平均厚度 1.88m(表 8-2-1),煤层平均视密度 1.40t/m³。预测区构造简单,煤层不稳定,预测面积适中,资源量

校正系数 β 取 0.5，预测深度 0~600m。

本区预测资源量为规模小型，远景区分类为不有利的（Ⅲ）；资源的开发利用前景为差（C）等。

表 8-2-1　五明煤矿、钻孔见煤情况表

见煤点名称	煤层厚度/m	见煤点名称	煤层厚度/m
钻孔 ZK1/6	1.32	五明四井	1.70
钻孔 ZK1/2	1.11	五明北四井	1.40
钻孔 ZK57-5/5	1.40	新调查窑 1	5.00
钻孔 ZK1/14	0.74	新调查窑 2	3.20
五明主井	0.83	新调查窑 3	2.80
五明风井	1.18	预测区煤层平均厚度 1.88	

（四）屯田营-春阳煤田

煤田位于吉林省延边朝鲜族自治州延吉市和汪清县内。为丘陵地形和山地地形，海拔450~636m，地形坡度多在20°~45°之间，一般南坡陡峻，北坡平缓。地形高峻者多为变质岩及火成岩，高平者皆为玄武岩台地，低平地段多为沉积岩。

1. 煤田地质概况

屯田营-春阳煤田主要含煤地层为下白垩统长财组（K_1ch）。

1）屯田营矿区

矿区内含煤地层长财组，根据岩性及旋回分为上、下两个含煤段。

（1）含煤地层。

①长财组下含煤段（原西山坪组）。该段厚度0~180m，平均为74m，属不连续的个体小盆地沉积，现将组成岩性自下而上分述如下。

a. 含煤砂岩亚段：由煤层、灰色至浅灰色粉砂岩、细砂岩组成，岩石中的碎屑物质多由长石、安山质岩屑组成，含少量的石英和云母。水平层理、层面上有大量不完整的植物化石碎片及少量种子化石。

b. 砂岩亚段：灰色、深灰色，以粉砂岩、细砂岩为主夹少量含砾砂岩，其碎屑物质由较多长石、安山质岩屑及少量石英、云母组成，泥质胶结，水平层理。

c. 粉砂质泥岩及泥岩亚段：深灰色、褐黑色至黑色，细水平层理，夹2~3层厚0.01~0.10m厚灰色铝土质泥岩，含有植物种子及叶部化石。

d. 砂岩亚段：由浅灰、灰色粉砂岩，细砂岩，中粒砂岩，少量粗砂或含砾砂岩组成。岩石碎屑物质由安山质岩屑、长石及少量石英、云母组成，水平层理，分选中等，泥质胶结。

②长财组上含煤段（原长财组），为本区主要找煤层位，厚0~287m，平均90m。

a. 下部砾岩亚段：由浅灰色、灰色砾岩组成，砾石主要为安山岩及少量花岗岩，砾径一般为5cm，最大达20cm，磨圆度较好，分选中等，砂泥质胶结，最上部颗粒变细多为细砂岩，厚25~30m。

b. 中部含煤亚段：由灰色、浅灰色粉砂质泥岩，泥质粉砂岩组成，局部含粗粒砂岩，水平层理及微波状水平层理，其成分多由长石、石英、云母及安山质岩屑组成，并含黄铁矿结核。含煤7层，有5层可采或局部可采煤层，即1号、2号、4号、5号、6号煤层。

c. 上部砂、泥岩亚段：由灰色砂岩、粉砂岩、粉砂质泥岩、少量含砾砂岩组成。中段夹3~5层薄煤线或碳质泥岩及铝土质泥岩，岩石成分由石英长石、云母及安山质岩组成，砾石多为灰岩、安山岩及少量花

岗岩,砾径 2～3cm,亚圆状,分选中等,砂、泥质胶结。细粒及泥质岩石具明显的水平层理,并含黄铁矿结核。

(2)构造。屯田营矿区为不完整的波状盆地,内部中生代地层,主要表现北东向褶皱(轴向),南半部尤为明显,将该向斜称作屯田营向斜。

在太阳煤矿处Ⅰ-Ⅰ剖面线也显示了一个东西向宽缓向斜,南北均有安山岩出露,但纵向延伸此安山岩又被上覆地层覆盖,这种现象可视为有两个背斜。这"两背""一向"实际是一个复背斜的表现,其轴近东西向,向东倾没,其方位可能受过改造。

(3)岩浆岩。海西期花岗岩分布于盆地的周边,煤系地层沉积前后均有中性岩浆喷发,新近系—第四系有基性岩浆喷发,覆于沉积地层之上。

(4)煤层与煤质。长财组下含煤段含 4～7 个煤层或碳质泥岩,结构复杂,煤层由暗煤、丝炭组成,绝大部分灰分较高,厚度不可采,唯独Ⅰ-Ⅰ剖面处煤质较好,厚度达 2.22m,为原太阳公社小煤窑开采对象。

长财组上含煤段含煤 7 层,有 5 层可采或局部可采煤层,即 1 号、2 号、4 号、5 号、6 号煤层。

屯田营矿区之煤层为中高灰分、中高发热量的长焰煤。

2)春阳矿区、百草沟矿区

(1)含煤地层。矿区内主要含煤地层为下白垩统长财组(K_1ch),厚 50～500m。岩性下部为灰色砂岩、砂砾岩、灰绿色角砾岩,夹砂质泥岩、凝灰质砂岩,含煤 7 层,局部可采;上部为灰色砂岩、砂质泥岩、粉砂岩夹砾岩,含煤 8 层,局部可采;中部夹有安山岩、凝灰岩。平均厚 350m。长财组产植物化石。

(2)构造。春阳盆地大地构造位置处于天山-兴安造山系(I_2),佳木斯-兴凯地块(II_6),青龙村新元古代晚期陆缘活动带(IV_{18})之汪清盆地内。春阳盆地内由一组北西和一组北东共轭生成的断裂存在,并有一组轴向近东西的向斜和背斜延展。

(3)岩浆岩。除构成盆地基底的海西期花岗岩外,下白垩统长财组沉积前后均有中性岩浆喷发,新近系上新统有基性岩浆喷发——船底山玄武岩。

(4)煤层与煤质。春阳南沟煤矿位于距春阳镇 15km 的下大肚川村,煤系地层为下白垩统长财组,煤系厚度 157.27m。含可采煤层 3 层,煤层厚度分别为 0.97m、1.90m、1.50m。局部煤层累计厚度达 8.50m。

煤质主要指标:水分 14.28%,灰分 41.71%,挥发分 41.72%,黏结指数 1～2,发热量 13.24MJ/kg。煤类属长焰煤。

2. 预测区

屯田营-春阳煤田内圈定 3 个预测区,即汪清县春阳预测区、延吉市三道煤矿深部预测区、汪清县百草沟预测区。

1)汪清县春阳预测区

汪清县春阳预测区位于吉林省延边朝鲜族自治州汪清县春阳镇南 5km,春阳矿区内,以上屯林场为中心、面积 73.10km² 范围内。

(1)预测区圈定依据。

①吉林省航空磁力 ΔT 等值线平面图显示,ΔT 值+50～+200nT;吉林省重力布格异常平面图上呈负异常,异常值-35×10^{-5}m/s² 左右,预测区处于白城-吉林-延吉复杂异常区(Ⅰ)、延边复杂负异常区(Ⅱ)、延边弧状正负异常区(Ⅲ)内。对比分析认为预测区内存在白垩系的可能性较大,并有火成岩盖层或侵入体,也可能是火成岩基地抬起。盆地小而平缓、构造相对简单。

②预测区附近有汪清县南沟煤矿,煤层厚度 0.40～8.50m,平均厚度 2.50m;汪清县大肚川煤矿,煤层平均厚度 0.90m。理论推断大拉子地层下有长财组含煤地层存在。预测区煤层平均厚度 1.70m。

(2)预测资源量。预测区北至推断煤层沉积边界,西、南、东至煤系基底——海西期花岗岩(γ_4),面积73.1km²,煤层平均厚度、视密度取其西部春阳(南沟)煤矿和大肚川煤矿的平均值1.70m和1.40t/m³。预测区构造简单,煤层不稳定,预测面积较大,预测深度0~1000m,资源量校正系数β取0.4。

春阳预测区预测资源量规模为小型,远景区分类为次有利的(Ⅲ),预测资源的开发利用前景为差(C)等。

2)延吉市三道煤矿深部预测区

延吉市三道煤矿深部预测区位于延吉市三道湾镇境内,三道煤矿深部,屯田营矿区内,面积6.35km²。

(1)预测区圈定依据。

①吉林省航空磁力ΔT等值线平面图显示,ΔT值-50~+50nT;吉林省重力布格异常平面图上呈负异常,异常值-35×10^{-5}~-30×10^{-5}m/s²,预测区处于白城-吉林-延吉复杂异常区(Ⅰ),延边复杂负异常区(Ⅱ),延边弧状正负异常区(Ⅲ)内。由于受火成岩覆盖影响,重磁资料很难预测覆盖体下地层赋存情况。

②据屯田营普查报告煤田内有7层可采和局部可采煤层,煤层平均厚度为8.15m。

(2)预测资源量。预测区北至F_3和F_4断层,西至F_{11}和宗强煤矿一井,南、东至推断的煤层尖灭线。参照宗强煤矿一井,煤层平均厚度2.46m,煤炭视密度1.40t/m³。由于区内构造简单,煤层不稳定,因此校正系数β取0.4。本区预测深度0~1000m。

本区预测资源量规模为小型,远景区分类为次有利用的(Ⅱ),预测资源的开发利用前景为良(B)等。

3)汪清县百草沟预测区

汪清县百草沟预测区位于吉林省延边朝鲜族自治州汪清县百草沟区内。该预测区范围:南起百草沟,北止八棵树;西起中心屯,东止西山屯。预测区面积48.0km²。

(1)预测区圈定依据。

①吉林省航空磁力ΔT等值线平面图显示,ΔT值+50~+200nT;吉林省重力布格异常平面图上呈负异常,异常值-35×10^{-5}m/s²左右,预测区处于白城-吉林-延吉复杂异常区(Ⅰ),延边复杂负异常区(Ⅱ),延边弧状正负异常区(Ⅲ)内。对比分析认为预测区内存在白垩系的可能性较大,并有火成岩盖层或侵入体,也可能是火成岩基地抬起。盆地小而平缓、构造相对简单。

②预测区最早有小煤窑开采,煤厚0.97m。1987年延边地质队进行勘探,施工钻孔8个,见可采煤层1层,煤层厚度1.73m。煤种为长焰煤。

(2)预测资源量。预测区北、系、南至长财组基底(γ_4和P_2k),西至嘎呀河与海西期花岗岩(γ_4),面积48.0km²。煤层平均厚度、视密度取小煤窑和钻孔的平均值1.35m和1.40t/m³,预测区构造简单,煤层不稳定,预测面积较大,预测深度0~600m,资源量校正系数β取0.5。

预测资源量规模为小型,远景区分类为次有利的(Ⅲ),预测资源的开发利用前景为差(C)等。

(五)凉水煤田

图们市凉水煤田位于吉林省延边朝鲜族自治州图们市凉水镇境内。南部以图们江江堤为界,东、北、西三面以老地层为界,面积约40km²。

煤田位于图们市以东20km、珲春市西北42km。珲春至图们铁路经凉水到图们有哈图、沈图、长图铁路可与全国各地相连。公路有302国道与外地相通,区内乡村公路可通各种车辆,交通较为方便。

凉水煤田是长白山系中的山间凹陷盆地,勘查区为第四纪图们江冲积平原,地势平坦,海拔在72~89m之间,北部为丘陵区,海拔最高238.5m。地形总体显示是西高东低,北高南低。最低侵蚀基准面在勘查区南东图们江边,海拔66.90m。

1. 煤田地质概况

1) 含煤地层

煤田内含煤地层为古近系古新统—渐新统珲春组,平均厚度235m。

该组是本区的含煤地层,由一套灰色粉砂岩、泥岩、褐色泥岩、细砂岩、中砂岩、粗砂岩、砾岩及煤组成,含煤20余层,5层可采,煤系下部有砂砾岩段。揭露的最大厚度91-1号孔557m。依据区域地层划分原则,结合岩性、岩相特征,将本区煤系地层划分4段,现自下而上叙述如下。

(1) 砂砾岩段,最大厚度288.25m。该段在9号煤层以下,由于沉积环境的不同,沉积厚度变化较大,最大揭露厚度91-1号孔达288.25m。以灰白色细砂岩、中砂岩、粗砂岩和砾岩为主,夹灰色粉砂岩和泥岩,含较多的凝灰物质,顶部有时夹煤层。

(2) 下含煤段,平均厚115m。该层段由5号煤层顶板至9号煤层底板。该段以灰色泥岩、凝灰质泥岩、粉砂岩为主,水平层理及水平波状层理发育,夹有浅灰至灰白色细砂岩、中砂岩、粗砂岩及煤层。砂岩的比例占该层段的25%左右。该段含煤0~19层,可采2层。

(3) 中部砂泥岩段,平均厚75m。该层段由4号煤层底板到5号煤层顶板,以灰色泥岩、褐色泥岩及粉砂岩为主,其次是胶结松散的灰色、灰白色细砂岩,中砂岩和粗砂岩,有时夹薄层煤。

(4) 上含煤段,厚0~110m。该含煤段以灰色粉砂岩、泥岩为主,夹细砂岩薄层,含煤0~8层,3层局部可采。上含煤段底界为4号煤层底板。

2) 构造

凉水煤田呈一北陡南缓的不对称宽缓向斜产出,轴向北东60°~80°,北翼倾角8°~15°,南翼倾角5°~10°。

3) 岩浆岩

区内海西晚期花岗闪长岩分布广泛,呈岩基产出,构成凉水煤田基底。

4) 煤层与煤质

本区含煤地层为新生界古近系珲春组,煤层赋存于珲春组中部含煤砂页岩段中,共含14个煤层,煤层总厚度为7.11m。可采煤层有3、8、9、10、11、12、14共7层,其中3、9、12、14层煤为全区可采煤层,8、10、11共3层为局部可采煤层。可采煤层总厚度为4.1m,含煤岩系平均厚250m。煤层厚度较稳定,属薄—中厚煤层。

凉水煤田在含煤地层沉积前之基底,为一西部较低,东部相对较高之盆地,在盆地北西部及中部沉积了较厚的山麓相砾岩,最大厚度达200m以上。由于沼泽化环境的加强,地壳升降运动频繁,此时形成了泥岩-煤-中细砂岩的多旋回沉积,聚煤较好,为煤系地层之主要含煤段。从已开采的14、12层煤看,煤层的厚度在向斜盆地的核部较大,以此为中心,向向斜的两翼煤的厚度递减,在轴向上,自西向东,煤层厚度逐渐增大。煤层结构总的来看,中部多为简单类型,向两翼、向东则变为复杂类型。

本区煤属中—富灰的特低硫煤,煤类为变质程度较低的褐煤。

2. 预测区

在凉水煤田南部圈定1个预测区,即凉水煤田河东预测区。

凉水煤田河东预测区位于图们市凉水镇境内,东起新兴洞,西到凉水镇,南止图们江,北到西下坎村一带,预测区面积14.5km^2。预测煤层埋藏深度600m以上,区内最低侵蚀基准面标高66.90m。

(1) 预测区圈定依据。在预测区中部有3个小井,编号小井1、小井2、小井3煤层均为1.20m,中部2号孔煤层厚度1.40m,北部7号孔煤层厚度0.65m,西部4号孔煤层厚度0.85m,东部3号孔煤层厚度0.90m,东部边界处有很多小窑。

(2) 预测资源量。预测区北、东至煤系基底(γ_4),南至图们江,西至石头河。面积14.5km^2,参照河西详查报告,煤层平均厚度1.03m,煤炭平均视密度$1.48t/m^3$,预测区构造简单,煤层较稳定,预测面积适中,资源量校正系数β取0.6。

本区预测深度0~600m,预测资源量规模为小型,远景区分类为次有利的(Ⅱ),预测煤炭资源的开发利用前景为良(B)等。

(六)珲春煤田

珲春煤田位于吉林省东部,延边朝鲜族自治州珲春市境内、图们江畔。煤田跨越图们江延入朝鲜境内,我国境内部分约占2/3以上。西起图们江,东至庙岭、葫芦鳖,北东自理化、骆驼河子,南与俄罗斯相邻,面积$460km^2$。煤田内分为八连城井田、英安井田、三道岭井田、板石一井田、板石二井田、板石三区、五家子普查区、骆驼河子找矿区、庙岭找矿区。区内东北高,西南低,海拔100~450m,相对高差100~200m。珲春河由东而西流经煤田中部注入图们江。区内交通便利,图珲铁路与长图铁路相连,图们-长春、图们-沈阳、图们-北京有铁路可达全国各地。公路有珲春至乌兰浩特国道(G302)、高速公路(G12)与内地相通,形成网络。

1. 煤田地质概况

1)含煤地层

珲春煤田主要含煤地层为古近系珲春组(Eh)厚度大于956m。为一套灰色、浅灰色、绿灰色、暗灰色、褐色泥岩,粉砂岩,细砂岩,中砂岩,含砾粗砂岩夹凝灰岩薄层或凝灰岩块,含煤0~110余层。可采或局部可采煤层0~19层,依据区域地层划分原则,结合岩性及岩相特征,将含煤地层划分为6段,现自下而上分述如下。

(1)砾岩段,平均厚度65m。本区内以砾岩为主,暗灰色、灰绿色含砾粗砂岩,粗砂岩,夹凝灰质泥岩,凝灰质粉砂岩,细砂岩。砾石成分多为花岗岩类、火山岩及少量的变质岩碎屑,岩石粒度总体是上细下粗,夹薄煤,无可采层。

(2)下含煤段,平均厚度145m。全区发育,岩性有灰色、浅灰色、灰白色粉砂岩,泥质粉砂岩,含砾粗砂岩,粗砂岩,中砂岩,少量细砂岩,含18号至32号煤层。23号煤层顶部发育有本区主要对比标志层K_2,岩性为沉凝灰岩、凝灰质砂岩,呈草绿色团块状分布于砂岩中或成层产出,遇水膨胀,易风化,风化后呈乳白色,单层厚度几厘米至几米不等,一般为1~2层,全区大部发育。

(3)下褐色层段,平均厚度75m。岩性有数层褐色泥岩夹灰色、浅灰色粉砂岩,细砂岩,中砂岩,粗砂岩,褐色泥岩岩性细腻、质纯,断面呈放射状细纹,夹煤数层,偶见可采点。

(4)中含煤段,平均厚度175m。该段岩性有灰色粉砂岩、泥岩、细砂岩、中砂岩夹薄层粗砂岩、含砾粗砂岩,煤层编号由12~17号,在中部13号煤层以下夹一层沉凝灰岩,为本区K_1标志层,单层厚0~0.8m,一般为0.20m,野外观察岩芯为豆绿色,遇水膨胀,颜色变白,手感滑腻。本段含煤0~19层,一般不可采,仅见有可采煤点。

(5)上褐色层段,平均厚度155m。该段由灰色、褐色粉砂岩,粉砂质泥岩,砂岩夹薄层含砾粗砂岩,具多组上粗下细逆粒序旋回及多层褐色泥岩,含腹足类、瓣腮类淡水动物化石及植物化石碎片,该段含薄煤,一般不可采,局部见可采点。

(6)上含煤段,平均厚度110m。该含煤段以浅灰色粉砂岩、泥岩、细砂岩为主,夹少量中粒砂岩、粗粒砂岩,含煤10余层,局部可采0~3层。底界为11号煤底板,该层段在0712号孔以北被剥蚀。

2)构造

珲春煤田为一宽缓稍有起伏的向斜构造,向斜由东北向西南倾伏,岩层倾角一般小于15°。煤田内断层较少,有北北东向、北东东向和北西向3组,多为正断层,落差30~60m。

3)岩浆岩

珲春煤田除周边海西期花岗岩、基底安山岩类外，煤系地层中少见岩浆活动迹象，仅在煤田西部八连城井田见有辉绿岩呈岩床产状侵入煤系地层中，对煤层的影响不大。

4)煤层与煤质

珲春煤田含煤地层厚大于956m,含煤110余层,其煤层发育与煤系沉积有着密切关系。西部板石、八连成、城西、三道岭一带煤系厚度大，煤层多而较稳定，含可采煤层10余层；东部骆驼河子、庙岭一带则煤系变薄,煤层少且极不稳定,局部可采煤层只有3～5层,在珲春河以南含煤层位偏多,局部可采煤层在19号煤层之上。

珲春煤田的煤类分布特点：平面上煤田西部、南部为长焰煤，东北部、东部为长焰煤、褐煤；垂向上煤田东北部、东部在深度400m以上为褐煤,400m以下为长焰煤。

2. 预测区

珲春煤田内圈定1个预测区,即珲春煤田庙岭预测区。

预测区位于珲春煤田东部，西起松林河，东到葫芦鳖、烟筒砬子，南北分别以老地层为界。东西长15.5km,南北平均宽3.78km,预测面积58.5km^2。预测煤层埋藏深度0～600m,预测区最低侵蚀基准面标高99m。

(1)预测区圈定依据。

①吉林省航空磁力ΔT等值线平面图显示,ΔT值+50～+100nT,吉林省重力布格异常平面图上呈负异常,异常值-15×10^{-5}～-5×10^{-5}m/s^2。预测区处于白城-吉林-延吉复杂异常区(Ⅰ),延边复杂负异常区(Ⅱ),五道沟弧线形异常分区(Ⅲ)内。对比分析认为预测区内存在古近系地层，预测区周边有老地层出露或火成岩侵入体，并有较大断裂通过本区。

②本区为原松林煤矿现为金田矿业有限公司煤矿的东延区域,煤矿揭露的煤层平均厚度1.20m,烟筒砬子小窑煤层厚度0.40～1.00m,平均0.80m。庙岭预测区煤层平均厚度1.00m。

(2)预测资源量。预测区北至煤系基底屯田营组和海西期花岗岩(γ_4),东、南、西均以断层为界,面积58.5km^2。参照相邻煤矿(小煤窑)煤层平均厚1.00m,煤炭平均视密度1.43t/m^3,预测区构造简单,煤层不稳定,预测面积偏大,资源量校正系数β取0.5。

本区预测深度0～600m,预测资源量规模为小型,远景区分类为不有利的(Ⅲ),预测煤炭资源的开发利用前景为差(C)等。

(七)敬信煤田

敬信盆地位于吉林省延边朝鲜族自治州珲春市敬信镇内,距珲春市南45km,东邻俄罗斯,西与朝鲜隔江相望。

盆地范围，北部和南部均以海西期花岗岩老盘为界，东至国界线，西和西南以图们江为界，盆地南北平均长约10km,东西宽约8km,面积80km^2。有二级公路可达珲春市,交通尚属方便。

该区为一个不完整的多边形盆地，四周有海拔100～600m低山丘陵环抱，西南边缘图们江处较开阔，地势低洼而平坦，本区为较典型的内陆山间盆地。

1. 煤田地质概况

1)含煤地层

敬信盆地含煤地层为古近系渐新统珲春组，根据沉积特征，岩相特征和对比标志将古近系渐新统划分为2个岩性段，即砂砾岩段、泥岩段。

(1)砂砾岩段。本段以灰色粗砂岩、细砂岩与泥岩、粉砂岩互层，夹钙质细砂岩、粗砂岩薄层，底部有褐色泥岩沉积,该段厚度219～326m,不整合于海西花岗岩之上。

(2)泥岩段。本段主要为厚层泥岩,厚为492～803m,平均厚度720m。顶部为灰褐色—暗灰色泥岩,夹灰色、暗灰色粉砂岩-粉砂质泥岩;中部凝灰质较多为厚层褐色泥岩、灰色粉砂质泥岩、粉砂岩、灰绿色凝灰质砂岩互层,平均厚度200m。底部为厚层状褐色泥岩,局部夹砂岩,粉砂岩薄层,平均厚220m。

2)构造

敬信盆地为一北东向展布的宽缓的向斜盆地,地层倾角5°～7°。在盆地北部所发现的边界断层亦为北东向,盆地内构造简单。

3)岩浆岩

海西期花岗岩主要分布在盆地的北和西北、南及东南,构成盆地的基底。

4)煤层与煤质

暂无资料。

2. 预测区

敬信盆地内圈定1个预测区,即珲春市敬信预测区。

(1)预测区圈定依据。预测区内施工7孔,工程量5 849.82m。穿过含煤地层(古近系珲春组)厚度达千米。珲春组岩层中夹有煤线、碳质页岩、含炭泥岩。在盆地东北部地表有煤层露头,煤层厚度接近可采。从沉积环境分析,应有煤层沉积和赋存。

(2)预测资源量。预测区北至F_3断层,南至煤层尖灭线,西至图们江,东至中俄两国边界。面积41.5km^2(其中埋藏深度0～600m面积18.7km^2,埋藏深度600～1000m面积22.8km^2),煤层平均厚度按当地褐煤最低可采厚度取0.80m,视密度参照珲春煤田取1.40t/m^3,预测区构造简单,煤层不稳定,预测面积较大,校正系数β取0.5。

本区预测深度0～1000m,预测煤炭资源量规模为小型,远景区分类为次有利的(Ⅱ),预测资源的开发利用前景为差(C)等。

八、吉林南部赋煤带

吉林南部赋煤带划分为6个煤田(坳陷),圈定22个预测区,预测区面积1 517.49km^2,预测潜在资源量为24.5×10^{8}t。

(一)边沿-后沈家煤田

边沿-后沈家煤田位于柳河县、辉南县内,呈北东走向,西起柳河县边沿村,东至辉南县中央堡,走向长117km,平均宽5km,面积585km^2。

1. 地质概况

1)含煤地层

本区含煤地层为下白垩统亨通山组,厚度480～1080m,分布于安口镇、后沈家、楼街一带。其中安口镇一带含煤11层,局部可采3层;后沈家一带含煤1～3层,局部可采1层。楼街一带见煤10余层,局部可采1层。

亨通山组(K_1h):以黄绿色、灰色泥质粉砂岩、砂岩为主,夹含砾砂岩、泥岩、薄煤层、碳质泥岩。厚度为250～680m,整合于下桦皮甸组之上。

2）构造

本含煤区位于柳河断陷条带内,此断裂带坐落在铁岭—靖宇台拱区北西侧部位,其南端以苏子河凸起为界,与新宾弧形构造带相邻,向北与抚密断裂带相交,北东与杉松岗-三源浦凹陷毗邻,为燕山构造旋回中—晚侏罗纪形成的地堑型盆地。两侧和基底由太古宇龙岗群和花岗岩组成。盆地内沉积侏罗系含煤建造和白垩系红色建造。含煤岩系分布较规整,呈北东-南西方向展布,无明显缺失和冲蚀现象。区内构造比较简单,由于北西侧抬升,南东侧相对下降,形成向南东方向倾斜的单斜构造。

3）岩浆岩

本区有海西期的闪长岩和花岗岩侵入体。

4）煤层煤质

在安口镇一带含煤 11 层,局部可采 3 层;后沈家一带含煤 1~3 层,局部可采 1 层,煤层厚度为 0.78~1.25m。楼街一带见煤 10 余层,局部可采 1 层。煤类为弱黏-气煤。

2. 预测区

边沿-后沈家内圈定 2 个预测区,即边沿-安口镇预测区、亨通山-后沈家预测区。

1）边沿-安口镇预测区

该区位于柳河县城南西 20km。区内有柳河县至安口镇-向阳乡级公路经过,村与村之间有均有水泥路或砂石路相通,交通比较方便。区内主要河流为一统河,由南西流向北东,北西-南东向的冲沟比较发育。该区地形北西、南东高,中间低,地面标高一般 400~470m。地貌由冲积平原和丘陵构成。

预测区范围:北西以煤层露头为界,南东以 F_1 断层为界,南东距热闹街 2.7km,北东以安口镇为界,走向长 25.4km,倾向宽 2.4km,面积为 60.95km²。

(1)预测区圈定依据。

地层与沉积环境:含煤地层为白垩系亨通山组,聚煤环境为淡水湖相-河流体系。

构造控煤作用:该区控煤构造是北东向单斜地堑式构造。

煤层赋存情况:1957—1959 年东北煤田二局、长春地质学院分别在该区进行过 1:10 万、1:5 万地质测量工作;1958—1962 年 105 队在该区进行过找煤勘探,在该区施工的 57-3 号钻孔,见煤 1.02m。

(2)预测资源量。预测区面积 60.95km²,煤层厚度 1.40m,煤种为气煤,视密度 1.55t/m³,区内构造复杂程度为中等,煤层稳定类型为不稳定,校正系数 β 取 0.4,埋深 0~1500m。

预测资源量规模为小型,远景区分类为次有利的(Ⅱ),预测资源的开发利用前景为良(B)等。

2）亨通山-后沈家预测区

预测区位于柳河县城北东 25km。柳河-朝阳镇县级公路从预测区内经过,村与村之间均有水泥路或砂石路相接,交通比较方便。区内主要河流有圣水河和乌鸡河,分别由南西流向北东,从预测区内经过。区内地面标高一般 400~450m,地貌为丘陵。

预测区范围:北西以煤层露头为界,南东以 F_1 号断,南西距后仙人沟 2.6km,北东距板石河 1km,走向长 26.02km,倾向宽 3.1km,面积 80.65km²。

(1)预测区圈定依据。地层与沉积环境:含煤地层为白垩系亨通山组,沉积体系为淡水湖泊-河流体系。聚煤环境为湖滨带和河道两侧泛滥平原演变成泥炭沼泽而聚煤。

构造控煤作用:本区控煤构造为北东向的单斜地堑。

煤层赋存情况:该区曾做过 1:10 万、1:5 万地质测量,1958—1962 年 105 队在该区进行过找煤勘探和山地工程。其中亨 58-1 号孔见到 1.25m 的煤层,HK 号槽探见到 0.78m 的煤层。预测深部和沿该孔两侧有可能发育可采煤层。

(2)预测资源量。预测区面积 80.65km²,煤层厚度 1.02m,煤种为气煤,视密度 1.5t/m³,区内构造复杂程度为中等,煤层稳定类型为不稳定,校正系数 β 取 0.4,埋深 0～1500m。

预测资源量规模为小型,远景区分类为次有利的（Ⅰ）,预测资源的开发利用前景为优（A）等。

（二）三棵榆树-杉松岗煤田

三棵榆树-杉松岗煤田位于吉林省东南部属柳河县、辉南县管辖,该区呈北东向的狭长条带,含煤地层断续分布。西起柳河县大蜂蜜沟经三源浦向东到辉南县安子河乡,长 120km,宽约 2km,面积 240km²。

1. 地质概况

1）含煤地层

含煤地层为侏罗系—白垩系,其中早侏罗世含煤岩系为杉松岗组,早白垩世含煤地层为三源浦组。

杉松岗组（J_1s）：在区内呈北东方向展布,本组厚 12～240m,分布在保安堡、杉松岗、煤窑沟、半截河及仙人沟等地。岩性以砂岩为主,夹少量泥灰岩及砾岩,含煤 1～9 层,可划分 3 个煤组,其中上煤组煤层薄不可采,在中、下煤组中发育 8 个煤层,其中 7 个煤层可采,煤种为焦煤,由杉松岗煤矿开采,另在保安堡、煤窑沟、半截河、仙人沟、大蜂蜜沟都有小窑开采。

三源浦组（K_1s）分布在三源浦、柳条沟及红石镇一带,厚度 30～60m,下部为砾岩段,上部为含煤段,含煤 3～5 层,其中 2 层可采,煤层厚度 0.99～1.23m,煤层极不稳定,分叉尖灭现象异常发育,原煤灰分较高。

2）构造

本区构造位置在铁岭-靖宇台拱区龙岗复背斜的北西侧,其北西与柳河断裂带毗邻,南东与龙岗复背斜接连。该区为两种不同构造盆型的"双构造层期"沉积区,即由早侏罗世杉松岗组含煤沉积盖层和中、晚侏罗世沉积盖层组成。前者为"褶凹盆地"属印支末期构造运动产物;后者为"断陷盆地"属燕山期构造产物。杉松岗矿区的构造以缓倾角推（滑）覆"叠盘式"断层为主,并以"褶皱断层"为其特色的断裂系统。

3）岩浆岩

正长斑岩：浅灰色—灰绿色,此期火成岩多侵入杉松岗矿区第一煤层中,致使煤层天然焦化或取代煤层。

4）煤层煤质

杉松岗组：含煤 1～9 层,可划分 3 个煤组,其中上煤组煤层薄不可采,在中、下煤组中发育 8 个煤层,其中 7 个煤层可采,煤种为焦煤。

三源浦组：含煤 3～5 层,其中 2 层可采,煤层厚 0.99～1.23m,煤层极不稳定,分叉尖灭现象异常发育,原煤灰分较高。煤种为长焰煤。

2. 预测区

三棵榆树-杉松岗煤田内圈定 2 个预测区,即三棵榆树预测区、七棵树-杉松岗二井西预测区。

1）三棵榆树预测区

预测区位于通化市北西 35km。通化至辽宁新宾县级公路从预测区经过,村与村之间均有水泥路或砂石路相通,交通比较方便。区内主要河流为依木树河,由北东流向南西,在三棵榆树镇一带注入富尔江。

该区最高点在预测区东南的小顶子山,标高 904.8m,一般地面标高为 450～750m,地貌特征为低山丘陵。

预测区范围：北以三棵榆树,南至辽吉省界,南距旺清门 0.7km,东以煤层露头,走向长 8.1km,倾向宽3.18km,面积25.78km²。

(1)预测区圈定依据。

地层与沉积环境:含煤地层为中生界下侏罗统杉松岗组,聚煤环境为河流体系。

构造控煤作用:该区控煤构造总体是北东向的凹陷与断陷构造。

煤层赋存情况:1959年105队在该区进行了1:10万地质测量工作,并施工了大量山地工程。其中1号槽见可采煤层1.13m,3-3号槽见煤厚1.04m,含煤地层大部分被前震旦系地层所掩盖(推覆),推断在推覆体下有可能有可采煤层存在。

(2)预测资源量。预测区面积25.78km²,煤层平均厚度1.08m,煤类为气煤,视密度1.54t/m³,区内构造复杂程度为复杂,煤层稳定类型为不稳定,校正系数β取0.4,煤层埋深为0~2000m。

预测资源量规模为小型,远景区分类为次有利的(Ⅱ),预测资源的开发利用前景为良(B)等。

2)七棵树-杉松岗二井西预测区

该区位于柳河县城南东24km,在测区的西侧有梅河-通化一级公路,通化-朝阳镇县级公路从预测区内经过,村与村之间有水泥路和砂石路相通,测区距梅集铁路驼腰岭火车站3km,交通比较方便。

预测区内主要河流为三统河,从南西流向北东,在预测区西南最高山峰为大顶子山,标高为946.0m,地面一般标高为450~700m,地貌为低山丘陵。

预测区范围:北西以断层为界,南东以煤层露头为界,南西距七棵树1km,北东距杉松岗镇0.4km,走向长13.9km,倾向宽2.5km,面积34.76km²。

(1)预测区圈定依据。

地层与沉积环境:含煤地层为中生界下侏罗统杉松岗组。聚煤环境为河流体系。

构造控煤作用:该区控煤构造总体是北东向的凹陷与断陷构造。

煤层赋存情况:预测区内,大部分含煤地层被推覆体掩盖,据电法资料反映,前沈家-大蚂蚁沟西均有低阻异常反映,解释在推覆体下有煤系地层赋存。在煤系露头部分1972年曾由102队勘探并提交了《半截河子小井勘探报告》,含煤3层,煤厚4.03m。在1974年102队又提交了《龙王庙一煤窑沟区找煤报告》,共含煤8层,其中1号煤层全区发育,层位较稳定,煤层厚一般1.5~2.0m。含煤地层大部分被推覆体掩盖,推断在推覆体下有含煤地层赋存。

(2)预测资源量。预测区面积34.76km²,煤层厚度采用平均厚度2.04m,煤种为气煤,视密度1.5t/m³,区内构造复杂程度为复杂,煤层稳定类型为不稳定,校正系数β取0.4,煤层埋深0~1500m。

预测资源量规模为小型,远景区分类为有利的(Ⅰ),预测资源的开发利用前景为优(A)等。

(三)新开岭-三道沟煤田

含煤沉积分布于红土崖,经石人、八宝、新开岭至三道沟一带,走向为北东—北北东向,呈狭长条带分布。盆地两侧基底为太古宇龙岗群变质岩及震旦系、寒武系。盆地内沉积白垩系。区内大部分地段被新生界玄武岩覆盖。

1. 地质概况

1)含煤地层

本区主要含煤地层为下白垩统石人组(K_1sh),岩性为:下部为灰绿色砾岩、砂岩,夹凝灰质砂砾岩;上部为灰色泥岩、粉砂岩,夹砂岩、凝灰岩、煤层。厚度为50~725m,不整合于林子头组之上。

2)构造

煤田跨越太子河-浑江坳陷区(浑江复向斜)与龙岗复背斜两个区域构造单元。含煤盆地受北东和北北东向张性断裂控制,属新生代断陷盆地。

3) 岩浆岩

主要有燕山期花岗岩及新生界玄武岩。

4) 煤层煤质

本区含煤地层为下白垩统石人组,在东风煤矿五井见煤厚度 4.24~18.16m,平均厚 9.17m。煤种为气煤。在三道沟煤矿见煤 2~3 层,煤层厚度 3.68~3.85m,煤种为弱黏煤。

2. 预测区

新开岭-三道沟煤田内确定 4 个预测区,即赤松-太平预测区、喇咕夹-景山预测区、牛心顶子-白江河预测区、错草顶子预测区。

1) 赤松-太平预测区

本预测区位于靖宇城北东 20km,有乡村公路经过,距国铁路朝阳镇东站 87km,交通较为方便。本区北东和南西有头道松花江流过,预测区内为低山玄武岩台地貌。

预测区范围:北西以煤层露头为界,南东以断层为界,南西距满天星 1.8km,北东距贾家楼 1.2km,走向 15.27km,倾向宽(平均)1.4km,面积 21.38km²。

(1) 预测区圈定依据。地层与沉积环境:本区为山间断陷型含煤盆地,含煤地层为中生界下白垩统的石人组,沉积环境为河流体系。

构造控煤作用:该预测区是靖抚煤田的一部分,较严格受控于北北东向断裂带。

煤层赋存情况:在预测区的南西端有赤松详查区,发育石人组上下两个含煤段,下含煤段含煤 3~4 个煤层组,局部可采 3 层,上含煤段含煤 6 个煤层组,其中局部可采 2 层。

(2) 预测资源量。预测区面积 21.38km²,煤层平均厚度 2.82m,视密度 1.46t/m³,煤种为气煤,区内构造复杂程度中等。煤层稳定类型为较稳定,校正系数 β 取 0.6,煤层埋深 0~1000m。

预测资源量规模为小型,远景区分类为不利的(Ⅲ),预测资源开发利用前景为差(C)等。

2) 喇咕夹-景山预测区

该预测区位于靖宇县北西 10km,靖宇至景山镇有县级公路在预测区北东侧通过,景山镇至预测区内的各村均有水泥路和砂石路相通,交通比较方便。区内有那尔轰河由北西流向南东,在景山镇一带流向北东。在预测区北东方向的五斤顶子山是预测区附近最高的山峰,海拔为 1251m,最低点海拔为 977.1m,地貌为低—中山区。

预测区范围:南、北以煤层露头为界,西距上营子 2km,东距耙犁房子 3.5km,走向长(平均)5.42km,倾向宽(平均)2.7km,面积 14.64km²。

(1) 预测区圈定依据。

地层与沉积环境:含煤地层为下白垩统的石人组,沉积环境为河流体系。

构造控煤作用:预测区是受北东向构造控制的孤立的山间含煤盆地。

煤层赋存情况:在预测区南西相邻喇咕夹煤炭普查区,在该区曾挖过小煤窑,经现场勘查和当地村民介绍 10~15m 深处见煤厚度 1.10~1.50m。

(2) 预测资源量。预测区面积 14.64km²,煤层厚度 1.46m,视密度为 1.42t/m³。区内构造复杂程度为中等,煤层稳定类型为较稳定,校正系数 β 取 0.5。煤类为长焰煤,煤层埋深为 0~600m。

预测资源量规模为小型,远景区分类为有利的(Ⅰ),预测资源的开发利用前景为优(A)等。

3) 牛心顶子-白江河预测区

该预测区位于白山市北东东方向 8km,区内有乡村公路通过,交通较为便利。白江河由北西经过预测区,流向南东,区内最高点海拔为 900m,最低的合并标高 680m,地貌由冲积平原和低山组成。

预测区范围:北西以煤层露头为界,南东以断层为界,南西以新开岭为界,北东距白江河 1.2km。走向长(平均)18.19km,倾向宽(平均)1.1km,面积 20.01km²。

(1)预测区圈定依据。

地层与沉积环境:本区为山间断陷型含煤盆地,含煤地层为中生界下白垩统的石人组,以河流相沉积为主。

构造控煤作用:本区构造属于新开岭向斜的东延部分,严格受北北东向构造控制,几乎全区为玄武岩所覆盖。

煤层赋存情况:本区西部为白山市东风煤矿。该矿1958年建井,原有小井3对,即一井、二井、五井,年产量$10×10^4$t,矿区发育下白垩统石人组含煤段,其煤层为一个层组。结构较复杂,沿走向煤层厚度变化较大。五井区煤厚4.24~18.16m,平均厚9.71m,煤种为气煤2号,城墙砬子—新开岭一带,1956—1976年先后由105队、102队进行过普查勘探,先后施工钻孔19个,在C1+C2级资源量$2000×10^4$t。1975年102队在新开岭—二道花园口做了1:5万地质测量工作。在工作总结中指出,向头沟老爷府沿北东方向新发现煤层露头,其走向长达800余米,有小窑开采,其中朱井煤厚0.74m,朱颜井煤厚5.8m,徐井煤厚6.22m,东风煤矿服务公司井煤厚2.05m。1990年白山市煤炭局地质队在元宝顶上下距露头部位80m处施工一个钻孔(90-1号),孔深326.91m,见煤2层,深度242.30m,煤厚1.15m,深度245.40m,煤厚1.65m。

(2)预测资源量。该区面积20.01km²,煤层厚度3.3m,煤种为气煤,视密度1.3t/m³,区内构造复杂程度为中等,煤层稳定类型为较不稳定,校正系数β取0.5,煤层埋深0~1500m。

预测资源量规模为小型,远景区分类为次有利的(Ⅱ),预测资源的开发利用前景为良(B)等。

4)错草顶子预测区

该预测区位于靖宇县城南西12km,区内有白山市-靖宇县县级公路通过,各乡、镇、村均有水泥路或砂石路通过,交通比较方便。在预测区的东南侧有砬门河,从北东流向南西,预测区附近最高标高1 100.5m,最低大金山标高909.80m,地貌单元为低—中山区。

预测区范围:南、北均以煤层露头为界,西距龙湾约1km,东离砬子门农牧场0.7km,走向长(平均)18.39km,倾向宽(平均)5.8km,面积106.65km²。

(1)预测区圈定依据。

地层与沉积环境:含煤地层为古近系梅河组。沉积环境为淡水湖相演变为泥炭沼泽相沉积。

构造控煤作用:本区含煤地层受北东向构造控制。全区被玄武岩覆盖。

煤层赋存情况:区内由于森林和玄武岩覆盖,含煤地层未出露地表。在该预测区的东南侧有靖宇县燕平镇北找煤勘查区,曾施工1个钻孔,在孔深206m处见到1层煤,煤层厚度1.80m。预测区与勘查区均属同一控煤构造内,预测远景可佳。

(2)预测资源量。该区面积106.65km²,煤层厚度1.7m,视密度1.4t/m³,煤种为褐煤,区内构造复杂程度为中等,煤层稳定类型为较稳定。校正系数β取0.5,煤层埋深0~1500m。

预测资源量规模为小型,远景区分类为次有利的(Ⅱ),预测资源量的开发利用前景为良(B)等。

(四)浑江煤田

浑江煤田位于吉林省东南部,属通化市和白山市管辖,范围西起通化市二道江区铁厂镇,经白山市、砟子、湾沟、东至白山市抚松县露水河镇,全长155.57km,宽44.80km,面积约6 969.54km²,即为老岭-龙岗山脉之间浑江流域。本区属低山丘陵区,海拔400~900m。西端有浑江,由东而西流经本区中部,东段有汤河,由西而东横穿本区,经抚松汇入松花江。区内沟谷发育,谷深坡陡,地形起伏较大,公路四通八达,铁路横穿中部,经由通化、梅河可通往全国各地。浑江煤田已开采的矿井:铁厂一井、铁厂二井、孤园井、道清矿北斜井、八道江矿、通明矿、砟子矿、苇塘矿、湾沟矿和松树矿等。

1. 煤田地质概况

1)含煤地层

浑江煤田含煤地层的时代跨越古生代和中生代,各主要含煤地层发育基本特征如下。

(1)晚古生代含煤地层。

上石炭统太原组(C_2t):浑江煤田主要含煤地层,由堡岛体系向三角洲体系过渡,分布广,主要为三角洲体系沉积。聚煤环境有潟湖后的泥炭坪(6煤)和分流间湾泥炭坪(5煤),沉积稳定,煤层厚度较大。富煤中心位于铁厂-苇塘间的北东东向条带内,由灰色、灰黑色砂岩,粉砂岩,泥岩组成,底部为一层中细粒砂岩(称"道清砂岩")与下伏本溪组呈整合接触。

下二叠统山西组(P_1s):分布同太原组,为重要含煤地层。聚煤环境为三角洲-河流体系沉积,由三角洲向河流体系过渡,以河流沉积体系为主,曲流河发育,河道两侧形成广阔的泛滥平原及其沼泽。岩性为灰黑色、深灰色粉砂岩,细砂岩夹数层灰黑色—黑色页岩或泥岩,煤层发育较好,呈北东东向展布。

(2)中生代含煤地层。

上三叠统北山组(T_3b):仅零星分布于白山市的石人镇北山和松树镇小营子,为河流-湖泊体系沉积。聚煤作用主要发育在小型湖泊的三角洲平原和湖滨带,且逐渐趋于较稳定,形成较厚煤层;上部为含煤段,以灰色、黄绿色厚层砂岩,粉砂岩,泥岩为主组成,下伏与二叠系呈不整合接触,上覆与上侏罗统抚松组火山岩系呈不整合接触。

下侏罗统冷家沟组(J_1l):分布在浑江条带(向斜)的南部,厚度数百米,由灰褐色砂岩、粉砂岩、黑色页岩、薄煤层组成。为以砂岩、泥岩为主的含煤岩系,仅含薄层不可采,为河流-湖泊沉积体系的含煤岩系,下伏不整合在奥陶系之上。

下白垩统石人组(K_1sh)为河流-湖泊相为主的含煤岩系,多为小型断陷的湖泊盆地,由冲积扇发育为湖泊,在湖泊形成的早期其湖滨带和局部三角洲发育泥炭沼泽,形成厚度变化较大的不稳定煤层,含煤带较狭窄。该组一般下部为砾岩段,以砾岩、砂岩为主夹凝灰质砂砾岩;上部为含煤段含可采煤层。

2)构造

浑江煤田位于华北陆块东北部的浑江太子河凹陷中通化浑江凹陷,由于受区域构造格局和基底构造的控制,煤田构造呈现分区(带)特征,由南东向北西方向的挤压而出现的由南至北的分带性和由达台山老岭断裂(即F_{16})形成的东西分区性。

西区(A区)在铁厂—苇塘一带,该区构造较为复杂,逆断层走向与向斜轴面方向主要为南西-北东,后期低角度推覆体的走向也大致如此。该区含煤盆地以弧形分布,从铁厂经五道江、大通沟至F_{16}脚下石人一带,其总体走向也成南西-北东向。其中大部分盆地已被断裂破坏,被分割数段。

东区(B区)在苇塘—松树一带,该区构造相对西区较简单,逆断层走向与向斜的轴面方向为东西向,其中几条逆断层为叠瓦扇状,由后期挤压而导致的破坏较少。含煤盆地走向近东西向,保存较西部好。且东部地区新生代喷出岩较为频繁。两个地区有明显的分区特征。从晚印支期到燕山期,老岭背斜的隆起,从南东向北西挤压,从而对浑江凹陷地区产生了多个褶皱和断裂。

3)岩浆岩

区内侵入岩浆活动十分频繁,从老到新可划分为阜平期、五台期、加里东期、海西期、印支期和燕山期六大旋回,其中尤以海西期和燕山期最为发育。岩浆侵入活动产物种类繁多,有超基性岩、基性岩、中性岩、酸性岩和碱性岩等,其中以花岗岩类最为发育,而且与贵金属、有色金属、非金属、黑色金属等矿产有着重要的关系。火山活动频繁,按其喷发时代、喷发类型、喷发产物、构造环境等特征,自太古宙至新生代,共有6期构造-火山活动,这6期自老至新为阜平期、五台期、加里东期、海西期、印支期—燕山期、喜马拉雅期。

本区加里东期、海西期岩浆活动不强烈,后期由于处在库拉-太平洋板块的边缘带附近,中新生代岩浆活动强烈。

4)煤层煤质

(1)晚古生代含煤岩系中的煤层。

上石炭统太原组(C_2t):浑江煤田主要含煤地层。除松树镇一带外均含3层可采煤层,称第4、5、6

层,4层厚度0.14～7.56m;5层厚度0.51～4.21m;6层厚度0.19～8.14m。本组厚30～60m,下伏与本溪组呈整合接触。

下二叠统山西组(P_1s):含煤3层,称1、2、3煤,其中3煤发育最好,全区可采,1、2煤局部可采,以松树镇较为发育,1煤厚0.50～21.92m;2煤厚0.81～19.31m;3煤厚0～6.16m。本组厚15～46m。

(2)中生代含煤岩系中的煤层。

上三叠统北山组(T_3b):仅零星分布于白山市的石人北山和松树镇小营子。含3～4层薄煤层。上部为含煤段,以灰色、黄绿色厚层砂岩,粉砂岩,泥岩为主组成,下伏与二叠系呈不整合接触,上覆与上侏罗统抚松组火山岩系呈不整合接触。

下侏罗统冷家沟组(J_1l):分布在浑江条带(向斜)的南部,厚度数百米,岩性由灰褐色砂岩、粉砂岩、黑色页岩、薄煤层组成。以砂岩-泥岩为主的含煤岩系,含可采煤层2层,为河流-湖泊沉积体系的含煤岩系,下伏不整合在奥陶系之上。

下白垩统石人组(K_1sh):分布在浑江北岸的八宝、石人、新开岭、三道沟等地。该组一般厚度0～34m,在三道沟一带厚达420m左右,一般含煤1～2层,三道沟至榆树河口一带则含上、下两个煤组。发育6个可采煤层,煤层发育较稳定。

(3)晚古生代煤层的煤质特征。

灰分:灰分是煤炭中的主要有害成分,在本聚煤期的松树矿平均灰分20.3%,湾沟矿平均灰分20.5%,砟子矿平均灰分17.98%,八道江矿区平均灰分22.28%,铁厂矿平均灰分30.58%。从上述数字可以看出,本聚煤期的煤田只有砟子矿区小于20%,属于低中灰分;铁厂矿区的灰分大于30%,属于中高灰分;其他矿区均属于中灰分煤。

挥发分:煤的挥发分可反映煤的变质程度,干燥无灰基挥发分是确定煤分类的主要指标。本聚煤期多为中挥发分煤。松树矿煤、湾沟煤矿的挥发分均在31%左右,砟子矿区煤的挥发分在26.25%左右,八道江煤矿煤的挥发分在20.1%左右。

全硫:全硫是煤中的主要有害元素。本聚煤期全硫一般属于特低硫分煤—低硫分煤—低中硫分煤。八道江矿区硫分0.21%～0.43%,属于特低硫煤;砟子矿区平均硫分小于0.5%,属于特低硫煤;铁厂矿区硫分为0.24%～0.80%,属于特低硫、低硫分煤,松树矿硫分稍高,属于低中硫煤。

磷是煤中的有害成分,当煤燃烧后主要以磷酸钙的形式残留于灰渣中。煤炼焦时,磷将进入焦炭,还将转入所冶炼的生铁中,可以使钢铁发生冷脆。因此我国对炼焦用的精煤要求磷含量P_d小于0.01%。区内除极个别值大于0.01%外,大部分都小于0.01%。

(4)中生代(晚三叠世、早白垩世)煤层的煤质特征。

灰分:本聚煤期的煤多属于低变质煤,煤层厚度变化大,且煤质也不好。煤的灰分比较高,小营子矿区(晚三叠世)煤层都是高灰分煤。另外,抚松矿区(早白垩世)和浑江北岸整个矿区(早白垩世)都是高灰分煤,新开矿和八宝矿灰分稍低。

硫分:本聚煤期煤的硫分较高,部分是中高硫分煤,硫分的变化也很大。

本聚煤期的气煤、肥煤、气肥煤都可以作炼焦配煤,但是浑江北岸的气煤由于灰分较大,所以大部分用来做动力用煤。

2. 预测区

浑江煤田内圈定9个预测区,即一心村预测区,梨树沟预测区,石人外围预测区,曲家营子预测区,环懋一井、二井外围预测区,头道沟外围预测区,湾沟南预测区,煤窑沟预测区,抚松-松江河预测区。

1)一心村预测区

该区位于通化市铁厂镇以南一心村一带,有公路、铁路经过本区,交通十分便利。本区处于大罗圈河两岸,由冲积平原和低山丘陵地貌构成,海拔435～764m。

预测区范围:北西以 F_{11} 号断层为界,南东到煤层隐覆露头,南西距一心屯 4km,北东以 F_H 断层为界,走向长(平均)7.05km,倾向宽(平均)3.5km,预测区面积约 24.68km²。

(1)预测区圈定依据。

地层与沉积环境:含煤地层为古生代石炭系太原组、二叠系山西组,聚煤环境为三角洲-河流体系。

构造控煤作用:该区北东端二道沟 1988 年 8 月东煤地质局第一物测队曾做过电磁频率测深剖面,剖面长 4.25km,物理点 22 个。该成果与地质剖面对照综合解释结果认为:二道沟门的低阻地层反映相当于煤系地层,应属于铁厂向斜北端,在二道沟村一带震旦系之下存在的低阻区可能是煤系赋存,由此推断,在大规模的推覆构造震旦系岩体下掩盖一个由铁厂矿区经铁厂东至本预测区,由晚古生代含煤岩系构成的走向北东之宽缓的复式向斜构造。

煤层赋存情况:含煤地层为古生代石炭系太原组、二叠系山西组,聚煤环境为三角洲-河流体系。本区与铁厂矿区相邻,处于相同的沉积环境,赋存可采煤层的可能性较大。

(2)预测资源量。预测区面积 24.68km²,煤层厚度采用已知的铁厂矿东区开采煤层的平均厚度 2.13m,煤种为焦煤,视密度 1.3t/m³,区内构造复杂程度为较复杂,煤层稳定类型为较稳定,校正系数 β 取 0.6,煤层埋深 0~1000m。

预测资源量规模为小型,远景区分类为有利的(Ⅰ),预测资源的开发利用前景为优(A)等。

2)梨树沟预测区

该区位于通化市五道江镇南 3km 处、五道江煤矿与头道沟煤矿之间,有乡村公路经过,交通较为便利。本区均由山地构成,海拔 500~900m。预测区范围:北西、南东均以煤层露头为界,南西距江南村 1km,北东距横道河子 1.2km,走向长 13.32km,倾向宽 1.3km,面积为 17.31km²。

(1)预测区圈定的依据。

地层与沉积环境:含煤地层为古生代石炭系太原组、二叠系山西组,聚煤环境为三角洲-河流体系。

构造控煤作用:该区位于铁厂-三岔子负异常带的西部,是航磁图上的负异常区,在梨树沟门马家沟组灰岩中测得产状 140°∠30°。煤系地层倾向南东,与五道沟煤矿、冰湖沟煤矿西斜井及道清煤矿、六道江南翼部位相对应构成走向北东的背斜。本区位于该背斜的东南翼,并向东南继续发展形成一个向斜构造。这也是二道沟电测深剖面上确定的向斜,属一心村预测区向斜沿北东向的延伸部分。

煤层赋存情况:102 队在六道江南翼区施工的 20-23 号、20-24 号孔穿透震旦系后见晚古生代煤系地层及煤层。其中 20-23 号孔见煤厚 2.17m,证明在外来岩席寒武系、震旦系之下,隐伏保存着石炭二叠系煤系地层及煤层。

(2)预测资源量。该区面积 17.31km²,煤层厚度采用 20-23 号孔煤厚 2.17m,邻区 6-1 号孔煤厚 1.6m,平均厚 1.89m,煤种为焦煤,视密度 1.3t/m³,区内构造复杂程度为较复杂,煤层稳定类型为较稳定,校正系数 β 取 0.6,埋深 0~600m。

预测资源量规模为小型,远景区分类为有利的(Ⅰ),预测资源的开发利用前景为优(A)等。

3)石人外围预测区

该区位于白山市东 10km,区内有白山市至临江公路、白山市至临江市铁路均经过预测区,石人火车站就在预测区内。预测区到各乡、村均有水泥路和砂石路相通,交通比较方便。区内主要河流有石人河由东向西流经预测区,在白山市东注入浑江。地面标高一般为 500~800m,地貌单元为低山区。

预测区范围:北西、南东均以隐覆煤层露头为界,南西距红石砬子 0.3km,北东距大石棚子 1.2km,走向长(平均)7.8km,倾向宽(平均)3.64km,面积为 28.4km²。

(1)预测区圈定依据。

地层与沉积环境:含煤地层为古生代石炭系太原组、二叠系山西组,聚煤环境为三角洲-河流体系。

构造控煤作用:该预测区控煤作用,是受浑江煤田北东向Ⅱ级构造带控制(即红土崖-石人向斜构造)。

煤层赋存情况：据长春煤田地质科研所资料，航磁异常平面图上，石人为负异常区，向南西经珠宝沟、大镜沟、三道阳岔、红土崖有负异常区，即石人-红土崖负异常区，布伽重力异常图上，向南偏-榆木桥子之间有一负异常区，向南偏东延长，特别明显。重磁地质构造解释图上，呈现石人-红土崖负异常区，推出在负异常带上的负异常区内有古生代沉积，即石人区在推覆体寒武系、震旦系岩席下有石炭二叠系煤系地层赋存。

102队于1979年在该区施工10个钻机，其中2个(3号、9号)钻孔穿过寒武系盖层，见到石炭二叠系含煤地层，见2层薄煤，还有2个钻孔穿过二叠系石盒子组见到石炭系本溪组，终孔于奥陶系马家沟组灰岩。

从上述钻孔揭露证明，在推覆体下、红层下有石炭二叠系含煤地层赋存是可靠的，找煤前景是可佳的。

(2)预测资源量。该区面积28.40km²，煤层厚度3m，煤类为无烟煤，视密度为1.5t/m³，区内构造复杂程度为复杂，煤层稳定类型为不稳定，校正系数β取0.4，煤层埋深0～1500m。

预测资源量规模为小型，远景区分类为次有利的(Ⅱ)，预测资源的开发利用前景为良(B)等。

4)曲家营子预测区

该预测区位于白山市南东8km，区内有白山市至曲家营子公路，预测区至各乡、镇、村均有水泥路和砂石路相通，交通比较方便。区内没有大的河流，地面标高一般为500～1000m，地貌单元属低中山区。

预测区范围：北西、北东均以煤层隐覆露头为界，南西距曲家营子4.5km，北东距马家沟1km。走向长9.23km，倾向宽3.4km，面积为31.39km²。

(1)预测区圈定依据。

地层与沉积环境：含煤地层为古生代石炭系太原组、二叠系山西组，聚煤环境为三角洲-河流体系。

构造控煤作用：该预测区控煤作用，是受浑江煤田北东向Ⅱ级构造带控制(即头道沟-苇塘向斜构造)。

煤层赋存情况：在预测区的北西有老房子精查区(已开发并报废)，煤层平均厚度5.80m。经构造分析，推断为隐伏于推覆体震旦系岩席下的一个向斜构造，属头道沟向斜向北东延伸部分。

(2)预测资源量。该区面积31.39km²，煤层平均厚度5.80m，煤类为瘦煤，视密度1.3t/m³，构造复杂程度为较复杂，煤层稳定类型为较稳定，校正系数β取0.6，煤层埋深0～1500m。

预测资源量规模为小型，远景区分类为次有利的(Ⅱ)，预测资源的开采利用前景为良(B)等。

5)环懋一井、二井外围预测区

该区位于白山市西10km，行政区隶属六道江镇所辖。白山市至通化市公路从预测区北侧经过，预测区至各乡、镇、村均有水泥路和砂石路相通，交通比较方便。

区内没有大的河流，南北向的冲沟比较发育，地形南高北低，地面标高一般为400～700m，地貌单元属低山丘陵。

预测区范围：北西、南东均以煤层露头为界，南西与道清矿北斜井相邻，北东与七道江缸窑矿相邻，走向长4.9km，倾向宽1.97km，面积9.66km²。

(1)预测区圈定依据。

地层与沉积环境：含煤地层为古生代石炭系太原组、二叠系山西组，聚煤环境为三角洲-河流体系。

构造控煤作用：该预测区控煤作用，是受浑江煤田北东向Ⅱ级构造带控制(即铁厂-八道江向斜构造)。

煤层赋存情况：在预测区的北侧有六道江三区和二区(详查)，并有六道江煤矿和缸窑煤矿，正在生产，预测区内正在进行普查，多数钻孔均见可采煤层，煤层厚度一般3～8m。煤层最大厚度大于20m。

(2)预测资源量。预测区面积9.66km²，煤层平均厚度7.5m，煤类为瘦煤，视密度1.3t/m³，构造复杂程度为较复杂，煤层稳定类型为较稳定，校正系数β取0.6，煤层埋深0～2000m。

预测资源量规模为小型,远景区分类为有利的(Ⅰ),预测资源的开采利用前景为优(A)等。

6)头道沟外围预测区

该预测区位于通化市南东18km,区内有通化市-头道沟煤矿公路,预测区到各乡、镇、村均有水泥路和砂石路相通,交通比较方便。区内没有大的河流,地面标高一般为500～1000m,地貌单元属低中山区。

预测区范围:北西、南东均以煤层露头为界,南西距头道沟煤矿2.2km,北东距凤鸣煤矿1.2km,走向长(平均)6.2km,倾向宽(平均)1.12km,面积6.94km²。

(1)预测区圈定依据。

地层与沉积环境:含煤地层为古生代石炭系太原组、二叠系山西组,聚煤环境为三角洲-河流体系。

构造控煤作用:该预测区控煤作用,是受浑江煤田北东向Ⅱ级构造带控制(即头道沟-苇塘向斜构造)。

煤层赋存情况:在预测区的西南侧有头道沟煤矿,为生产矿山;在预测区内普查工作正在施工,在该区内施工钻孔多个见煤,煤层厚度一般为4～8m,最大厚度20多米,平均厚度7.5m。

(2)预测资源量。该区面积6.94km²,煤层平均厚度7.5m,煤类为瘦煤,视密度1.3t/m³,构造复杂程度为较复杂,煤层稳定类型为较稳定,校正系数β取0.6,煤层埋深0～1000m。

预测资源量规模为小型,远景区分类为有利的(Ⅰ),预测资源的开采利用前景为优(A)等。

7)湾沟南预测区

该区位于白山市湾沟镇西南4km处,北距湾沟煤矿2km,有铁路、公路经过湾沟镇及湾沟煤矿,区内有乡村公路经过,交通较为便利。本区以低中山地貌为主,海拔750～1160m。

预测区范围:南、北均以煤层隐伏露头为界,西以湾南2线剖面为界,东距沙金沟1km,走向(平均)2.9km,倾向宽(平均)1.71km,面积为4.95km²。

(1)预测区圈定依据。

地层与沉积环境:含煤地层为古生代石炭系太原组、二叠系山西组,聚煤环境为三角洲-河流体系。

构造控煤作用:湾沟向斜为一较开阔的复式向斜,其中浅部为湾沟煤矿所开采,矿井见可采煤层2层,总厚12.4m,倾角25°～70°,向斜深部被外来岩席前震旦系覆盖。

煤层赋存情况:1986—1987年,102队在小西岔施工了3个钻孔,皆停在上覆盖层即晚寒武系、前震旦系之中,经分析在重力活动断层F_{1-1}下,可能赋存石炭二叠系含煤地层,即湾沟向斜深部部位被保存下来。

(2)预测资源量。预测区面积4.95km²,煤类为气肥煤,视密度1.3t/m³,煤层厚度采用《湾沟精查报告》5层煤的平均厚度7m。区内构造复杂程度为较复杂,煤层稳定类型为不稳定,校正系数β取0.6,煤层埋深0～1000m。

预测资源量规模为小型,远景区分类为次有利的(Ⅱ),预测资源的开发利用前景为良(B)等。

8)煤窑沟预测区

该预测区位于抚松县城北北东5km,区内有乡村公路通过,交通较便利,松江河从本区流过,在抚松县城北西注入头道松花江,该区地面标高一般为500～1100m,地貌单元为低中山区。

预测区范围:北以煤层露头为界,南与浑江煤田小营子详查区相接,东侧以断层为界,西与官道岭-大蚊子沟详查区相邻,走向长2.4km,倾向宽2.2km,面积5.27km²。

(1)预测区圈定依据。

地层与沉积环境:含煤地层为上三叠统北山组,聚煤环境以河流体系为主体。

构造控煤作用:本区控煤构造为东西向的小营子向斜构造。

煤层赋存情况:1961年105队施工槽探,于煤窑沟1号槽见煤厚度为0.8m。1965年102队施工的Fm1号槽中见煤厚度为1.3m。

(2)预测资源量。预测区面积5.27km²,煤层厚度1.30m,煤类为肥煤,视密度1.3t/m³,构造复杂程度为较复杂,煤层稳定类型不稳定,校正系数β取0.4,预测煤层埋深0～600m。

预测资源量规模为小型,远景区分类为次有利的(Ⅱ),预测资源的开发利用前景为良(B)等。

9)抚松-松江河预测区

该区位于抚松县南海青岭北东23km。区内有抚松-长白县县级公路和通化-二道白河铁路从预测区内通过,预测区与各乡、镇、村均有水泥路和砂石路相通,交通比较方便,区内主要河流为石头河、塔河、漫江由南东流向北西,在抚松县附近,注入头道松花江。

该区地面标高一般为700～1000m,地貌单元为低中山区。

预测区范围:北西、南西、南东均以煤层隐伏露头为界,北东以断层为界,走向长(平均)32.08km,倾向宽(平均)11.1km,面积为356.12km²。

(1)预测区圈定依据。

地层与沉积环境:该区为中生代上三叠统北山组,聚煤环境以河流体系为主。

构造控煤作用:该区控煤构造为东西向构造。是浑江煤田的Ⅱ级构造,即小营子向斜东延部分。

煤层赋存情况:该区被森林和大面积火山岩覆盖,煤系地层地表没有出露,在该区的西南有上三叠统北山组(小营子组)含煤地层分布,是小营子详查区,含煤1～2层,煤层厚度1.8～3.5m,平均厚2.00m,现已开发利用。

(2)预测资源量。预测区面积356.12km²,煤层平均厚度为1.84m,煤类为肥煤,视密度为1.39t/m³,区内构造复杂程度为较复杂,煤层稳定类型为较稳定,预测区面积较大,校正系数β取0.25,煤层埋深0～1500m。

预测资源量规模为中型,远景区分类为次有利的(Ⅱ),预测资源的开发利用前景为良(B)等。

(五)烟筒沟-漫江煤田

煤田位于老岭背斜构造核部位置,为一东西-北东向断陷盆地。盆地西起冰湖沟经杨木顶子,东至锦江一带,总长约45km,盆地两侧基底为中元古界老岭群和吕梁期花岗岩,盆地内沉积早白垩世火山碎屑岩和含煤沉积,即四道沟组和烟筒山组,其上为一套红色建造(榆木桥组)。故此含煤盆地是燕山构造运动产物,区内大部分被新生界玄武岩覆盖。

1. 地质概况

1)含煤地层

含煤地层为中生界下白垩统的烟筒沟组,该组地层由底部砂砾岩段、中部含煤段及上部凝灰岩段构成,厚度变化较大,厚为150～635m,聚煤环境为河流体系。

2)构造

本含煤区位于老岭背斜构造核部,为一东西-北东向断陷盆地,盆地西起冰湖沟,经杨木顶子、直至漫江。盆地两侧基地为中元古界老岭群和吕梁期花岗岩,盆内充填下白垩统火山碎屑和含煤建造,其上为一套红色建造,且大部分为新生界玄武岩所覆盖。

3)岩浆岩

主要有燕山期花岗岩、闪长岩,基性和中酸性火山岩;喜马拉雅期玄武岩。

4)煤层煤质

该区煤层变化较大,含煤4层(1、2、3、4),有3层可采或局部可采(1、2、3)。该区煤种主要为气煤。

2. 预测区

烟筒沟-漫江煤田内圈定2个预测区,即闹枝预测区、漫江预测区。

1)闹枝预测区

该预测区位于临江市北东 20km,行政区隶属临江市闹枝镇管辖。该区地形北高南低,预测区附近最高山(花砬子山)标高为 1 222.3m,一般地面标高 700～1000m。主要河流为二道沟河,由北东流向南西,在临江市附近注入鸭绿江。区内交通主要以公路为主临江市-白山市国家二级公路从预测区内经过。由预测区到各乡、镇、村均有水泥路和砂石路相通,交通比较方便。

预测区范围:北、东、南均以断层为界,西以煤层露头为界,走向长(平均)18.1km,倾向宽(平均)2.02km,面积 37.22km²。

(1)预测区圈定依据。

地层与沉积环境:含煤地层为中生界下白垩统的烟筒沟组,聚煤环境为河流体系。

构造控煤作用:该区控煤构造总体受北东向构造控制。

煤层赋存情况:该区西侧冰湖沟—腰沟一带,由吉林省 105 队在该区进行 1∶5 万地质测量,1960 年转入找矿勘查,并施工 2 个钻孔,其中 1 号孔未见煤,2 号孔为半截孔。在南部露头处施工槽探,其中 1 号槽见煤 3.43m,4 号槽见煤 1.47m,13 号槽见煤 1.58m,煤系地层大部分被玄武岩和火山岩所覆盖。

(2)预测资源量。预测区面积 37.22km²,煤层平均厚度 2.46m,煤类为气煤,视密度 1.45t/m³,区内构造复杂程度为中等,煤层稳定类型为不稳定,校正系数 β 取 0.4,煤层埋深 0～600m。

预测资源量规模为小型,远景区分类为次有利的(Ⅱ),预测资源的开发利用前景为良(B)等。

2)漫江预测区

该预测区位于抚松县城南东的 48km。区内主要有抚松-长白县级公路通过,村与漫江镇之间有水泥路或砂石路相通,交通比较方便。

区内主要河流为漫江,支流有南黄泥河、老黑河、南清河、高立河、蚂蚁河、桦皮河,这些支流呈扇形由南东流向北西,在漫江镇一带注入漫江,向北注入松花江。

在预测区东南的老岭林场,是预测区附近最高点,海拔为 1020.0m,一般地面标高 600～800m,地貌单元为低中山区。

预测区范围:北西以断层为界,南东以煤层隐伏露头为界,南西距虹牛河林场 2.8km,北东距锦北 5.5km,走向长(平均)18.34km,倾向宽(平均)4.6km,面积 84.36km²。

(1)预测区圈定依据。

地层与沉积环境:含煤地层为中生界下白垩统的烟筒沟组,聚煤环境为河流体系。

构造控煤作用:该区控煤构造总体受北东向构造控制。

煤层赋存情况:区内 1971 年漫江公社和松江河林业局曾在绵江(古顶子),各开一个小井口,均见煤。1978 年抚松县三股流煤矿对绵江煤系开掘 3 个探井口,1979 年 102 队在该区进行 1∶5 万地质测量,并在绵江、宝财等地施工 4 条槽探,共见煤 4 层,其中 1 号煤层 0.4～0.84m,平均为 0.60m;2 号煤层 0.6～1.60m,平均厚度为 1.01m,3 号煤层为 0.75m;4 号煤层 0.7～0.83m。其中 1 号、2 号煤层为可采煤层,3 号、4 号煤层为局部可采煤层。

(2)预测资源量。预测区面积 84.36km²,煤层平均厚度 2.46m,煤类为气煤,视密度 1.45t/m³,区内构造复杂程度为中等,煤层稳定类型为不稳定,校正系数 β 取 0.4,煤层埋深 0～2000m。

预测资源量规模为小型,远景区分类为有利的(Ⅰ),预测资源的开发利用前景为优(A)等。

(六)长白煤田

长白煤田位于吉林省南部属长白县管辖,东起长白县城,西到六道沟乡。东西长 81km,南北宽约 3km,面积 243km²。本区处于长白山主峰南麓,最高点海拔 2450m,最低点海拔 440m。东南以鸭绿江为界与朝鲜民主主义共和国惠山市隔江相望。主要公路为临江-长白县沿江公路。

1. 地质概况

1)含煤地层

长白煤田的含煤地层主要为上石炭统的太原组、下二叠统的山西组。从已有资料分析在走向上,西部含煤性较差,一般含煤 4 层,可采者 2~3 层;东部含煤性好于西部,一般在 4 层以上,可采者 2~3 层,在倾向上深部好于浅部。

(1)上石炭统太原组(C_2t)。本组地层是区内主要含煤地层。由海陆交互相向纯陆相过渡的含煤沉积,下部以灰色细砂岩,夹黑色页岩,上部由灰色、黑灰色粉砂岩,黑色页岩和 3 个(4、5、6)煤层组成,底部为灰色、灰白色中—粗粒石英砂岩,局部含石英颗粒,质坚硬,与上覆地层呈平行不整合接触,本组厚度 18.40~154.10m,平均厚度 106.25m。

(2)下二叠统山西组(P_1s)。本组地层是一套纯陆相的含煤建造,上部为灰色,灰黑色中—细粒砂岩,粉砂岩,黑色页岩夹 3 个煤层(1、2、3),含煤层位大部分被上覆长白组地层剥蚀或被逆冲断层断失,保存的岩层大部分是下部的灰白色中—粗粒石英砂岩,坚硬,是划分山西组与太原组的重要标志层。

2)构造

区内构造极为发育且复杂,均为不同时期区域构造运动叠加的结果。构造总的方向为一近东西—北西向条带,以东西向断裂为主要压性构造,北东和北西向的张性正断层为辅,伴有褶皱及倒转褶皱发生。

3)岩浆岩

该区岩浆岩按时代、侵入关系、岩石特征等,可划分为印支期岩浆岩、燕山期岩浆岩和喜马拉雅期岩浆岩。

燕山期的喷发岩,构成中生代盖层,喜马拉雅期喷发岩构成了新生代盖层。燕山期岩浆岩对古生代煤系地层局部有剥蚀作用。

4)煤层煤质

(1)太原组厚度 18.40m~154.10m,平均厚度 106.25m。有可采煤层 2 层,厚度分别为 0.29~7.46m(平均厚度 3.04m)和 0.2~2.01m(平均厚度 0.75m),煤层间距为 6.00~9.00m,煤质为中级无烟煤。

(2)山西组厚度 6.00m~95.50m,平均厚度为 43.00m。有可采煤层 2 层,厚度分别为 1.40~5.34m(平均厚度 2.85m)和 1.13~4.08m(平均厚度 2.64m),煤质为低级无烟煤。

2. 预测区

长白煤田内圈定 3 个预测区,即六道沟-虎洞沟村预测区、七道沟-佳在水预测区、新房子-十九道沟预测区。

1)六道沟-虎洞沟村预测区

该区位于长白县城西 76km。长白至临江公路从区内通过,六道沟镇至各村均有砂石路相通,交通比较便利,区内主要河流为六道沟河,由北东流向南西,在六道沟镇一带流入鸭绿江。该区地形北高南低,地面标高一般 800~1100m,属低中山区。

预测区范围:北以正断层为界,南以逆断层为界,西起六道沟,东至虎洞沟,走向长(平均)11.7km,倾向宽(平均)3.98km,面积 46.59km^2。

(1)预测区圈定依据。

地层与沉积环境:该区含煤地层为晚古生界石炭系太原组、二叠系山西组,聚煤环境为三角洲-河流体系。

构造控煤作用:根据区域调查 1:20 万(长白幅)柳树河-八道沟剖面(D—D′),结合区域构造规律,综合分析,该区控矿构造为东西向的向斜构造。

煤层赋存情况:根据调查,在马鞍山附近当地开过小煤窑,煤层厚度一般3m左右,由于煤系地层之上被玄武岩和长白山组火山岩覆盖,地表无出露。

(2)预测资源量。预测区面积46.59km^2,煤层厚度3.3m,煤类为无烟煤,视密度1.5t/m^3,构造复杂程度为复杂,煤层稳定类型为不稳定,校正系数β取0.4,预测煤层埋深1000～2000m。

预测资源量规模为小型,远景区分类为不利的(Ⅲ),资源开发利用前景等级为差(C)等。

2)七道沟-佳在水预测区

预测区位于长白县城西84km,区内有长白至临江县级公路以预测区内通过,在预测区南侧沿鸭绿江边国家二级公路也通行了,区内各村(屯)之间也有修建了水泥路及砂石路,交通比较方便。区内主要河流有七道沟河,由北东流向西南,在七道沟一带流入鸭绿江。区内地形北高南低,地面标高一般为800～1200m,地貌单元属低中山区。

预测区范围:北以逆断层为界,南以F$_2$号断层为界,西起下乱村,东至佳在水,走向(平均)13.78km,倾向宽(平均)3.2km,面积44.1km^2。

(1)预测区圈定依据。

地层与沉积环境:含煤地层为古生代石炭系太原组、二叠系山西组,聚煤环境为三角洲-河流体系。

构造控煤作用:根据区调1∶20万资料和1∶5万地质填图资料,经区域构造规律综合分析,该区控煤构造是东西向构造,即八道沟-新房子向斜构造。

煤层赋存情况:区内煤系地层零星出露,见煤点只有在八道沟北有一个小煤窑。经现场考查,据当地村民介绍,煤层厚度3m左右。由于玄武岩、火山岩大面积覆盖,地表出露极少。

(2)预测资源量。该区面积44.1km^2,煤层利用厚度3m,煤类为无烟煤,视密度1.5t/m^3,区内构造复杂程度为复杂,煤层稳定类型为不稳定,校正系数β取0.4,煤层埋深0～1500m。

预测资源量规模为小型,远景区分类为不利的(Ⅲ),预测资源的开发利用前景为差(C)等。

3)新房子-十九道沟预测区

该区位于长白县城西48km。区内有长白县至临江县县级公路经过,在预测区南侧沿鸭绿江有国家二级公路经过,区内村与村之间均有水泥路或砂石路相通,交通比较方便。

区内河流主要有十二、十三、十五、十七、十八道沟河,由北东东流向南西西,分别注入鸭绿江。

该区地形北高南低,地面标高一般为700～1200m,地貌属低中山区。

预测区范围:北西以断层为界,北东以煤层隐覆露头为界,西起新房子,东到十九道沟,走向长(平均)56.27km,倾向宽(平均)8.1km,面积455.82km^2。

(1)预测区圈定依据。

地层与沉积环境:含煤地层为古生界石炭系太原组、二叠系山西组,聚煤环境为三角洲-河流体系。

构造控煤作用:根据区调1∶20万、1∶5万地质资料和1∶20万重磁资料综合分析,该区控煤构造为东西向的八道沟-新房子向斜和十三道沟-沿江向斜构造。

煤层赋存情况:在该区的新房子-大崴子一段有石炭二叠系出露,电测剖面分析,在玄武岩和火山岩之下,600～800m有石炭二叠系赋存,在预测区的东部十三道沟的中和屯一带施工4个钻孔,其中有2个钻孔见煤,累计可采煤层厚度8.27m。在十八道沟—沿江村一带,并进行过普查工作,煤层厚度平均3～4m,所以在该预测区赋存可采煤层可能性较大。

(2)预测资源量。预测区面积455.82km^2,煤层厚度采用4m,煤类为无烟煤,视密度1.5t/m^3,区内构造复杂程度为较复杂,煤层稳定类型为较稳定,校正系数β取0.4,煤层埋深0～2000m。

预测资源量规模为中型,远景区分类为不利的(Ⅲ),预测资源的开发利用前景为差(C)等。

第三节 本次煤炭资源潜力预测与第三次煤田预测成果对比

一、第三次煤田预测成果

据第三次煤田预测资料,截止到1990年底,吉林省累计探明储量为28×10^8t,保有储量22×10^8t。

1991年第三次煤田预测所采用的预测储量级别划分4个等级,即可靠级、可能级、可望级及远景地区(远景地区不计算预测储量,只提供预测面积)预测最大深度为1500m,计算预测储量阶段深度分别为:0～500m、500～1000m、1000～1200m、1200～1500m。预测吉林省境内煤炭储量为30×10^8t,预测煤炭储量在全国(29个省区)排行榜中列第22位。

二、本次煤炭资源潜力预测与第三次煤田预测成果对比

本次煤炭资源潜力预测工作,预测区的分布与第三次煤田预测的预测区大致相同,预测区的范围、预测深度、预测的资源量及资源量级别与第三次煤田预测均有所不同。

本次潜力评价预测资源量划分3个等级,即可靠的、可能的和可推断的,预测最大深度为2000m,预测资源量阶段深度分别为:0～600m、600～1000m、1000～1500m、1500～2000m。预测吉林省境内煤炭资源量为69.5×10^8t(表8-3-1)。

表8-3-1 吉林省煤炭资源潜力预测与第三次煤田预测成果对比简表

预测期次	对比项目								
	预测区数量/个		预测区总面积/km²		预测最大深度/m	预测资源量(储量)/($\times10^8$t)			
	预测区	远景区	预测区	远景区		可靠的	可能的	推断的	总资源量
本次煤炭资源潜力预测	62	0	6 292.49	0	2000	2.38	48.46	18.65	69.49
						可靠的	可能的	可望的	总储量
第三次煤田预测	74	18	4 719.31	4922	1500	6.68	11.71	11.50	29.89
增(+)减(-)量	-12	-18	1 573.18	-4922	+500	-4.3	+36.75	+7.15	+39.60
资源量变动原因	合并预测区,取消远景区或划为预测区				深度增加	预测面积和深度增加,预测资源量增大			

本次煤炭资源潜力预测较第三次煤田预测增加资源量39.60×10^8t,其增加的主要原因:根据最新资料发现了新的预测区,由于研究程度的提高将第三次煤田预测的部分远景区划定为预测区,预测最大深度由第三次煤田的1500m延伸到2000m。

本次预测划分了预测远景区的类别和预测资源的开发利用前景等别。

预测远景区分为三类:有利的(Ⅰ类)、次有利的(Ⅱ类)和不利的(Ⅲ类)。将预测资源的开发利用前景划分为优(A)等、良(B)等、差(C)等共3个等级。

第九章　煤炭资源保障程度及勘查开发建议

第一节　煤炭资源供需分析

根据国家年度统计资料显示,目前我国能源供应以煤炭为主的格局短时间不会改变,预计到本世纪末仍将占有一定比重。吉林省能源结构与全国一样,煤炭仍占主导地位,占一次能源消费量的73.2%。

吉林省是煤炭需求大省,同时也是缺煤大省,每年需从黑龙江、内蒙古等地大量调入煤炭,才能满足吉林省工业生产、经济发展的需要。虽然吉林省煤炭品种较全,但是个别品种资源储量较小,特别是炼焦、发电用煤。近几年,全国煤炭市场比较紧张,煤炭调入难度加大,由于市场价格的不断提高,供求关系更加紧张。

省内各市、县能源结构分布不合理,位于吉林省中部的重要工业城市长春市、吉林市均需从外地调入煤炭。省内主要产煤区位于吉林省东部、南部一带,吉林中部煤炭生产企业很少,近年来羊草沟矿区的勘探开发,使得长春市煤炭紧张局面得到一定程度上的缓解,但也很难满足工业、经济发展对煤炭的需求。

随着社会经济的发展,吉林省乃至全国对煤炭的需求与日俱增,煤炭缺口有明显逐年增加的趋势。

省内煤炭工业多数是国家的老工业基地,大部分矿山处于萎缩和残采阶段,可利用的资源储量不多,资源保障程度较差,煤炭产量是吉林省经济发展的瓶颈之一,因此提高吉林省的能源安全势在必行。

第二节　煤炭资源保障程度

煤炭是吉林省乃至全国的第一能源,吉林省是煤炭资源开发较早的老工业基地,吉林省煤炭工业发展规划目标,到2010年全省煤炭总产量达到0.4×10^8t以上,并逐步形成3个千万吨煤炭生产基地。

目前吉林省年产原煤已达0.4×10^8t,年消耗原煤约0.8×10^8t,不足部分需要从外省调入来弥补,能源不足严重制约了吉林省的经济、工业发展。

吉林省作为以交通运输设备制造、石油化工、食品加工、医药制造、计算机及其他电子设备制造业为主的工业基地,能源的消耗增长远远比能源生产速度快,产销严重失衡。近几年,国家加大了对东北老工业基地的支持,吉林省生产总值增长速度发展很快。对于能源需求长期不能自求平衡的吉林省来说,无疑加重了能源的紧张局面。吉林省的一次能源消费结构和全国一致,能源以煤炭为主的格局,在今后相当长的时期内不会发生根本性变化,煤炭是保障吉林省能源稳定供应的基础。

第三节　煤炭资源勘查开发建议

以煤炭需求和资源保障程度分析为基础,根据资源潜力预测评价成果,项目组提出了煤炭资源勘查近期及中长期工作部署方案建议。

一、资源量勘查开发建议

全省预查、普查、详查、勘探共 26 处,其中预查区和普查区 13 处,可供进一步勘查的 6 处(表 9-3-1),即饮马河东区普查、饮马河区预查、骆驼河子区普查、五家子区西部普查、龙井市三合区普查、水曲柳-平安预查。

建议近期勘查的共 4 处,即饮马河区预查、骆驼河子区普查、五家子区西部普查、水曲柳-平安预查;中期勘查的共 1 处,即龙井市三合区普查;远期勘查 1 处,即饮马河东区普查。

表 9-3-1　吉林省现有勘查区勘查开发建议表

煤田(煤产地)名称	矿区名称	勘查区简称	现勘查程度	勘查面积/km²	勘查开发建议
营城-羊草沟	营城矿区	饮马河东区	普查	50.46	远期
		饮马河区	预查	43.11	近期
珲春煤田	珲春矿区	骆驼河子区	普查	59.70	近期
		五家子区西部	普查	90.20	近期
三合煤产地	三合矿区	龙井市三合区	普查	14.70	中期
舒兰煤田	舒兰矿区	水曲柳-平安	预查	66.53	近期
合　　计				324.7	

二、潜在资源量勘查开发建议

在分级分类的基础上,从潜在资源的数量、质量、开采条件和生态环境等方面,进行潜在资源开发利用优度的综合评价,将预测资源的勘查开发利用前景划分为 3 等:优(A)等、良(B)等、差(C)等。

全省圈定 61 个预测区,预测煤炭资源勘查开发利用前景划分如下。

1. 优(A)等

地质条件和开采技术条件好,外部条件和生态环境优越,埋藏在 1000m 以浅(或大部分资源量埋藏在 1000m 以浅部位),煤质优良,共 9 处。分别为舒兰矿区的缸窑北预测区,亨通山矿区的亨通山-后沈家预测区,杉松岗矿区的七棵树-杉松岗二井西预测区,喇咕夹矿区的喇咕夹-景山屯预测区,浑江矿区的一心村、梨树沟、环懋一井、二井外围、头道沟外围预测区,漫江矿区的漫江预测区。优(A)等预测区安排近期勘查。

2. 良(B)等

地质条件和开采技术条件较好,外部条件和生态环境较优越,埋藏在1500m以浅煤质较优良,共31处预测区。良(B)等预测区安排中期勘查。

3. 差(C)等

地质条件及开采技术条件复杂、外部开发条件差,资源量小;生态环境脆弱;煤质差;煤层埋藏在1500m以深,共21处预测区。差(C)等预测区安排远期勘查。

第十章 结 论

一、取得的主要成果

本次煤炭资源潜力预测工作,在全省8个赋煤带中,划分煤田(或煤产地)28个,在其中的26个煤田中圈定预测区62个,预测区总面积6 292.49 km^2,预测潜在资源量69.5×10^8 t。

二、存在问题和建议

(一)存在问题

(1)潜力评价赋煤单元划分从大到小为赋煤区、赋煤带、煤田(或煤产地)、矿区。矿区的划分依据:有煤炭规划矿区的,按煤炭规划矿区划分;没有煤炭规划矿区的,按煤田内孤立的小型含煤沉积盆地范围划分矿区。

(2)由于受客观条件所限,多数预测区未进行详细的块段划分,只按煤层埋藏深度级别划分潜在的资源量块段。

(3)资源量校正系数β取值范围一般为0.4~0.7,根据预测区的具体情况,个别预测区资源量校正系数β取值小于0.4。

(二)建议

根据吉林省煤炭资源勘查开发现状及资源量分布情况,为尽快改变吉林省煤炭资源贫缺、资源分布格局,建议如下:

(1)加强吉林省西部区聚煤规律的研究,在希望区实施验证工程,效果较好的区域可加大勘查力度,争取找出可供开发利用的煤炭资源。

(2)加强危机矿山外围及深部接替资源勘查工作,力争延长矿山服务年限。

(3)加强吉林省东南部火成岩下、推覆体下找煤基础理论研究工作,指导煤炭资源勘查开发,争取开辟出新的煤炭基地。

主要参考文献

(一)著作、论文等主要参考资料

曹代勇,1999.中国含煤岩系构造变形控制因素探讨[J].中国矿业大学学报,28(1):25-28.

曹代勇,陈江峰,杜振川,等,2007.煤炭地质勘查与评价[M].徐州:中国矿业大学出版社.

曹代勇,王佟,琚宜文,等,2008.中国煤田构造研究现状与展望[J].中国煤炭地质,20(10):1-5.

陈明晓,蔺绍斌,王举,2009.黑石-大山盆地赋煤特征初步探讨[J].吉林地质,28(2):64-66.

程爱国,曹代勇,袁同星,2010.煤炭资源潜力评价技术要求[M].北京:地质出版社.

程日辉,1995.松辽东缘石碑岭中生代盆地的含煤沉积旋回[J].煤田地质与勘探,23(4):5-6.

程日辉,刘招君,1996.松辽东缘新立城盆地的充填与层序发育[J].煤田地质与勘探,24(6):6-7.

董清水,1995.论吉林羊草沟盆地中部无煤带的成因[J].吉林地质,14(2):46-47.

高迪,邵龙义,吴克平,等,2009.浑江煤田石炭纪—二叠纪含煤岩系层序地层与聚煤作用[J].矿物岩石地球化学通报,28(4):402-411.

郭孟习,孙炜,尹国义,等,2000.郯庐断裂系的北延及地质—地球物理特征[J].吉林地质,19(3):36-48.

何跃兴,孙恒战,王丽伟,等,2009.舒兰盆地的走滑构造作用与聚煤模式[J].中国煤炭地质,21(增刊2):4-8.

纪友亮,张世奇,1996.陆相断陷湖盆层序地层学[M].北京:石油工业出版社.

柯静,张颖,崔凤山,等,2010.舒兰煤田水曲柳区煤层气分布规律及利用方向浅析[J].吉林地质,29(3):59-62.

李东津,万青友,许良久,等,1997.吉林省岩石地层[M].武汉:中国地质大学出版社.

李思田,1988.断陷盆地分析与煤聚积规律[M].北京:地质出版社.

刘健,2007.吉林省煤层气资源赋存的地质特征分析[J].中国煤田地质,19(4):34-39.

刘招君,程日辉,易海永,1994.层序地层学的概念进展与争论[J].世界地质,13(3):56-57.

罗群,2010.中国东北地区断裂系统及其控藏特征[J].石油实验地质,32(3):206-215.

毛节华,许惠龙,1999.中国煤炭资源预测与评价[M].北京:科学出版社.

牛继辉,于文祥,汪志刚,等,2010.吉林省松辽盆地下白垩统青山口组油页岩沉积特征[J].吉林地质,29(2):71-78.

任文忠,1993.煤盆地分析原理和方法[M].北京:煤炭工业出版社.

邵龙义,窦建伟,张鹏飞,1997.含煤岩系沉积学和层序地层学研究现状和展望[J].煤田地质与勘查,26(1):313-314.

邵震杰,1993.煤田地质学[M].北京:煤炭工业出版社.

沈萍,2010.吉林营城盆地构造演化与聚煤规律[J].中国煤炭地质,22(5):15-20.

苏泽奎,2008.影响煤层气赋存条件的分析[J].西部探矿工程,20(5):99-100.

孙晓猛,王书琴,王英德,等,2010.郯庐断裂带北段构造特征及构造演化序列[J].岩石学报,26(1):

166-185.

童玉明,1993.中国成煤大地构造[M].北京:科学出版社.

万天丰,2003.中国大地构造学纲要[M].北京:地质出版社.

王峰,卢轶,柳世友,等,2010.吉林省浑江煤田沉积环境与聚煤规律[J].中国煤炭地质,22(4):24-30.

王凤娟,2009.浑江煤田八道江矿区煤质评价[J].中国煤炭地质,21(9):33-37.

王洪泉,武光,2010.珲春东部白虎山-小西南岔区域地质及地球物理场特征[J].吉林地质,29(1):96-101.

王举,王佰友,2004.珲春煤田下含煤段沉积与聚煤特征[J].吉林地质,23(2):21-27.

王仁农,1998.中国含煤盆地演化和聚煤规律[M].北京:煤炭工业出版社.

王仁农,李桂春,2013.中国含煤盆地演化和聚煤规律[M].北京:煤炭工业出版社.

徐文波,王升宇,陈维良,2006.通化矿区瓦斯赋存规律及综合治理措施[J].中国煤层气,3(2):21-24.

杨春志,1987.吉林省松辽盆地东缘聚煤盆地的地质构造特征及聚煤规律研究[J].吉林地质,2(1):1-3.

杨忠习,唐立晶,王举,等,2006.延边和龙盆地长财组沉积与聚煤特征[J].吉林地质,25(1):17-19.

翟瑞忠,于桂芳,荆保泽,2007.松辽盆地南部煤田沉积类型及其特征[J].中国煤田地质,19(6):15-18.

赵富有,李慧杰,金秀芹,2008.浅谈羊草沟煤盆地煤层气赋存及利用[J].中国煤层气,5(4):11-13.

(二)内部主要参考资料

东北第二勘探局煤田 102 勘探队,1958.吉林省辽源煤田大水缸小井详查报告[R].

东北第二勘探局煤田 102 勘探队,1958.吉林省辽源煤田金州岗白泉小井地质报告[R].

东北第二勘探局煤田 102 勘探队,1958.吉林省双阳煤田二道、二梁子小井地质报告[R].

东北第二勘探局煤田 102 勘探队,1958.吉林省双阳煤田双阳概查地质报告[R].

东北第二勘探局煤田 111 勘探队,1955.吉林省舒兰煤田棒槌沟普查报告[R].

东北第二勘探局煤田 111 勘探队,1958.吉林省舒兰煤田朝阳区普查报告[R].

东北第二勘探局煤田 111 勘探队,1956.吉林省舒兰煤田口钦区概查报告[R].

东北第二勘探局煤田 111 勘探队,1956.吉林省舒兰煤田舒兰街普查地质报告[R].

东北第二勘探局煤田 112 勘探队,1958.吉林省和龙煤田土山子-长财、福洞区普查报告[R].

东北第二勘探局煤田 112 勘探队,1958.延吉勘查区地质报告[R].

东北第一勘探局煤田 107 勘探队,1956.吉林省辽源煤田平岗矿区地质精查报告[R].

东北煤田地质局,1994.东北地区煤田预测[R].

东北煤田地质局 112 勘探队,1986.吉林省和龙市和龙煤田找矿及松下坪深部普查报告[R].

东北煤田地质局 112 勘探队,1990.吉林省珲春市春化区找矿(煤)报告[R].

东北煤田地质局 112 勘探队,1990.吉林省珲春市珲春煤田板石Ⅰ勘探报告[R].

东北煤田地质局 112 勘探队,1985.吉林省珲春县金塘村找矿区工作总结[R].

东北煤田地质局 203 勘探队,1996.吉林省公主岭二十家子普查勘探总结[R].

东北煤田地质局 203 勘探队,1992.吉林省九台市营城-饮马河找矿地质报告[R].

东北煤田地质局 203 勘探队,1991.吉林省中部煤田预测总结[R].

东北煤田地质局 203 勘探队,1985.松辽盆地南缘找煤研究[R].

东北煤田地质局长春煤田地质勘察设计院,1991.吉林省辽源盆地沉积环境分析与找煤研究[R].
东北煤田地质局长春煤田地质勘察设计院,1995.吉林省双阳盆地外围(长岭-金家)找煤研究[R].
东北煤田地质局长春煤田地质勘察设计院,1991.佳伊敦密断裂带控矿规律[R].
东北煤田地质局长春煤田科研所,1986.吉林省双阳煤田找煤小结[R].
东北煤田地质局长春煤田科研所,1986.松辽盆地南部中生代含煤地层的划分、对比和时代[R].
东北煤田地质局第十二勘探公司,1996.吉林省敦化地区杨家店找矿总结[R].
东北煤田地质局珲春勘探工程处,1991.吉林省安图县安图盆地找矿地质报告[R].
东北煤田地质局珲春勘探工程处,1992.吉林省珲春市珲春煤田板石Ⅱ区勘探报告[R].
东北煤田地质局珲春勘探工程处,1991.吉林省珲春市珲春煤田英安斜井首采区补充资料[R].
东北煤田第二地质勘探局112勘探队,1955.吉林省蛟河煤田大兴区普查地质报告[R].
华北科技学院,2010.吉林省瓦斯地质规律研究及煤矿瓦斯地质图编制说明书[R].
吉林省吉林市煤田地质队,1983.吉林省舒兰煤田红阳矿三井地质报告[R].
吉林省蛟河煤矿,1954.吉林省蛟河煤田奶子山区地质报告[R].
吉林省煤炭工业管理局地质勘探局102勘探队,1959.吉林省双阳煤田地质汇编[R].
吉林省煤炭工业管理局地质勘探局111勘探队,1959.吉林省舒兰煤田缸窑普查报告[R].
吉林省煤炭工业管理局地质勘探局203勘探队,1960.吉林省白城煤田万宝找矿报告[R].
吉林省煤炭工业管理局地质勘探局203勘探队,1960.吉林省珲春煤田骆驼河子普查地质报告[R].
吉林省煤炭工业管理局地质勘探局203勘探队,1959.吉林省蛟河煤田矿区深部补充钻探报告[R].
吉林省煤炭工业管理局地质勘探局203勘探队,1965.吉林省凉水煤田普查地质报告[R].
吉林省煤炭工业管理局地质勘探局203勘探队,1961.吉林省辽源煤田地质勘探总结报告[R].
吉林省煤炭工业管理局地质勘探局203勘探队,1966.吉林省四平-其塔木煤田普查地质报告[R].
吉林省煤炭工业管理局地质勘探局普查大队,1959.吉林省白城地区电测深结果报告[R].
吉林省煤炭工业管理局地质勘探局普查大队,1965.吉林省蛟河煤田苇塘区找矿小结[R].
吉林省煤炭工业管理局地质勘探局普查大队,1962.吉林省通榆地区电法总结[R].
吉林省煤炭工业管理局地质勘探局普查大队,1959.吉林省营城—榆树地区综合物探报告[R].
吉林省煤炭工业管理局地质勘探局普查大队,1959.吉林省榆树煤田中间资料[R].
吉林省煤炭工业管理局蛟河煤矿地质队,1980.吉林省蛟河煤矿工业村区域地质报告[R].
吉林省煤炭工业管理局蛟河煤矿地质队,1981.吉林省蛟河煤田拉法复兴-朝阳区普查勘探总结[R].
吉林省煤炭工业管理局辽源矿务局,1983.吉林省辽源煤田西柳勘探区精查地质报告[R].
吉林省煤炭工业管理局舒兰矿务局地测处,1980.吉林省舒兰煤田四间房勘探区总结报告[R].
吉林省煤田地质203勘探公司,2010.吉林省九台市西部地区煤炭资源普查报告[R].
吉林省煤田地质203勘探公司,2007.吉林省九台市羊草沟煤田龙家堡矿区勘探报告[R].
吉林省煤田地质203勘探公司,2009.吉林省洮南市万宝煤矿外围煤炭普查报告[R].
吉林省煤田地质勘察设计研究院,2003.吉林省舒兰煤田东富-舒兰街深部普查工作总结[R].
吉林省煤田地质勘察设计研究院,2008.吉林省舒兰煤田水曲柳勘查区勘探报告[R].
吉林省煤田地质勘探公司112勘探队,1977.吉林省珲春煤田城西井田精查报告[R].
吉林省煤田地质勘探公司112勘探队,1978.吉林省珲春煤田河北区八连城井田精查报告[R].
吉林省煤田地质勘探公司112勘探队,1976.吉林省珲春煤田河北总体详查及英安精查报告[R].
吉林省煤田地质勘探公司112勘探队,1982.吉林省舒兰煤田吉舒-乌拉街深部找矿总结[R].
吉林省煤田地质勘探公司112勘探队,1981.吉林省舒兰煤田水曲柳-平安普查找矿报告[R].
吉林省煤田地质勘探公司112勘探队,1983.吉林省舒兰市舒兰煤田平安斜井详终报告[R].
吉林省煤田地质勘探公司112勘探队,1980.吉林省汪清县春阳至转角楼1/5万地质填图总结[R].
吉林省煤田地质勘探公司203勘探队,1968.吉林省白城-洮南普查找煤总结[R].

吉林省煤田地质勘探公司203勘探队,1979.吉林省白泉—辽源找矿勘探总结[R].
吉林省煤田地质勘探公司203勘探队,1978.吉林省长春-饮马河西地质勘探总结[R].
吉林省煤田地质勘探公司203勘探队,1972.吉林省长春煤田大顶子-新力城水库区普查勘探报告[R].
吉林省煤田地质勘探公司203勘探队,1974.吉林省长春煤田陶家屯区详查勘探地质报告[R].
吉林省煤田地质勘探公司203勘探队,1983.吉林省长春南找煤勘探地质报告[R].
吉林省煤田地质勘探公司203勘探队,1976.吉林省长春—四平找矿报告[R].
吉林省煤田地质勘探公司203勘探队,1983.吉林省和内蒙古东部中段成煤盆地分布规律及其控制因素[R].
吉林省煤田地质勘探公司203勘探队,1975.吉林省九台精查地质报告[R].
吉林省煤田地质勘探公司203勘探队,1972.吉林省辽河源煤田地质普查总结报告[R].
吉林省煤田地质勘探公司203勘探队,1982.吉林省辽源矿区及外围聚煤坳陷的基本特征[R].
吉林省煤田地质勘探公司203勘探队,1980.吉林省辽源煤田北柳区精查地质报告[R].
吉林省煤田地质勘探公司203勘探队,1980.吉林省辽源煤田金岗区找矿总结[R].
吉林省煤田地质勘探公司203勘探队,1981.吉林省双辽找矿地质报告[R].
吉林省煤田地质勘探公司203勘探队,1979.吉林省双阳煤田地质工作总结[R].
吉林省煤田地质勘探公司203勘探队,1975.吉林省双阳煤田东部找矿阶段总结[R].
吉林省煤田地质勘探公司203勘探队,1976.吉林省双阳煤田三家子勘探区工作小结[R].
吉林省煤田地质勘探公司203勘探队,1974.吉林省双阳煤田西部普查找煤地质报告[R].
吉林省煤田地质勘探公司203勘探队,1974.吉林省四平市刘房子煤矿二井区地质精查补充报告[R].
吉林省煤田地质勘探公司203勘探队,1976.吉林省四平市刘房子煤矿三井区地质勘探详查报告[R].
吉林省煤田地质勘探公司203勘探队,1969.吉林省万红煤田红旗二井勘探区精查报告[R].
吉林省煤田地质勘探公司203勘探队,1978.吉林省伊通-大孤山找矿地质勘探总结[R].
吉林省煤田地质勘探公司203勘探队,1978.吉林省营城煤田二道沟找矿总结[R].
吉林省煤田地质勘探公司203勘探队,1979.吉林省营城煤田官地详查(最终)地质报告[R].
吉林省煤田地质勘探公司203勘探队,1982.吉林省营城煤田五台找煤勘探区地质报告[R].
吉林省煤田地质勘探公司203勘探队,1977.吉林省营城煤田饮马河东普查报告[R].
吉林省煤田地质勘探公司长春煤田科研所,1983.大兴安岭早中侏罗世煤田的聚煤规律[R].
吉林省煤田地质勘探公司长春煤田科研所,1981.吉林省营城煤田控矿构造研究[R].
吉林省煤田地质勘探公司长春煤田科研所,1980.松辽盆地东部(四平-榆树)遥感、物探煤田地质综合解释[R].
吉林省煤田地质勘探公司物探测量队,1971.双阳煤田电法普查总结报告[R].
吉林省煤田地质勘探公司物探测量队,1971.吉林省蛟河煤田地质总结报告[R].
吉林省煤田地质勘探公司物探测量队,1975.吉林省九台地区地震勘探报告[R].
吉林省煤田地质物探公司,2006.吉林省珲春煤田五家子区(西部)详查报告[R].
吉林省煤田地质物探公司,2006.吉林省珲春煤田依力矿区详查报告[R].